普通高等教育"十三五"规划教材
全国高等医药院校规划教材

供中药、药学、制药技术、制药工程等相关专业使用

物理化学

陈振江　魏泽英　主编

科学出版社
北京

内 容 简 介

  本教材是由来自全国约 20 所高等医药院校物理化学教学一线教师在多年教学经验积累的基础上编写而成的。全书主要内容包括绪论、热力学第一定律与热化学、热力学第二定律、相平衡、电化学、化学动力学、表面现象、溶胶和大分子溶液等。着重阐述基本概念、基本原理、基本方法，并适当介绍物理化学在医药中的应用，对学生的化学技能与专业技能培养有直接的帮助。

  本教材可供中药、药学、制药技术、制药工程等相关专业本科学生使用，也可作为化学类（材料化学、生命科学、生物技术、环境科学与工程、轻工、食品等）专业的教材与参考书，还可供相关技术人员和自学者使用。

图书在版编目（CIP）数据

物理化学／陈振江，魏泽英主编 . —北京：科学出版社，2015.6

普通高等教育"十三五"规划教材 全国高等医药院校规划教材

ISBN 978-7-03-045176-7

Ⅰ. 物… Ⅱ. ①陈…②魏… Ⅲ. 物理化学–高等学校–教材 Ⅳ. O64

中国版本图书馆 CIP 数据核字（2015）第 155290 号

责任编辑：郭海燕／责任校对：刘亚琦
责任印制：肖　兴／封面设计：范璧合

科 学 出 版 社 出版

北京东黄城根北街 16 号
邮政编码：100717
http://www.sciencep.com

三河市骏杰印刷有限公司 印刷

科学出版社发行 各地新华书店经销

*

2015 年 8 月第 一 版 开本：787×1092 1/16
2015 年 8 月第一次印刷 印张：19 1/2
字数：550 000

定价：49.80 元

（如有印装质量问题，我社负责调换）

《物理化学》编委会

前　言

为贯彻落实国家中长期教育改革和发展规划纲要（2010~2020），同时随着化学学科的发展，特别是化学与其他学科相互渗透的日益加深，物理化学学科面临大量的新信息和新问题，这就要求物理化学课程教学作出相应的调整，而教材建设就在其中起着重要的作用。在科学出版社的组织策划下，来自全国约20所全国高等中医药院校的一线教师参加了普通高等教育"十三五"规划教材《物理化学》的编写工作。

物理化学是介于普通理论课程（如数学、物理学、无机化学、有机化学、分析化学、生物化学等）与专业理论课程（如化工原理、生物工程、环境工程等）的基础理论课程。同时也是高等学校药学类相关各专业的基础课，是培养专业人才整体知识结构和能力结构的重要组成部分。本课程教学对于学生专业知识系统的构建、自主学习意识的培养、综合素质的训练都有至关重要的作用。编写过程中，在充分调研各院校教学现状和借鉴国内外先进教学理念的基础上，全体编委结合多年来的教学实践认真编写、反复审阅，完成了本套教材包括《物理化学》、《物理化学实验》、《物理化学概要、演算与习题》的编写。

本教材编写力求简洁明了，并相对完整地阐述物理化学的重要定律、基本概念、基本原理和方法及其应用。教材共分8章，包括绪论、热力学第一定律与热化学、热力学第二定律、相平衡、电化学、化学动力学、表面现象、溶胶和大分子溶液。凡是涉及著名科学家成果的章节，该章的后面附有该科学家简介，让学生了解相关科学家，提高学习兴趣。每章后附有部分习题，并在习题末尾附有参考答案。

本教材可供理论课教学时数在54~90学时的制药工程、中药制药、药物制剂、药学、中药学等专业及相关药学类专业本科学生使用。并可作为应用化学以及材料化学、生命科学、生物技术、环境科学与工程、轻工、食品等近化学类专业的本科物理化学教材使用，也可供自学考试考生、从事物理化学和基础化学教学的教师参考。

教材中的物理量和公式采用国家法定计量单位和SI单位制。

本教材编写具体分工如下：绪论，陈振江；第一章，陈振江、韩晓燕、刘强；第二章，戴航、孙波、何玉珍、马鸿雁、黄宏妙；第三章，冯玉、李维峰、齐学洁；第四章，张彩云、邵江娟、吕翔；第五章，张旭、张秀云、刘雄；第六章，陈振江、魏泽英、张光辉；第七章，李晓飞、李红、杨晶；第八章，周庆华、李莉、陈欣妍；附录主要由韩晓燕、邵江娟完成。本教材在编写过程中得到参编院校领导和各位同行的大力支持，许多老师对本教材的编写及修改提供了大力支持与热情帮助，在此表示衷心的感谢！本教材在编写中参考了一些优秀教材，在此也向有关作者表示衷心的感谢！

限于编者学识水平，书中不妥和错误之处在所难免，恳请各位同行和读者批评指正，以便再版时修订提高！

编　者
2015年5月

目　录

前言

绪论 ………………………………… 1

第一节　物理化学发展简史及课程
　　　　价值 ……………………… 1

第二节　物理化学的研究内容及方法 …… 2

第三节　物理化学的主要任务及与医药学
　　　　的关系 …………………… 4

第四节　物理化学的学习目的与学习
　　　　方法 ……………………… 5

第五节　气体 ……………………… 6

第六节　实际气体的状态方程 ……… 11

第一章　热力学第一定律与热化学 …… 18

第一节　热力学概论 ……………… 18

第二节　热力学基本概念 …………… 19

第三节　热力学第一定律 …………… 27

第四节　可逆过程 ………………… 29

第五节　焓 ………………………… 33

第六节　热容 ……………………… 35

第七节　热力学第一定律对理想气体的
　　　　应用 ……………………… 37

第八节　热化学 …………………… 41

第九节　热效应 …………………… 48

第十节　反应热与温度的关系 ……… 52

第二章　热力学第二定律与化学平衡 … 60

第一节　自发过程与热力学第二定律的
　　　　经验表述 ………………… 61

第二节　卡诺循环与卡诺定理 ……… 62

第三节　熵的概念——熵与熵增原理 … 65

第四节　熵变的计算 ……………… 69

第五节　亥姆霍兹自由能和吉布斯自
　　　　由能 ……………………… 74

第六节　吉布斯自由能变的计算 …… 78

第七节　热力学状态函数之间的关系 … 81

第八节　偏摩尔量与化学势 ………… 83

第九节　化学平衡 ………………… 95

第三章　相平衡 ……………………… 110

第一节　基本概念 ………………… 110

第二节　单组分系统 ……………… 113

第三节　二组分系统 ……………… 118

第四节　三组分系统 ……………… 132

第四章　电化学 ……………………… 138

第一节　电化学的基本概念和理论 …… 138

第二节　电解质溶液的电导 ………… 142

第三节　电导的测定及应用 ………… 145

第四节　可逆电池 ………………… 148

第五节　电动势产生的机理、测定和
　　　　应用 ……………………… 150

第六节　电极电势、标准电极电势及电极
　　　　电势的能斯特方程 ………… 154

第七节　生物电化学 ……………… 156

第五章　化学动力学 ………………… 162

第一节　基本概念 ………………… 163

第二节　浓度对反应速率的影响 …… 167

第三节　反应级数的测定 …………… 173

第四节　几种典型的复杂反应 ……… 174

第五节　温度对反应速率的影响 …… 178

第六节　反应速率理论 …………… 183

第七节　溶剂对反应速率的影响 …… 189

第八节　催化作用 ………………… 191

第九节　光化学反应 ……………… 198

第六章　表面现象 …………………… 206

第一节　表面现象及其本质 ………… 206

第二节　比表面和比表面吉布斯自

由能 …………………… 207
第三节 铺展与润湿 ……………… 212
第四节 高分散度对物理性质的
影响 ………………… 214
第五节 溶液表面的吸附 ………… 221
第六节 表面活性剂 ……………… 224
第七节 固-气表面上的吸附 …… 236
第八节 固-液界面上的吸附 …… 239
第九节 粉体的性质 ……………… 243

第七章 溶胶 …………………… 249

第一节 分散系 …………………… 249

第二节 溶胶的分类和基本特征 ……… 250
第三节 溶胶的制备和净化 ………… 251
第四节 溶胶的光学性质 ………… 253
第五节 溶胶的动力学性质 ……… 256
第六节 溶胶的电学性质 ………… 258
第七节 溶胶的稳定性和聚沉作用 …… 263

第八章 大分子溶液 ……………… 268

第一节 大分子化合物 …………… 268
第二节 大分子溶液 ……………… 273
第三节 大分子电解质溶液 ……… 275
第四节 凝胶 ……………………… 282

主要参考书目 ……………………………… 289

附录 …………………………………………… 290

附录一 国际单位制（SI）…………………… 290
附录二 一些物质在 100 kPa 下的摩尔恒压热容 ……… 290
附录三 某些有机化合物的标准摩尔燃烧焓 ………… 291
附录四 某些物质的标准摩尔生成焓、标准摩尔生成吉布斯自由能、标准摩尔熵及
热容 ……………………………………… 293
附录五 标准电极电位表（298 K）………………… 295
附录六 水的物理性质 ……………………………… 299
附录七 希腊字母表 ………………………………… 300

中英文名词索引 ……………………………………… 301

绪　论

本节提要

　　本节主要介绍物理化学的研究对象、方法和内容,物理化学的学习方法及物理化学在医药中的作用。希望学生重点了解物理化学与其他化学学科的区别与联系,在后续的学习中调整自己的学习方法,不断提高学习效率。

　　此外,本节还将介绍理想气体的数学模型与物理模型,以及实际气体的状态方程。希望学生掌握理想气体状态方程及其应用,了解理想气体的数学模型与物理模型的方法和意义,了解实际气体的范德华方程处理方法。

第一节　物理化学发展简史及课程价值

一、物理化学发展简史

　　物理化学(physical chemistry)是化学学科的一个分支。其作为一门正式学科,需要追溯到18世纪人们对燃烧现象的研究,从燃素说的提出到否定,直到能量守恒与转换定律的公认,跨越了两个世纪,这是化学史上的一次革命,物理化学也就是在此时悄悄萌芽的。其发展大致可以分为三个时间段,每一个时间段都有其特殊的成就作为标志。

　　(1)"物理化学"一词最早由俄国伟大的科学家罗蒙诺索夫(M. B. Lomonosov,1711~1765)在18世纪中叶提出,1887年德国物理化学家奥斯特瓦尔德(W. Ostwald,1853~1932)首先在德国的莱比锡大学开设物理化学讲座,并且与荷兰的化学家范特霍夫(van't Hoff)创办了第一份德文的《物理化学》杂志,这标志着"物理化学"这一名称已经被逐渐采用。从此以后,物理化学这一分支学科开始形成和发展,因此后人常称奥斯特瓦尔德是"物理化学之父"。

　　(2)物理化学的正式形成是在19世纪的最后25年。这期间由于工业的发展,迫切需要提高蒸汽机的效率,促使人们对热、功转换问题进行深入研究,总结出了热力学第一定律和热力学第二定律,这两个定律是人们对失败教训的总结,即第一类永动机和第二类永动机是制造不出来的。1876年,美国化学家吉布斯(Gibbs),提出了用于多相平衡体系的相律,奠定了热力学理论基础。他通过对热力学状态函数的研究,得出了吉布斯自由能,并定义了化学势,形成了一套完整的热力学处理方法,进而对相平衡、化学平衡等进行了严密的数学处理,使化学热力学得到了长足的发展。1884年,荷兰化学家范特霍夫创立了稀溶液理论,推导出化学平衡的等温方程式。范特霍夫也因此于1901年成为第一个获得诺贝尔化学奖的人。1886年,瑞典物理化学家阿仑尼乌斯(S. A. Arrhenius)提出了电离学说,揭示了电解质水溶液的本质,并在化学动力学方面也作出了重要贡献。

　　(3)20世纪初,德国物理学家、物理化学家、化学史家、发明家能斯特(W. H. Nernst)发现了热定理,进而建立了热力学第三定律,同时他还奠定了电化学理论基础。而物理学的三大发现:X射线、电子、元素放射性的发现,打开了微观世界的大门。1926年创立的量子力学,迅速应用于化学,1927年建立的量子化学,使物理化学由宏观进入微观领域,推动了物理化学的发展。随着原子能、激光的发现,微微秒技术、电子计算机等的应用,物理化学的研究也不断深入发展,至今物理化学已在化学热力学、化学动力学、化学结构等领域初步完成了化学反应的基本规律探讨,其结论广泛应用于化学的各个领域,甚至跨出了化学,成为很多学科真伪判定的依据。

二、物理化学课程的价值

化学是研究物质性质与变化的科学。化学学科已经成为既有现代的实验基础作为依据,又具有一定高度和系统的理论作为指导的学科。物理化学与其他化学学科相比较有什么特点? 物理化学是应用物理学原理和方法,从化学现象与物理现象的联系入手,探求化学变化基本规律的一门学科。所谓基本规律,就是全部化学系统的普遍规律性,因此物理化学就成为涵盖无机物与有机物、探讨所有化学变化内在本质的学科。其主要价值在于:

(1)构成了综合和整理庞杂而彼此孤立的化学事实的理论骨架,使得认识物质世界的方式能够逐步摆脱纯粹经验式的实验方法,做到有较可靠的预见性,从而促进了化学的全面发展。使化学成为现代自然科学的主要推动力之一。

(2)为化学在认识和比较物质某些重要性质时,如酸碱性、氧化还原性、配合性、对外界条件的依赖性、变化过程和能量等,提供定量测定的理论依据和方法,从而使一些经验性描述用语有了明确的物理意义。

(3)为广泛而迅速地吸收物理学的新成就、新技术用于化学体系的研究及新现象的诠释提供了一条合理而且有效的学术途径,包括学科体系、研究方法和人才培养方式等。

知识延伸

21世纪的今天,各个学科相互渗透、相互促进。物理化学作为化学学科的一个重要分支,自然也与其他学科之间有着密不可分的关系。例如,物理化学与生命科学交叉,就形成了生物物理化学、生物光化学、生物电化学、生物化学动力学、生物热化学、生物化学热力学、生物表面化学等新兴学科。以生物热化学为例,在20世纪40年代,生命能量代谢中的热力学特征引起了人们的注意。按照热力学第二定律,物质系统具有自发的熵增趋势,当熵增达到极大无序的平衡状态时,就意味着生命的解体和死亡。1944年,薛定谔从热力学的角度出发分析了生命能量代谢中的热力学现象。他认为:"一个生命有机体通过不可思议的能力来推迟趋向热力学平衡(死亡)的衰退,唯一的办法就是从环境中不断吸取负熵,有机体就是依赖负熵为生的,或者更确切地说,新陈代谢中的本质的东西,乃是使有机体成功消除了当它自身活着的时候不得不产生的全部熵。"他还明确指出:"植物在日光中取得负熵。"薛定谔的"负熵理论"正确回答了生命系统与非生命系统中热力学性质的本质区别,这一理论在后来成为生物学研究的一个重要原则。

第二节　物理化学的研究内容及方法

一、物理化学的研究内容

物理化学要研究的是所有化学现象与化学反应的一般规律,因而其内容丰富,思想性和逻辑性很强。又由于物理化学要用物理的理论及实验方法来研究化学的一般理论问题,它所研究的是普遍适用于各个化学分支的理论问题,所以物理化学又称为理论化学,是化学的灵魂。

根据物理化学的形成与发展的特点,其研究内容大致可分为三大部分,即化学热力学、化学动力学和结构化学。本书不包括结构化学的内容,主要学习和探讨以下方面的问题。

(1)化学热力学(chemical thermodynamics):运用热力学方法研究化学反应的方向与限度,包括化学平衡、相平衡关系。

(2)电化学(electrochemistry):主要研究化学能与电能间相互转化的规律。

(3)化学动力学(chemical kinetics):研究化学反应的速率,探讨化学反应的机理,并研究浓度、温度、光、介质、催化剂等因素对反应速度的影响。

(4)表面现象(surface phenomenon):研究多相系统中各相界面间物质的特性。

(5)胶体化学(colloid chemistry):主要研究胶体物质的特殊性能。

二、物理化学的研究方法

物理化学的研究方法主要分为热力学方法、动力学方法及量子力学方法。

1. 热力学的研究方法　可以分为经典热力学、统计热力学和非平衡态热力学。

经典热力学方法以很多质点所构成的系统为研究对象,以从经验概括出的热力学第一定律和热力学第二定律为依据,经过严密的逻辑推理,建立了一些热力学函数,用以判断变化的方向和找出平衡条件。经典热力学在处理问题时采取宏观的方法,不需知道系统内部粒子的结构,不需知道其变化的细节,而只需知道其起始和终了状态,然后通过宏观性质的变化(如温度、压力、体积、吸热、放热等)来推知系统内部性质的变化。经典热力学只考虑平衡系统,采用热力学的方法来研究化学平衡、相平衡、反应的热效应及电化学等既成功,又颇有效。它的结论十分可靠,至今仍然是许多科学技术的基础。

统计热力学是以概率的定律为基础来研究大量质点的运动规律的,它属于微观的方法。它利用统计力学的原理,探讨系统对外所表现出来的宏观物理性质和规律,在物理化学中沟通了宏观和微观的领域,对物质的宏观性质给予更深刻的说明。

非平衡态热力学也称为不可逆过程热力学。非平衡态热力学方法是将平衡态热力学进一步推广到非平衡态系统和敞开系统,描述系统的状态参数时要考虑时间和空间的坐标,它的研究方法属于微观的范畴,用来揭示实际过程的热力学本质。这部分内容本书不作讨论。

2. 动力学的研究方法　一般可分为宏观化学动力学方法和微观化学动力学方法。前者主要研究化学反应速率的表示和测量、各种不同反应的特点、外界因素(如温度、压力和催化剂等)对反应速率的影响和反应机理等。后者也称为现代化学动力学方法,主要是从分子水平上研究基元反应的特征,测定发生反应分子的能态,利用现代谱仪和交叉分子束等实验手段揭示化学反应中的能量变化和本质,进一步完善化学反应动力学理论。

3. 量子力学的研究方法　量子力学适用于微观系统,以微观物体(如分子、原子、电子等)为研究对象,以微粒能量转换的量子性及微粒运动的统计性为基础,研究微粒运动的规律。它已成功地应用于物质结构的研究,也已被用来解释化学反应的机理。

知识延伸

　　以上三种方法,虽然各有区别,适用范围也不相同,但是在解决问题时是相互补充的。例如,化学热力学和化学动力学在研究化学反应时是相辅相成的,只有当化学热力学的研究表明一个化学反应能够发生时,才有进行化学动力学研究的基础或必要。

第三节 物理化学的主要任务及与医药学的关系

化学变化的基本规律可以概括为三大本源性问题：①任意化学反应能不能发生？②反应速率的快慢？③为什么会反应？正是基于这三大本源性问题，物理化学面临的主要任务有以下三个方面：a. 化学反应进行的方向和限度，这是化学热力学要解决的问题；b. 化学反应的速率和机理，这是化学动力学要解决的问题；c. 为什么会反应则属于结构和功能的问题，也就是物质的构效关系，解决这个问题的理论依据是结构化学。物理化学应该说没有什么比以上三个方面更基本的了。物理化学的理论很多都是从生产实践中概括出来，因此，反过来它将为生产和科研服务。随着医疗技术的发展和医药研究的深入，学科之间的相互渗透与相互联系越来越多，医药学与物理化学的结合也越来越紧密。

知识延伸

物理化学课程的学习，为药学研究提供了强大的理论支撑和技术手段。例如，化学热力学的学习使我们可以借助热力学的方法来判断一个化学反应的方向和限度；那么，留给我们的思考是如何将现代热分析技术如差示热分析（DTA）和差示扫描量热法（DSC）应用到药学特别是中药研究的实践中来？相平衡的学习，使我们可以看懂不同组分的相图。利用这些相图可以指导药物有效成分分离提取、药物配伍及在药物生产工艺过程中如何控制适宜的温度、压力等。例如，水的相图使我们懂得了什么是超临界，药物制备工艺中的冷冻干燥依据的根本原则是什么；由低共熔点相图我们知道了粉针剂生产工艺中的冷冻温度是如何确定的，药物分析中所用的标准溶液是如何选择的；什么样的二组分体系可以采用精馏的方法将其完全分离，以及精馏塔的设计及工作原理；三组分体系相图在药物配伍中的应用等。电化学的学习使我们知道，借助电化学技术可以指导药物剂型的生产并进行质量控制检测、电导测定技术及其在药学实践中的许多具体应用等。化学动力学的学习使我们可以准确地预测药物的有效期和储藏期，同时知晓进行药物稳定性研究所必须具备的条件和方法；表面现象及溶胶的学习使我们知道，现代药物制剂的新工艺、新方法和新剂型如膜剂、缓释型抗癌药物、微乳、脂质体、固熔体分散制剂等的研制其实与表面现象及溶胶的知识密切相关；大分子溶液的学习使我们懂得，用大分子物质作为保护剂可以制备高浓度且相对稳定的胶体药物溶液；以聚丙烯酰胺凝胶为支持物的电泳技术实际上是进行 DNA 分析的基本操作。由于此类凝胶的交联度可以人为控制且实验操作简便，故其中的聚丙烯酰胺凝胶电泳（PAGE）、十二烷基硫酸钠-PAGE（SDS-PAGE）及等电聚焦电泳（IFE）技术可以分别作为中药及其制剂的真伪鉴别、药物蛋白质成分分子质量测定及等电点（pI）测定的简便而准确的方法。

综合来讲，在药物生产中，一个主要的问题是选择工艺路线。为此，需要掌握影响化学反应速度的各种因素，如温度、反应物浓度、催化剂等，以选择最佳的反应条件，这也需要掌握化学动力学和化学热力学的知识。在选定工艺路线时，要探索反应的机理，也需要化学动力学的知识。对产品的精制、产品的稳定性的研究，需要掌握溶液、表面现象及化学动力学等方面的知识。在药物合成的研究中，应了解药物的结构与性质的关系，以便寻找最有效的药物，这就需要掌握物质结构的知识。而合成的过程中，需要化学动力学的知识。在药物制剂方面，剂型的研究、改革时，应了解表面现象方面的内容，了解分散程度对药物性能的影响，同样的药物，主药颗粒越细小,药效越好。纳米技术的发展必将对药物剂型的改革起着十分重要的作用。从发展的趋势来看,医药学的各个领域中正日益深广地结合着物理化学,掌握好物理化学的原理和方法,对药学工作者来说是非常必要的。

第四节 物理化学的学习目的与学习方法

物理化学是一门理论性很强的基础化学课程,初学者往往感到抽象难懂。学习过程中,在掌握基本概念、基本原理和主要公式的同时,还应学习物理化学提出问题、思考问题和解决问题的方法以及严谨的逻辑性,结合实际,逐步培养独立思考问题和解决问题的能力,逐步提高自己提出问题的水平。

一、学 习 目 的

(1)进一步扩大知识面,打好专业基础。学习物理化学,可以了解化学变化过程中的一些基本规律,加深对先行课如无机化学、有机化学、分析化学的理解。在基础的物理化学中,重点在于掌握热力学处理问题的方法。

(2)学习前人提出问题、考虑问题和解决问题的方法。逐步培养独立思考和独立解题的能力,以便在以后的生产实践和科学研究中碰到问题时,能得到一些启发和帮助。

(3)通过实验,了解物理化学的一些实验方法,掌握一些基本技能,以便将来工作中加以选择和利用。

二、学 习 方 法

药学各专业的学生应结合药学实践带着问题来学习——每一章主要讨论些什么内容,主要解决药学实践中的哪些问题。为了学好物理化学课程,每位初学者都应该根据自己以往的经验摸索出一套适合本身特点的学习方法。下面所建议的方法可供学生参考。

1. 注意学习特点 学习任何学科都要注意该学科的特点,该学科与其他相关学科的区别与联系,学习物理化学也必须注意物理化学的学科特点。例如,无机化学、有机化学、分析化学的基本语言是化学方程式,而物理化学的基本语言是状态函数,以及能量、热、功等物理概念,这点在热力学学习中尤其明显。而学习和运用状态函数这样的语言,高等数学就成为必不可少的工具。应该说哪一门科学,数学运用越多,表明就越成熟,越完善。当然对学习就带来了一定的困难,要准备并复习一下高等数学,如微分、积分、全微分等知识。不过物理化学课不是数学课,不需要太高深的数学推导,能懂就行。

2. 学会抓住重点 抓住重点是掌握知识的关键,本书在每一章前都有提要,目的是在学习开始就指明该章节的要点,帮助学生把握该章节的要点,引导学生领会章节之间的联系,知道来龙去脉。物理化学有许多基本概念、基础理论,非常抽象,不好理解,要了解其产生的根源,正确的含义,掌握了这些概念就是抓住了重点。在学完每一章以后要做个摘要,逐渐就可以把握住重点了。

3. 掌握重点公式的由来 物理化学课程中的公式较多,初学者往往感到公式繁多,条件复杂,但若经过排列、对比、总结,这些众多的公式所依据的基本公式并不多,它们不过是少数基本公式在不同条件下的运用而已。本教材中应用了大量的数学推导,得出在不同条件下使用的一些公式。学生应当明白主次关系,数学的推导过程是讲明公式的由来,它只是获得结果的必要手段,而不是目的,故不必将精力放在繁杂的推导过程,而要注意结论的使用条件以及物理意义。

　　4. 多做习题　习题是培养独立思考问题和解决问题的重要环节之一,演算习题不仅可以检查对课程内容的理解和掌握程度,还是训练物理化学思维的重要途径,是掌握规律不可缺少的环节。多做习题可以加深对相关理论、概念及公式的领会和理解。

　　5. 课前预习　课前预习能帮助学生对章节的内容做到心中有数,对难点问题课堂上要认真听讲,课后结合做习题仔细研究加深理解,培养自学及独立思考的能力。

　　6. 重视实验课　物理化学是理论与实验并重的学科,理论的发展离不开实验的启示和检验。要认真参加每一次实验。这样既可以掌握仪器设备的正确使用方法和实验技能,加深对所学理论知识的理解,同时可以培养学生实践动手能力、综合分析问题和解决问题的能力。

第五节　气　　体

　　在自然界物质主要的三种聚集状态中,固态虽然结构复杂,但粒子排布的规律性较强,对它的研究已有了较大的进展;液态的结构最为复杂,人们对它的认识还很不充分;气态则最简单,最容易由分子模型进行研究,所以对它的研究最多也最为透彻。

　　无论物质处于何种聚集状态,都有许多宏观性质,如压力 p、温度 T、体积 V、密度 ρ、热力学能 U 等。这些宏观性质中,p、T、V 三者是物理意义非常明确、又易于直接测量的基本性质,当系统总量一定时,只要三者中任意两个量确定后,第三个量就随之确定,此时就说物质处于一定的状态。联系 p、T、V 之间关系的方程式称为状态方程。状态方程的建立常成为研究物质其他性质的基础。

> **知识延伸**
>
> 　　与凝聚态相比,气体具有较大的等温压缩率和体积膨胀系数,在改变压力和温度时,体积变化较大。因此物理化学中一般只讨论气体的状态方程。通常把气体分为理想气体和实际气体分别讨论。具体的讨论方法是先导出理想气体的状态方程,然后由理想气体状态方程,经过修正,用于研究更复杂的实际气体。这种逻辑关系的学习也为学习物理化学以及今后学习其他科学理论提供了样本。

一、气体状态方程与气体定律

(一) 气体状态方程

　　通常纯气体所处的状态可以用压力、体积、温度和物质的量四个宏观物理量来描述。大量实验表明,当其中任意三个物理量确定时,第四个物理量就确定了。也就是说,我们可以用一个方程式将这四个表示气体状态的物理量相互关联。这个联系压力、体积、温度和物质的量四者之间关系的方程称为状态方程。状态方程通常的表示形式为

$$p = f(T, V, n) \qquad (0\text{-}1)$$

由式(0-1)知,对于确定的某种气体,如果知道它在某个状态下的 n、T、V 的值,那么在此状态下气体的压力也就确定了。

(二) 气体定律

　　从 17 世纪中期,人们开始研究低压下($p<1$ MPa)气体的 p、T、V 关系,根据实验归纳总结出了三

个对各种气体均适用的经验定律。

1. 波义耳(Boyle)定律　1621 年,波义耳提出,恒温下一定量的气体,其体积与其压力成反比,即

$$p = \frac{C}{V} \tag{0-2}$$

式中,p 为气体的压力;V 为气体体积;C 为常数。

实验数据表明,波义耳定律只在低压下正确。严格意义上讲,实际气体只有在压力趋于零时才符合波义耳定律,这是因为只有在低压下,气体分子之间间距较大而其相互作用影响很小。

2. 盖·吕萨克定律　查尔斯(Charles)和盖·吕萨克(Gay- Lussac)研究了压力恒定的条件下,温度与气体体积之间的关系。他们发现,在一定压力下,一定量气体的体积与其热力学温度成正比,即

$$V = C'T \tag{0-3}$$

式中,T 为热力学温度,单位为 K(开[尔文]);C' 为常数。

T 与摄氏温度(t)之间的关系是

$$T(\text{K}) = t(\text{℃}) + 273.15$$

在体积恒定的条件下,盖·吕萨克定律描述气体压力与温度之间的关系也可表示为

$$p = C''T \tag{0-4}$$

式中,C'' 为常数。

由盖·吕萨克定律可推出:任何气体的体积在 $t = -273.15\text{℃}$ 都是 0,所以热力学温标的零点设定在 -273.15℃。波义耳定律和盖·吕萨克定律表示的都是在气体的体积 V、压力 p、温度 T 三者之一为定值时,其他两个变量间的关系。

3. 阿伏伽德罗定律　从实验事实中归纳出的另一个重要的经验定律就是阿伏伽德罗(Avogadro)定律。1811 年,阿伏伽德罗提出,在同温同压下,相同体积的不同气体含有相同数目的分子,用数学语言表述为

$$V_\text{m} = V/n = 常数(同温同压下) \tag{0-5}$$

式中,n 为物质的量,单位是 mol(摩[尔]);V_m 为 1 mol 气体的体积,称为摩尔体积。根据阿伏伽德罗定律,在一恒定温度、压力下,气体的摩尔体积是一个与气体种类无关的常数。

二、理想气体状态方程的推导

理想气体是从大量实际气体的研究中抽象出来的概念。

波义耳定律和盖·吕萨克定律考察的都是在气体的体积 V、压力 p、温度 T 三者之一为定值时,其他两个变量之间的关系,那么当 T、V、p 均发生改变,这三者之间的关系又遵循什么规律呢?

气体的体积随压力、温度以及气体分子的数量(N)而变,写成函数的形式是

$$p = f(T, V, N)$$

或写成微分的形式

$$\text{d}p = \left(\frac{\partial p}{\partial T}\right)_{V,N} \text{d}T + \left(\frac{\partial p}{\partial V}\right)_{T,N} \text{d}V + \left(\frac{\partial p}{\partial N}\right)_{T,V} \text{d}N$$

对于一定量的气体,N 为常数,$\text{d}N = 0$,故有

$$\text{d}p = \left(\frac{\partial p}{\partial T}\right)_{V,N} \text{d}T + \left(\frac{\partial p}{\partial V}\right)_{T,N} \text{d}V$$

根据波义耳定律

$$p = \frac{C}{V}$$

有

$$\left(\frac{\partial p}{\partial T}\right)_{T,N} = -\frac{C}{V^2}$$

根据盖·吕萨克定律

$$p = C''T$$

有

$$\left(\frac{\partial p}{\partial T}\right)_{V,N} = C''$$

由以上各式，可得

$$\frac{\mathrm{d}p}{p} = \frac{1}{p}C''\mathrm{d}T + \frac{1}{p}\left(-\frac{C}{V^2}\right)\mathrm{d}V = \frac{1}{p}\left(\frac{p}{T}\right)\mathrm{d}T + \frac{1}{p}\left(-\frac{pV}{V^2}\right)\mathrm{d}V = \frac{\mathrm{d}T}{T} - \frac{\mathrm{d}V}{V}$$

整理得

$$\frac{\mathrm{d}p}{p} + \frac{\mathrm{d}V}{V} = \frac{\mathrm{d}T}{T}$$

将上式积分，得

$$\ln p + \ln V = \ln T + 常数$$

若取气体的量是 1 mol，则体积写为 V_m（V_m 称为摩尔体积），常数写为 R，得

$$pV_m = RT$$

上式两边同乘以物质的量 n，得

$$pV = nRT \qquad (0\text{-}6)$$

式(0-6)就是著名的理想气体状态方程。式中，n 为气体物质的量，单位为 mol；p 为一定量气体在某一确定状态下所具有的压力，单位为 Pa；V 为气体体积，单位为 m^3；T 为热力学温度，单位为 K；R 为摩尔气体常量，在 SI 制中，R 为 8.314 $J \cdot mol^{-1} \cdot K^{-1}$。

知识延伸

　　理想气体的数学模型与物理模型：式(0-6)给出了理想气体的数学定义，即任何压力任何温度下都能严格遵从 $pV = nRT$ 的气体称为理想气体。因此式(0-6)也称为理想气体的数学模型。它是由几个实际气体的规律(波义耳定律、盖·吕萨克定律、阿伏伽德罗定律)总结、归纳而来。这些定律普遍适用于高温(大于 0℃)低压(低于 100 kPa)下的任何气体，有高度的概括性和规律性，并经由严格的数学处理提炼出来，满足了作为状态方程所要求的，能够联系压力、体积、温度和物质的量这四个物理量的数学关系。

　　根据实验事实，在低温高压下，气体运动是不遵从式(0-6)的，因此式(0-6)的模型要求在任何压力、任何温度下都能严格遵从 $pV = nRT$ 的气体，显然不是实际气体，只能是具有气体特征的一种假想的物理模型。**理想气体的物理模型包含如下物理条件：气体分子间无作用力，分子看成刚性质点，分子本身不占有体积，气体分子碰撞时发生完全弹性碰撞。**实际气体是不具备这种物理条件的。

　　选择这样物理模型的理由在于，分子间无作用力(包括引力与斥力)，则气体的压力才仅仅是气体分子在碰撞时的冲力，分子间无作用力，因而分子间也无势能。分子本身不占有体积，则所谓气体的体积，只是气体运动所占据的空间，分子本身被看成数学上的质点，则气体分子可

知识延伸

以按照式(0-6)无限制地压缩,直至体积为0,而且也不会产生能量效应;当气体膨胀时,则其体积能与温度成正比。气体分子碰撞时发生完全弹性碰撞,则不会因碰撞损失分子的动能而产热,不会因碰撞改变速度,改变温度、压力。也就是说,只有这样的物理模型才可以满足在任何压力、任何温度下都能严格遵从式(0-6)。

　　显然理想气体的概念是一个科学的抽象概念。客观上并不存在理想气体,它只能看成是实际气体在压力很低时的一种极限情况。实际气体在很低的压力下,由于分子相距足够远,分子之间的相互作用力可忽略不计,而分子本身的体积比之气体所占有的体积也可忽略不计,因此压力很低的实际气体可近似看成理想气体,符合理想气体的状态方程。理想气体的概念在科学上具有很高的价值,一方面,建立这种人为模型可以简化实际研究中的复杂问题;另一方面,通过适当地修正理想气体的模型,可以得到实际气体的运动方程。

三、摩尔气体常量

　　理想气体状态方程中摩尔气体常量 R 的准确数值,是通过实验测定出来的。因真实气体只有在压力趋于零时才严格服从理想气体状态方程,所以原则上应测量一定量的气体在压力趋于零时的 T、V、p 数据,代入理想气体状态方程算出 R 的数值。但在压力趋于零时,一定量气体的体积很大,实验上不易操作,得不到精确的实验数据。所以 R 值的确定,实际是采用外推法,在温度不变的条件下,测定一定量气体的 V、p,绘出 $pV/(nT)$-p 图,如图 0-1 所示,然后外推到 $p=0$ 处,求出 $\lim_{p\to 0} pV/(nT)$,此时的极限值就是摩尔气体常量 R。

　　图 0-1 表示了几种气体在 273.15 K 时不同压力下 pV_m 值的外推情况。求得

$$(pV_m)_{p\to 0} = 2271.10 \text{ J}$$

　　利用上述外推值,可求得气体常数的准确值为

$$R = \frac{(pV_m)_{p\to 0}}{nT} = \frac{2271.10}{1\times 273.15} = 8.314 (\text{J}\cdot\text{mol}^{-1}\cdot\text{K}^{-1})$$

　　R 是一个很重要的常数,不但在计算气体的 n、p、V、T 时要用到,在物理化学的许多问题的计算中都要用到,应熟记 R 的数值。

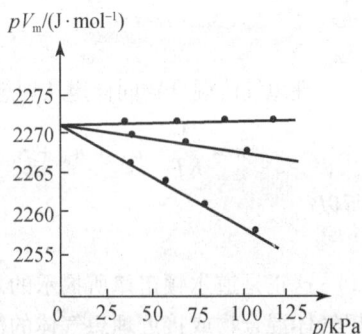

图 0-1　273.15 K 下 Ne、O_2、CO_2 的 pV_m-p 等温线
同一温度下,不同气体压力趋于零时, pV/nT 趋于共同极限值 R

知识延伸

　　在其他温度条件下进行类似的测定,所得 R 的数值完全相同。这一实验事实表明:在压力趋于零的极限条件下,各种气体的 pVT 行为均遵从 $pV_m = RT$ 的定量关系,R 是一个对各种气体都适用的常数。因理想气体是分子间没有相互作用力、分子本身又没有体积的气体,所以将一种气体分子换成另一种气体分子将不影响气体的 pVT 关系,故理想气体状态方程及摩尔气体常量 R 可适用于压力趋于零时的各种气体是必然的结论。

四、混合气体定律

以上讨论的都是纯理想气体的行为,而在实际中,常见的气体大都是混合气体。例如,空气就是典型的混合气体,它含有21%(体积分数,余同)的氧和78%的氮,其余1%为稀有气体、二氧化碳、水蒸气等。对混合气体的行为的研究得到描述低压下混合气体的两个定律,即道尔顿分压定律及阿马加(Amagat)分体积定律。

1. 道尔顿分压定律　混合气体的压力是构成该混合物的各组分对压力所做贡献之和,称为总压力。19世纪初,道尔顿(J·Dalton)曾系统地测定了温度 T、体积 V 的容器中,混合气体的总压力 p 与它所含各组分单独存在于同样 T、V 的容器中所产生的压力之间的关系。总结出一条仅适用于低压混合气体的经验定律,即**混合气体的总压力等于在混合气体的温度、体积条件下各组分单独存在时产生的压力的总和**,称为道尔顿分压定律。

显然,该定律表明:低压混合气体中任一组分B对压力的贡献与所含气体B单独存在于同一容器与同样温度下产生的压力完全相同。

道尔顿分压定律可描述为:低压下混合气体的总压等于各气体分压之和。分压是各组分单独在混合气体所处的温度、体积条件下产生的压力,即

$$p = p_A + p_B + p_C + \cdots$$

或

$$p = \sum_B p_B \tag{0-7}$$

理想气体混合物同样遵从理想气体状态方程,在 T、V 一定时,气体压力仅与气体的物质的量有关。

$$n = \frac{pV}{RT} = n_A + n_B + n_C + \cdots = \frac{p_A V}{RT} + \frac{p_B V}{RT} + \frac{p_C V}{RT} + \cdots = (p_A + p_B + p_C + \cdots)\frac{V}{RT}$$

所以

$$p = p_A + p_B + p_C + \cdots$$

这正是道尔顿定律所揭示的规律,低压气体近似服从理想气体行为,所以该定律能够适用于理想气体混合物或接近理想气体的混合物。

由理想气体状态方程可以得出:混合气体中任一组分气体B的分压 p_B 等于它的摩尔分数与总压 p 的乘积,即

$$\frac{p_B}{p} = \frac{n_B RT/V}{nRT/V} = \frac{n_B}{n} = x_B$$

$$p_B = p x_B \tag{0-8}$$

对于混合气体,$\sum\limits_B x_B = 1$,也就是说,$\sum\limits_B p_B = p$,表明任意混合气体,各组分的分压之和等于总压力。

【例0-1】　设空气的组成近似可表示为氧的摩尔分数 $x(O_2) = 0.21$,氮的摩尔分数 $x(N_2) = 0.79$。求在一恒定温度下,当大气压力为100 kPa时,氧气和氮气的分压。

解:根据道尔顿分压定律

$$x_B = \frac{p_B}{p}$$

有

$$p(O_2) = x(O_2)p = 0.21 \times 100 = 21 \text{ kPa}$$
$$p(N_2) = x(N_2)p = 0.79 \times 100 = 79 \text{ kPa}$$

【例0-2】　现有一含有水蒸气的天然气混合物,温度为300 K,压力为104 kPa。已知在此条件

下,水蒸气的分压为 3.2 kPa。试求水蒸气和天然气的摩尔分数。

解:水蒸气的摩尔分数 $x(H_2O,g)$ 为

$$x(H_2O,g) = \frac{p(H_2O,g)}{p} = \frac{3.2\ kPa}{104\ kPa} = 0.031$$

$$x(天然气) = 1 - x(H_2O,g) = 1 - 0.031 = 0.97$$

2. 阿马加分体积定律 19 世纪阿马加在对低压混合气体的实验研究中,总结出阿马格定律及混合气体中各组分的分体积概念。他定义:混合气体中任一组分 B 的分体积 V_B 是所含 n_B 的 B 单独存在于混合气体的温度、总压力条件下占有的体积。他的实验结果表明:混合气体中各组分的分体积之和与总体积相等。

阿马格对低压气体的实验测定表明:混合气体的总体积等于各组分的分体积之和。分体积是指混合气体中任一组分气体在与混合气体相同的温度、压力条件下单独存在时所占有的体积。该定律可表示为

$$V = \sum_B V_B \tag{0-9}$$

显然,阿马加分体积定律也是气体具有理想行为时的必然结果。对于理想混合气体,在 T、p 一定时,气体体积同样仅与气体的物质的量有关,即

$$n = \frac{pV}{RT} = n_A + n_B + n_C + \cdots = \frac{pV_A}{RT} + \frac{pV_B}{RT} + \frac{pV_C}{RT} + \cdots = (V_A + V_B + V_C + \cdots)\frac{p}{RT}$$

故有

$$V = (V_A + V_B + V_C + \cdots)$$

混合气体中某组分 B 的分体积 V_B 与混合气体总体积 V 之比 V_B/V 称为 B 组分的体积分数,也称为摩尔分数,有

$$\frac{V_B}{V} = \frac{n_B RT/P}{nRT/P} = \frac{n_B}{n} = x_B$$

虽然道尔顿、阿马格定律只是对低压下混合气体比较准确,但是用这两个定律对混合气体做近似的估算也是有意义的。

【例 0-3】 某待分析的混合气体中仅含 CO_2 一种酸性组分。在常温常压下取样 100.00 cm³,经 NaOH 溶液充分洗涤除去其中所含 CO_2 后,于同样温度、压力下测得剩余气体的体积为 90.50 cm³。试求混合气体中 CO_2 的摩尔分数 $x(CO_2)$。

解:设 100.00 cm³ 混合气体试样中 CO_2 的分体积为 $V(CO_2)$,其他各组分的分体积之和为 V'。因常温常压下的混合气体一般可视为理想气体,按式(0-9)所示阿马格定律可得

$$V(CO_2) + V' = 100.00\ cm^3$$

已知混合气体除去 CO_2 后,在混合气体原有的常温常压条件下体积为 90.50 cm³,故

$$V' = 90.50\ cm^3$$

$$V(CO_2) = (100.00 - 90.50)\ cm^3 = 9.50\ cm^3$$

由式(0-8)可知,CO_2 的摩尔分数与它的体积分数相等,即

$$x(CO_2) = V(CO_2)/[V(CO_2) + V'] = 9.50/100.00 = 0.095$$

故混合气体中 CO_2 的摩尔分数 $x(CO_2)$ 为 0.095。

第六节 实际气体的状态方程

一、实际气体的行为

实际气体的 p、V、T 行为并不服从理想气体状态方程。特别在高压和低温条件下,实际气体的行

为偏离理想气体很多。这是由于在低温高压下，气体的相对密度增大，分子之间的距离缩小，分子间的相互作用明显，而且分子自身的体积相比分子运动占有的空间也不算太小而不能忽略，也不能再把气体分子看成自由运动的弹性质点，因而理想气体的物理模型需要修正。实际气体分子间的作用力通常表现为斥力和引力。斥力是一种短程相互作用，通常在一个分子直径的距离上起作用；引力是一种长程相互作用，能够在几个分子直径的距离上起作用。在低压下，由于分子占据大量体积空间，气体分子彼此远离，分子间相互作用并不重要，气体的行为遵从理理想气体定律。在中等压力时，分子之间的平均距离大约在几个分子直径内，引力起主导作用，分子间引力使得分子彼此靠近，真实气体表现为比理想气体更容易压缩。而在高压下，大量气体分子占有一个小的体积，这时气体分子间的斥力占据主导，表现为更难压缩。

二、实际气体与理想气体的偏差

实际气体只有在低压下近似地符合理想气体定律。而在高压低温下，一切实际气体均出现了明显偏差。为了衡量实际气体与理想气体之间的偏差大小，定义压缩因子 Z 以衡量偏差的大小。压缩因子为处于相同温度和压力下的真实气体的摩尔体积 V_m 与理想气体的摩尔体积 V_m^0 之比，为

$$Z = \frac{V_m}{V_m^0} \tag{0-10}$$

对于理想气体，其摩尔体积 V_m^0 满足 $V_m^0 = \frac{RT}{p}$，因此压缩因子可表示为

$$Z = \frac{V_m}{V_m^0} = \frac{pV_m}{RT} \tag{0-11}$$

即

$$pV_m = ZRT \tag{0-12}$$

温度恒定时，对于任意压力下的理想气体，乘积 pV_m 是一个常数(RT)，那么 $Z=1$。对于实际气体却不是这样的。可以用 Z 值偏离数值 1 的程度来衡量实际气体与理想气体之间行为偏差的大小。对于实际气体，若 $Z>1$，则 $pV_m>RT$，表示同温同压下，实际气体的摩尔体积大于理想气体的摩尔体积，表明实际气体更难被压缩，此时气体分子间斥力起主要作用；若 $Z<1$，则 $pV_m<RT$，表示同温同压下，实际气体的摩尔体积小于理想气体的摩尔体积，表明实际气体更易被压缩，此时气体分子间引力起主要作用。图 0-2 表示的是不同种类的实际气体在 0℃ 时的 Z-p 等温线示意图。平直的虚线是理想气体的 Z 值随压力变化的情况。在任何压力下，理想气体的 Z 都是定值 1，实际气体(NH_3、CH_4、C_2H_4、H_2)却偏离直线。从图 0-2 中还可看出，Z 的变化有两种类型：如 H_2 分子的 Z 随压力增加而增大，且总是大于 1；而对于其他实际气体，当压力开始增加时，Z 值先是减小，压力再增加，经过一个最低点，Z 值又开始变大。事实上，如果在更低的温度下，H_2 的 Z-p 曲线也会像 NH_3、CH_4 一样出现一个最低点。但是，无论是何种实际气体，当压力 $p \to 0$ 时，Z 值总是近似等于 1，真实气体行为符合理想气体状态方程。

同一种实际气体在不同温度下的 Z-p 曲线如图 0-3 所示。从图 0-3 中可发现，实际气体存在着一个特恒温度(图 0-3 中 T_2 所示)，在此温度下，当压力较低时，在相当一段压力范围内，Z 值曲线的斜率变为平缓趋近于 0，Z 值大小趋近于 1。这个温度称为波义耳温度(Boyle temperature) T_B。此时，pV_m 值接近或等于理想气体的数值，用波义耳定律描述为

$$\left(\frac{\partial pV_m}{\partial p}\right)_{T,p\to 0} = 0 \tag{0-13}$$

当温度高于 T_B(图 0-3 中 T_1 所示)时，Z 值随 p 增大总是增大，其值大于 1，气体的可压缩性小，

难以液化。

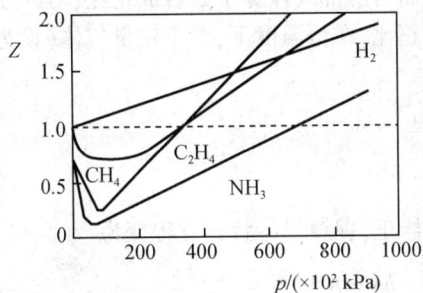

图 0-2　0℃ 几种气体的 Z-p 曲线

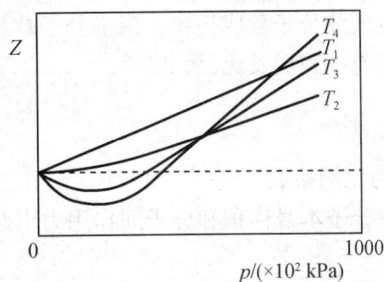

图 0-3　N_2 在不同温度下的 Z-p 曲线

其中，$T_1 > T_2 > T_3 > T_4$，$T_2 = T_B = 327.22$ K

当温度低于 T_B（图 0-3 中 T_3 所示）时，当压力 $p \to 0$ 时，Z 值近似等于 1，随着压力增大，等温线上出现极小值，在压力增大到某个压力时，再次出现 $Z = 1$，然后随着压力增大，Z 值变为大于 1。

三、范德华方程

实际气体的行为与理想气体行为有很大的偏差，因此，理想气体状态方程不能很好地描述实际气体的行为。到目前为止，人们提出了 200 多种描述实际气体的状态方程，并且还在不断发展，其中最著名的是范德华（van der Waals）方程。

1873 年，荷兰科学家范德华针对引起实际气体与理想气体产生偏差的两个主要原因，即实际气体分子自身具有体积和分子间存在相互作用，在体积和压力项上分别提出了两个具有物理意义的修正项，对理想气体状态方程进行了重要修正。

根据理想气体模型，可把理想气体状态方程 $pV_m = RT$ 改用文字表示为

（分子间无作用力时的气体的压力）×（1 mol 气体分子的自由活动空间）＝ RT

范德华根据此式所示关系，并把实际气体当成分子间相互吸引、分子本身是有确定体积的球体来处理，或者说范德华采用了硬球模型来处理实际气体，提出了用压力修正项及体积修正项来修正理想气体状态方程，使之适用于实际气体。他认为某实际气体处在 p、V_m、T 条件下，如果分子间相互吸引力不复存在，则将表现出较高的压力，他还认为 1 mol 气体分子的自由活动空间应小于它的摩尔体积 V_m。把这两项修正后的表达式代入理想气体状态方程中的对应项，即可得到实际气体的状态方程。

在理想气体分子模型中，气体分子被视为没有体积的质点，理想气体状态方程中的体积项 V_m 应是气体分子可以自由活动的空间，即容器的体积。而对于实际气体，由于气体分子自身体积不能忽略，自由活动的空间不再是 V_m，必须从 V_m 中减去一个与分子自身体积有关的修正项 b。这样，1 mol 实际气体分子可以自由活动的空间为 $V_m - b$，于是理想气体状态方程在体积项可校正为

$$p(V_m - b) = RT \tag{0-14}$$

下面考虑由于分子间存在相互作用而引起的压力项的校正。可以设想处于气体内部的某个气体分子，其周围各个方向上都受到其他分子的相同作用力，其所受合力作用的结果是该分子处于平衡状态。然而，若该分子运动至靠近器壁，由于受到内部分子的引力作用，而该分子与器壁间却没有作用，此时将产生一个将该分子向后拉回气体内部的作用力，此力称为内压力 p_i。p_i 的存在使气体碰撞器壁时产生的压力要比忽略分子间引力时的小，因此实际气体施予器壁的压力 p 为

$$p = RT/(V_m - b) - p_i$$

实际气体与理想气体之间的压力在相同条件下就相差这个内压力 p_i，它就是压力项校正值。内压力因分子间的相互吸引而产生，所以，内压力一方面与内部气体分子数目成正比；另一方面又与碰撞器壁的气体分子数成正比。由于分子数与密度成正比，在恒温度下，对于定量气体(设为 1 mol)其相对密度与体积成反比，故有

$$p_i = \frac{a}{V_m^2} \tag{0-15}$$

式中，a 为比例系数。

考虑分子本身体积和分子间作用力引起的上述修正，理想气体状态方程变为

$$\left(p + \frac{a}{V_m^2}\right)(V_m - b) = RT \tag{0-16}$$

将式(0-16)两边同乘以物质的量 n，则得

$$\left(p + a\frac{n^2}{V_m^2}\right)(V_m - nb) = nRT \tag{0-17}$$

式(0-16)和式(0-17)均称为范德华方程。式中，a 为与分子间引力有关的常数；b 为与分子自身体积有关的常数。a、b 统称为范德华常数，其值可由实验测定。表 0-1 列出了一些气体的范德华常数。

表 0-1　一些气体的范德华常数

气体	$a/(Pa \cdot m^6 \cdot mol^{-2})$	$b/(10^{-4}\ m^3 \cdot mol^{-1})$	气体	$a/(Pa \cdot m^6 \cdot mol^{-2})$	$b/(10^{-4}\ m^3 \cdot mol^{-1})$
Ar	0.135 3	0.322	H_2S	0.451 9	0.437
Cl_2	0.657 6	0.562	NO	0.141 8	0.283
H_2	0.024 32	0.266	NH_3	0.424 6	0.373
He	0.003 445	0.236	CCl_4	1.978 8	1.268
Kr	0.235 0	0.399	CO	0.147 9	0.393
N_2	0.136 8	0.386	CO_2	0.365 8	0.428
Ne	0.021 27	0.174	$CHCl_3$	0.757 9	0.649
O_2	0.137 8	0.318	CH_4	0.228 0	0.427
Xe	0.415 4	0.511	C_2H_2	0.443 8	0.511
H_2O	0.553 2	0.305	C_2H_4	0.451 9	0.570
HCl	0.371 8	0.408	C_2H_6	0.549 2	0.642
HBr	0.451 9	0.443	乙醇	1.215 9	0.839
HI	0.631 3	0.531	二乙醚	1.767 1	1.349
SO_2	0.686	0.568	C_6H_6	1.902 9	1.208

与理想气体状态方程相比，范德华方程在较广泛的温度和压力范围内可以更精确地描述实际气体的行为。

从表 0-1 可看出，不同气体有不同的 a、b 值，它们是与气体性质有关的常数。

从现代观点来看，范德华对于内压力反比于 V_m^2，以及 b 的导出等观点都不尽完善，所以范德华方程还只是一种被简化了的实际气体的数学模型。人们常常把任何温度、压力条件下均服从范德华方程的气体称作范德华气体。各种实际气体的范德华常数 a 与 b，可由实验测定的 p、V_m、T 数据拟合得出。终因该方程仍然只是个近似模型，所以精确的测定表明：a、b 除了与气体种类有关以外，还与气体的温度有关，甚至不同的拟合方法也会得出不同的数值。这时，范德华常数 a、b 可以通过气体的临界参数求取，有关内容在此不再介绍。

由范德华方程可知,若实际气体压力趋于零,V_m 应趋于无穷大,相应使 $(p+a/V_m^2)$ 及 (V_m-b) 两项分别简化为 p 及 V_m,表明压力趋于零时,范德华方程将还原成理想气体状态方程,即

$$\lim_{p \to 0}(p + a/V_m^2)(V_m - b) = pV_m = RT$$

使用范德华方程求解实际气体 pVT 的性质时,首先要有该气体的范德华常数 a 与 b。在此情况下,p、V_m、T 三个变量中已知任意两个,就可求解第三个变量。

知识延伸

> 压力较高时,将理想气体状态方程用于真实气体将产生偏差。为了描述真实气体的 pVT 性质,曾提出过上百种状态方程。除上述讨论过的方程外还有位力方程。
>
> 位力方程是卡末林-昂内斯(Kamerlingh-Onnes)于 20 世纪初作为纯经验方程提出的。一般有两种形式:
>
> $$pV_m = RT\left(1 + \frac{B}{V_m} + \frac{C}{V_m^2} + \frac{D}{V_m^3} + \cdots\right)$$
>
> $$pV_m = RT(1 + B'p + C'p^2 + D'p^3 + \cdots)$$
>
> 式中,B、C、D、…与 B'、C'、D'、…分别称为第二、第三、第四、…位力系数。它们都是温度 T 的函数,并与气体本性有关。两式中的位力系数有不同的数值和单位,其值通常由实测的 pVT 数据拟合得出。当 $p \to 0$,$V_m \to \infty$ 时,位力方程还原为理想气体状态方程。虽然位力方程表示成无穷级数的形式,但实际上通常只用最前面的几项进行计算。在计算精度要求不高时,有时只用到第二项即可,所以第二位力系数较其他位力系数更为重要。
>
> 位力方程最初虽然完全是一个经验方程,但后来从统计力学的角度得到了证明,所以位力方程已由原来的纯经验式发展为具有一定理论意义的方程。第二位力系数反映了两个气体分子间的相互作用对气体 pVT 关系的影响,第三位力系数则反映了三分子相互作用引起的偏差。因此,通过由宏观 pVT 性质测定拟合得出的位力系数,可建立起宏观的 pVT 性质与微观领域的势能函数之间的关系。

【**例0-4**】　设有 1 mol CO_2 气体,其体积为 500 cm^3,温度为 50℃,试计算其压力为多少?

(1)用理想气体状态方程计算;

(2)用范德华方程计算。

将结果与实测压力 $4.17×10^6$ Pa 进行比较。

　　解:(1)用理想气体状态方程计算

$$p = \frac{RT}{V_m} = \frac{8.314 \times 323}{500 \times 10^{-6}} = 5.37 \times 10^6 (\text{Pa})$$

(2)用范德华方程计算

由表查得 CO_2 的 $a = 0.3658$ Pa·m^6·mol^{-2},$b = 0.428×10^{-4}$ m^3·mol^{-1},代入范德华方程得

$$p = \frac{RT}{V_m - b} - \frac{a}{V_m^2} = \frac{8.314 \times 323}{(0.500 - 0.0428) \times 10^{-3}} - \frac{0.3658}{(0.500 \times 10^{-3})^2} = 4.41 \times 10^6 (\text{Pa})$$

与实测值 $4.17×10^6$ Pa 进行比较,显然用范德华方程得到的结果比用理想气体状态方程要准确得多。

范德华方程提供了一种实际气体的简化模型,常数 a、b 又是从各种气体实测的 p、V、T 数据拟合得出。所以该方程在相当于几个兆帕斯卡(几十个大气压)的中压范围内,精度要比理想气体状态方程高。但是,该方程对实际气体提出的模型过于简化,故其计算结果还难以满足工程上对高压气体数值计算的需要。值得指出的是,范德华提出了从分子间相互作用力与分子本身体积两方面来修

正其 p、V、T 行为的概念与方法,为建立某些更准确的实际气体状态方程奠定了一定的基础。

科学家介绍

奥斯特瓦尔德(W. Ostwald)1853 年 9 月 2 日生于俄国拉脱维亚里加,1872 年入爱沙尼亚多尔帕特大学学习,1878 年获化学博士学位。1932 年 4 月 4 日卒于莱比锡。

奥斯特瓦尔德因研究催化作用、化学平衡条件和反应速率等方面的贡献而获 1909 年诺贝尔化学奖。他 1887 年和范特霍夫共同创办《物理化学杂志》。从此以后,物理化学这一分支学科开始形成和发展,因此后人常称奥斯特瓦尔德是"物理化学之父"。

奥斯特瓦尔德著有《普通化学教程》(1910～1911)、《电化学》(1896)、《分析化学的基础》(1895)等书。对分析化学下了精辟的定义:"分析化学是试验物质和它们组成的工艺、在化学科学的应用上扮演了重要的角色,因为它解决了许多技术问题。"

W. Ostwald(1853～1932)
德国物理化学家、化学家
奥斯特瓦尔德

Ostwald 在化学研究方面的成果是多方面的:他指出了化学反应的物理—化学本性,认为每一种化学现象都可以用热力学来解释,即"毫无疑问,我们能够用热力学和吉布斯方程来解决问题";他将质量作用定律应用于电解质的电离,并引入了解离常数概念;由于对催化作用的深入研究,他成功地使氨在铂上氧化转变成一氧化氮,为现代硝酸工业发展奠定了基础;他还提出了溶度积概念,指出在电解质的饱和水溶液中存在着一种平衡,固体物质与溶液中未解离的物质达到平衡,然后再与解离的部分达成平衡;他认为指示剂是一种弱酸,其他弱酸给出它们的氢离子,使指示剂改变颜色。他的观点可以说是对指示剂变色作用的最早解释。

J. D. van der Waals(1837～1923)
荷兰物理学家范德华

约翰尼斯·迪德里克·范·德·瓦尔斯(通常称为范德·瓦尔斯或范德华,J. D. van der Waals),荷兰物理学家,曾任阿姆斯特丹大学教授。他因对气体和液体的状态方程所做的工作,而获得 1910 年诺贝尔物理学奖。化学中有以他名字命名的范德华力。

青年时代范德华由于家境贫寒而无力入学读书。在工作之余,刻苦钻研,自学成才。1873 年,范德华的论文"论液态和气态的连续性"引起了学术界的关注,并获得了莱顿大学的博士学位。1877～1907 年任阿姆斯特丹大学教授。经过研究,他认识到如果假定气体分子不占有体积,而且分子之间不存在引力,则可以从气体分子运动论得出理想气体的状态方程,但是这两项假定不符合事实。1873 年,范德华在研究真实气体的理论时最先假设原子间和分子间存在某种吸引力,后来人们将这种吸引力命名为范德华力。1881 年,他给这个方程引入两个常量,分别表示分子的大小和引力,得出一个更准确的方程,即范德华方程:

$$\left(P + \frac{a}{V_m^2}\right)(V_m - b) = RT$$

式中,比例常数 a 称为范德华常数,是与气体种类有关的一种特性常数。一般说来,分子间引力越大,则 a 值越大。在 SI 单位制中,a 的常用单位是 $Pa \cdot m^6 \cdot mol^{-2}$。范德华还认为,常数 a 只与气体种类有关,与温度条件无关。式中的体积修正项 b 也称为范德华常数,表示每摩尔实际气体因分子本身占有体积而使分子自由活动空间减小的数值。显然,常数 b 应与气体性质有关,也是物质的一种特性常数。在 SI 单位制中,b 的常用单位是 $m^3 \cdot mol^{-1}$,并认为常数 b 与气体的温度无关。对于物质的量为 n 的气体范德华方程可表示为

$$\left(p + \frac{n^2 a}{V_m^2}\right)(V - nb) = nRT$$

由范德华方程可知,若实际气体压力趋于零,V_m 应趋于无穷大,相应使 $\left(p + \frac{n^2}{V_m^2}\right)$ 及 $(V_m - b)$ 两项分别简化为 p 及 V_m,表明压力趋于零时,范德华方程将还原成理想气体状态方程,即

$$\lim_{p \to 0}(p + a/V_m^2)(V_m - b) = pV_m = RT$$

从现代观点来看,van der Waals 对于内压力反比于 V_m^2,以及 b 的导出等观点都不尽完善,所以范德华方程还只是一种被简化了的实际气体的数学模型。人们常常把任何温度、压力条件下均服从范德华方程的气体称作范德华气体。各种实际气体的范德华常数 a 与 b,可由实验测定的 p、V_m、T 数据拟合得出。

范德华还研究了毛细作用,对附着力进行了计算。他在研究物质三态(气、液、固)相互转化的条件时,推导出临界点的计算公式,计算结果与实验结果相符。

范德华因研究气态和固态方程成绩显著,荣获 1910 年诺贝尔物理学奖。

习　题

1. 设有含水蒸气的天然气混合物,温度为 298 K,压力为 101 kPa,其中水蒸气的分压为 3.0 kPa,试求水蒸气和天然气的摩尔分数。　　　　　　　　　　　　　　　　　　　　　　　　$(0.030, 0.97)$

2. 装氮气的钢筒体积为 40 dm^3,在 20℃时压力为 100 kPa,经使用后压力降低到 25 kPa。问共使用了多少千克氮气?　　　　　　　　　　　　　　　　　　　　　　　$(3.448 \times 10^{-2}\ kg)$

3. 在 298 K 时,将直径为 1 m、压力为 100 kPa 的空气球带至高空,温度降为 273 K,球的直径膨胀到 3 m,试求此时球内的压力。　　　　　　　　　　　　　　　　　　　　　　$(3.39\ kPa)$

4. 在一体积恒定的容器内装入一定量温度为 300 K 的气体,若保持压力不变,将气体释放 1/6,则需要将容器加热到多少温度? 假定气体为理想气体。　　　　　　　　　　　　$(360\ K)$

5. 将温度为 300 K,压力为 1800 kPa 的钢瓶中的氮气放一部分到体积为 10 dm^3 的储气瓶中,使储气瓶压力在 300 K 时为 100 kPa,这时钢瓶中的压力降为 1600 kPa(假设温度未变)。试求原钢瓶的体积。假设气体为理想气体。　　　　　　　　　　　　　　　　　　　　　　　　　$(5\ dm^3)$

6. 在两个等体积的球内充入氧气,并用一根可忽略体积的管子连起来,将两球浸入沸水中时,球内气体的压力为 300 kPa。然后,将一球浸入冰水混合物中,另一球仍保持在沸水中,求体系的压力为多少?　　　　　　　　　　　　　　　　　　　　　　　　　　　　　　　　　$(254\ kPa)$

7. 在 273 K 时将 1 mol O_2 放入容积为 0.4 dm^3 的容器内,试分别采用理想气体状态方程和范德华方程求算容器内的压力。已知 O_2 的范德华常数 $a = 0.1378\ Pa \cdot m^6 \cdot mol^{-2}$,$b = 0.3183 \times 10^{-4}\ m^3 \cdot mol^{-1}$。

$$(5.67 \times 10^3\ kPa, 5.30 \times 10^3\ kPa)$$

第一章　热力学第一定律与热化学

本节提要

本章主要介绍热力学的研究内容和方法、热力学的基本概念、内能与焓两个状态函数以及热与功的计算，其中热力学第一定律的数学表达式是本章的核心，并在此基础上将热力学延伸到化学热力学，对任意化学反应的热效应进行计算。掌握状态函数的特征是学好本章的关键，通过热力学第一定律对理想气体的应用掌握内能、焓两个状态函数，熟悉常见过程的热、功、内能、焓的计算，熟悉盖斯定律的应用及生成焓、燃烧焓的概念与计算。

物质的运动构成了世界上所有的自然现象，而物质的运动总是和能量及其转化联系在一起，因此可从能量的角度来了解各种自然现象发生的基本规律。热力学是研究热与其他形式能量相互转化所遵循规律及热运动对物质宏观性质的影响的一门学科。它主要研究伴随着各种物理及化学过程而发生的能量效应与能量转换所遵循的规律。用热力学基本原理研究化学过程及与化学有关的物理过程就构成了"化学热力学"这门学科。化学热力学主要研究和解决两个方面的问题：一是利用热力学第一定律研究过程进行的能量效应问题；二是利用热力学第二定律解决过程进行的方向及限度问题。

本章是《物理化学》课程中系统学习化学热力学的开端，因而首先要介绍热力学中常用的基本概念和术语。准确掌握这些基本概念，是能够正确、灵活地解决实际问题的基础，应引起初学者的充分重视。

第一节　热力学概论

一、热力学研究的基本内容

化学及药学工作者常常会遇到并需要解决一些问题。其中一类问题是：某个指定的化学反应是放热的还是吸热的？消耗一定量反应物的同时，要放出或吸收多少热？要使反应顺利进行，需要用冷却剂移走多少热或用加热的方法补给多少热？另一类问题是：在采用易得原料制备人类需要的化学药品时，所设计出来的某合成方法、路线是不是合理的？有无实现的可能性？如果可能实现，原料反应物的转化率最高能达到多少？怎样选择最合适的温度、压力、浓度等反应条件，来达到获得更多所需产品的目的？

以上这两类问题，前者可以归纳为化学及物理变化中的能量转换及转移问题；后者可归纳为变化的可能性、方向及进行限度问题。解决这两类问题的重要理论工具之一是热力学，热力学学科主要以热力学第一定律及热力学第二定律为基础。热力学第一定律，即能量守恒与转化定律，研究热与其他形式能量间相互转化的守恒关系；热力学第二定律是研究热与其他形式能量相互转化的方向和限度的规律。这两个定律都是人类在总结大量经验的基础上建立起来的，有广泛的、坚实的实验基础，从这些定律出发，通过严密的逻辑推理可以得出一系列热力学函数关系式，这些函数关系式所表明的变化规律在解决实际问题时非常有效。热力学第三定律是物质的熵的绝对值定律，它的基础虽没有热力学第一、第二定律广泛，对于化学平衡及熵的计算却有重大意义。将热力学的定律、原理、方法用来研究化学过程及伴随这些化学过程而发生的物理变化,就形成了化学热力学。它的主要内容是利用热力学第一定律解决热力学系统变化过程中的能量计算问题,重点解决化学反应热效应的计算问题;利用热力学第二定律解决系统变化过程的可能性及化学平衡和相平衡中的有关问题;利用热力学第三定律进行化学平衡及熵的计算问题。

二、热力学的研究方法和局限性

热力学的研究采用演绎的方法,即采用严格的数理逻辑的推理方法。热力学所研究的是大量微观粒子的集合体,是选定系统的宏观性质,这些性质可以通过实验来测定。所得结论反映大量微观粒子的平均行为,具有统计意义。而对物质的微观性质即个别或少数微观粒子的行为,无法做出解答。热力学无需知道微观粒子的结构和反应进行的机制,只需知道系统的始态和终态及过程进行的外界条件,就可以进行相应的计算和判断。虽然只知道其宏观结果而不知其微观结构,但却非常的可靠且简单易行,这正是内能得到广泛应用的重要原因。此外,热力学只研究系统变化的可能性及限度问题,不研究变化的现实性问题,也不涉及时间的概念,因为无法预测变化的速率和过程进行的机制。以上既是热力学方法的优点也是其局限性。

热力学发展至今已有100多年的历史,在研究平衡态热力学方面已形成一套完整的理论和方法。然而热力学也是一门不断发展中的科学,它已经从平衡态热力学发展到非平衡态热力学,特别是近几十年来,在远离平衡态的不可逆过程热力学的研究方面已取得了一些可喜的成果。如1969年比利时著名科学家普里高京(I. Prigogine)等经过几十年的研究创立了耗散结构理论这一新学科,为热力学的发展做出了突出的贡献。近些年来,人们用精密微量量热计可测量细菌生长、种子发芽等缓慢过程的微量热效应,从而绘制其代谢过程的热谱图。热谱图能够提供动植物生长发育和新陈代谢等过程中有关生命现象的重要信息。

第二节　热力学基本概念

一、系统与环境

当用热力学方法研究问题时,首先要确定研究的具体对象。将一部分物质从其他物质之中划分出来作为研究对象,这部分物质称为**系统**(system)。热力学的系统都是由大量的物质微粒所组成的宏观的、有限的系统。在系统以外而与系统有密切关系的部分,称为**环境**(surroundings)。

根据系统与环境之间交换物质和能量的不同情况,可将系统分为三种:

(1)**敞开系统**(open system)。与环境之间既有物质的交换,又有能量交换的系统。

(2)**封闭系统**(closed system)。与环境之间没有物质的交换,但有能量交换的系统。

(3)**孤立系统**(isolated system)。与环境之间既无物质的交换,也无能量交换的系统。

例如,一个具有隔热盖子的保温瓶,内装有热水,现以瓶内的热水为系统。瓶加盖使水不能蒸发,保温性能良好使热不致散失,则形成孤立系统;一个普通的有盖玻璃瓶中装有热水,水不能蒸发,但热可以传出而散失,则是封闭系统;若将此瓶的盖子拿开,水可以蒸发,空气中气体也可以进入,热也可以传出,则是敞开系统。

究竟选择哪一部分物体作为系统,并无一定的规则,应具体问题具体分析,以处理问题的方便、简化为准则。

应当指出,上述系统的分类完全是由界面的性质不同造成的,而不是系统本身有本质上的不同。

同一系统用不同性质的界面与环境分开,就可以得到不同类型的系统。根据界面性质的不同,可以有五种不同类型的壁(wall):

(1) **刚性壁**(rigid wall)。界面的形状和位置是固定不变的,如钢瓶的金属壳体。

(2) **可移动壁**(movable wall)。界面的位置是可以移动的或形状是可以改变的,如气缸中可移动的活塞或气、液之间的分界面。

(3) **透热壁**(thermally conducting wall)。界面可以允许热量以任何方式通过,如玻璃板、金属板等(关于热量的定义见下文)

(4) **绝热壁**(adiabatic wall)。界面不允许热量以任何方式通过。完全绝热的界面在客观实际中是很难实现的,只能说接近绝热,或对于考虑的问题所引起的影响可忽略不计。

(5) **半透壁**(semipermeable wall)。界面只允许某种或几种物质透过,而不允许其他物质透过,如生物细胞膜。

知识延伸

　　敞开系统由于比较复杂,物质的数量在改变,能量也不会守恒,所以经典热力学基本上不研究这类系统;封闭系统是热力学中研究最多的系统,若不特别说明,一般都是指封闭系统;一个系统若用刚性、绝热和不渗透任何物质的壁与环境隔开,并且与环境没有任何相互作用,则这个系统就是孤立系统。这里所谓没有任何相互作用,包括没有任何力场的影响。真正的孤立系统在地球上是不存在的,因为还没有一种材料可以将系统与重力场和磁场完全隔离,只是在热力学研究中不考虑重力场和磁场等外力场的影响。也没有理想的绝热材料可以完全隔绝系统与环境之间的热量传递。

　　由于系统是为了研究方便而人为划定的,所以有时也会将封闭系统及与其密切相关的环境合在一起,当成孤立系统来处理。从不同角度认识问题时,可选择不同的系统;系统不同,描述它们的变量也不同,所适用的热力学公式也不同,因此必须确定所研究的系统类型。本章讨论的主要是封闭系统。

二、热力学平衡态

实际上,热力学平衡态也是一种统计的热动平衡状态,因为每个微粒仍在不停运动之中,只是宏观性质不再随时间而改变。当系统的性质不随时间而变,则该系统就处于热力学平衡态(thermodynamic equilibrium state)。热力学平衡态应同时存在下列四种平衡:

(1)热平衡。当系统内部无绝热壁存在时,系统内的各部分温度相等。

(2)力学平衡。当系统内无刚性壁存在时,系统内各部分的压力相等。

(3)相平衡。一个多相系统达到平衡后,各相间无物质的净转移,各相的组成和相的数量不随时间而改变。

(4)化学平衡。化学反应系统达到平衡后,宏观上反应物和产物的量及组成不再随时间而变。

由此可见,如无特殊情况,系统处于平衡态必须是系统内部各种性质(如温度、压力)要均匀,有相变化与化学反应进行时均应达到平衡,而且,系统的温度、压力应分别与环境温度、压力相等,这样的系统才真正处于平衡态。在本书以后的讨论中,若不特别指明系统处于某一状态时,则是指处于一定的热力学平衡状态。

知识延伸

非平衡态简介

当非孤立系统中各部分的所有宏观性质都不随时间而变,系统与环境完全隔离开后系统中各部分的所有宏观性质也都不起变化时的状态,称为平衡状态。当处于恒定的外部限制条件,如固定的边界条件或浓度限制条件等时,系统内部发生宏观变化,则系统处于非平衡态。经过一定时间系统达到一种在宏观上不随时间变化的恒稳状态,此状态称为非平衡稳态或简称为稳态(或称定态)。稳态系统的内部宏观过程仍然在进行着。

在处于远离平衡的敞开系统中,通过控制边界条件或其他参量,可使系统失稳并过渡到与原来定态结构上完全不同的新的稳定态。这种建立在不稳定之上的新的有序的稳定结构,是依靠与外界交换物质与能量来维持的。普里高津的布鲁塞尔学派将其称为耗散结构,耗散结构的存在表明了非平衡是有序之源。

三、状 态 函 数

系统的**状态**(state)是系统一切性质的综合表现。当系统处于某一确定的状态时,系统的性质都具有确定的值。反之,当系统的所有性质如温度、压力、体积、密度、组成等都确定时,系统就处于一个确定的状态。当系统的任一性质发生变化时,系统的状态也就发生变化。一般将系统变化前的状态称为始态(初态),变化后的状态称为终态(末态)。

描述系统热力学状态的参数称为状态函数(state function),如物质的量、压力、温度、体积、浓度、密度、黏度、折光率等,均是描述系统状态的宏观物理量,都是状态函数。状态函数既能描述系统所处的状态,又可随着系统状态的变化而变化,这正是状态"函数"的意义。状态函数是描述热力学科学的语言,也是理解和掌握热力学最重要的钥匙,必须重点掌握。

(一)状态函数的分类

1. 广度性质　与系统的物质的量成正比的状态函数称为广度性质(extensive properties),也称为广度量、容量性质。广度性质具有加和性,即整个系统的某种广度性质是系统中各部分该种性质的总和。例如,质量是广度性质,因为系统的质量与系统所含物质的量成正比,系统各部分的质量之和就是系统的总质量;又如,体积是广度性质,因为体积大小与所含物质的量成正比,系统各部分的体积之和就是系统的总体积。

2. 强度性质　与系统的物质的量无关的状态函数称为强度性质(intensive properties),又称为强度量。强度性质不具有加和性。例如,温度是强度性质,因为温度的高低与系统所含物质的量没有关系。两杯25℃的水混合在一起,还是25℃。同理,压力、密度、黏度等也是强度性质。

广度性质和强度性质虽有区别也有联系,广度性质除以广度性质得到强度性质。例如,质量、体积是广度性质,质量除以体积就得到密度,密度是强度性质。而强度性质乘以广度性质则得到广度性质。例如,摩尔质量是强度性质、物质的量是广度性质,摩尔质量乘以物质的量则得到物质的质量,质量是广度性质。

知识延伸

只有处于热力学平衡状态下,系统的广度性质和强度性质才具有一定的数值。系统的状态

知识延伸

一定,系统的性质也一定。可以用系统的性质来描述系统所处的状态。系统的性质之间是相互关联的,通常只需指定几个,其他的也就随之而定了。由于强度性质与系统的数量无关,所以实际测定中尽可能用易于测定的强度性质,再加上必要的广度性质来描述系统的状态。例如,对于单组分纯水,指定了压力和温度,则密度、黏度等强度性质就确定了,再指定物质的量,则所有的广度性质也就确定了。

(二)状态函数之间互为函数关系

同一个热力学系统的许多状态函数之间,并不是相互独立、彼此无关的,如果系统的某一个状态函数发生了变化,至少会影响另外的一个甚至几个状态函数也会随之发生变化。例如,一定量的某气体,温度一定时,若压力增加,体积就随着减小、密度增大,折光率也发生变化……。正因为状态函数之间有相关性,因此要确定一个系统的状态,并不需要确定所有状态函数,只要确定其中少数几个,其他的也就随之而定了。

由经验得知,对于物质的量确定、组成不变的均相系统,系统的任意一个状态函数是另外两个独立状态函数的函数。可以表示为

$$z = f(x, y)$$

作为变量的两个独立的状态函数 x、y,在数学上常称为独立变量。实践证明,选择独立变量应优先选用强度性质作独立变量,因强度性质与系统中物质的数量多少无关,是系统本性的体现。最常用的是可以由实验测定的四个基本状态函数:温度、压力、体积和物质的量。例如,一定量的纯理想气体 $V = f(T, p)$,其具体的关系为

$$V = \frac{nRT}{p}$$

当物质的量 n 一定时,V 是 T、p 的函数,当 T、p 值确定了,V 就有确定值,则该理想气体的状态也就确定了。

对压力 p,也可以选择 T、V 作变量描述 $p = f(T, V)$,即 $p = \frac{nRT}{V}$。

后续课程学习的其他热力学函数都有类似地选择 T、p 或者 T、V 作变量的特点。

(三)状态函数的特征

1. 状态函数是系统状态的单值函数　当系统的状态确定之后,它的每一个状态函数都具有单一的确定值,而不会有多个不等的值。例如,温度是状态函数,系统的状态确定之后,温度一定具有单一的确定值,是30℃就是30℃,绝不可能既是30℃又是50℃。

2. 状态函数的改变量只与系统的始、终态有关　系统发生变化后,系统任意状态函数的改变量(简称状态函数变)只与系统的始、终态有关,而与变化的途径无关。

$$\Delta z = z_2 - z_1 \tag{1-1}$$

如理想气体发生状态变化时,$\Delta T = T_2 - T_1$,$\Delta V = V_2 - V_1$。

若系统变化经历一循环后又重新恢复到始态,状态函数 z 的数值应无变化,即 z 的环径积分为零:

$$\oint dz = \int_1^1 dz = z_1 - z_1 = 0 \tag{1-2}$$

如 dV 的环径积分代表系统经历一个变化又恢复到始态时体积的变化。显然:

$$\oint dV = 0$$

这一特征对判断一个物理量是否是状态函数具有特别重要的意义。该性质在热力学中解决实际问题时也是非常重要的,不管实际途径如何,可以根据始态和终态选择理想的过程建立状态函数间的关系,而且还可以选择较简便的途径来计算状态函数的变化等。

对于系统,只要它的始态、终态确定,状态函数变就一定,而与实际经历的途径无关。因此对一个给定的实际过程,若某状态函数变难以计算,则可以通过在始态、终态之间设计其他途径进行计算。这是在热力学中常用的基本方法之一。

3. 状态函数具有全微分性质　状态函数的微小改变量是全微分,所谓全微分就是对多个独立变量分别微分(称为偏微分)之和。

若 $z = f(x, y)$,则其全微分可表示为

$$dz = \left(\frac{\partial z}{\partial x}\right)_y dx + \left(\frac{\partial z}{\partial y}\right)_x dy \tag{1-3}$$

以一定量纯理想气体, $V = f(T, p)$ 为例,则

$$dV = \left(\frac{\partial V}{\partial T}\right)_p dT + \left(\frac{\partial V}{\partial p}\right)_T dp$$

式中, $\left(\frac{\partial V}{\partial p}\right)_T$ 是指当 T 不变而仅对 p 微分,或指在 T 不变时改变 p ,此时 V 对 p 的变化率; $\left(\frac{\partial V}{\partial T}\right)_p$ 是指当 p 不变而仅对 T 微分,或指在固定 p 不变,只有变量 T 变化时 V 对 T 的微分。全微分 dV 就是指当 p 改变 dp , T 改变 dT 时所引起系统 V 的微小变化。代入理想气体状态方程 $V = \frac{nRT}{p}$ 对体积进行微分得

$$dV = \left(\frac{\partial V}{\partial T}\right)_p dT + \left(\frac{\partial V}{\partial p}\right)_T dp = \frac{nR}{p}dT - \frac{nRT}{p^2}dp$$

计算体积变化 ΔV 时即可对上式右端两项分别积分。全微分的分别微分意味着积分也可以分别积分。

由全微分关系还可以演化出如下两个重要关系:

在式(1-3)中,令 $M = \left(\frac{\partial z}{\partial x}\right)_y$, $N = \left(\frac{\partial z}{\partial y}\right)_x$,它们均是 x 、 y 的函数,则有

$$\left(\frac{\partial M}{\partial y}\right)_x = \left(\frac{\partial N}{\partial x}\right)_y$$

或

$$\left[\frac{\partial}{\partial y}\left(\frac{\partial z}{\partial x}\right)_y\right]_x = \left[\frac{\partial}{\partial x}\left(\frac{\partial z}{\partial y}\right)_x\right]_y \tag{1-4}$$

说明微分次序并不影响微分结果,式(1-4)常称为"欧拉(Euler)规则"。

同时存在

$$\left(\frac{\partial z}{\partial x}\right)_y \left(\frac{\partial x}{\partial y}\right)_z \left(\frac{\partial y}{\partial z}\right)_x = -1 \tag{1-5}$$

式(1-5)常称为"循环规则"。

式(1-1)～式(1-5)均为状态函数重要性质。

4. 不同状态函数构成的初等函数(和、差、积、商)也是状态函数

凡是状态函数,必然具有上述四项特征。其逆定理也成立,即系统的某一个物理量如果具有上述任一特征,那么它一定是一个状态函数。

基于以上论述,状态函数的特性可描述为"殊途同归,值变相等,周而复始,数值还原"。

四、过程和途径

(一)过程

系统发生的任何状态变化称为过程(process)。例如,气体的膨胀、水的结冰、化学反应等都是不同的过程。**完成状态变化所遵循的具体步骤称为途径**(path)。完整地描述一个过程,应当指明始态、终态(或称初态、末态)及变化的具体步骤。对比系统始态与终态的差异,在热力学中将过程分为以下三类:

(1)简单物理过程。系统的化学组成及聚集态(相态)不变,只发生了 p、V、T 等状态变量的改变。

(2)复杂物理过程。发生相变化和混合等。化学组成不变而聚集态发生变化的过程就是相变化,如水结冰、液体蒸发成气体、固体升华成气体、气体冷凝成液体等都是聚集态发生变化的例子。而扩散、混合、渗透等现象也是物理化学研究的重要变化过程。

(3)化学过程。化学过程是系统的化学组成发生变化的过程。

为研究方便,热力学常根据过程特点划分为以下五种适宜做模型研究的典型过程:

(1)**等温过程**(isothermal process)。在环境温度恒定下,系统始、终态温度相同且等于环境温度的过程。例如,气体在一定温度下压力、体积的改变,人体内部体温恒定(37℃)下的一些生理过程,中药煎锅内煎煮汤药(约 100℃)时植物成分从植物细胞内向水溶液溶出的过程都是等温(恒温)过程。

(2)**等压过程**(isobaric process)。在环境压力恒定下,系统始态、终态压力相同且等于环境压力的过程。敞口容器(通大气)内进行的过程,都可看成等压过程,包括物质的混合过程、水分蒸发的相变化过程,以及大多数非密闭容器中的化学反应过程。例如,滴定操作就是等压(恒压)过程。

有人将等压过程看成是系统压力始终不变的过程。这是一种不全面的理解,因为这只是等压过程的一种特殊情况。

(3)**等容过程**(isochoric process)。系统的体积保持不变的过程。在密闭容器(容器内部体积不变)内进行的过程属于等容过程。例如,高压锅内进行手术器械消毒、煮饭都是等容过程。

(4)**绝热过程**(adiabatic process)。系统与环境之间没有热交换的过程。理想的绝热过程在实际中是不存在的。某些过程系统与环境之间交换的热量很少,或者过程发生太快,系统和环境来不及交换热量也可当成绝热过程处理。例如,汽车发动机气缸内的燃烧,气缸壁并非绝热,但由于每一次燃烧时间都极为短暂,因而可以认为每一次燃烧产生的热量全部转化为做功和尾气排放,忽略了气缸壁的传热。

(5)**循环过程**(cyclic process)。系统从某一状态出发,经一系列变化,又恢复到原来状态的过程。由于循环过程中,系统的终态与始态是同一状态,因此状态函数的改变量为零。

(二)途径

系统由一个状态变化到另一个状态,就可以称为发生了一个过程,完成某一过程的具体步骤称为途径。例如,一杯水由 10℃升温到 50℃,可以用一个 500℃的热源将其加热;也可以先将水蒸发,然后将水蒸气升温,而后再冷凝成液态水;还可以用高速搅拌的方式使水温升高。这便是实现同一个状态变化的三种不同途径。

　　例如,某一系统由始态(298 K,1×10⁵ Pa)变到终态(373 K,5×10⁵ Pa)可有两条途径(图1-1),途径1是先经恒压过程升高温度到373 K,再经恒温过程升压到达终态5×10⁵ Pa;途径2是先经恒温过程升高压力到5×10⁵ Pa,再经恒压过程升温到373 K。其实系统发生这个过程的真实途径可能根本没人知道,只是为了研究方便,在始态和终态之间找了两条途经:途径1和途经2。

　　物质状态变化过程的不同途径可在状态图上分别表示。所谓状态图,就是以横坐标V、纵坐标为p的平面坐标来描述系统变化的平面坐标图,如图1-2所示,图上每一点,表示系统所处的状态。两条途径都是自同一始点到达同一终点。

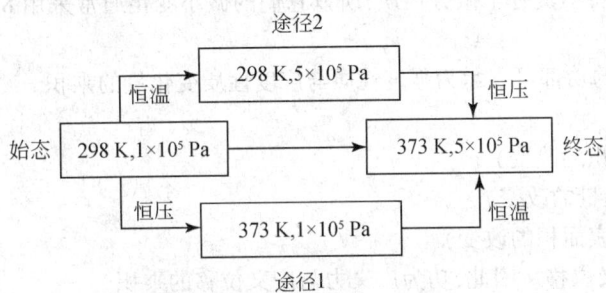

图1-1　两条不同途径示意图　　　　　　　　图1-2　状态图

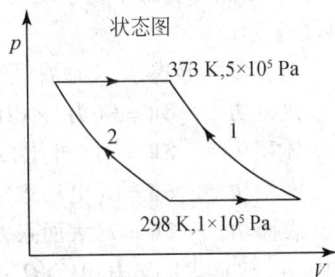

　　完成一个化学过程,也可以经过不同的具体路线、具体步骤。这些所经历的具体路线、具体步骤就称为不同的途径。例如,碳燃烧成二氧化碳,可以是一步完成的

$$C + O_2 \longrightarrow CO_2$$

也可以是分两步完成的

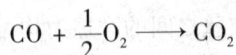

$$C + \frac{1}{2}O_2 \longrightarrow CO$$

$$CO + \frac{1}{2}O_2 \longrightarrow CO_2$$

这是同一化学过程的两种不同的途径。

五、热 和 功

　　封闭系统的状态变化时,在系统与环境之间会有能量的传递或交换。热和功是系统与环境之间能量传递或交换的两种形式。

(一)热

　　由于系统与环境之间的温度差而引起系统与环境之间的能量传递称为热(heat),用符号Q表示。规定系统吸热,Q取正值,即$Q>0$;系统放热,Q取负值,$Q<0$。热的单位为焦耳(J)。

　　热力学中的热分为以下两种:

　　(1)**显热**。系统与环境间交换热时,不改变物质的形态而引起其温度变化的热量称为显热,如将水自20℃加热到50℃。

　　(2)**潜热**。系统与环境间交换热时,不改变物质的温度而引起物态变化的热量称为潜热,如冰在0℃熔化为水,虽吸收热,但温度不变,直至全部变为水之后温度才会升高。熔化热、汽化热、液化热等相变热,都属于潜热。

（二）功

在热力学中，**除热以外，在系统与环境之间其他一切形式所传递和交换的能量称为功**（work），用符号 W 表示。规定系统对环境做功，W 取负值，即 $W<0$；环境对系统做功，即系统从环境得到功，W 取正值，即 $W>0$。功的单位为焦耳（J）。

应当指出，热和功是系统与环境之间能量传递或交换的两种形式，不是系统具有的性质。热和功与系统发生变化的具体过程相联系，没有过程就没有热和功；热和功的数值与变化所经历的途径有关，因而热和功都不是系统的状态函数，不具有全微分性质，所以它们的微小变化通常采用 δQ 和 δW 来表示。

功有多种形式，广义地看，各种形式的功都可表示为强度性质与广度性质变化量的乘积。

机械功　　$\delta W = F(力) \times dl(位移)$

体积功　　$\delta W = -p_e(外压) \times dV(体积的改变)$

电　功　　$\delta W = E(电动势) \times dQ(电量的改变)$

表面功　　$\delta W = \sigma(表面张力) \times dA(表面积的改变)$

式中，p_e、E、σ 为广义力；dV、dQ、dA 为广义位移。因此，功为广义力与广义位移的乘积。

从微观上看，热是大量微观质点以无序运动方式而传递的能量；而功则是大量微观质点以有序运动方式而传递的能量。

在热力学上，通常将各种形式的功分为两种，即体积功（W）和非体积功（W'）。非体积功是除体积功以外的其他一切形式的功的总称。

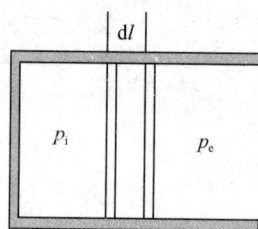

图1-3　气体体积功

对于发生化学反应的系统，常遇到的是体积功，因而体积功在化学热力学中具有重要的意义。

体积功的计算公式可由广义的机械功公式进行推导：

如图1-3所示，将一定量的气体置于横截面积为 A 的气缸中，并假定活塞与气缸壁之间的摩擦力均可忽略不计。气缸内气体的压力为 p_i，外压为 p_e，若 $p_i>p_e$，缸内气体膨胀，设活塞移动了 dl 的距离，则系统对环境所做的体积功为

$$\delta W = -Fdl = -p_e Adl = -p_e dV$$

式中，$dV=Adl$ 是系统体积的微小变化。

若体积从系统的始态 V_1 变化到终态 V_2，且外压保持不变时，系统的体积功为

$$W = -\int_1^2 \delta W = -\int_{V_1}^{V_2} p_e dV = -p_e(V_2-V_1) = -p_e \Delta V \tag{1-6}$$

关于体积功应特别注意，无论系统是膨胀还是压缩，体积功都用 $-p_e dV$ 来计算，所采用的压力均为外压。

体积功大小，由 p_e 与 dV 两项来决定，如 $p_e=0$ 或 $dV=0$，则无体积功，$\delta W=0$。体积功为零的几种过程包括：

（1）自由膨胀，即反抗外压为零的膨胀，自由膨胀也就是向真空膨胀。因 $p_e=0$，$W=0$，系统对外不做功。

（2）恒容过程。刚性容器内的化学反应，没有体积功。

（3）凝聚系统相变，如液态苯凝固为固态苯，体积变化忽略不计。

（三）体积功的图形表示

当气体状态发生变化，如始态 $1(p_1,V_1,T_1)\rightarrow$ 终态 $2(p_2,V_2,T_2)$，其体积功可用图形表示。

在恒定外压下膨胀，$W = -p_e \Delta V = -p_e (V_2 - V_1)$，如图 1-4 所示，阴影面积为体积功的数值，并取负值，因图中终态体积变大，是膨胀过程，系统对环境做功，为负值。

当外压是变化的(图 1-5)，系统从体积 V_1 变化到 V_2 时，$p_e dV$ 为某点处的外压与体积的微小变化的乘积，$W = -\int_{V_1}^{V_2} p_e dV$，其积分值为曲线下的面积，取负值即体积功，因此曲线下面积的绝对值代表体积功的绝对值大小。

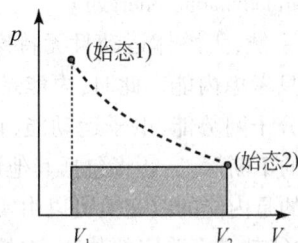

图 1-4 体积功的图形表示 图 1-5 非定外压下膨胀

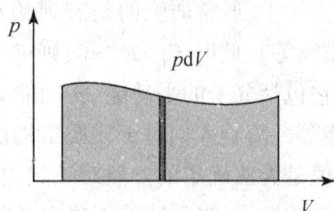

【例 1-1】 1.0 mol 的水在 373.15 K，$p^\ominus$ 下汽化为水蒸气(视为理想气体)，计算该过程的体积功。

解：显然，此过程是等温(373.15 K)、等压($p^\ominus$)下的相变过程：

$$H_2O(l) \longrightarrow H_2O(g)$$

对等压过程，根据

$$W = -p(V_2 - V_1)$$

式中，$V_1 = V(H_2O, l)$，$V_2 = V(H_2O, g)$，所以，$V_2 - V_1 \approx V_2$。又因水蒸气视为理想气体，则可得

$$W = -pV_2 = -RT = -8.314 \times 373.15 = -3.102 (kJ)$$

第三节 热力学第一定律

一、热力学第一定律的文字表述

自然界的所有物质都具有能量，能量有多种形式。能量可以从一种形式转化为另一种形式，但在转化过程中，能量既不能凭空创造，也不能自行消灭，即总能量保持不变，这就是能量守恒原理。能量守恒原理与细胞学说、进化论被称为 19 世纪自然科学的三大发现。能量守恒原理是人们经过无数次的实验和实践总结出来的。100 多年以前，有许多人曾一度热衷于设计制造第一类永动机，结果无一例外的以失败而告终，这就最有力地证明了使能量无中生有是一种梦想。至今还没有发现一件违背能量守恒原理的事实。特别是在 1840 年左右焦耳(J. P. Joule)做了大量的热功转换实验，建立了热功当量的转化关系，即 1cal(卡) = 4.184 J(焦耳)，从而为能量守恒原理提供了科学依据。将能量守恒与转化定律应用于宏观的热力学系统即为热力学第一定律。热力学第一定律是人类经验的总结，无数事实都证明了热力学第一定律的正确性。

热力学第一定律有多种表述，但都说明一个问题即能量守恒。常见表述如下：

(1)不供给能量而可连续不断对外做功的第一类永动机是不可能造成的。

(2)自然界的一切物质都具有能量，能量有多种不同形式，能量可以从一种形式转化为另一种形式，在转化中能量的总值保持不变。

二、内 能

通常系统的总能量 E 由下述三部分组成:

(1)系统整体运动的动能 E_T。

(2)系统在外力场中的势能 E_V。

(3)内能 U(internal energy),也称为热力学能(thermodynamic energy)。

在化学热力学中,通常研究的是宏观相对静止的系统,无整体运动且无特殊的外力场存在(如离心力场、电磁场等),此时 $E_T = E_V = 0$,则 $E = U$,所以只考虑内能。此时,**内能是系统中物质的所有能量的总和**。它包括分子的平动能、转动能、振动能、分子间势能、电子运动能、化学键能、分子间作用能、原子核能等。随着人们对于物质结构层次认识的不断深入,还将包括其他形式的能量,因此系统内能的绝对值是无法确定的。但对于热力学,重要的是内能的改变值可以由实验测定。

内能是系统的性质,当系统处于确定的状态,其内能就具有确定的数值,它的改变值只取决于系统的始、终态,而与变化的途径无关。若系统经一个循环过程,则内能的变化值为零。所以,内能是系统的状态函数。显然,内能的大小与系统所含物质的量成正比,即内能是系统的广度性质。

对于组成一定的均相封闭系统,其内能可以表示为温度和体积的函数,即

$$U = f(T, V)$$

全微分为

$$dU = \left(\frac{\partial U}{\partial T}\right)_V dT + \left(\frac{\partial U}{\partial V}\right)_T dV$$

同理,若把 U 看成是温度和压力的函数 $U = f(T, p)$,则

$$dU = \left(\frac{\partial U}{\partial T}\right)_p dT + \left(\frac{\partial U}{\partial p}\right)_T dp$$

三、热力学第一定律的数学表达式

宏观上相对静止且无外力场存在的封闭系统,若经历某个过程从状态 1 变为状态 2 时,系统从环境吸收了 Q 的热量,并对环境做了 W 的功,根据热力学第一定律,系统内能的改变为

$$\Delta U = U_2 - U_1 = Q + W \tag{1-7}$$

式中,U_1、U_2 分别为系统始态和终态的内能。若系统发生微小变化,则

$$dU = \delta Q + \delta W \tag{1-8}$$

式(1-7)和式(1-8)是封闭系统的热力学第一定律的数学表达式。它表明了内能、热、功相互转化时的数量关系。

显然,对于封闭系统的循环过程,状态函数内能的改变值 $\Delta U = 0$,则 $Q = -W$,即封闭系统循环过程中所吸收的热与系统对环境所做的功绝对值相等。对于孤立系统,$Q = 0$,$W = 0$,则 $\Delta U = 0$,即孤立系统的内能始终不变,为常数。

【例 1-2】 系统经历一个如图 1-6 所示的循环,从 A 点出发又回到 A 点,此过程 Q、W、ΔU 何者大于零,何者小于零,何者等于零?

解:如图 1-7 所示,膨胀时曲线下的面积与压缩时曲线下的面积差即为系统经此循环后的净功,系统膨胀时对环境做功绝对值较大,压缩时,环境对系统做功的绝对值较小,净功是系统对环境做功(图 1-8),但系统对环境做功为负,$W < 0$。系统回到原来状态,$\Delta U = 0$,所以 $Q > 0$。

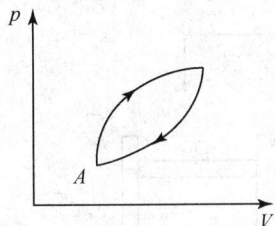

图 1-6　系统经历的循环过程　　图 1-7　系统膨胀与压缩时做的功　　图 1-8　系统所做的净功

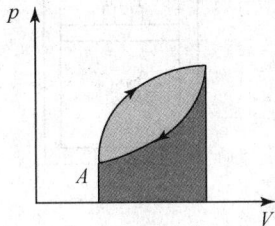

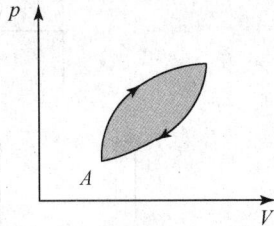

【例 1-3】 系统由相同的始态经过不同途径达到相同的终态。若途径 a 的 $Q_a = 2.078$ kJ，$W_a = -4.157$ kJ；而途径 b 的 $Q_b = -0.692$ kJ。求 W_b。

解： 因两条途径的始终态相同，故有 $\Delta U_a = \Delta U_b$，即 $Q_a + W_a = Q_b + W_b$。

因此，$W_b = Q_a + W_a - Q_b = 2.078 - 4.157 + 0.692 = -1.387(\text{kJ})$

第四节　可逆过程

一、功与过程

功不是状态函数，其数值与具体途径有关。下面以理想气体的恒温膨胀与恒温压缩过程为例，说明功与途径有关，并得出热力学中一个重要的概念——可逆过程。

恒温下一定量的理想气体从始态体积 V_1 膨胀到终态体积 V_2，若所经历的过程不同，则所做的功就不同。

(一)恒定外压膨胀过程

设活塞重量不计，活塞与气缸之间摩擦力忽略不计的气缸，置于温度为 T 的恒温大热源中，如图 1-9 所示。

气缸内充有一定量的气体，其压力为 p_1(4 kPa)，体积为 V_1。开始时施加在活塞上的外压 p_1(亦为 4 kPa，用四个砝码表示)。由于系统压力与外压力相等，活塞静止不动，系统处于平衡状态。下面在相同始、终态间气体按不同的方式进行膨胀。

1. 一次膨胀过程　将外压 p_e 一次降低到 1 kPa(即一次移去三个砝码)，如图 1-9 途径(1)所示，此时气体在外压 p_e 保持恒定下，气体体积从 V_1 膨胀到 V_2，系统所做的功为

$$W_1 = -p_e \Delta V = -p_e(V_2 - V_1)$$

W_1 绝对值的大小相当于图 1-10(a)中阴影的面积。

2. 多次膨胀过程　如图 1-9 途径(2)所示，先将外压降低到 p_e'(2 kPa，即先移去两个砝码)，此时系统在外压恒定为 p_e' 下体积从 V_1 膨胀到 V'；再将外压降低到 p_e(1 kPa，即再移去一个砝码)，此时系统在外压恒定为 p_e 下体积从 V' 到 V_2，则整个过程系统所做的体积功为二次膨胀的体积功之和

$$W_2 = -p'_e(V' - V_1) - p_e(V_2 - V')$$

W_2 的绝对值相当于图 1-10(b)中阴影的面积。

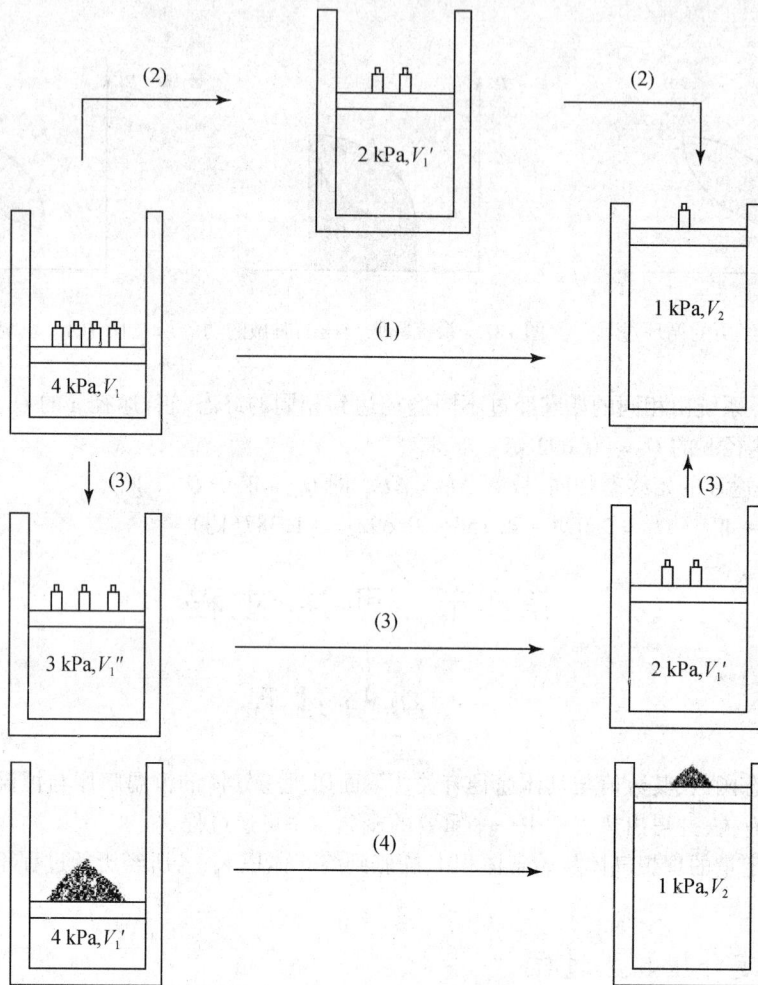

图 1-9 气体不同膨胀过程示意图

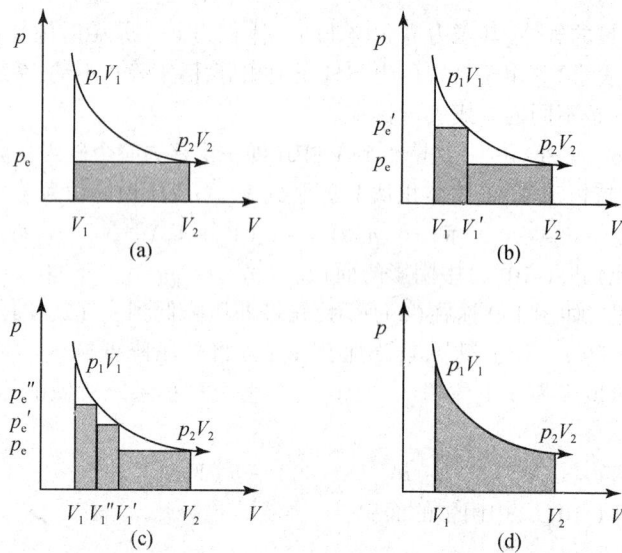

图 1-10 分步定压膨胀过程做功示意图

同理,若分三次膨胀,每次将外压降低 1 kPa(即每次移去一个砝码),过程如图 1-9 途径(3)所示。则整个过程系统所做的体积功 W_3 为三次膨胀的体积功之和,W_3 的绝对值相当于图 1-10(c)中阴影的面积。

显然,$W_3 > W_2 > W_1$。依此类推,在相同始、终态间,分步越多,系统对外所做的体积功就越大。

3. 准静态膨胀过程　在整个膨胀过程中,始终保持外压 p_e 比气体的内压 p_i 小一个无限小的差值 dp,即 $p_e = p_i - dp$。可以设想将活塞上面的砝码换成相同重量的细砂,如图 1-9 途径(4)所示。若取下一粒细砂,外压就减少一无限小的 dp,则系统的体积就膨胀了无限小的 dV,此时 p_i 降至 p_e。同样又取下一微粒,又使系统的体积膨胀了 dV。如此重复,直至系统的体积膨胀到 V_2 为止。在整个膨胀过程中,$p_e = p_i - dp$,所以在无限缓慢的膨胀过程中,系统所做的功为

$$W_4 = -\int_{V_1}^{V_2} p_e dV = -\int_{V_1}^{V_2} (p_i - dp) dV = -\int_{V_1}^{V_2} p_i dV + \int_{V_1}^{V_2} dp dV = -\int_{V_1}^{V_2} p_i dV \tag{1-9}$$

式中,二阶无限小量 $dpdV$ 可略去,则积分式中的 p_e 可用 p_i 代替(外压 p_e 近似为内压 p_i)。而从 p_i 的意义可知 p_i 就是 p,即系统的压力。

在上述这种无限缓慢的过程中,看起来系统在任一瞬间的状态都极接近于平衡状态,整个过程可以看成是由一系列无限接近平衡的状态连接而成,因此这种过程称为**准静态过程**(quasistatic process)。

若气缸中的气体为理想气体且为等温膨胀,则 W_4 为

$$W_4 = \int_{V_1}^{V_2} p_i dV = \int_{V_1}^{V_2} \frac{nRT}{V} dV = nRT \ln \frac{V_2}{V_1}$$

式中,W_4 相当于图 1-10(d)中阴影部分的面积,显然 $W_4 > W_3 > W_2 > W_1$。

由此可见,始、终态相同,若过程不同,系统所做的功就不相同,即功与过程密切相关。显然,在准静态膨胀过程中,系统做功最大。

(二)压缩过程

再考虑压缩过程,将气体从 V_2 压缩到 V_1。压缩过程不同,环境对系统所做功也不相同。

1. 恒定外压一次压缩过程　将外压一次增加到 p_1,在恒定外压 p_1 下,将气体从 V_2 一次直接压缩到 V_1,环境对系统所做功为

$$W_1' = -p_1(V_1 - V_2)$$

因 $V_1 < V_2$,故 W_1' 为正值,表示环境对系统做功,功的绝对值相当于图 1-11(a)中的阴影面积。

2. 多次恒定外压压缩过程　将外压先增加到 p_e'(2 kPa,即先加上两个砝码),在恒定外压 p_e' 下将系统从 V_2 压缩到 V_1',再将外压增加到 p_1(4 kPa,即再加上两个砝码),在恒定外压 p_1 下使体积从 V'压缩到 V_1,经二次压缩,环境对系统所做功为

$$W_2' = -p_e'(V' - V_2) - p_1(V_1 - V')$$

相当于图 1-11(b)中的阴影面积。

同理,若分三次压缩,每次将外压增加 1 kPa(即每次增加一个砝码),将系统分三次压缩到初始状态,则整个压缩过程环境对系统做功 W_3' 的绝对值相当于图 1-11(c)中的阴影面积。

3. 准静态压缩过程　如果将图 1-9 中取下的细砂再一粒粒重新加到活塞上,使外压 p_e 始终比气体压力 p_i 大 dp,即在 $p_e = p_i + dp$ 情况下,使系统的体积从 V_2 压缩到 V_1,则环境所做功为

$$W_4' = -\int_{V_2}^{V_1} p_e dV = -\int_{V_2}^{V_1} (p_i + dp) dV = -\int_{V_2}^{V_1} p_i dV - \int_{V_2}^{V_1} dp dV = -\int_{V_2}^{V_1} p_i dV \tag{1-10}$$

环境对系统做功 W_4' 的绝对值相当于图 1-11(d)中的阴影面积。显然,$|W_1'| > |W_2'| > |W_3'| > |W_4'|$。

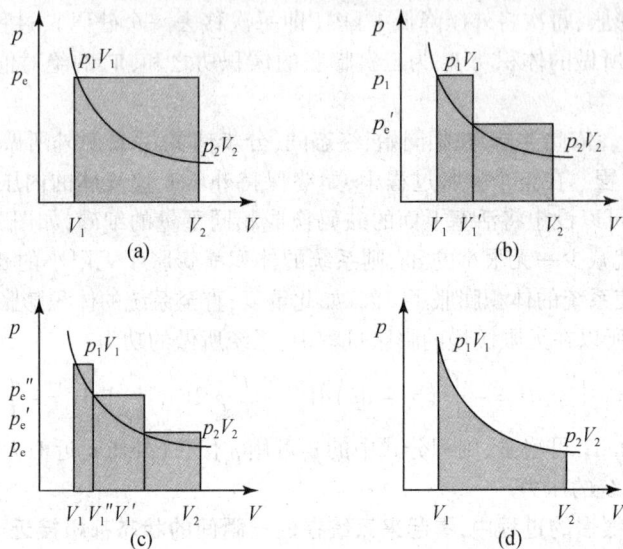

图 1-11　分步恒外压压缩做功示意图

由此可见,压缩时分步越多,环境对系统所做的功反而越少,准静态压缩过程中环境所做的功最小,即环境对系统做了最小功,其功的数值就是曲线下的面积。

同样,准静态过程中的每一次无限小的压缩过程,环境对系统做功 δW 都将引起系统内能的改变,为了保持恒温,系统必须放出一无限小的热量 δQ,使得系统内能保持不变,即每一步都是无限接近平衡状态下进行的。在总的压缩过程结束时,系统的内能保持不变,即 $\Delta U = Q_4{}' + W_4{}' = 0$,必然有 $Q_4{}' = -W_4{}'$。

二、可 逆 过 程

上述四种膨胀方式中,第四种准静态膨胀方式是热力学中一种极为重要的过程。显然,准静态膨胀过程所做的功 W_4 和准静态压缩过程所做的功 $W_4{}'$ 大小相等,绝对值都是曲线下的面积,但符号相反。这就是说,准静态膨胀过程后,当系统沿准静态压缩过程恢复到原来状态时,在环境中没有功的得失。由于系统回到始态,$\Delta U = 0$,根据热力学第一定律 $\Delta U = Q + W$,循环一周后的 $W = 0$,故 $Q = 0$,所以环境也无热的得失,即当系统恢复到原状时,环境也恢复到原状,没有留下热功转换的痕迹。

某系统进行某一过程后,如果能使系统沿过程反方向恢复到原来状态,环境也完全复原,具有"系统与环境双复原"特点的过程称为可逆过程(reversible process)。反之,系统经一过程之后,如果用任何方法都不能使系统和环境两者完全复原,则该过程称为不可逆过程(irreversible process)。

显然这样无限缓慢,每一步都无限接近平衡状态的可逆过程只能存在于想象中,是一种理想过程。抽象出可逆过程的目的,是为了进一步研究热功转换,为判定过程的方向和限度提供一个研究模型。前文说过,功是有序运动,热是无序运动。现实过程中没有热与功完全转换的可逆过程,如前面讨论的恒定外压膨胀后经恒定外压压缩的过程,系统可以恢复原态,但环境却失去功而得到热,即环境无法复原。

可逆过程在热力学中是极为重要的过程,在科学研究中它往往给人们一种启示。例如,在某一个过程,人们总是希望系统为我们做更多的功,可逆过程告诉我们,这个功不能无限增大,可逆过程的功便是极限,而且过程越接近于可逆,人们获得的功就越多。另外,热力学中经常需要计算过程的某些状态函数变,而许多状态函数的变化只有在可逆过程中才能求得,如第二章中熵函数 S 的变化就是通过可逆过程定义的。

下面分别讨论几种典型的可逆过程。

1. 可逆膨胀和可逆压缩 在此过程中,系统始终无限接近于力学平衡。因此没有摩擦力,且外压总是与系统压力相差 dp,因而在可逆过程中可以用 p 代替 p_e。

2. 可逆相变过程 假定环境温度恒定于液体沸点的温度,液体在其沸点时蒸发为气体,可以设想为蒸发出的气体推开周围的空气而做功,在沸点冷凝时这些气体又可看成被环境压缩为液体。由于在沸点,膨胀与压缩时内外压力差视作无限小,则膨胀时系统对环境做的功与压缩时环境对系统做的功在数值上无限接近,环境在系统回到原状时没有功的损失,故为可逆过程,则蒸发热就等于冷凝热。这个结论可以推广到正常相变点下的所有相变过程,如 100 kPa、0℃ 下水的凝固也是可逆相变点。可逆相变的热即为相变潜热。

3. 可逆化学反应 如果要进行化学反应,可设想一个很大的已达化学平衡的系统,不断加入极少量的反应物或移去极少量的生成物,系统始终保持化学平衡。

4. 可逆电池充电放电过程 可逆电池充电时环境对系统做功,放电时系统对环境做功,在电动势相差无限小时的充放电可认为环境对系统做的功与系统对环境做的功无限接近,故充放电时的热也相等。但这样的电池是无法使用的,因为充电过程会无限缓慢,而且无论充电还是放电,流经导线的电流都是要放热的,这个热是绝对单向的。

综上所述,**热力学可逆过程具有以下特点**:

(1)可逆过程的推动力与阻力相差无限小,耗时长,整个过程是由一系列无限接近于平衡的状态所构成。

(2)系统在可逆过程中对外做最大功(绝对值),环境在可逆过程中对系统做最小功,即可逆过程效率最高。

(3)将过程倒转,系统和环境同时复原,而没有任何能量耗散效应。

式(1-9)、式(1-10) 中的 p_i 以后直接写成 p,对理想气体恒温可逆膨胀过程的功可写成

$$W = -\int_{V_1}^{V_2} p dV = -\int_{V_1}^{V_2} \frac{nRT}{V} dV = -nRT \ln \frac{V_2}{V_1} \tag{1-11}$$

恒温即 T 不变,nRT 为常量。

【**例1-4**】 在 298 K 时,2 mol H_2 的体积为 15 dm^3,若此气体(1)在恒温条件下,反抗外压为 100 kPa 膨胀到体积为 50 dm^3;(2)在恒温下可逆膨胀到体积为 50 dm^3。试计算此两种膨胀过程的功。

解:(1)此过程的 p_e 恒定为 1×10^5 Pa 而且始终不变,故为恒定外压不可逆过程

$$W = -p_e(V_2 - V_1) = -100 \times 10^3 \times (50 \times 10^{-3} - 15 \times 10^{-3}) = -3500 \text{ J} = -3.50(\text{kJ})$$

(2)此过程为理想气体恒温可逆过程,由式(1-11)可得

$$W = -nRT \ln \frac{V_2}{V_1} = 2 \times 8.314 \times 298 \ln \frac{50}{15} = -5965(\text{J}) = -5.97(\text{kJ})$$

比较此两个过程可见,可逆过程比不可逆过程所做的功绝对值大。

第五节 焓

系统与环境之间传递的热不是状态性质,但在某些特定条件下,某一特定过程的热仅取决于始、终态而成为一个定值。

一、恒 容 热

对于某封闭系统,在非体积功为零的条件下,若系统的变化是恒容过程,则 $\Delta V = 0$,因此体积功

为零,所以热力学第一定律可写成

$$\Delta U = Q_V \tag{1-12}$$

对于微小变化,则

$$dU = \delta Q_V$$

式(1-12)中,Q_V为恒容过程的热效应,因为 ΔU 只取决于系统的始、终态,所以 Q_V 也只取决于系统的始、终态。式(1-12)表示,**在非体积功为零的条件下,封闭系统经一恒容过程,所吸收的热全部用于增加系统的内能**。

二、恒 压 热

对于封闭系统,在非体积功为零且恒压($p_1 = p_2 = p_e$)的条件下,热力学第一定律可写成

$$\Delta U = U_2 - U_1 = Q_p - p_e(V_2 - V_1)$$
$$U_2 - U_1 = Q_p - p_2 V_2 - p_1 V_1$$

移项整理

$$Q_p = (U_2 + p_2 V_2) - (U_1 + p_1 V_1)$$

由于 U、p、V 均是状态函数,由状态函数的第四个特征可知,$(U + pV)$ 也是状态函数,在热力学上定义为焓(enthalpy),用 H 表示,即

$$H = U + pV \tag{1-13}$$

所以

$$Q_p = H_2 - H_1$$

即

$$\Delta H = Q_p \tag{1-14}$$

对于微小变化,则

$$dH = \delta Q_p$$

式(1-14)中,Q_p为恒压过程的热效应,因为焓是状态函数,ΔH 值取决于系统的始、终态,所以 Q_p 也只取决于系统的始、终态。式(1-14)表示,**在非体积功为零的条件下,封闭系统经一恒压过程,系统所吸收的热全部用于增加系统的焓**。

焓的物理意义不明确,只能用定义式说明,$H = U + pV$,数值上等于内能加上体积、压力乘积,其单位与内能 U 相同,由此可知系统的焓 H 大于其内能 U 的值。因为 U 和 pV 都是广度性质,所以焓也是广度性质。由于系统内能的绝对值无法确定,因而也不能确定焓的绝对值,热力学中只用其变化值 ΔH。

上面焓的导出是在恒压过程中引出来的,但不能认为只有恒压过程才有焓变,焓是系统的固有性质,只要状态发生变化,均有焓变 ΔH 存在。

之所以引入焓,主要是由于恒压热 Q_p 无法用实验直接测定,可以利用 H 的状态函数的特点,设计任一途径来计算焓变 ΔH,从而得到 Q_p。H 是状态函数,由系统的始、终态决定,其焓变 ΔH 与变化的途径无关,这样,可以通过 ΔH 来计算出系统与环境之间交换的热,给计算带来极大的方便。由于化学反应和相变化大多是在恒压下进行的,所以焓比起内能具有更重要的实用价值。

焓是状态函数,同样满足全微分的性质:

$$dH = \left(\frac{\partial H}{\partial T}\right)_p dT + \left(\frac{\partial H}{\partial p}\right)_T dp$$

$$dH = \left(\frac{\partial H}{\partial T}\right)_V dT + \left(\frac{\partial H}{\partial V}\right)_T dV$$

【例1-5】 试求下列各过程的 Q、W、ΔU 和 ΔH,并比较计算结果得出什么结论?

(1)将 1 mol 水在 373 K、$p=100$ kPa 下蒸发。设气体为理想气体,吸热 2259 J·g^{-1}。

(2) 始态与(1)相同,当外界压力恒定为 $p^{\ominus}/2$ 时,将水蒸发;然后再将此水蒸气(373 K、$p^{\ominus}/2$)恒温可逆压缩为 373 K、$p^{\ominus}$ 的水蒸气。

(3)将 1 mol H_2O 在 373 K、$p^{\ominus}$ 下突然放在 373 K 的真空箱中,水蒸气立即充满整个真空箱(设水全部汽化),测得其压力为 $p^{\ominus}$。

解:(1)因为在正常相变温度、压力下的相变为可逆相变过程,所以

$$\Delta H = Q_p = Q_1 = 1\times18.00\times2259 = 40.66\,(kJ)$$

$$W_1 = -p_e(V_g - V_1) = -pV_g = -nRT = -1\times8.314\times373 = -3.101\,(kJ)\ (\text{因为}\ V_g \gg V_1)$$

$$\Delta U_1 = Q_1 + W_1 = 40.66 - 3.101 = 37.56\,(kJ)$$

(2)根据题意,由始态(373 K、$p^{\ominus}$ 的水)变为终态(373 K、$p^{\ominus}$ 水蒸气)的功可分为两步计算:先反抗等外压 $p^{\ominus}/2$ 将水汽化为 $p^{\ominus}/2$、373 K 的水蒸气;然后再等温可逆压缩至终态。

$$W_2 = -p_e(V_g - V_1) - \int_{V_1}^{V_2} p\,dV = -\frac{p^{\ominus}}{2}\left(\frac{nRT}{p^{\ominus}/2} - V_1\right) - nRT\ln\frac{V_2}{V_1}$$

因为 $V_g \gg V_1$,所以 $W_2 = -nRT - nRT\ln\left(\frac{p^{\ominus}/2}{p^{\ominus}}\right) = -0.952\,(kJ)$。

由于始、终态与(1)相同,对于状态函数改变量,则

$$\Delta U_2 = \Delta U_1 = 37.56\ kJ$$

$$\Delta H_2 = \Delta H_1 = 40.66\ kJ$$

则:$Q_2 = \Delta U_2 - W_2 = 37.56 - (-0.952) = 38.51\,(kJ)$。

(3)此过程的始、终状态和(1)相同,则

$$\Delta U_3 = \Delta U_1 = 37.56\ kJ$$

$$\Delta H_3 = \Delta H_1 = 40.66\ kJ$$

向真空恒温箱蒸发,$W_3 = 0$,$Q_3 = \Delta U_3 = 37.56\ kJ$。

由计算结果可见:有气体生成的相变过程膨胀功计算公式为 $W = -pV_g = -nRT$。

$Q_1 > Q_2 > Q_3$,$|W_1| > |W_2| > |W_3|$,说明热和功都与过程有关。在可逆相变过程中系统从环境吸收的热量最多,对环境做的功也最大;而偏离可逆过程越远,则热和功值就越少。同时也表明,ΔU 和 ΔH 是状态函数的改变量,当始、终态相同时,其改变量与过程无关。

【例1-6】 已知在 298 K 和 100 kPa 下,1 mol $H_2(g)$ 和 1/2 mol $O_2(g)$ 反应生成 1 mol $H_2O(l)$,放热 285.83 kJ。试计算此过程的 Q、W、ΔU 和 ΔH(气体视为理想气体,液体体积忽略不计)。

解:此过程为等温等压下的化学反应

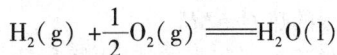

$$H_2(g) + \frac{1}{2}O_2(g) \Longrightarrow H_2O(l)$$

且非体积功 $W' = 0$,故 $\Delta H = Q_p = -285.83$ kJ。

$$W = -p(V_2 - V_1) = -p(V_{产物} - V_{反应物}) = +\Delta n_{(g)}RT \quad \Delta n = V_{g,产物} - V_{g,反应物}$$

$$W = +\Delta n_{(g)}RT = 1.5\times8.314\times298 = 3.716\,(kJ)$$

$$\Delta U = Q + W = -285.83 + 3.716 = -282.1\,(kJ)$$

第六节 热 容

在非体积功为零的条件下,一个不发生化学反应和相变化的均相封闭系统被加热时,设从环境吸收热量 Q,系统的温度从 T_1 升高到 T_2,则定义平均热容为

$$\overline{C} = \frac{Q}{T_2 - T_1} \tag{1-15}$$

由于不同温度的热容不同,则温度 T 时的真实热容为

$$C = \lim_{\Delta T \to 0} \frac{\partial Q}{\mathrm{d}T} = \frac{\partial Q}{\mathrm{d}T} \tag{1-16}$$

热容的单位是 $J \cdot K^{-1}$,即**热容 C 表示系统升温 1 K 时所吸收的热**。热容的数值与系统所含物质的量、进行的过程、温度及物质本性有关。

若物质的量是 1 kg,则称为比热容(specific heat),单位是 $J \cdot K^{-1} \cdot kg^{-1}$。若物质的量为 1 mol,则称为摩尔热容,用 C_m 表示,单位是 $J \cdot K^{-1} \cdot mol^{-1}$。

无化学变化和相变化的均相封闭系统,且非体积功为零的恒容过程的热容称为恒容热容,用 C_V 表示为

$$C_V = \frac{\delta Q_V}{\mathrm{d}T} \tag{1-17}$$

因为 $\delta Q_V = \mathrm{d}U$,代入 $\mathrm{d}U$ 的全微分式 $\mathrm{d}U = \left(\frac{\partial U}{\partial T}\right)_V \mathrm{d}T + \left(\frac{\partial U}{\partial V}\right)_T \mathrm{d}V$,恒容过程 $\mathrm{d}V = 0$,所以 $C_V = \frac{\mathrm{d}U}{\mathrm{d}T} = \left(\frac{\partial U}{\partial T}\right)_V$,物质量为 1 mol 时,$C_{V,m} = \frac{\mathrm{d}U_m}{\mathrm{d}T} = \left(\frac{\partial U_m}{\partial T}\right)_V$,$C_{V,m}$ 表示摩尔恒容热容。

可见,在 $W' = 0$ 的恒容过程中恒容热容就是内能随温度的变化率。从上式可得

$$\mathrm{d}U = C_V \mathrm{d}T = nC_{V,m} \mathrm{d}T \tag{1-18}$$

$$\Delta U = Q_V = \int_{T_1}^{T_2} C_{V,m} \mathrm{d}T = n \int_{T_1}^{T_2} C_{V,m} \mathrm{d}T \tag{1-19}$$

利用式(1-19)可以计算无化学变化和相变化且非体积功为零的封闭系统的内能的变化值。

如果在积分范围内 $C_{V,m}$ 为常数,则

$$\Delta U = Q_V = nC_{V,m}(T_2 - T_1) \tag{1-20}$$

此结果也可从数学角度得出:因对理想气体有 $\left(\frac{\partial U}{\partial V}\right)_T = 0$(理想气体的 U 仅是 T 的函数)。则由式 $\mathrm{d}U = \left(\frac{\partial U}{\partial T}\right)_V \mathrm{d}T + \left(\frac{\partial U}{\partial V}\right)_T \mathrm{d}V$ 可得

$$\mathrm{d}U = \left(\frac{\partial U}{\partial T}\right)_V \mathrm{d}T = nC_{V,m} \mathrm{d}T$$

对上式两边进行积分也得到式(1-19)。

可见,理想气体的单纯 p、V、T 变化过程中,无论过程恒容与否,系统的热力学能增量 ΔU 均可由 $C_{V,m}$ 借助式(1-19)来进行计算。恒容与否的区别仅在于:恒容时过程的热与系统的热力学能变的量值相等,即 $Q_V = \Delta U$,而不恒容时过程的热 $Q \neq \Delta U$。

同理,对无化学变化和相变化的均相封闭系统,且非体积功为零的恒压过程的热容称为恒压热容,用 C_p 表示为

$$C_p = \frac{\delta Q_p}{\mathrm{d}T} \tag{1-21}$$

因为 $\delta Q_p = \mathrm{d}H$,代入 $\mathrm{d}H$ 的全微分式 $\mathrm{d}H = \left(\frac{\partial H}{\partial T}\right)_p \mathrm{d}T + \left(\frac{\partial H}{\partial p}\right)_T \mathrm{d}p$,恒压过程 $\mathrm{d}p = 0$,所以 $C_p = \frac{\mathrm{d}H}{\mathrm{d}T} = \left(\frac{\partial H}{\partial T}\right)_p$,物质量为 1 mol 时,为 $C_{p,m} = \frac{\mathrm{d}H_m}{\mathrm{d}T} = \left(\frac{\partial H_m}{\partial T}\right)_p$,$C_{p,m}$ 表示摩尔恒压热容。

可见,在 $W' = 0$ 的恒压过程中恒压热容即焓随温度的变化率,从上式可得

$$\mathrm{d}H = C_p \mathrm{d}T = nC_{p,m} \mathrm{d}T \tag{1-22}$$

$$\Delta H = Q_p = \int_{T_1}^{T_2} C_p \mathrm{d}T = n \int_{T_1}^{T_2} C_{p,\mathrm{m}} \mathrm{d}T \qquad (1\text{-}23)$$

利用式(1-23)可以计算无化学变化和相变化且非体积功为零的封闭系统焓的变化值。

若系统发生不恒压的单纯 p、V、T 变化过程,该过程中系统 ΔH 的计算也要用到 $C_{p,\mathrm{m}}$。

如果在积分范围内 $C_{p,\mathrm{m}}$ 为常数,则

$$\Delta H = Q_p = nC_{p,\mathrm{m}}(T_2 - T_1) \qquad (1\text{-}24)$$

由于热容随温度而变,但热容与温度的函数关系并不知道,通常采用模拟方程来描述,对物质的摩尔恒压热容 $C_{p,\mathrm{m}}$ 与温度关系,通常用下述经验方程式表示:

$$C_{p,\mathrm{m}} = a + bT + cT^2 \qquad (1\text{-}25)$$

若误差较大,可换用下述方程式描述:

$$C_{p,\mathrm{m}} = a + bT + c'T^2 \qquad (1\text{-}26)$$

式(1-25)和式(1-26)中,a、b、c、c' 为随物质及温度范围而变的常数,可由实验测定,具体方法为:在 3 个不同温度下测定某物质的摩尔恒压热容,列出方程组,求解 a、b、c。

$$C_{p,\mathrm{m},T_1} = a + bT_1 + cT_1^2$$
$$C_{p,\mathrm{m},T_2} = a + bT_2 + cT_2^2$$
$$C_{p,\mathrm{m},T_3} = a + bT_3 + cT_3^2$$

一些物质的摩尔恒压热容参见附录。

【例 1-7】 在 100 kPa 下,2 mol 的 323 K 的水变成 423 K 的水蒸气,试计算此过程所吸收的热。已知水和水蒸气的平均摩尔定压热容分别为 75.48 J·K^{-1}·mol^{-1} 和 33.47 J·K^{-1}·mol^{-1};水在 373 K、100 kPa 压力下,由液态水变成水蒸气的汽化热为 40.66 kJ·mol^{-1}。

解: 由 323 K 的水变成 373 K 的水:
$$Q_{p,1} = nC_{p,\mathrm{m(l)}}(T_2 - T_1) = 2 \times 75.48 \times (373 - 323) = 7531(\mathrm{J}) = 7.548(\mathrm{kJ})$$

由 323 K 的水变成 373 K 的水蒸气时的相变热为
$$Q_{p,2} = n\Delta H_{\text{汽化}} = 2 \times 40.66 = 81.320(\mathrm{kJ})$$

由 323 K 的水变成 423 K 的水蒸气:
$$Q_{p,3} = nC_{p,\mathrm{m(g)}}(T_2 - T_1) = 2 \times 33.47 \times (423 - 373) = 3347(\mathrm{J}) = 3.347(\mathrm{kJ})$$

过程吸收的热为:$Q_p = 7.548 + 81.320 + 3.347 = 92.215(\mathrm{kJ})$。

可见,有相变或化学反应时的升温过程,其热量变化的计算要分段积分,再加上相变热或反应热。

第七节 热力学第一定律对理想气体的应用

一、理想气体的内能和焓

焦耳于 1843 年做了如下实验:将两个容量相等且中间以旋塞相连的容器,置于有绝热壁的水浴中。如图 1-12 所示,其中一个容器充有气体,另一个容器抽成真空。待达热平衡后,打开旋塞,气体向真空膨胀,最后达到平衡。实验测得此过程水浴的温度没有变化,$\Delta T = 0$。以气体为系统,水浴为环境,由于 $\Delta T = 0$,说明在此过程中系统与环境之间无热交换,即 $Q = 0$。又因为气体向真空膨胀,故 $W = 0$。根据热力学第一定律 $\Delta U = Q + W = 0$,可见气体向真空膨胀时,温度不

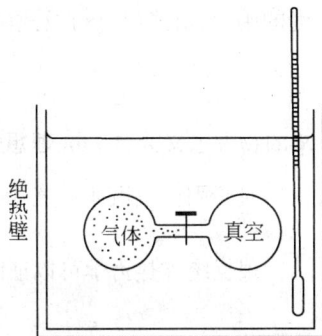
图 1-12 焦耳实验示意图

变,内能保持不变,是一个恒内能的过程。

对于纯物质均相封闭系统,内能 $U=f(T,V)$,由

$$dU = \left(\frac{\partial U}{\partial T}\right)_V dT + \left(\frac{\partial U}{\partial V}\right)_T dV$$

实验测得 $dT=0$,又因 $dU=0$,所以得

$$\left(\frac{\partial U}{\partial V}\right)_T dV = 0$$

而气体体积发生了变化,$dV \neq 0$,故

$$\left(\frac{\partial U}{\partial V}\right)_T = 0 \tag{1-27}$$

式(1-27)表明:在恒温情况下,上述实验气体的内能不随体积而变。

同法可证明

$$\left(\frac{\partial U}{\partial p}\right)_T = 0 \tag{1-28}$$

式(1-28)表明:在恒温时,上述实验中气体的内能不随压力而变。

由式(1-27)和式(1-28)可以说明,**理想气体的内能仅是温度的函数**,而与体积、压力无关,即

$$U = f(T)$$

由 $H=U+pV$ 及理想气体 $pV=nRT$,可知**理想气体的焓也只是温度的函数**,$H=f(T)$,即理想气体的焓与体积和压力无关。

因 $C_{V,m} = \left(\frac{\partial U_m}{\partial T}\right)_V$ 和 $C_{p,m} = \left(\frac{\partial H_m}{\partial T}\right)_p$,根据 $U=f(T)$ 和 $H=f(T)$,可知理想气体的 $C_{V,m}$ 和 $C_{p,m}$ 也只是温度的函数,与体积和压力无关。

实际上,焦耳的上述实验是不够精确的,由于水浴中水的热容很大,因而没有测得水温的微小变化。进一步的实验表明:实际气体向真空膨胀时,温度会发生微小变化,而且这种温度的变化是随着气体起始压力的降低而变小。因此可以推论,只有当气体的起始压力趋近于零,即气体趋于理想气体时,上述实验才是完全正确的。

二、理想气体的 $C_{p,m}$ 与 $C_{V,m}$ 的关系

在恒容过程中系统不做体积功,当恒容加热时,系统从环境所吸收的热全部用于增加内能。而在恒压加热时,系统除增加内能外,还要多吸收一部分热用来做体积功。所以,气体的 C_p 总是大于 C_V。

对理想气体,$H=U+pV$,等号两边同时微分,得 $dH=dv+d(pv)$。因理想气体的内能和焓仅是温度的函数,由式(1-18)及式(1-22),并代入 $d(pV)=nRdT$ 可得

$$nC_{p,m}dT = nC_{V,m}dT + nRdT$$

$$C_{p,m} = C_{V,m} + R \tag{1-29}$$

R 的物理意义为:1 mol 理想气体温度升高 1 K 时,在恒压条件下所做的功。

对于固体或液体系统,因为其体积随温度变化很小,$\left(\frac{\partial V}{\partial T}\right)_p$ 近似为零,故 $C_p \approx C_V$。

根据统计热力学可以证明,在常温下,对于理想气体,单原子分子的 $C_{V,m} = \frac{3}{2}R$,$C_{p,m} = \frac{5}{2}R$;双原子分子的 $C_{V,m} = \frac{5}{2}R$,$C_{p,m} = \frac{7}{2}R$;多原子分子(非线型)的 $C_{V,m} = 3R$,$C_{p,m} = 4R$。可见在常温下理想气体的 $C_{V,m}$ 和 $C_{p,m}$ 均为常数。

【例 1-8】 2 mol 单原子分子理想气体在 298.2 K 时,分别按下列三种方式从 0.015 m³ 膨胀到 0.040 m³:①等温可逆膨胀;②等温对抗 100 kPa 外压;③在气体压力与外压相等并保持恒定下加热。求三种过程的 Q、W、ΔU 和 ΔH。

解:(1)因为理想气体的热力学能和焓都只是温度的函数,所以等温过程中

$$\Delta U = \Delta H = 0$$

$$W = -nRT\ln\frac{V_2}{V_1} = -2\times 8.314\times 298.2\times\ln\frac{0.040}{0.015} = -4863(\text{J})$$

$$Q = -W = 4863 \text{ J}$$

(2)同理,$\Delta U = \Delta H = 0$

$$W = -p_e(V_2 - V_1) = -100\times(0.040-0.015) = -2.5(\text{kJ})$$

$$Q = -W = 2.5 \text{ kJ}$$

(3)气体压力为

$$P = \frac{nRT}{V} = \frac{2\times 8.314\times 298.2}{15.00\times 10^{-3}} = 330.56(\text{kPa})$$

$$W = -330.560\times(0.040-0.015) = -8.264(\text{kJ})$$

$$T_2 = \frac{P_2 V_2}{nR} = \frac{330560\times 0.040}{2\times 8.314} = 795.2(\text{K})$$

$$\Delta H = Q_p = nC_{p,m}(T_2 - T_1) = 2\times\frac{5}{2}R(T_2 - T_1)$$

$$= 2\times\frac{5}{2}\times 8.314\times(795.2-298.2) = 20.66(\text{kJ})$$

$$\Delta U = nC_{V,m}(T_2 - T_1) = 2\times\frac{3}{2}\times 8.314\times(795.2-298.2) = 12.396(\text{kJ})$$

或

$$\Delta U = Q + W = 20660 - 8264 = 12.396(\text{kJ})$$

三、理想气体的绝热过程

系统与环境之间如果施以绝热壁隔开,则二者之间不能进行热量传递(可以有功的传递),此时的系统称为绝热系统,它所发生的变化过程称为绝热过程。绝热过程发生时若以可逆的方式进行,称为绝热可逆过程,若以不可逆方式进行,则称为绝热不可逆过程。绝热过程发生时,因过程的 $\delta Q = 0$,若 $\delta W \neq 0$,则系统的温度一定会发生变化,或升高或降低。

将热力学第一定律应用于 $W' = 0$,且无相变、无化学变化的绝热过程,因为此过程中 $\delta Q = 0$,所以热力学第一定律为

$$dU = \delta W = -p_e dV \tag{1-30}$$

此式表明,在绝热过程中,系统若对环境做功,其内能必然减少,即绝热过程中系统对环境做的功,是以消耗系统内能为代价的。宏观的表现就是系统的温度降低了,而且系统对外所做的功,在数值上等于系统内能的减少值,这是因为内能的变化值只决定于过程的始、终态而与过程无关。

设理想气体发生一微小的绝热可逆过程,则式(1-30)变为

$$nC_{V,m}dT = -pdV$$

又

$$p = \frac{nRT}{V}$$

所以

$$nC_{V,m}\frac{dV}{T} = -nR\frac{dV}{V}$$

或

$$C_{V,m}\frac{dT}{T} = -R\frac{dV}{V}$$

式中,理想气体的 $C_{V,m}$ 不随温度变化(温度变化在 1500 K 以内 $C_{V,m}$ 可以视为常数),R 是常数,故上式积分得

$$C_{V,m}\ln\frac{T_2}{T_1} = R\ln\frac{V_1}{V_2} \tag{1-31}$$

对于理想气体,$R = C_{p,m} - C_{V,m}$,$\dfrac{T_2}{T_1} = \dfrac{P_2 V_2}{P_1 V_1}$,代入式(1-31)可得

$$C_{V,m}\ln\frac{p_2}{p_1} = C_{p,m}\ln\frac{V_1}{V_2}$$

或

$$\frac{P_2}{P_1} = \left(\frac{V_1}{V_2}\right)^{C_{p,m}/C_{V,m}}$$

设 $\dfrac{C_{p,m}}{C_{V,m}} = \gamma$($\gamma$ 称为绝热指数或热容商),则有

$$p_1 V_1^\gamma = p_2 V_2^\gamma \tag{1-32}$$

或

$$pV^\gamma = 常数 \tag{1-33}$$

若将 $V = \dfrac{nRT}{p}$ 代入式(1-33),可得

$$p^{1-\gamma} T^\gamma = 常数 \tag{1-34}$$

若将 $p = \dfrac{nRT}{V}$ 代入式(1-33),则得

$$TV^{\gamma-1} = 常数 \tag{1-35}$$

式(1-33)~式(1-35)均只适应于理想气体发生的绝热可逆过程,称为**"理想气体绝热可逆过程方程"**,以区别理想气体状态方程 $pV = nRT$。

绝热过程所做的功由式(1-30)得

$$W = \Delta U = \int_{T_1}^{T_2} C_V dT$$

若温度变化范围不太大,C_V 可视为常数,积分得

$$W = C_V(T_2 - T_1) \tag{1-36}$$

对于理想气体,$C_p - C_V = nR$,则

$$\frac{nR}{C_V} = \frac{C_p - C_V}{C_V} = \gamma - 1$$

所以式(1-36)又可写成

$$W = \frac{nR(T_2 - T_1)}{\gamma - 1} = \frac{p_2 V_2 - p_1 V_1}{\gamma - 1} \tag{1-37}$$

式(1-36)、式(1-37)对任意理想气体的绝热过程均适用。

在理想气体绝热恒压膨胀过程中,式(1-36)变为

$$C_V(T_2 - T_1) = -p_e(V_2 - V_1)$$

利用此式解方程,可求绝热不可逆过程的 T_2。

理想气体等温可逆过程与绝热可逆过程的比较 绝热过程与等温过程是热力学中经常遇到的变化过程,下面比较两种过程中性质的差别。例如,某气体系统,从同一始态(A)经由恒温和绝热可逆两种不同的途径到达 V_2,如图1-13所示。可见,同样膨胀到 V_2,**绝热可逆过程气体压力的降低总比恒温可逆膨胀过程大**。

图1-13中表示绝热可逆过程的 AC 线坡度比表示恒温可逆过程的 AB 线更陡,如果分别对表示两条曲线的方程求偏微分,则得其斜率分别为

$$\left(\frac{\partial p}{\partial V}\right)_{绝热} = -\gamma\frac{p}{V} \quad 和 \quad \left(\frac{\partial p}{\partial V}\right)_{恒温} = -\frac{p}{V}$$

图1-13 绝热可逆过程(AC)与恒温可逆过程(AB)功的比较

显然前者绝对值大于后者。因为绝热膨胀中,既有体积增大又有温度降低,二者都使气体压力降低,而等温过程却只有体积增大一个因素,图中 AC 线下阴影部分面积代表绝热可逆膨胀中的功。显然,等温可逆膨胀比绝热可逆膨胀对外做的功值大(绝对值)。

现实中,完全严格的绝热可逆过程和等温过程很少,大多介于二者之间,为此人们使用所谓多方过程来表述,即 $pV^n = 常数(1 < n < \gamma)$,当 $n \approx 1$ 时,则过程近似于等温过程。当 $n \approx \gamma$ 时,则近似于绝热过程。

【例1-9】 1 mol 理想气体初态为 373.15 K,10.0 dm^3,反抗恒外压 $p^{\ominus}$ 迅速膨胀到终态温度 244.0 K,压力 $p^{\ominus}$。求此过程的 W、Q、ΔU、ΔH。

解: 理想气体 $n = 1$ mol,初态 $T_1 = 373.15$ K,$V_1 = 10.0$ dm^3,到达终态 $T_2 = 244.0$ K,$p_2 = 100.0$ kPa。

过程特点:气体迅速膨胀可视为绝热过程,所以该过程是绝热恒外压膨胀。因此

$$Q = 0 \qquad W = -p_e(V_2 - V_1)$$

其中,终态体积由理想气体状态方程求出

$$V_2 = nRT_2/p_2 = 1 \times 8.314 \times 244.0/100.0 = 20.3(dm^3)$$

代入上式求出体积功

$$W = -100.0 \times (20.3 - 10.0) = -1.03(kJ)$$

根据热力学第一定律 $\Delta U = Q + W = -1.03$ kJ,再利用焓的定义可得

$$\Delta H = \Delta U + \Delta(pV) = \Delta U + (p_2V_2 - p_1V_1) = \Delta U + nR(T_2 - T_1)$$
$$= -1.03 + 8.314 \times (244.0 - 373.15)/1000$$
$$= -2.10(kJ)$$

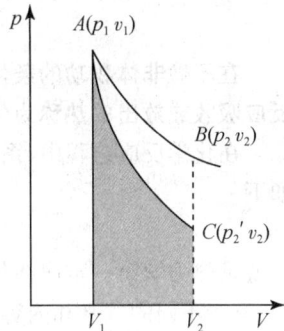

第八节 热 化 学

热化学(thermochemistry)是研究化学反应中热现象及其规律的科学。热化学的定律均可由热力学第一定律导出,所以热化学实质上是热力学第一定律在化学反应过程中的应用。

热化学的实验数据,对实际工作和理论研究都具有重大价值。例如,在化工设备和生产程序的设计中需要提供化学反应热效应的数据,研究生物体内一系列生化反应、食物热值的测定、药物制剂的生产及稳定性的探索都需要热化学的知识。另外,反应热的数据在计算平衡常数和其他热力学量时也很有用。

一、化学反应的热效应

在不做非体积功的条件下封闭系统内发生化学反应,当生成物温度与反应物温度相同时,化学反应吸收或放出的热称为化学反应的热效应,简称反应热。

在化学反应过程中,系统的内能改变量 $\Delta_r U$ 与反应物的内能 U_1 和生成物的内能 U_2 之间的关系如下

$$\Delta_r U = U_2 - U_1 = Q + W$$

这就是热力学第一定律在化学反应中的具体体现。式中的反应热 Q,因化学反应进行的具体条件不同,有着不同的意义和内容。考虑到实际生产常常是在恒压或恒容条件下进行的,故对这两种情况下的热进行讨论是必要的。

(一)恒容反应热

在恒容过程中完成的化学反应称为恒容反应,其反应热称为恒容反应热,用 Q_V 表示。

由 $\Delta_r U = Q_V - p_e \Delta V$,因 $\Delta V = 0$,故 $\Delta_r U = Q_V$,表明在恒容反应过程中,系统吸收或放出的热全部用来改变系统的内能。

Q_V 可以通过实验测定。

反应热的实验测定大多在绝热的量热计中进行,有一种称为弹式量热计的装置,也称氧弹卡计,用来测定一些有机物燃烧反应的恒容反应热,如图 1-14 所示。把有机物置于充满高压氧气的钢弹瓶中,用电火花引燃,反应是在恒容的钢制弹瓶中进行的,产生的热使水和整个装置温度升高,温度的升高值可由精密温度计测出,搅拌器可使测得的温度值更加可靠。

水的温度升高 1 K 所吸收的热称为水的热容;除水外整个装置的温度升高 1 K 时所吸收的热称为卡计热容。其数值可用实验方法确定。于是,恒容反应热 Q_V 可由下式计算得到

$$Q_V = \Delta T(C_水 + C_卡) \tag{1-38}$$

式中,ΔT 为温度升高值,$C_水$ 和 $C_卡$ 分别为水的热容和卡计的热容。可先用已知燃烧热的物质标定 $C_卡$,然后就可以测定待测物的燃烧热。

(二)恒压反应热

在恒压过程中完成的化学反应,其反应热称为恒压反应热,仍用 Q_p 表示。显然 $Q_p = \Delta H$,表明在恒压反应过程中,系统吸收或放出的热量等于系统的焓变。通常化学反应是在恒压下进行的,但一般不适合在敞口的情况下测定 Q_p,只有中和热、溶解热等可以用图 1-15 所示的杯式量热计测定。一般化学反应要用弹式量热计测定 Q_V 后,再通过计算转化为 Q_p。因此需要知道恒容反应热(Q_V)与恒压反应热(Q_p)之间的关系,这个关系可以利用状态函数之间的关系导出。

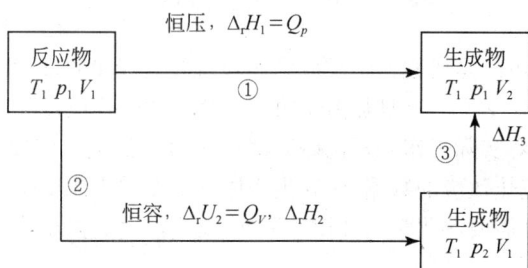

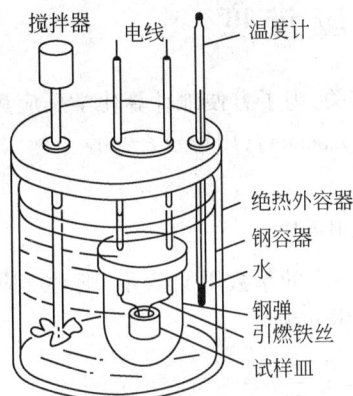

图 1-14 弹式量热计　　　　图 1-15 杯式量热计

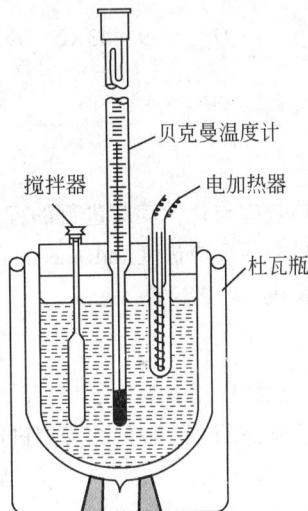

恒容反应②与恒压反应①的生成物虽然相同,但生成物的状态不同(即 p、V 不同),恒容反应②的生成物的状态可经过程③至恒压反应①的生成物的状态。

$$\Delta_r H_1 = \Delta_r H_2 + \Delta H_3 = \Delta_r U_2 + \Delta (pV)_2 + \Delta H_3$$

式中,$\Delta(pV)_2$ 表示反应过程②始、终态的 (pV) 之差,对于反应系统中的固态与液态物质,反应前后的 pV 相差不大,可以忽略不计。只需考虑气体组分的 (pV) 之差。若假设气体可视为理想气体,则

$$\Delta (pV)_2 = p_2 V_1 - p_1 V_1 = n_p RT_1 - n_r RT_1 = \Delta n_g RT_1$$

式中,n_p、n_r 分别为该反应总气体生成物及气体反应物的物质的量;Δn_g 为气体生成物与气体反应物的物质的量之差值。

对于理想气体,焓仅是温度的函数,故恒温过程③的 $\Delta H_3 = 0$。对于生成物中的固态与液态物质,ΔH_3 不为零,但其数值与化学反应的 $\Delta_r H_2$ 相比小得多,一般可忽略不计,因此, $\Delta_r H_1 = \Delta_r U_2 + \Delta n_g RT$,即

$$Q_p = Q_V + \Delta n_g RT$$

或

$$\Delta_r H = \Delta_r U + \Delta n_g RT \qquad (1\text{-}39)$$

【例 1-10】 在一个绝热量热计中将 1.6324 g 蔗糖燃烧,使水温升高 2.854 K,已知蔗糖的燃烧热为 -5645 kJ·mol^{-1},求绝热量热计中水及量热计的总热容量。若量热计中的水为 1850 g,水的比热为 4.184 J·g^{-1}。问量热计的热容量为多少?(细铁丝的燃烧热可忽略不计)若在此绝热量热计中放入 0.7636 g 苯甲酸,其完全燃烧后使水温升高 2.139 K,求苯甲酸的燃烧热为多少?

解:蔗糖的摩尔质量为 342 g·mol^{-1},1.6324 g 蔗糖燃烧时放热为

$$-\frac{1.6324}{324} \times 5645 = -26.95 (\text{kJ})$$

总热容量为

$$C = \frac{26.95}{2.854} = 9.443 (\text{kJ} \cdot \text{K}^{-1})$$

绝热量热计的热容为

$$C' = 9443 - 1850 \times 4.184 = 1.703 (\text{kJ} \cdot \text{K}^{-1})$$

苯甲酸的摩尔质量为 122 g·mol^{-1},其摩尔燃烧热为

$$Q_{V,m} = -9.443 \times 2.139 \times \frac{122}{0.7636} = 3227.12(kJ \cdot mol^{-1})$$

二、反应进度

化学反应的热效应与化学反应进行的程度有关,为了方便地计算化学反应热,在化学热力学中规定了一个物理量——反应进度(advancement of reaction),用符号 ξ 表示。

设任意化学反应

$$\sum_B \nu_B B = 0$$

若反应系统中的任意物质用 B 表示,其计量方程式中的系数用 ν_B 表示,则对反应物 ν_B 取负值,对生成物 ν_B 取正值。反应进行到 t 时刻的反应进度 ξ 定义为

$$\xi = \frac{\Delta n_B}{\nu_B} = \frac{n_B - n_{B,0}}{\nu_B}$$

或

$$d\xi = \frac{dn_B}{v_B} \tag{1-40}$$

由式(1-40)可知,反应进度 ξ 的 SI 单位为 mol。**用参加反应的任意一种反应物或生成物表示反应进度,在同一时刻所得的 ξ 值完全一致**,如反应

$$aA + dD \longrightarrow gG + hH$$

设该反应在反应起始时和反应进行到 t 时刻时各物质的量分别为

$$aA \quad + \quad dD \quad \longrightarrow \quad gG \quad + \quad hH$$
$$t=0 \quad n_{A,0} \qquad n_{D,0} \qquad n_{G,0} \qquad n_{H,0}$$
$$t=t \quad n_A \qquad n_D \qquad n_G \qquad n_H$$

$$\xi = \frac{n_A - n_{A,0}}{-a} = \frac{n_D - n_{D,0}}{-d} = \frac{n_G - n_{G,0}}{g} = \frac{n_H - n_{H,0}}{h}$$

$$d\xi = \frac{dn_A}{-a} = \frac{dn_D}{-d} = \frac{dn_G}{g} = \frac{dn_H}{h}$$

由此可见,引入反应进度的最大优点是,无论反应进行到任何时刻,用任一反应物或生成物所表示的反应进度的值均相等,故可以既等效又等值。$\xi=1$ mol,表示 a mol 的 A 与 d mol 的 D 完全反应生成 g mol 的 G 和 h mol 的 H,即表示化学反应按反应方程式的系数比例进行了一个单位的反应。

ξ 可以是正整数,正分数,也可以是零,$\xi=0$ mol 表示反应开始的时刻。

【例1-11】 合成氨反应的化学计量方程式可写成下列两种形式:

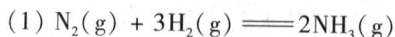

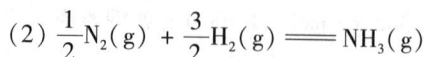

$$(1) \; N_2(g) + 3H_2(g) = 2NH_3(g)$$

$$(2) \; \frac{1}{2}N_2(g) + \frac{3}{2}H_2(g) = NH_3(g)$$

若反应起始时,N_2、H_2、NH_3 的物质的量分别为 10 mol、30 mol 和 0 mol,反应进行到 t 时刻,N_2、H_2、NH_3 物质的量分别为 8 mol、24 mol 和 4 mol,以上述两个反应方程式为基础,计算反应进度。

解:反应进行到 t 时刻,各物质的物质的量变化为:$\Delta n(N_2) = 8-10 = -2$ mol,$\Delta n(H_2) = 24-30 = -6$ mol,$\Delta n(NH_3) = 4-0 = 4$ mol。对于反应方程式(1),反应进度为

$$\xi = \frac{-2}{-1} = \frac{-6}{-3} = \frac{4}{2} = 2(mol)$$

对于反应方程式(2),反应进度为

$$\xi = \frac{-2}{-\frac{1}{2}} = \frac{-6}{-\frac{3}{2}} = \frac{4}{1} = 4(\text{mol})$$

由此可见,在计算某一时刻的反应进度时,无论选用反应物还是生成物,所得 ξ 值都相同,但对不同写法的反应方程式不同,因此反应进度的数值与化学反应方程式的写法有关。

当反应方程式写法不同时,$\xi = 1$ mol 所代表的意义也不同。例如,对于方程式(1),$\xi = 1$ mol 是指 1 mol N_2 和 3 mol H_2 完全反应,生成 2 mol NH_3,这算作一个"单位化学反应"。而按照方程式(2),$\xi = 1$ mol 所指的一个"单位化学反应"的含义是:0.5 mol 的 N_2 和 1.5 mol 的 H_2 完全反应,生成 1 mol NH_3。

化学反应系统中,各物质的量由反应进度决定,从这个意义上讲,反应进度 ξ 也是描述反应系统物质所处状态的变量。

三、摩尔内能变与摩尔焓变

由于 U 和 H 都是系统的广度性质,所以化学反应热效应的量值必定与化学反应进度成正比,即反应热的大小应当由反应进度所决定。在化学热力学中,反应进度为 1 mol 时,反应的内能变和反应的焓变分别称为摩尔内能变 $\Delta_r U_m$ 和摩尔焓变 $\Delta_r H_m$。

$$\Delta_r U_m = \frac{\Delta_r U}{\xi} \tag{1-41}$$

$$\Delta_r H_m = \frac{\Delta_r H}{\xi} \tag{1-42}$$

由式(1-39) $\Delta_r H = \Delta_r U + \Delta n_g RT$ 可知,将式子两边分别除以反应进度 ξ,则有

$$\Delta_r H_m = \Delta_r U_m + \Delta \nu_g RT \tag{1-43}$$

式中,$\Delta \nu_g$ 是反应前后气体物质的化学计量数的改变量,其数值与 Δn_g 的数值相等。

【例 1-12】　正庚烷的燃烧反应为

$$C_7H_{16}(l) + 11O_2(g) = 7CO_2(g) + 8H_2O(l)$$

用弹式量热计测得 298.15 K 时,1.250 g 正庚烷完全燃烧放热 60.09 kJ,计算正庚烷燃烧反应的摩尔焓变 $\Delta_r H_m$。

解:正庚烷的摩尔质量为 100.2 $g \cdot mol^{-1}$,反应前正庚烷的物质的量为

$$n_0 = \frac{1.250}{100.2} = 1.25 \times 10^{-2}(\text{mol})$$

因为完全燃烧,所以反应后正庚烷的物质的量 $n = 0$,反应进度为

$$\xi = \frac{0 - 1.25 \times 10^{-2}}{-1} = 1.25 \times 10^{-2}(\text{mol})$$

用弹式量热计测得的反应热为恒容反应热 Q_V,即

$$\Delta_r U = Q_V = -60.09 \text{ kJ}$$

则反应的摩尔内能变 $\Delta_r U_m$ 为

$$\Delta_r U_m = \frac{\Delta_r U}{\xi} = \frac{-60.09}{1.25 \times 10^{-2}} = -4807(\text{kJ} \cdot \text{mol}^{-1})$$

根据式(1-39),可知反应的摩尔焓变 $\Delta_r H_m$ 为

$$\Delta_r H_m = \Delta_r U_m + \Delta \nu_g RT$$

$$= -4807 + (-4) \times 8.314 \times 298.15 \times 10^{-3} = -4817(\text{kJ} \cdot \text{mol}^{-1})$$

四、热化学方程式

　　标明化学反应热效应 $\Delta_r H_m$（或 $\Delta_r U_m$）值及物质状态的化学反应方程式称为热化学方程式（"m"表示反应进度为 1 mol 的反应）。因为 U 和 H 的数值均与系统的状态有关，所以在热化学方程式中应标明物质的状态如温度、压力以及具体的物态等。通常气态用（g）表示，液态用（l）表示，固态用（s）表示。若固态的晶型不同，则应注明晶型，如 C（石墨）、C（金刚石）。又因热力学函数 U、H 等的绝对值是不知道的，因此只能借助于热力学公式确定它们在变化过程中的改变量。为了方便，常选择一些状态作为比较的基准来确定或计算热力学函数的变化值，这些选定作为比较基准的状态称为标准状态（简称为标准态），用符号"$\ominus$"（写为右上角标）表示。化学热力学对于物质的标准状态有严格的规定。

　　纯固体或液体，其标准状态是在标准压力 $p^{\ominus}$（$p^{\ominus}$ = 100 kPa）下的纯物质，即摩尔分数等于 1；溶液中的溶质，其标准状态是浓度为 1 mol · dm^{-3}（或 1 mol · kg^{-1}）的状态，用符号 $c^{\ominus}$（或 $b^{\ominus}$）表示；气态物质，其标准状态是指无论是纯气体还是在气体混合物中，均为标准压力 $p^{\ominus}$ 下具有理想气体性质的状态。标准状态之所以这样选取，将在第二章化学势中给出更进一步的解释。

　　应当注意的是，标准状态只规定了压力为 $p^{\ominus}$，而没有指定温度。国际纯粹与应用化学联合会（IUPAC）建议 298.15 K 作为参考温度。本书附录中提供的许多物质的热力学数据如 $\Delta_f H_m^{\ominus}$、$\Delta_c H_m^{\ominus}$ 等均选择 298.15 K 作为参考温度。

　　当反应物和生成物均处于标准状态时，反应的摩尔内能变称为标准摩尔内能变，用符号 $\Delta_r U_m^{\ominus}$ 表示；反应的摩尔焓变称为标准摩尔焓变，用符号 $\Delta_r H_m^{\ominus}$ 表示。

　　前面已定义，表示出反应热的化学方程式称为热化学方程式。热化学方程式由两部分组成，通常将化学反应方程式写在左边，相应的化学反应的标准摩尔焓变 $\Delta_r H_m^{\ominus}$ 写在右边，两者共同组成热化学方程式。任何一个热化学反应方程式都表示一个已经完成了的反应，而不管反应是否真正完成，即表示反应进度为 1 mol 的反应。$\Delta_r H_m^{\ominus}$ 代表了反应中生成物的总焓与反应物的总焓之差。书写热化学方程式应注意以下几点：

　　（1）注明反应的温度和压力。若没有注明温度和压力，则一般指温度为 298.15 K，压力为 100 kPa。

　　（2）注明物质的状态。分别用 s、l、g 表示物质的固态、液态和气态，用 aq 表示水溶液。如果固体物质存在不同的晶型，也应注明晶型。例如

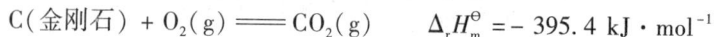

$$C（石墨） + O_2(g) \Longrightarrow CO_2(g) \qquad \Delta_r H_m^{\ominus} = -393.5 \ kJ \cdot mol^{-1}$$

$$C（金刚石） + O_2(g) \Longrightarrow CO_2(g) \qquad \Delta_r H_m^{\ominus} = -395.4 \ kJ \cdot mol^{-1}$$

对于溶液中进行的反应，例如

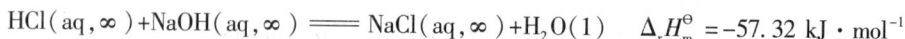

$$HCl(aq, \infty) + NaOH(aq, \infty) \Longrightarrow NaCl(aq, \infty) + H_2O(l) \qquad \Delta_r H_m^{\ominus} = -57.32 \ kJ \cdot mol^{-1}$$

式中，aq 表示水溶液；∞ 表示为无限稀释的溶液。

　　（3）对于同一化学反应，当反应方程式的化学计量数不同时，该反应的标准摩尔焓变也不同。例如

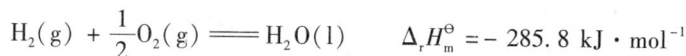

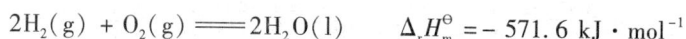

$$H_2(g) + \frac{1}{2}O_2(g) \Longrightarrow H_2O(l) \qquad \Delta_r H_m^{\ominus} = -285.8 \ kJ \cdot mol^{-1}$$

$$2H_2(g) + O_2(g) \Longrightarrow 2H_2O(l) \qquad \Delta_r H_m^{\ominus} = -571.6 \ kJ \cdot mol^{-1}$$

　　（4）在相同条件下，正反应和逆反应的标准摩尔焓变的数值相等，符号相反。例如

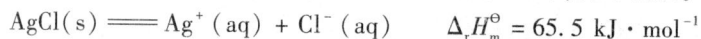

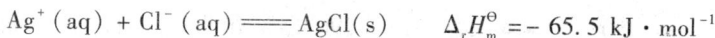

$$AgCl(s) \Longrightarrow Ag^+(aq) + Cl^-(aq) \qquad \Delta_r H_m^{\ominus} = 65.5 \ kJ \cdot mol^{-1}$$

$$Ag^+(aq) + Cl^-(aq) \Longrightarrow AgCl(s) \qquad \Delta_r H_m^{\ominus} = -65.5 \ kJ \cdot mol^{-1}$$

五、盖 斯 定 律

1840 年盖斯(Hess)在总结大量实验结果的基础上提出了**盖斯定律(Hess'law)：一个化学反应无论是一步完成还是分几步完成，其热效应总相同**。这就是说，化学反应的热效应只与反应的始、终态有关，而与反应所经历的途径无关。实验表明，盖斯定律只是对非体积功为零条件下的等容反应或等压反应才严格成立。

盖斯定律实际上是热力学第一定律的必然结果。因为在非体积功为零的条件下，对于等容反应，$\Delta U = Q_V$，对等压反应，$\Delta H = Q_p$。而热力学能 U 和焓 H 都是状态函数。因此，任一化学反应，无论其反应途径如何，只要始、终态相同，则 ΔU 和 ΔH 必定相同，即 Q_V 和 Q_p 与反应的途径无关。

盖斯定律是热化学的基本定律。根据盖斯定律，可以使热化学方程式像普通代数方程式那样进行运算，从已知的一些化学反应的热效应来间接求得难于测准或无法测量的化学反应的热效应。

【**例 1-13**】 求算反应 $C(s) + \frac{1}{2}O_2(g) \Longrightarrow CO(g)$ 的反应热 $\Delta_r H_m^\ominus$。

解：该反应的反应热很难直接测得，因为很难控制 CO 不继续氧化生成 CO_2，即生成物中有 CO_2。但可根据盖斯定律间接求算。已知

① $C(s) + O_2(g) \Longrightarrow CO_2(g)$ $\qquad \Delta_r H_m^\ominus = -393.5 \text{ kJ} \cdot \text{mol}^{-1}$

② $CO(g) + \frac{1}{2}O_2(g) \Longrightarrow CO_2(g)$ $\qquad \Delta_r H_m^\ominus = -283.0 \text{ kJ} \cdot \text{mol}^{-1}$

方法一：代数法
由式①-式②，即

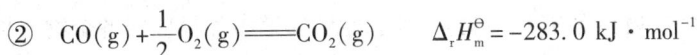

$$C(s) + \frac{1}{2}O_2(g) \Longrightarrow CO(g)$$

$$\Delta_r H_m^\ominus = \Delta_r H_m^\ominus(①) - \Delta_r H_m^\ominus(②) = -393.3 - (-282.8) = -110.5(\text{kJ} \cdot \text{mol}^{-1})$$

方法二：图解法

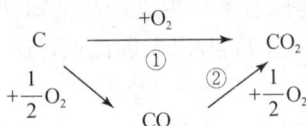

由 $\Delta_r H_m^\ominus(①) = \Delta_r H_m^\ominus + \Delta_r H_m^\ominus(②)$ 得

$$\Delta_r H_m^\ominus = \Delta_r H_m^\ominus(①) - \Delta_r H_m^\ominus(②) = -393.3 - (-282.8) = -110.5(\text{kJ} \cdot \text{mol}^{-1})$$

【**例 1-14**】 已知 298 K 时下列反应的热效应为

① $Na(s) + \frac{1}{2}Cl_2(g) \Longrightarrow NaCl(s)$ $\qquad \Delta_r H_m^\ominus = -411.2 \text{ kJ} \cdot \text{mol}^{-1}$

② $H_2(g) + S(s) + 2O_2(g) \Longrightarrow H_2SO_4(l)$ $\qquad \Delta_r H_m^\ominus = -814.0 \text{ kJ} \cdot \text{mol}^{-1}$

③ $2Na(s) + S(s) + 2O_2(g) \Longrightarrow Na_2SO_4(s)$ $\qquad \Delta_r H_m^\ominus = -1387.1 \text{ kJ} \cdot \text{mol}^{-1}$

④ $\frac{1}{2}H_2(g) + \frac{1}{2}Cl_2(g) \Longrightarrow HCl(g)$ $\qquad \Delta_r H_m^\ominus = -92.30 \text{ kJ} \cdot \text{mol}^{-1}$

试求算 25℃反应 $2NaCl(s) + H_2SO_4(l) \Longrightarrow Na_2SO_4(s) + 2HCl(g)$ 的 $\Delta_r H_m^\ominus$ 和 $\Delta_r U_m^\ominus$。

解：用代数法，③+2×④-2×①-②即得所求反应方程式，于是将相应反应的热效应作同样的运算可得到所求反应在 25℃时的标准焓变

$$\Delta_r H_m^\ominus(298.15K) = -1387 + 2 \times (-92.30) - 2 \times (-411.2) - (-814.0) = 64.8(\text{kJ} \cdot \text{mol}^{-1})$$

对于气体物质

$$\Delta\nu_g = 2 - 0 = 2$$

所以

$$\Delta_r U_m^\ominus = \Delta_r H_m^\ominus - \Delta\nu_g RT = 64.8 - 2 \times 8.314 \times 298 \times 10^{-3} = 59.9 \, (kJ \cdot mol^{-1})$$

有时为了求算某反应的热效应,需要借助某些辅助反应,至于反应是否按照辅助反应的途径进行,这无关紧要。但由于每个实验数据总有一定的误差,所以应尽量避免引入无关的辅助反应以减少所得结果的误差。

第九节 热 效 应

参与反应各物质的摩尔焓的绝对值无法确定。因此采用相对标准的方法来计算化学反应的摩尔焓变 $\Delta_r H_m$。

一、标准摩尔生成焓

恒温恒压下化学反应的热效应 $\Delta_r H_m^\ominus$ 按照 ΔH 的定义等于生成物焓的总和减去反应物焓的总和,即 $\Delta_r H = \sum H(生成物) - \sum H(反应物)$。如果能够知道参加反应的各个物质焓的绝对值,则可以很方便地计算化学反应的热效应。但是焓的绝对值无法测定,为了解决这个问题,不得不使用一个相对的焓值进行计算。规定在标准压力 $p^\ominus$(100 kPa)和指定温度 T 时,由最稳定的单质生成标准状态下 1 mol 化合物的焓变称为该化合物在此温度下的标准摩尔生成焓(standard molar enthalpy of formation),用 $\Delta_f H_m^\ominus$ 表示。生成焓也常称为生成热。

定义中的最稳定单质是指在标准压力 $p^\ominus$ 及指定温度 T 下最稳定形态的物质,如碳的最稳定形态是石墨而不是金刚石。根据上述定义,规定最稳定单质在标准态时,其标准摩尔生成焓为零,即 $\Delta_f H_m^\ominus(最稳定单质) = 0$。常见标准摩尔生成焓等于零的物质有:$O_2$、$H_2$、$N_2$、$C_{石墨}$、$Br_2$ 等。

298.15 K 时常见物质的标准摩尔生成焓见附录四。

如果在一个反应中,各个物质的标准摩尔生成焓都已知,则可以求任意化学反应的 $\Delta_r H_m^\ominus$。基于形成反应式双方的化合物所需的单质数目相同,因此求算任一化学反应的热效应可设计成

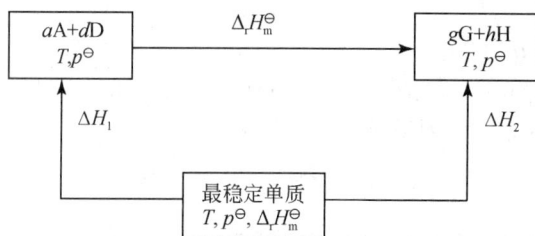

因为焓是状态函数,所以

$$\Delta H_1 + \Delta_r H_m^\ominus = \Delta H_2$$

$$\Delta_r H_m^\ominus = \Delta H_2 - \Delta H_1$$

$$\Delta H_1 = a\Delta_f H_m^\ominus(A) + d\Delta_f H_m^\ominus(D) = \sum_B \nu_B \Delta_f H_m^\ominus(B)_{反应物}$$

$$\Delta H_2 = g\Delta_f H_m^\ominus(G) + h\Delta_f H_m^\ominus(H) = \sum_B \nu_B \Delta_f H_m^\ominus(B)_{生成物}$$

$$\Delta_r H_m^\ominus = \left[g\Delta_f H_m^\ominus(G) + h\Delta_f H_m^\ominus(H) \right] - \left[a\Delta_f H_m^\ominus(A) + d\Delta_f H_m^\ominus(D) \right]$$

$$= \sum_B \nu_B \Delta_f H_m^\ominus(B)_{生成物} - \sum_B \nu_B \Delta_f H_m^\ominus(B)_{反应物} = \sum_B \nu_B \Delta_f H_m^\ominus(B) \tag{1-44}$$

注意：ν_B 对反应物系数为负值，生成物系数为正值。该式表示：任意反应的恒压反应热 $\Delta_r H_m^\ominus$ 等于反应生成物标准摩尔生成焓之和减去反应物标准摩尔生成焓之差。

【例 1-15】 利用生成焓数据，试计算反应乙酸和乙醇在 298.15 K 时发生酯化反应的热效应。已知

$$\Delta_f H_m^\ominus(CH_3COOH) = -484.3 \text{ kJ} \cdot \text{mol}^{-1} \qquad \Delta_f H_m^\ominus(CH_3CH_2OH) = -234.8 \text{ kJ} \cdot \text{mol}^{-1}$$

$$\Delta_f H_m^\ominus(CH_3COOCH_2CH_3) = -479.03 \text{ kJ} \cdot \text{mol}^{-1} \qquad \Delta_f H_m^\ominus(H_2O) = -285.83 \text{ kJ} \cdot \text{mol}^{-1}$$

解： $CH_3COOH(l) + CH_3CH_2OH(l) \Longrightarrow CH_3COOCH_2CH_3(l) + H_2O(l)$

$$\Delta_r H_m^\ominus(298.15 \text{ K}) = -479.03 + (-285.83) - (-484.3) - (-234.8) = 45.76(\text{kJ} \cdot \text{mol}^{-1})$$

知识延伸

离子摩尔生成焓

对于水溶液中进行的离子反应，如果知道每种离子的摩尔生成焓数据，则可计算出有离子参加的反应的标准摩尔焓变。由于溶液总是电中性的，正负离子同时存在，不能得到单一离子的溶液，更不可能用实验的方法测量某种离子的摩尔生成焓。为此规定任意指定温度 T 及标准状态下氢离子的标准摩尔生成焓 $\Delta_f H_m^\ominus(H^+, aq, \infty) = 0$，其中 aq 代表水溶液，$\infty$ 代表无限稀释溶液。根据这一规定，即可求出其他离子标准摩尔生成焓。

【例 1-16】 已知 298.15 K，100 kPa 时的化学反应

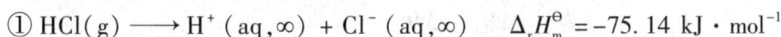

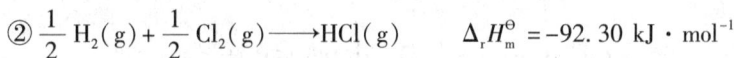

① $HCl(g) \longrightarrow H^+(aq, \infty) + Cl^-(aq, \infty)$ $\qquad \Delta_r H_m^\ominus = -75.14 \text{ kJ} \cdot \text{mol}^{-1}$

② $\dfrac{1}{2} H_2(g) + \dfrac{1}{2} Cl_2(g) \longrightarrow HCl(g)$ $\qquad \Delta_r H_m^\ominus = -92.30 \text{ kJ} \cdot \text{mol}^{-1}$

求 Cl^- 在无限稀释时的标准摩尔生成焓。

解： 因为反应①+反应②得

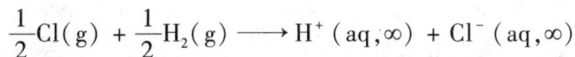

$$\frac{1}{2}Cl(g) + \frac{1}{2}H_2(g) \longrightarrow H^+(aq, \infty) + Cl^-(aq, \infty)$$

所以

$$\Delta_r H_m^\ominus = -75.14 - 92.30 = -167.44(\text{kJ} \cdot \text{mol}^{-1})$$

而 $\Delta_r H_m^\ominus = \Delta_f H_m^\ominus(H^+, aq, \infty) + \Delta_f H_m^\ominus(Cl^-, aq, \infty) - \dfrac{1}{2}\Delta_f H_m^\ominus(Cl_2, g) - \dfrac{1}{2}\Delta_f H_m^\ominus(H_2, g)$

$$= 0 + \Delta_f H_m^\ominus(Cl^-, aq, \infty) - 0 - 0$$

所以 $\Delta_f H_m^\ominus(Cl^-, aq, \infty) = -167.44(\text{kJ} \cdot \text{mol}^{-1})$。

同理可求得其他各种离子的标准摩尔生成焓。一些离子的标准摩尔生成焓可以从热力学手册中查到。

二、标准摩尔燃烧焓

绝大部分的有机化合物不能由稳定单质直接合成，因此其标准摩尔生成焓无法直接测得。但有机化合物容易燃烧且燃烧完全，由实验可测得其燃烧过程的反应热。因此再建立一套相对焓值，与

生成焓相互补充解决化学反应的反应热问题。

规定:在标准压力 $p^{\ominus}$(100 kPa)和指定恒温度 T 下,1 mol 物质完全燃烧的恒压反应热称为该物质的标准摩尔燃烧焓(standard molar enthalpy of combustion),用 $\Delta_c H_m^{\ominus}$ 表示。一般指定温度为 298.15 K。

定义中的完全燃烧是指被燃烧的物质变成最稳定的完全燃烧的生成物,如化合物中的 C 变为 $CO_2(g)$,H 变为 $H_2O(l)$,N 变为 $N_2(g)$,S 变为 $SO_2(g)$,Cl 变为 HCl(aq)。根据上述定义,完全燃烧的生成物的标准摩尔燃烧焓规定为零,即 $\Delta_c H_m^{\ominus}=0$。

例如,在 298.15 K 及 $p^{\ominus}$ 时下列反应

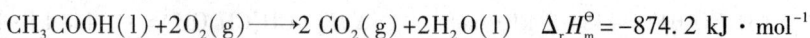

$$CH_3COOH(l)+2O_2(g)\longrightarrow 2CO_2(g)+2H_2O(l) \quad \Delta_r H_m^{\ominus}=-874.2 \text{ kJ}\cdot\text{mol}^{-1}$$

显然,该反应的标准摩尔焓变即为 $CH_3COOH(l)$ 的标准摩尔燃烧焓,即

$$\Delta_c H_m^{\ominus}(CH_3COOH,l)=-874.2\text{kJ}\cdot\text{mol}^{-1}$$

一些有机化合物在 298.15 K 时的标准摩尔燃烧焓见附录。

基于反应式两端化合物的完全燃烧生成物相同,可从已知物质的标准摩尔燃烧焓求算化学反应的反应热,如某化学反应可设计成:

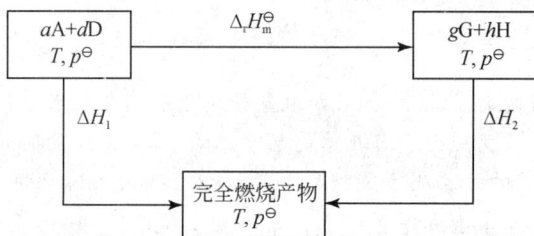

显然

$$\Delta H_1 = \Delta_r H_m^{\ominus} + \Delta H_2$$

所以

$$\Delta_r H_m^{\ominus} = \Delta H_1 - \Delta H_2$$

而

$$\Delta H_1 = a\Delta_c H_m^{\ominus}(A) + d\Delta_c H_m^{\ominus}(D) = \sum_B \nu_B \Delta_c H_m^{\ominus}(\text{反应物})$$

$$\Delta H_2 = g\Delta_c H_m^{\ominus}(G) + h\Delta_c H_m^{\ominus}(H) = \sum_B \nu_B \Delta_c H_m^{\ominus}(\text{生成物})$$

则

$$\Delta_r H_m^{\ominus} = \sum_B \nu_B \Delta_c H_m^{\ominus}(\text{反应物}) - \sum_B \nu_B \Delta_c H_m^{\ominus}(\text{产物}) = -\sum_B \nu_B \Delta_c H_m^{\ominus}(B) \tag{1-45}$$

式(1-45)表明:任一反应的恒压反应热 $\Delta_r H_m^{\ominus}$,等于反应物的标准摩尔燃烧焓总和减去生成物的标准摩尔燃烧焓总和。

【例1-17】 试利用燃烧焓求算 298.15 K 和 100 kPa 时反应 $(COOH)_2(s)+2CH_3OH(l)\Longrightarrow (COOCH_3)_2(s)+2H_2O(l)$ 的反应热 $\Delta_r H_m^{\ominus}$。

解:$(COOH)_2(s)+2CH_3OH(l)\Longrightarrow(COOCH_3)_2(s)+2H_2O(l)$

$\Delta_c H_m^{\ominus}$　　 -251.1　-726.1　　　　-1678　　　　　　 0

根据式(1-45),可知反应热 $\Delta_r H_m^{\ominus}=(-251.1)+2\times(-726.1)-(-1678)=-25.3(\text{kJ}\cdot\text{mol}^{-1})$。

标准摩尔燃烧焓与标准摩尔生成焓两套数据可以互相配合,从一种数据求得另一种数据,对于很多有机物不能直接从单质合成,可以利用燃烧焓求得生成焓。这也是由状态函数的特点决定的。

例如,欲求乙酸的生成焓,可由生成焓的定义设计利用燃烧焓求算:

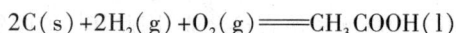

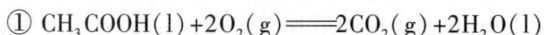

$$2C(s)+2H_2(g)+O_2(g)\Longrightarrow CH_3COOH(l)$$

① $CH_3COOH(l)+2O_2(g)\Longrightarrow 2CO_2(g)+2H_2O(l)$

② $C(s)+O_2(g)\!=\!=\!=\!CO_2(g)$

③ $H_2(g)+\dfrac{1}{2}O_2(g)\!=\!=\!=\!H_2O(l)$

因此乙酸的生成反应可由(②+③)×2−①得到

$$\Delta_f H_m^{\ominus}(CH_3COOH)=\left[\left(\Delta_r H_{m,2}^{\ominus}+\Delta_r H_{m,3}^{\ominus}\right)\times 2\right]-\Delta_r H_{m,1}^{\ominus}$$

而上述反应恰好为 $CH_3COOH(l)$、$C(s)$ 和 $H_2(g)$ 燃烧焓的定义,因此只要得知三种物质的燃烧焓即可得到 $CH_3COOH(l)$ 的生成焓。查表知:

$$\Delta_c H_m^{\ominus}(CH_3OH,l)=-726.1\ kJ\cdot mol^{-1}$$

$$\Delta_c H_m^{\ominus}(C,s)=-393.5\ kJ\cdot mol^{-1}$$

$$\Delta_c H_m^{\ominus}(H_2,g)=-285.8\ kJ\cdot mol^{-1}$$

$$\Delta_f H_m^{\ominus}(CH_3COOH,l)=2\left[\Delta_c H_m^{\ominus}(C,s)+\Delta_c H_m^{\ominus}(H_2,g)\right]-\Delta_c H_m^{\ominus}(CH_3OH,l)$$
$$=2\times\left[-393.5+(-285.8)\right]-(-874.5)=-484.1(kJ\cdot mol^{-1})$$

【例1-18】 在标准压力 $p^{\ominus}$ 及 298.15 K 下,$H_2(g)$、C(石墨)及环丙烷的标准摩尔燃烧焓分别为 $-285.8\ kJ\cdot mol^{-1}$、$-393.5\ kJ\cdot mol^{-1}$ 及 $-2091.3\ kJ\cdot mol^{-1}$。若已知在 298.15 K 时丙烯的 $\Delta_f H_m^{\ominus}$ 为 $20.0\ kJ\cdot mol^{-1}$,试分别求算:

(1)在 298.15 K 时环丙烷的 $\Delta_f H_m^{\ominus}$。

(2)在 298.15 K 时,环丙烷异构成丙烯反应的 $\Delta_r H_m^{\ominus}$。

解:(1)环丙烷的生成反应如下

$$3C(石墨)+3H_2(g)\!=\!=\!=\!C_3H_6(环丙烷)$$

$$\Delta_r H_m^{\ominus}=\Delta_f H_m^{\ominus}(环丙烷)=\sum_B \nu_B \Delta_c H_m^{\ominus}(B)$$

$$=3\times(-393.5)+3\times(-285.8)-1\times(-2091.3)=54.1(kJ\cdot mol^{-1})$$

(2)环丙烷异构为丙烯的反应为

$$C_3H_6(环丙烷)\!=\!=\!=\!CH_3-CH=CH_2$$

$$\Delta_r H_m^{\ominus}=\sum_B \nu_B \Delta_f H_m^{\ominus}(B)=20.0-54.1=-34.1(kJ\cdot mol^{-1})$$

知识延伸

混 合 热

混合过程是一类物理过程,它是将组成不同的多个相掺合在一起形成均匀的一相。通常的混合过程都是在等温等压条件下进行的,此时的混合热实际上是混合过程的焓变,因此也称为混合焓,用符号 $\Delta_{mix}H$ 表示,其中下标"mix"代表混合过程,其意义如图1-16所示。

常遇到的混合过程有以下两种:

(1)溶质的溶解过程。如图1-17所示,此时的混合热称为溶解热,用符号 $\Delta_{sol}H$ 表示,其中下标"sol"代表溶解过程。

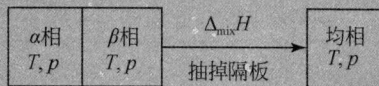

图 1-16 混合热

定义物质 B 在 A 中的摩尔溶解热为

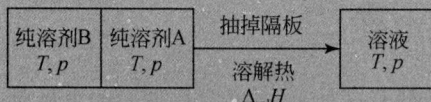

图 1-17 溶解热

$$\Delta_{sol}H_{m,B}=\frac{\Delta_{sol}H}{n_B} \qquad (1-46)$$

$\Delta_{sol}H_{m,B}$ 的单位是 $J\cdot mol^{-1}$ 或 $kJ\cdot mol^{-1}$,它表示在一定温度和压力下,1 mol 物质 B 溶解时的热效应。

知识延伸

其大小与溶液的浓度有关。298.15 K,100 kPa 下许多物质在各种浓度水溶液中的 $\Delta_{sol}H_{m,B}$ 可以从手册中查得,从而为计算水溶性物质的溶解热提供了方便。

(2)稀释过程,即将一定量的纯溶剂加入某溶液中形成一种较稀的溶液。如图 1-18 所示,

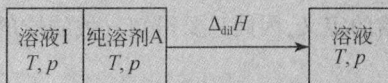

图 1-18 稀释热

此时的混合热称为稀释热,用符号 $\Delta_{dil}H$ 表示,其中下标"dil"代表稀释过程。定义物质 B 的摩尔稀释热为

$$\Delta_{dil}H_{m,B} = \frac{\Delta_{dil}H}{n_B} \tag{1-47}$$

$\Delta_{dil}H_{m,B}$ 的单位是 $J \cdot mol^{-1}$ 或 $kJ \cdot mol^{-1}$,它表示在一定温度和压力下,含有 1 mol 溶质 B 的某溶液被稀释过程中的热效应。

稀释热可以由稀释前后两个溶液的溶解热求得。在稀释过程的初末态之间设计一个由步骤Ⅰ和Ⅱ组成的新途径(图 1-19)。若以 $\Delta_{dil}H_1$ 和 $\Delta_{dil}H_2$ 分别代表稀释前后两个溶液的溶解热,则

$$\Delta H_I = -\Delta_{sol}H_1 \qquad \Delta H_{II} = \Delta_{sol}H_2$$

所以

$$\Delta_{dil}H = \Delta H_I + \Delta H_{II}$$

即

$$\Delta_{dil}H = \Delta_{sol}H_2 - \Delta_{sol}H_1$$

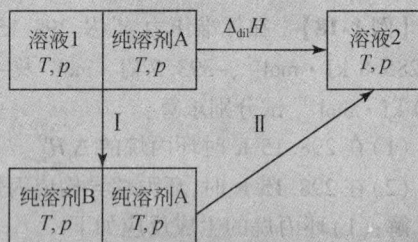

图 1-19 稀释的不同途径

此式表明,稀释热等于稀释后溶液的溶解热减去稀释前溶液的溶解热。其中 $\Delta_{sol}H_1$ 和 $\Delta_{sol}H_2$ 可由手册查数据求得。

对于指定的溶剂 A 和溶质 B,在一定温度和压力下,溶解热的大小取决于 A 和 B 的物质的量,即 $\Delta_{sol}H = f(n_A, n_B)$。由于该函数的两个偏导数具有理论意义,将 $(\partial \Delta_{sol}H/\partial n_B)_{T,p,n_A}$ 称为微分溶解热,而将 $(\partial \Delta_{sol}H/\partial n_A)_{T,p}$ 称为微分稀释热。

$(\partial \Delta_{sol}H/\partial n_B)_{T,p,n_A}$ 在数学上是指 $\Delta_{sol}H$ 随 n_B 的变化率,是曲线上某点的斜率,其物理意义是:在保持温度、压力和溶剂的数量不变的条件下,向大量溶液中单独加入 1 mol 溶质 B,此过程吸收或放出的热量。此过程由于溶液浓度没发生变化(因为溶液是大量的),所以微分溶解热也称为定浓溶解热。微分溶解热的大小能反映溶液中的溶质与纯溶质在性质上的差别,这对于溶液的理论研究具有一定意义。

$(\partial \Delta_{sol}H/\partial n_A)_{T,p}$ 的物理意义是:在保持温度、压力和溶质的数量不变的条件下,向大量溶液中单独加入 1 mol 溶剂 A,此过程吸收或放出的热量。微分稀释热也称为定浓稀释热,它的大小能反映溶液中的溶剂与纯溶剂在性质上的差别。

第十节 反应热与温度的关系

一、基尔霍夫方程

化学反应热效应的讨论显示出反应热与温度和压力都有关系,尤其是温度的影响更显著,基尔霍夫(G. R. Kirchhoff)于 1858 年首先建立了反应热与温度之间的定量关系,此关系称为基尔霍夫定

律或基尔霍夫方程。

欲知一反应的热效应随温度的变化,可以直接在恒压下将 $\Delta_r H = \sum H_{生成物} - \sum H_{反应物}$ 对温度 T 求微商

$$\left(\frac{\partial \Delta_r H}{\partial T}\right)_p = \sum_B \left(\frac{\partial H_B}{\partial T}\right)_{p,生成物} - \sum_B \left(\frac{\partial H_B}{\partial T}\right)_{p,反应物}$$

等式右方第一项代表化学反应中各生成物恒压热容之和,第二项则代表各反应物恒压热容之和,于是上式可写成

$$\left(\frac{\partial \Delta_r H}{\partial T}\right)_p = \sum_B C_{p,生成物} - \sum_B C_{p,反应物} = \Delta_r C_p \tag{1-48}$$

式中,$\Delta_r C_p$ 代表化学反应中各生成物恒压热容之和减去反应中各反应物恒压热容之和,亦可表示为

$$\Delta_r C_p = \sum_B \nu_B C_{p,m,B} \tag{1-49}$$

由式(1-48)可见,一个反应的热效应之所以随温度变化而改变,是由反应中的生成物和反应物热容的差异引起的。

式(1-48)通称为基尔霍夫方程,在方程中若 $\Delta_r C_p < 0$,即生成物恒压热容之和小于反应物恒压热容之和,则 $\left(\frac{\partial \Delta_r H}{\partial T}\right)_p < 0$。这意味着,当恒压下反应温度升高时,其反应热降低;若 $\Delta_r C_p > 0$,即生成物的热容大于反应物的热容,此时 $\left(\frac{\partial \Delta_r H}{\partial T}\right)_p > 0$,即温度升高时,恒压反应热增大;当 $\Delta_r C_p = 0$ 时,表示反应热与温度无关。

应用基尔霍夫方程求算某化学反应在任意温度(T_2)时的反应热 $\Delta_r H(T_2)$,需要知道该反应在某一给定温度(T_1)时的反应热 $\Delta_r H(T_1)$,以及有关热容的数值,然后根据式(1-48)进行积分求算。

$$\int_{\Delta_r H(T_1)}^{\Delta_r H(T_2)} d(\Delta_r H) = \Delta_r H(T_2) - \Delta_r H(T_1) = \int_{T_1}^{T_2} \Delta_r C_p dT \tag{1-50}$$

若温度变化范围不大或 C_p 受温度影响较小时,$\Delta_r C_p$ 可近似视为与温度无关的常数(即各物质的 $C_{p,m}$ 在 T_1 与 T_2 之间取其平均恒压热容),于是式(1-48)可写成

$$\Delta_r H(T_2) - \Delta_r H(T_1) = \Delta_r C_p(T_2 - T_1) \tag{1-51}$$

若温度变化范围比较大或 C_p 受温度影响比较明显,如 $C_{p,m} = a + bT + cT^2$,则

$$\Delta_r C_p = (\Delta a) + (\Delta b)T + (\Delta c)T^2 \tag{1-52}$$

式中,$\Delta a = \sum \nu_B a_B$,$\Delta b = \sum \nu_B b_B$,$\Delta c = \sum \nu_B c_B$。代入式(1-50)得

$$\Delta_r H(T_2) - \Delta_r H(T_1) = \Delta a(T_2 - T_1) + \frac{\Delta b}{2}(T_2^2 - T_1^2) + \frac{\Delta c}{3}(T_2^3 - T_1^3) \tag{1-53}$$

若对式(1-48)进行不定积分则得

$$\Delta_r H(T) = \int \Delta_r C_p dT + 常数$$

为得到式中的积分常数,可直接利用热力学数据表,设法求出 298.15 K 时的 $\Delta_r H_m^\ominus$(298.15 K)并代入上式进行求算。如果 $\Delta_r C_p$ 与温度无关,则得

$$\Delta_r H(T) = \Delta_r C_p T + 常数 \tag{1-54}$$

同样,当 $\Delta_r C_p = f(T)$ 时,上式变为

$$\Delta_r H(T) = \Delta a T + \frac{\Delta b}{2}T^2 + \frac{\Delta c}{3}T^3 + \cdots + \text{常数} \tag{1-55}$$

【例1-19】 25℃合成氨反应 $N_2(g) + 3H_2(g) \longrightarrow 2NH_3(g)$ 的恒压反应热 $\Delta_r H_m^{\ominus}(298.15\ K) = -92.3\ kJ \cdot mol^{-1}$，试求算上述反应在325℃的恒压反应热 $\Delta_r H_m^{\ominus}(598.15\ K)$。已知

$$C_{p,m}(N_2) = (26.98 + 5.912\times10^{-3}T - 3.376\times10^{-7}T^2)J \cdot K^{-1} \cdot mol^{-1}$$
$$C_{p,m}(H_2) = (29.07 - 0.837\times10^{-3}T + 20.12\times10^{-7}T^2)J \cdot K^{-1} \cdot mol^{-1}$$
$$C_{p,m}(NH_3) = (25.89 + 33.00\times10^{-3}T - 30.46\times10^{-7}T^2)J \cdot K^{-1} \cdot mol^{-1}$$

解: 先求出 Δa、Δb、Δc 及 $\Delta_r C_p$：

$$\Delta a = 2\times25.89 - 26.98 - 3\times29.07 = -62.41$$
$$\Delta b = (2\times33.06 - 5.912 + 3\times0.837)\times10^{-3} = 62.60\times10^{-3}$$
$$\Delta c = -(2\times30.46) + 3.376 - 3\times20.12\times10^{-7} = -117.9\times10^{-7}$$

所以 $\Delta_r C_p = (\Delta a) + (\Delta b)T + (\Delta c)T^2 = (-62.41 + 62.60\times10^{-3}T - 117.9\times10^{-7}T^2)J \cdot K^{-1} \cdot mol^{-1}$。
然后根据式(1-50)计算

$$\Delta_r H_m^{\ominus}(598.15\ K) = \Delta_r H_m^{\ominus}(298.15\ K) + \int_{T_1}^{T_2} \Delta_r C_p dT$$

$$= -92.3\times10^3 - 62.41\times(598.15 - 295.15) + \frac{1}{2}\times62.60\times10^{-3}\times$$

$$(598.15^2 - 298.15^2) - \frac{1}{3}\times117.9\times10^{-7}\times(598.15^3 - 295.15^3)$$

$$= -92.38\times10^3 - 18723 + 8416.3 - 736.9 = -103.4\times10^{-3} = -103.4(kJ \cdot mol^{-1})$$

【例1-20】 应用**【例1-19】**所给数据，试给出反应 $N_2(g) + 3H_2(g) \longrightarrow 2NH_3(g)$ 的恒压反应热与温度关系的一般形式。

解: 由上题得到 $\Delta a = -62.41$、$\Delta b = 62.60\times10^{-3}$、$\Delta c = -117.9\times10^{-7}$。
不定积分式可写成(式中常数以 $\Delta H_0^{\ominus}$ 表示)

$$\Delta_r H_m^{\ominus} = \Delta H_0^{\ominus} + (-62.41T + 31.30\times10^{-3}T^2 - 39.3\times10^{-7}T^3)$$

在298.15 K时反应的 $\Delta_r H_m^{\ominus}(298.15\ K) = -92.3\ kJ \cdot mol^{-1}$，代入上式即可得积分常数(其与温度无关)

$$\Delta H_0^{\ominus} = -76.65\ kJ \cdot mol^{-1}$$

所以，该反应的恒压反应热与温度关系的一般形式为

$$\Delta_r H_m^{\ominus} = -76.65\times10^{-3} - 62.41T + 31.30\times10^{-3}T^2 - 39.3\times10^{-7}T^3\ J \cdot mol^{-1}$$

二、实际生产中的热量计算问题

基尔霍夫定律仅适用于反应前后温度一致的反应，对于实际生产中生成物温度与反应物温度不同的热量计算问题，可利用状态函数特点设计途径求得，如下例。

【例1-21】 已知反应的热力学数据：

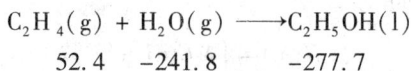

$$C_2H_4(g) + H_2O(g) \longrightarrow C_2H_5OH(l)$$

$$\quad\quad 52.4 \quad\quad -241.8 \quad\quad -277.7$$

$\Delta_r H_m^{\ominus}(298\ K)/(kJ \cdot mol^{-1})$

$C_{p,m}/(J \cdot K^{-1} \cdot mol^{-1})$

$$\quad\quad 43.56 \quad 33.56 \quad\quad 111.5$$

求反应物温度为288 K，生成物温度为343 K时该反应的焓变。

解: 设计途径为

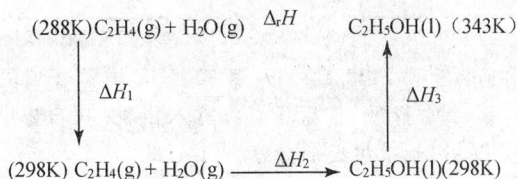

$$(288K) C_2H_4(g) + H_2O(g) \xrightarrow{\Delta_r H} C_2H_5OH(l) \ (343K)$$

$$\Big\downarrow \Delta H_1 \qquad\qquad\qquad\qquad\qquad \Big\uparrow \Delta H_3$$

$$(298K) C_2H_4(g) + H_2O(g) \xrightarrow{\Delta H_2} C_2H_5OH(l)(298K)$$

$$\Delta_r H = \Delta H_1 + \Delta H_2 + \Delta H_3$$

$$= \int_{288}^{298} \Delta_r C_{p,\text{反应物}} dT + \Delta_r H_m^\ominus + \int_{298}^{343} \Delta_r C_{p,\text{生成物}} dT$$

$$= \int_{288}^{298} C_{p,m,C_2H_4} dT + \int_{288}^{298} C_{p,m,H_2O} dT + \Delta_r H_m^\ominus + \int_{298}^{343} C_{p,m,C_2H_5OH} dT$$

$$= \int_{288}^{298} 43.56 dT + \int_{288}^{298} 33.56 dT + \big[(-277.7) - 52.3 - (-241.84)\big] \times 10^3 + \int_{298}^{343} 111.5 dT$$

$$= (43.56 + 33.56) \times (298 - 288) + \big[(-277.7) - 52.3 - (-241.84)\big] \times 10^3 + 111.5 \times (343 - 298)$$

$$= -82.37 \times 10^3 = -82.37 (\text{kJ} \cdot \text{mol}^{-1})$$

知识延伸

热分析技术及其在药学中的应用

自从 1887 年勒夏特列(Lechatelier)提出差热分析以来,随着化工、冶金、纺织、颜料,尤其是近代高分子化学的迅猛发展,热分析技术的应用范围不断扩大。20 世纪 60 年代以来,该技术已逐渐推广于药剂学科研和生产技术领域。由于样品用量少(0.1 ~ 10 mg)、不用溶剂、测定速度快(通常 1 天内完成)、数据精确、图形易懂等优点,使得热分析技术在中药活性成分的研究、中药材真伪品鉴别、中药制剂的质量分析等方面有良好的应用前景。

1. 药物纯度的测定 是药品质量控制的重要内容之一。热分析技术用于中药纯度的测定有其独特的优点,如样品用量少且一般不需预处理等。但也有一定的要求,即样品的纯度>97%。然而在具体的操作方法上,可采用相应的措施使该技术能用于成分复杂的中药及制剂纯度的测定。①如果不要求试样纯度的具体数据,可用标准品与试样分别进行差热分析法(DTA)或差示扫描量热仪(DSC)测定,比较所得 DTA 或 DSC 曲线的峰形,便可迅速判别其纯度概况。②如果样品纯度较差,且需要具体的纯度数据,可用高纯度样品来稀释样品,调节混合物的最终纯度>97%,再测 DSC 或 DTA 曲线,最后根据混合物的组成推算试样的实际纯度。由于试样量极少,故只需用少量标准品便可完成纯度测定。例如,粉防己甲素和熊果酸这些从中药材提得的药品,目前尚无其他合适的定量分析方式。杨腊虎用 DSC 法成功地进行了纯度分析,并在测得药品总杂质含量的同时,还可获得各药物的准确熔点。

2. 药物赋形剂筛选和组分分析 赋形剂的正确选择,对提高药物稳定性、安全性、有效性及生物利用度有重要意义。热分析技术可用于检查药物与赋形剂有无化学反应,有无化学吸附、共熔、晶型转变等物理化学作用发生,从而为药物赋形剂的筛选提供有价值的参数。例如,大蒜及其制剂是常用的中药,其有效成分为大蒜素。为提高大蒜素的稳定性并减少大蒜的刺激性,掩盖不良嗅味,常用改变药物剂型的方法来实现。例如,使液体制剂固体化,就需要用适当的赋形剂制成相应的固体制剂。杨玮等用国产 β-环糊精(β-CD)为材料,制成大蒜素包含物,并用热分析技术精确地考察了温度对包含物中挥发性物质的影响,检验了包含物的形成。结果从热重分析图谱可知:包含物的抗分解性、热稳定性均较大蒜素 β-CD 混合物有所提高,挥发性降低。包含物的稳定性与大蒜微囊制剂近似,但与大蒜微囊相比,其制备工艺大简便,成本降

知识延伸

低。此外，倪维骅用 DSC 法成功地做出了淀粉、乳糖、聚乙烯砒咯烷酮(PVP)等几十种常用辅料的 DSC 谱，并编制了一套检索程序，将原始数据存入微机，从而为中药制剂生产工艺中赋形剂筛选及配方中未知成分剖析，带来极大的方便。

3. 药物结晶水和游离表面水的测定 由于含水量对药物的有效成分、赋形剂及最终产品的稳定性有显著的影响，故应严格控制药物的含水量。药物中含有的结晶水与表面水有时难以区分，对中药材及其制剂，情况更是如此。应用热分析技术可方便地解决这个问题。一般药物的表面水要比其内部的结晶水易于失去，将 DTA 与 TG(热重分析)联用既可测得药物总的含水量，也可准确测定其表面水和结晶水含量。中药固体制剂如片剂、丸剂、粉剂、栓剂、胶囊剂等均可用此法测定其含水量，并可同时测得药物干燥的最高安全温度。例如，中药鹤草(*Agrimonia pilosa* Ledeb.)根芽的提取物鹤草酚和中药唐松草(*Thalictrum faberi* Ulbr.)中分离出的唐松草新碱均为抗癌的有效成分，采用油酸制成多脂质(139)，并分别与鹤草酚、唐松草新碱配伍，以增强这两种药物的抗癌作用。他们用 DSC 技术考察了这种多脂质体的热致相变，并用 TG 测定。结果表明：在 40～108℃之间的失重是脂质体表面自由水逸散，其失水率在 80℃ 附近最大；温度达 108℃ 时开始出现一尖锐的吸热相变峰，由于其间无失重，故 108℃ 即为该药物系统最高安全干燥温度。

4. 中药材真伪鉴别 药物具有自己特有的 DTA 或 DSC 曲线。应用热分析技术鉴别中药材的种类及真伪很方便。例如，药用乳香在我国属紧俏药物，全部靠进口。最主要的是索马里乳香和埃塞俄比亚乳香，两者质量差异很大，但形状却十分相似，很难区分。用 DSC 鉴别法直接用固体乳香作试样，成功鉴别出这两种乳香；用 DTA 法对天然牛黄和人工牛黄进行了鉴别，发现天然牛黄在 305℃、449.5℃ 和 527.5℃ 处有放热峰，在 397℃、474.5℃ 处有吸热峰，而人工牛黄在上述温度下没有这些特征峰；用热分析技术进行了阿胶真伪品鉴别，并用 DSC 法系统地研究了驴、黄牛、水牛和猪皮胶。根据这四种胶在不同温度段出现各自的特征部分，成功地鉴别出这四种不同的胶。

5. 其他方面的应用 热分析技术在药剂学中的应用还包括：绘制药物系统的相图，借以求得共熔点用于指导药物配伍；药物稳定性预测；药物晶形的研究；中药复方制剂的鉴定研究等。例如，曾美怡等用热微量转移法(TAS)配合薄层色谱技术成功地进行了成分复杂的中药成方制剂如七厘散、冠心苏合丸、复方丹参片、银翘解毒片、六味地黄丸等的鉴定研究，不但得出了各药物的配合组成，而且区别出了不同生产厂家出品的同一种药物，如银翘解毒片、六味地黄丸等。此外，辛夷及混淆品的鉴别也获成功。

综上所述，热分析技术在药学领域的应用前景广阔。由于种种原因，该技术在基层单位的应用不够普及，尤其是在中药质量分析、中药材真伪品鉴别等方面的应用，远没有其用于化学药品这样普及和深入。这值得中药学工作者重视。可以相信，热分析技术在中药学中的充分应用，必将对中药事业的进步起到推动和促进作用。

科学家介绍

盖斯(G. H. Hess，又称 Гess)1802 年 8 月 8 日生于瑞士日内瓦市一位画家家庭，3 岁随父亲定居俄国莫斯科，1825 年取得医学博士学位，1826 年弃医专攻化学，并到瑞典斯德哥尔摩进修化学。回到俄国后，1828 年由于在化学上的卓越贡献被选为圣彼得堡科学院院士。1850 年 12 月 13 日，卒于圣彼得堡。

　　盖斯早年从事分析化学的研究,1830 年起专门从事化学热效应测量方法的改进研究,1836 年经过多次实验,总结出一条规律:在任何化学反应过程中的热量,无论该反应是一步完成的还是分步进行的,其总热量变化都是相同的。这就是著名的盖斯定律。

　　盖斯定律是断定能量守恒的先驱,也是化学热力学的基础。当求解一个不能直接发生的反应的反应热时,可以用分步法测定反应热并加合起来而间接求得,因此 Hess 也是热化学的奠基人。

　　詹姆斯·普雷斯科特·焦耳(J. P. Joule,1818 年 12 月 24 日 ~1889 年 10 月 11 日),英国物理学家,出生于曼彻斯特近郊的沙弗特(Salford)

G. H. Hess(1802~1850)
俄国化学家盖斯

一个酿酒厂主家中。自幼随父亲参加酿酒劳动,没有受过正规的教育。青年时期,他认识了著名的化学家道尔顿(Dalton),得到了 Dalton 的热情教导并学会了理论与实践相结合的科研方法,激发了对化学和物理学的兴趣。由于他在热学、热力学和电学方面的贡献,英国皇家学会授予他最高荣誉的科普利奖章(Copley Medal)。

　　1837 年,焦耳装成了用电池驱动的电磁机。1840 年,焦耳将环形线圈放于装水的试管中,测量不同电流的强度和水温。他发现导体在一定的时间内放出的热量与导体的电阻及电流强度的平方之积成正比,后来被称为焦耳-楞次定律。焦耳用机械能与热能的转变实验否定了当时已盛行了 100 多年的热质说。

J. P. Joule(1818~1889)
英国物理学家焦耳

　　1844 年,焦耳研究了空气在膨胀与压缩时的温度变化,计算出了气体分子的热运动速度值,从理论上奠定了波义耳-马略特和盖·吕萨克定律的基础,并解释了气体对器壁压力的实质。Joule 长期与著名物理学家汤姆森(Thomson,后来受封为 Kelvin 勋爵)合作,他们共同发现了焦耳-汤姆森(Joule-Thomson)效应。

　　焦耳用各种方法进行了 400 多次实验,历经 40 多年,获得了热功当量的值。他得到的结果是 1 cal=4.15 J,非常接近目前采用的值 1 cal=4.184 J。

　　1850 年,焦耳成为英国皇家学会会员,当时他年仅 32 岁。1878 年退休,1889 年焦耳在索福特逝世,享年 71 岁。后人为了纪念他,把能量的单位命名为"焦耳",简称"焦",并用其姓氏的第一个字母"J"作为能量的单位。

习　　题

1. 在 298.2 K 和标准压力下,1 mol 金属 Zn(s)溶于足量稀盐酸中,置换出 1 mol H_2 并放热 158 kJ。若以金属 Zn 和稀盐酸作为系统,求系统的功 W 和 ΔU。　　　　　　　　(-2.5 kJ,-160.5 kJ)

2. 一定量的理想气体经过等温可逆膨胀,体积从 V_1 膨胀到 $10V_1$,对外做功 20.95 kJ,系统的起始压力为 100 kPa。试求:①系统的始态体积 V_1;②若理想气体的物质的量为 2 mol,求系统的温度 T。　　　　　　　　(0.0898 m^3;547 K)

3. 已知在 900℃ 和标准压力下,10 mol $CaCO_3$ 固体分解为 CaO 固体和 CO_2 气体时吸收的热量为 1780 kJ。试计算此过程的 Q、W、ΔU 与 ΔH。　　　　　　　　(1780 kJ,-97.5 kJ,1682.5 kJ,1780 kJ)

4. 始态为 25℃,200 kPa 的 5 mol 某理想气体,经 a、b 两个不同途径到达相同的终态。途径 a:先经绝热膨胀到-28.57℃,100 kPa,该步骤的功 W_a=-5.57 kJ;再恒容加热到压力 200 kPa 的终态,该步骤的热 Q_a=25.42 kJ。途径 b 为恒压加热过程。求途径 b 的 W_b 和 Q_b。　　　　　　　　(-8.0 kJ,27.85 kJ)

5. 2 mol 单原子分子理想气体在 298.2 K 时,分别按下列三种方式从 0.015 m^3 膨胀到 0.040 m^3:

①恒温可逆膨胀;②恒温对抗 100 kPa 外压;③在气体压力与外压相等并保持恒定下加热。求三种过程的 Q、W、ΔU 和 ΔH。

（① 4863 J,4863 J,0,0;② 2.5 kJ,−2.5 kJ,0,0;③ 20.66 kJ,−8.264 kJ,12.396 kJ,20.66 kJ）

6. 已知乙醇的蒸发热为 858×10^3 J·kg^{-1},每 0.001 kg 蒸气的体积为 607×10^{-6} m^3。试计算下列过程的 Q、W、ΔU 和 ΔH：① 0.020 kg 液体乙醇在标准压力,温度 78.4℃（乙醇沸点）下蒸发为气体（计算时可忽略液体体积）;②若将压力 101.325 kPa,温度 78.4℃下 0.02 kg 的液体乙醇突然移放到定温 78.4℃的真空容器中,乙醇立即蒸发并充满容器,最后气体的压力为 101.325 kPa。

（① 17 160 J,−1 230 J,17 160 J,15 930 J;② 15 930 J,15 930 J,15 930 J,17 160 J）

7. 已知水的汽化热为 2259 J·g^{-1}。现将 115 V、5 A 的电流通过浸在 100℃、装在绝热筒中的水中的电加热器,电流通了 1 h。试计算:①有多少水变成水蒸气？②将做功多少？③以水和蒸气为系统,求 ΔU。

（916 g;−158 kJ;1910 kJ）

8. 1 mol 单原子分子理想气体,依次经历下列四个过程:①从 25℃、100 kPa 向真空自由膨胀,体积增大一倍;②恒容加热至 100℃;③可逆恒温膨胀,体积增大一倍;④可逆绝热膨胀至 25℃;试计算全过程的 ΔU、ΔH、W、Q。

（0,0,−3085 J,3085 J）

9. 某理想气体 $C_{V,m}=1.5R$。今有该气体 5 mol 在恒容下温度升高 50℃,求过程的 W、Q、ΔH 和 ΔU。

（3.118 kJ,0,5.196 kJ,3.118 J）

10. 4 mol 某理想气体,$C_{p,m}=5/2R$。由始态 100 kPa、100 dm^3,先恒压加热使体积增大到 150 dm^3,再恒容加热使压力增大到 150 kPa。求过程的 W、Q、ΔH 和 ΔU。

（−5.00 kJ,23.75 kJ,31.25 kJ,18.75 kJ）

11. 求 1 mol N_2(g) 在 300 K 恒温下从 2 dm^3 可逆膨胀到 40 dm^3 时的体积功 W_R。①假设 N_2(g) 为理想气体;②假设 N_2(g) 为范德华气体。

（7.472 kJ;7.452 kJ）

12. 在某封闭而能膨胀的绝热容器中,内置一电阻为 10 Ω 的铁丝,通电 1.0 A 的电流,通电 10 min 后使容器内空气膨胀 0.01 m^3,容器外压力始终维持在 100 kPa（假定铁丝前后温度变化忽略）。试求系统的 Q、W、ΔU、ΔH。①铁丝为系统;②整个绝热容器及内部空气为系统。

（①−6000 J,6000 J,0,1000 J;②0,5000 J,5000 J,6000 J）

13. 若在高山上,登山运动员的衣服潮湿,会消耗大量的热,如不及时补充食物,会使体温下降。假如体重为 70 kg 的运动员,穿的衣服吸水 1 kg,用冷风吹干,运动员将损失多少热量？此时体温要下降几度？要保持体温不变应补充葡萄糖多少克？

（2260 kJ,7.7 K,145 g）

14. 2 mol、100 kPa、373 K 的液态水放入一小球中,小球放入 373 K 恒温真空箱中。打破小球,刚好使 H_2O(l) 蒸发为 100 kPa、373 K 的 H_2O(g)［视 H_2O(g) 为理想气体］,求此过程的 Q、W、ΔU、ΔH。若此蒸发过程在常压下进行,则 Q、W、ΔU、ΔH 的值各为多少？已知水的蒸发热在 373 K、100 kPa 时为 40.66 kJ·mol^{-1}。

（81.3 kJ,−6.20 kJ,75.1 kJ,81.3 kJ;75.1 kJ,0,75.1 kJ,81.3 kJ）

15. 在一带活塞的绝热容器中有一绝热隔板,隔板的两侧分别为 2 mol、0℃的单原子理想气体 A 及 5 mol、100℃的双原子理想气体 B,两气体的压力均为 100 kPa。活塞外的压力维持 100 kPa 不变。今将容器内的绝热隔板撤去,使两种气体混合达到平衡态。求末态温度 T 及过程的 W、ΔU。

（350.93 K,−369.1 J,−369.1 J）

16. 1 mol 单原子分子理想气体,始态压力为 202.65 kPa,体积为 0.0112 m^3,经过 pT = 常数的可逆压缩过程至终态压力为 405.3 kPa,试求:① 终态的体积和温度;②ΔU 和 ΔH;③ 该过程系统所做的功。

（①0.0028 m^3,136.5 K;②−1702 J,−2837 J;③2270 J）

17. 在恒定压力 100 kPa 下,将极微小的冰块作为晶种,放入 6 mol 温度为 −5℃的过冷水中,立刻有一定量的冰析出,最终系统成为 0℃的冰水混合物,该过程近似是绝热过程,求析出冰的质量。已知 0℃冰的熔化热为 6008 J·mol^{-1},水的定压热容 $C_{p,m}=75.3$ J·mol^{-1}·K^{-1}。

（6.77 g）

18. 称取 0.727 g 的 D-核糖 $C_4H_9O_4CHO$ 放在一量热计中,用过量的 O_2 燃烧,量热计的温度由 298 K 升高 0.910 K,用同一仪器再做一次实验,使 0.858 g 苯甲酸燃烧,升温 1.940 K,计算该 D-核糖的摩尔燃烧内能、摩尔燃烧焓,及 D-核糖的摩尔生成焓。已知:苯甲酸的摩尔燃烧内能 $\Delta_c U_m$ 为 -3251 kJ·mol^{-1},$H_2O(l)$ 和 $CO_2(g)$ 的摩尔生成焓分别为 -285.8 kJ·mol^{-1} 和 -393.5 kJ·mol^{-1}。

$$(-2212 \text{ kJ·mol}^{-1}, -2212 \text{ kJ·mol}^{-1}, -1184 \text{ kJ·mol}^{-1})$$

19. 已知 25℃甲酸甲酯($HCOOCH_3$,l)的标准摩尔摩尔燃烧焓 $\Delta_c H_m^\ominus$ 为 -979.5 kJ·mol^{-1},甲酸甲酯($HCOOCH_3$,l)、甲醇(CH_3OH,l)、水(H_2O,l)及二氧化碳(CO_2,g)的标准摩尔生成焓数据 $\Delta_f H_m^\ominus$ 分别为 -424.72 kJ·mol^{-1},-238.66 kJ·mol^{-1},-285.83 kJ·mol^{-1} 及 -393.509 kJ·mol^{-1}。应用这些数据求 25℃时此反应的标准摩尔反应焓。$HCOOH(l) + CH_3OH(l) \longrightarrow HCOOCH_3(l) + H_2O(l)$

$$(-1.0 \text{ kJ·mol}^{-1})$$

20. 已知 $CH_3COOH(g)$、$CO_2(g)$ 和 $CH_4(g)$ 的平均定压摩尔热容 $\overline{C}_{p,m}$ 分别为 52.3 J·mol^{-1}·K^{-1},31.4 J·mol^{-1}·K^{-1},37.1 J·mol^{-1}·K^{-1}。试由附录中各化合物的标准摩尔生成焓计算 1000 K 时反应 $CH_3COOH(g) = CH_4(g) + CO_2(g)$ 的 $\Delta_r H_m^\ominus$。

$$(27.99 \text{ kJ·mol}^{-1})$$

第二章　热力学第二定律与化学平衡

本节提要

　　本章主要讲述热力学第二定律、自发过程的定义及特征、卡诺热机效率、卡诺循环和卡诺定理、熵、吉布斯自由能和亥姆霍兹自由能及一些过程的熵变(ΔS)和吉布斯自由能变(ΔG)的计算等。其中重点掌握热力学第二定律、熵变、吉布斯自由能变和亥姆霍兹自由能变作为变化方向判据的应用及ΔS、ΔG的计算。对于多组分系统引入了偏摩尔量和化学势的概念，讲述了稀溶液的依数性。本章还利用化学势和吉布斯自由能计算了化学平衡常数，判定化学反应的方向和平衡条件，导出化学反应等温式，并讨论温度、压力及惰性气体对化学平衡常数的影响。

　　热力学第一定律认为自然界的能量是守恒的，能量不能凭空消失或无中生有；能量的表现形式是多种多样的，不同形式的能量之间可以互相转换。热力学第一定律说明，在宏观系统内发生的任何过程必定遵从热力学第一定律，但满足热力学第一定律的过程是否一定能够实现和发生呢？在化工生产和科学研究中经常会遇到这样的问题：这个化学反应能不能进行及在什么条件下进行？例如，化工原料乙烯，过去采用乙醇催化脱水的方法制取，耗费了大量的粮食和农产品，随着石油化工的迅猛发展，人们开始思考能否通过石油裂解制备乙烯，再由乙烯加水制取乙醇？这就涉及化学反应过程的方向和限度的问题，如果能够预先从理论上做出判断，那么对于多、快、好、省地完成生产及科研任务将具有重要的现实指导意义。热力学第一定律无法回答这个问题，人们经过长期、艰难的努力才逐步认识到自然界运动和发展所必须遵循的最基本规律——热力学第二定律。热力学第二定律阐明了自然界中所发生的一切变化过程进行的方向与限度。

　　热力学第二定律的发展与人们对于功和热的转化和利用密切相关。功可以完全转化为热，这是人们在实践中早已熟知的，但热转化为功的大规模应用，却是在18世纪末产业革命时期蒸汽机发明之后才开始的。随着生产和社会的发展，迫切需要更多的能量，当时热机(将热转化为功的机器称为热机)已得到广泛使用，但热机效率很低，于是提高热机效率便成为迫切需要解决的问题。科学家在研制第一类永动机失败后，希望能够制造另一类装置，它从海洋、大气乃至宇宙中吸取热能，并将这些热能作为驱动永动机转动和功输出的源头，即第二类永动机，实践证明这也是制不成的。在社会发展和生产发展的推动下，不少人从理论上研究热功转化的效率性问题，热力学第二定律就是在研究热功转化的效率性过程中发展和建立起来的。

　　热力学第二定律与第一定律一样，是人类经验的总结，其正确性不能用数学逻辑证明，但由它推导出的无数结论，无一与实验事实相违背，因而其可靠性是毋庸置疑的。热力学第二定律的建立，极大地推进了科学的发展，尤其是化学科学，使人们对化学反应过程的认识上升到理性的高度。

　　本章根据自发变化的规律性引出热力学第二定律的经验叙述，通过卡诺循环归纳出卡诺定理，解决了热功转换效率的问题；通过可逆循环和不可逆循环过程的热温商的推导，引出熵变和热力学第二定律的数学表达式，推出了熵判据；因为熵判据用起来比较复杂，为了适应实际需要又定义了亥姆霍兹自由能和吉布斯自由能两个状态函数，使直接用系统的热力学函数变化判断过程的方向和限度成为可能。

第一节　自发过程与热力学第二定律的经验表述

一、自发过程

自发过程(spontaneous process)是指在没有外力作用下,任其自然就可发生的过程。例如,高温物体传热给低温物体、气体从高压区流向低压区、水从高处流向低处、锌片投入硫酸铜溶液会发生置换反应等。实质上自发过程处于热力学不平衡态。自然界一切的自发过程都有明确的变化方向和限度,如热量可以从高温物体传向低温物体,直至两物体温度相等为止;气体可以从高压区流向低压区,直至压强相等为止;水可以从高处流向低处,直至两处水位相等为止;锌片投入到硫酸铜溶液中发生反应生成铜和硫酸锌,达到化学平衡为止。自发过程的变化方向具有单一性,不能自动逆转,如热量不能自动地从高温物体传到低温物体;气体不能自动地从低压区流向高压区;水不能自动地从海拔低处流到海拔高处;将金属铜放入硫酸锌溶液中不会发生反应。自发过程的逆过程不能自动进行,称之为非自发过程(non-spontaneous process)。

自发过程具有以下特点:

1. 自发过程的共同特征是具有不可逆性　所谓不可逆性并不是不能逆向进行,而是指,如果借助外力的帮助,让它逆向进行,系统完全复原,则环境不能复原,一定在环境中留下了不能消灭的痕迹,这种痕迹无论用什么曲折的办法都不可能消除。例如,热可以从高温物体自动传递到低温物体,因此天冷的时候人们就会用暖手宝、热水袋等取暖。反过来,若要热从低温物体传到高温物体则不能自动进行,必须要外界做功,如使用冰箱、空调。因此克劳修斯(R. Clausius)说:"不可能把热由低温物体传给高温物体而不引起其他变化"。例如,气体向真空膨胀是自发过程,在此过程中 $Q=0$、$W=0$、$\Delta U=0$、$\Delta T=0$,若要使膨胀后的气体恢复原状,可经定温可逆压缩过程回到原状,但在此压缩过程中,环境必须对气体做功 W,同时气体向环境放热 Q,由热力学第一定律可知 $W=-Q$,即在系统恢复原状时,环境损失了功 W,而得到热 Q。可见,要使环境也恢复原状,在于环境中得到的热能否无条件地全部转变为功。这就归结到了不引起其他变化的条件下,热是否能够全部转化为功的问题。再如,化学反应 $Cd(s) + PbCl_2(aq) \longrightarrow CdCl_2(s) + Pb(s)$,正反应是自发过程,反应放热 Q。要使系统恢复原状,需对系统进行电解,电解时做电功 W,同时放热 Q'。结果当系统恢复原状时,环境损失功 W,而得到了热 $Q+Q'$,由热力学第一定律可知 $W=Q+Q'$。同样的,若逆过程进行,并使环境也恢复原状,在于环境中得到的热 $Q+Q'$ 能否无条件地全部转变为功 W。这也归结到不引起其他变化的条件下,热能否全部转化为功的问题。因此开尔文(L. Kelvin)说:"不可能从单一热源取热使之完全转化为功而不发生其他变化"或"第二类永动机是不可能制成的"。

2. 自发过程具有做功的潜力　配上合适的装置,原则上一切自发过程都可以用来做功。随着自发过程的进行,其高度差、压力差、温度差等逐渐减小,直至到达平衡。例如,可利用水由高处流到低处的自发过程做功,将势能转化为电能;电池利用自发氧化还原反应,对外做电功,将化学能转化为电能。

二、热力学第二定律的经验表述

克劳修斯和开尔文的表述与热力学研究领域的相关性最好,因此作为热力学第二定律的文字表述而沿用至今。

克劳修斯表述:"不可能把热由低温物体传给高温物体而不引起其他变化"。

开尔文表述:"不可能从单一热源取热使之完全转化为功而不发生其他变化"或"第二类永动机是不可能制成的"。为了与第一类永动机区别,从单一热源取热而完全转化为功的机器称为第二类永动机,它并不违背热力学第一定律。

以上两种叙述的形式虽然不同,但所阐明的规律是一致的。若热能自动从低温物体传向高温物体,那么就可以从高温物体取热向低温物体放热而做功,同时低温物体所获得的热又能自动传给高温物体,于是低温物体复原,等于从单一高温热源取热使之完全转化为功而不发生其他变化,这样就可以设计出一种机器即第二类永动机,它可从大海、空气或者大地等巨大热源中,源源不断地取出热转化为功,则功的获得将是十分经济的。但实践证明,第二类永动机是不可能制成的。

热力学第二定律还有许多其他说法,如"一切自发过程都是不可逆的""一定条件下任何系统都自发地趋向于平衡""热不能无条件地百分之百转化为功"等。这些说法实际上都是等价的。

原则上,可以直接应用热力学第二定律的经验说法去判断一个过程的方向,但实际上这样应用起来难度很大。因此,人们就思考:能否像热力学第一定律中用内能和焓的变化表征过程的能量变化那样,找寻一些热力学函数,通过计算其变化来判断过程的方向性及限度呢?于是克劳修斯从分析卡诺循环过程中的热功转化关系入手,解决了热转化为功的效率问题,最终发现了热力学第二定律中最基本的状态函数——熵,进而经过一系列演绎得到熵判据,来判断过程的方向与限度。

第二节　卡诺循环与卡诺定理

一、卡诺循环与热机效率

19世纪初,蒸汽机(热机)发明并应用于生产后,蒸汽机在工业、交通运输中的作用越来越重要,由于蒸汽机把热转化为功的效率很低,人们竞相研究如何提高热机的效率。卡诺(N. L. Carnot)就是研究者之一,卡诺的研究具有多方面的意义,他的工作为提高热机效率指明了方向,他的结论已经包含了热力学第二定律的基本思想,受热质观念的阻碍,他未能完全探究到问题的最终答案。后来,由于法国工程师克拉贝龙(B. P. Clapeyron)在1834年的研究和发展,卡诺的理论才引起人们的注意。

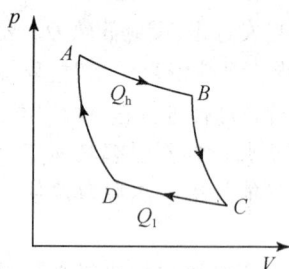

图 2-1　卡诺循环图

1824年,法国青年工程师卡诺在一篇题为《论火的动力》的论文中提出,热机在最理想的情况下,也不能把从高温热源吸收的热全部转化为功,热机效率并不能无限制提高,而是存在着一个极限。卡诺设计了一种在两个热源间工作的理想热机,这种热机以理想气体为工作物质,工作时由两个定温可逆过程和两个绝热可逆过程构成一个循环过程,这种循环过程称为卡诺循环(Carnot cycle)。图 2-1 表示一个卡诺循环过程,热机从始态 A 出发,经 $A \rightarrow B$ 定温可逆膨胀、$B \rightarrow C$ 绝热可逆膨胀、$C \rightarrow D$ 定温可逆压缩、$D \rightarrow A$ 绝热可逆压缩四个过程,回到始态 A,完成一个循环,在这个循环过程中系统从高温热源(温度为 T_h)吸收 Q_h 的热量,对环境做了 W 的功,传递给低温热源(温度为 T_1)Q_1 的热量。

热机工作时对环境所做的功 W 与从高温热源取出的热 Q_h 之比称为热机效率(efficiency of the engine),用 η 表示

$$\eta = \frac{-W}{Q_h} \tag{2-1}$$

对卡诺循环的四个过程进行详尽的热力学分析,求算热机工作时的热和功以及热机效率。

1. $A \rightarrow B$ 定温可逆膨胀过程　卡诺热机气缸中的工作物质理想气体与高温热源(T_h)接触,从状态 $A(p_1, V_1, T_h)$,经定温可逆膨胀到状态 $B(p_2, V_2, T_h)$,系统(理想气体)从高温热源吸热 Q_h,对环境

做功 W_1,因理想气体定温过程 $\Delta U_1 = 0$,则

$$Q_h = -W_1 = \int_{V_1}^{V_2} p\mathrm{d}V = nRT_h \ln \frac{V_2}{V_1}$$

2. B→C 绝热可逆膨胀过程　系统脱离高温热源(T_h),由状态 B 经绝热可逆膨胀到状态 $C(p_3, V_3, T_1)$,系统温度由 T_h 降至 T_1,对环境做功 W_2,因绝热 $Q = 0$,则

$$W_2 = \Delta U_2 = \int_{T_h}^{T_1} C_V \mathrm{d}T$$

3. C→D 定温可逆压缩过程　系统与低温热源(T_1)接触,由状态 C 经定温可逆压缩到状态 D (p_4, V_4, T_1),系统向低温热源(T_1)放热 Q_1,环境对系统做功(即系统从环境得功)W_3,因理想气体定温过程 $\Delta U_3 = 0$,则

$$Q_1 = -W_3 = \int_{V_3}^{V_4} p\mathrm{d}V = nRT_1 \ln \frac{V_4}{V_3}$$

4. D→A 绝热可逆压缩过程　系统脱离低温热源(T_1),状态 D 经绝热可逆压缩回到始态 A,系统温度由 T_1 升至 T_h,环境对系统做功(即系统从环境得功)W_4,因绝热 $Q = 0$,则

$$W_4 = \Delta U_4 = \int_{T_1}^{T_h} C_V \mathrm{d}T$$

以上四步构成了一个可逆循环,系统恢复原来状态。在这个循环中系统对环境所做的总功为 W,等于 $ABCD$ 四条线所包围的面积,即

$$W = W_1 + W_2 + W_3 + W_4$$

$$= -nRT_h \ln \frac{V_2}{V_1} + \int_{T_h}^{T_1} C_V \mathrm{d}T - nRT_1 \ln \frac{V_4}{V_3} + \int_{T_1}^{T_h} C_V \mathrm{d}T$$

$$= -nRT_h \ln \frac{V_2}{V_1} - nRT_1 \ln \frac{V_4}{V_3}$$

因过程 2 和过程 4 都是理想气体的绝热可逆过程,根据式(1-35),则

$$T_h V_2^{\gamma-1} = T_1 V_3^{\gamma-1}$$
$$T_h V_1^{\gamma-1} = T_1 V_4^{\gamma-1}$$

两式相除得

$$\frac{V_2}{V_1} = \frac{V_3}{V_4}$$

代入总功表达式,得

$$W = -nRT_h \ln \frac{V_2}{V_1} + nRT_1 \ln \frac{V_2}{V_1} = -nR(T_h - T_1) \ln \frac{V_2}{V_1}$$

由于系统复原,$\Delta U = 0$,根据热力学第一定律,卡诺循环中系统与环境所交换的总功等于系统总的热效应,即

$$W = Q_h + Q_1$$

热机效率为

$$\eta = \frac{-W}{Q_h} = \frac{Q_h + Q_1}{Q_h}$$

对于卡诺循环,所用热机是可逆热机,因此可逆热机的效率为

$$\eta_R = \frac{-W}{Q_h} = \frac{Q_h + Q_1}{Q_h} = \frac{nR(T_h - T_1) \ln \dfrac{V_2}{V_1}}{nRT_h \ln \dfrac{V_2}{V_1}} = \frac{T_h - T_1}{T_h} = 1 - \frac{T_1}{T_h} \tag{2-2}$$

由上式可见,卡诺循环的热机效率只与两热源的温度有关,两热源的温差越大,热机的效率越大;若 $T_1 = T_h$,则 $\eta = 0$,即热不能转化为功;T 不能为 0K,则热机效率总是小于 1。这就给提高热机效率的研究提出了明确的方向。

一般常见的热机有飞机、汽车、轮船的发动机、火力发电机等,它们的低温热源是周围的环境,如大气、江河湖海等,故低温热源的温度一般为常温,所以提高此类热机效率的途径是提高高温热源的温度。

热机逆向运行即为制冷机,制冷机从外界得功 W,从低温热源吸收 Q_1 热量,放热给高温热源。
制冷机的效率为

$$\eta = \frac{Q_1}{W}$$

由卡诺循环分析得知,可逆制冷机的效率为

$$\eta = \frac{Q_1}{W} = \frac{T_1}{T_h - T_1}$$

从上式可知,高低温热源温差越小,制冷机的效率就越高,制冷机的效率可以大于 1。例如,空调、冰箱都是制冷机,以冰箱为例,若冰箱内温度为 278K,室温为 298K,则冰箱的效率为 $\eta = \frac{278}{298 - 278} = 13.9$,远大于 1,实际上冰箱因为存在各种损耗,其效率远没有达到理论值。

二、卡诺定理

卡诺热机是一个可逆热机,在此基础上,卡诺提出著名的卡诺定理(Carnot theorem):所有工作于两个一定的高温热源与低温热源之间的热机,以可逆热机的效率最大。

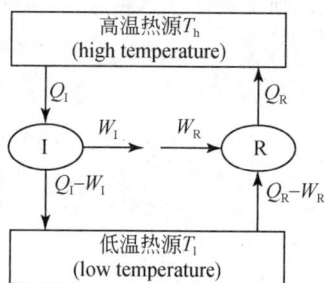

图 2-2 可逆热机效率最大的证明

若在高温热源 T_h 和低温热源 T_1 之间,有任意热机 I 和可逆热机 R,它们都可从高温热源吸热,并做功,再放热给低温热源。调节两热机使之做功相同,但吸热与放热可以不同。若将两热机联合运行,如图 2-2 所示。任意热机的工作物质进行一个循环后,从高温热源吸热为 Q_I,做功为 W_I,放热 $Q_I - W_I$ 到低温热源,其效率为 η_I,则

$$\eta_I = \frac{W_I}{Q_I}$$

让任意热机所做出的功 W_I 提供给可逆热机,以此功 $W_I (= W_R)$ 使可逆热机逆向运行。它为了向高温热源放出 Q_R 的热,单靠得到的功 W_R 还不够,还需从低温热源吸热 $Q_R - W_R$。可逆热机的效率为

$$\eta_R = \frac{W_R}{Q_R}$$

如果假设 $\eta_I > \eta_R$,即 $\frac{W_I}{Q_I} > \frac{W_R}{Q_R}$,因此有 $Q_R > Q_I$,即循环完成时,两个热机(系统)都恢复了原来的状态,但高温热源得到了 $Q_R - Q_I$ 的热,低温热源放出了 $Q_R - Q_I$ 的热。这就是说,在无外界干扰下,只要将这样的两个热机联合运行,就可把 $Q_R - Q_I$ 的热从低温热源传给高温热源而不引起其他变化,这表明联合热机是一部第二类永动机。显然,这是违背热力学第二定律的,故假设错误。因此有 $\eta_R \geqslant \eta_I$。

依据卡诺定理 $\eta_R \geqslant \eta_I$,可得

$$\frac{T_h - T_1}{T_h} \geq \frac{Q_h + Q_1}{Q_h} \tag{2-3}$$

式中,大于号用于不可逆热机,等号用于可逆热机,卡诺定理将可逆循环过程与不可逆循环过程定量地区别开来,为另一个新的状态函数——熵的发现奠定了基础。

卡诺定理推论:工作于同温热源或同温冷源的可逆热机,其热机效率相同。卡诺定理推论的意义就在于把工作物质是理想气体的卡诺循环的结论推广应用到其他工作物质。

第三节 熵的概念——熵与熵增原理

一、熵与熵变

由卡诺定理可知,若系统作可逆循环,式(2-3)取等号,则

$$\frac{T_h - T_1}{T_h} = \frac{Q_h + Q_1}{Q_h}$$

上式整理后可得

$$\frac{Q_1}{T_1} + \frac{Q_h}{T_h} = 0 \tag{2-4}$$

式中,$\frac{Q_i}{T_i}$ 称为过程的"热温商"。其中 $\frac{Q_h}{T_h}$ 为可逆等温膨胀过程中系统自热源 T_h 所吸收的热量与热源温度之比,而 $\frac{Q_1}{T_1}$ 为可逆等温压缩过程中系统放给热源 T_1 的热量与热源温度之比。应该注意:T_i 为热源的温度,只有在可逆过程中才可以看成是系统的温度,在这种情况下二者相等。式(2-4)表明:卡诺循环过程热温商之和为零。

对于任意的可逆循环来说,热源有许多个,如图2-3所示,图中 ABA 代表任意可逆循环。此时可用大量极接近的可逆定温线和可逆绝热线,将整个封闭曲线分割成许多小的卡诺循环。这样,图中虚线部分由于在相邻卡诺循环中做功相等而抵消。当图中小的卡诺循环趋于无穷多个时,则封闭的折线与封闭的曲线重合,即可用一连串的极小的卡诺循环来代替原来的任意可逆循环。

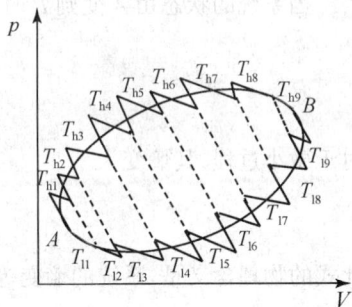

图2-3 任意可逆循环与卡诺循环的关系

任意的可逆循环可划分成 n 个小卡诺循环,因此有1、2、3、…、n 个卡诺循环,第1个小卡诺循环从高温热源 T_{h1} 吸收的热量为 δQ_{h1},向低温热源 T_{11} 放出了 δQ_{11} 的热量,第2个小卡诺循环从高温热源 T_{h2} 吸收的热量为 δQ_{h2},向低温热源 T_{12} 放出了 δQ_{12} 的热量…,依此类推,第 n 个小卡诺循环从高温热源 T_{hn} 吸收的热量为 δQ_{hn},向低温热源 T_{1n} 放出了 δQ_{1n} 的热量。

对于每个小的卡诺循环,其热温商之和为零,则

$$\frac{(\delta Q_{h1})_R}{T_{h1}} + \frac{(\delta Q_{11})_R}{T_{11}} = 0 , \frac{(\delta Q_{h2})_R}{T_{h2}} + \frac{(\delta Q_{12})_R}{T_{12}} = 0 , \cdots , \frac{(\delta Q_{hn})_R}{T_{hn}} + \frac{(\delta Q_{1n})_R}{T_{1n}} = 0$$

上列各式相加,得

$$\frac{(\delta Q_{h1})_R}{T_{h1}} + \frac{(\delta Q_{l1})_R}{T_{l1}} + \frac{(\delta Q_{h2})_R}{T_{h2}} + \frac{(\delta Q_{l2})_R}{T_{l2}} + \cdots + \frac{(\delta Q_{hn})_R}{T_{hn}} + \frac{(\delta Q_{ln})_R}{T_{ln}} = 0$$

每个小卡诺循环的热温商之和等于零，n 个小卡诺循环的热温商总和也等于零，通过上面的分析，知道可以用一连串极小的卡诺循环来代替原来的任意可逆循环。因此 $A{\rightarrow}B{\rightarrow}A$ 这个可逆循环过程的热温商之和也等于零，表示如下

$$\sum \frac{(\delta Q_i)_R}{T_i} = 0$$

推广为

$$\oint \frac{(\delta Q_i)_R}{T_i} = 0 \tag{2-5}$$

式中，符号 $\oint$ 代表环径积分。

由此可见，在任意的可逆循环中，过程的热温商之和为零。

如果将任意可逆循环过程 ABA 看成是由两个可逆过程（Ⅰ）和（Ⅱ）构成，则式(2-5)可看成是两项积分之和，即

$$\int_A^B \left(\frac{\delta Q_R}{T}\right)_I + \int_B^A \left(\frac{\delta Q_R}{T}\right)_{II} = 0$$

则

$$\int_A^B \left(\frac{\delta Q_R}{T}\right)_I = -\int_B^A \left(\frac{\delta Q_R}{T}\right)_{II} = \int_A^B \left(\frac{\delta Q_R}{T}\right)_{II}$$

此式表示从 A 到 B 沿途径（Ⅰ）与沿途径（Ⅱ）的积分相等，说明这一积分值只取决于系统的始、终态，而与变化途径无关，说明它反映出系统某个状态性质的变化，并与该项性质密切联系着。据此，克劳修斯定义了一个新的热力学函数——熵(entropy)，用符号 S 表示。

当系统的状态由 A 变到 B 时，熵的变化为

$$\Delta S = S_B - S_A = \int_A^B \frac{\delta Q_R}{T} \tag{2-6}$$

对于微小过程，其熵变为

$$dS = \frac{\delta Q_R}{T} \tag{2-7}$$

此式的物理含义是：系统的熵变等于可逆过程的热温商之和，无限小过程的熵变等于其可逆过程热温商。

熵是系统的状态函数，为广度性质，与内能 U、体积 V 一样，具有加和性，其单位为 $J \cdot K^{-1}$。

二、熵的统计意义

热力学只是定义了系统的熵变，本身无法解释熵的本质，统计力学给予熵函数新的解释。

对应于一确定的热力学平衡态，可出现许多的微观状态，与某宏观状态所对应的微观状态数称为热力学概率(probability of thermodynamics)，用 Ω 表示。

S 与 Ω 符合对数函数关系，$S \propto \ln\Omega$，写成等式形式为

$$S = k\ln\Omega \tag{2-8}$$

这就是著名的玻尔兹曼(Boltzmann)公式，式中 k 为玻尔兹曼常量。

从微观的角度来看,熵具有统计性质,它是大量粒子构成系统的微观状态数的一种量度。系统的熵值小,表示所处状态的微观状态数少,混乱程度低;系统的熵值大,表示所处状态的微观状态数多,混乱程度高。

三、克劳修斯不等式

1. 克劳修斯不等式(Clausius inequality)(热力学第二定律数学表达式)　由卡诺定理可知,若系统进行不可逆循环,式(2-3)取大于号,即

$$\frac{T_h - T_l}{T_h} > \frac{Q_h + Q_l}{Q_h}$$

整理可得

$$\frac{Q_l}{T_l} + \frac{Q_h}{T_h} < 0 \tag{2-9}$$

因此对于任意不可逆循环,必有

$$\sum \frac{\delta Q_i}{T_i} < 0 \tag{2-10}$$

由此说明,不可逆循环过程的热温商之和小于零。

假定系统由状态 A 经不可逆过程到达状态 B,再经一可逆过程回到 A,那么整个循环属于不可逆循环,则有

$$\sum_A^B \frac{\delta Q_i}{T_i} + \sum_B^A \frac{(\delta Q_i)_R}{T_i} < 0$$

又因

$$\sum_B^A \frac{(\delta Q_i)_R}{T_i} = S_A - S_B$$

则

$$\Delta S = S_B - S_A > \sum_A^B \frac{\delta Q_i}{T_i} \tag{2-11}$$

式(2-11)指出,不可逆过程的热温商之和小于系统的熵变。

综上所述,在相同的始、终态之间,如果进行可逆过程,其热温商之和等于系统的熵变;如果进行不可逆过程,其热温商之和小于系统的熵变。用数学式表示为

$$\Delta S_{A \to B} \begin{cases} > \sum_A^B \frac{\delta Q_i}{T_i} \\ = \sum_A^B \frac{\delta Q_i}{T_i} \end{cases} \text{或} \quad dS \begin{cases} > \frac{\delta Q}{T} & \text{不可逆} \\ = \frac{\delta Q}{T} & \text{可逆} \end{cases} \tag{2-12}$$

式(2-12)称作克劳修斯不等式,即热力学第二定律的数学表达式。dS 是系统的熵变,δQ 是过程中交换的热,T 是热源的温度,$\frac{\delta Q}{T}$ 是过程的热温商。式中,等号用于可逆过程;不等号用于不可逆过程。

将 ΔS 与过程的 $\sum \frac{\delta Q_i}{T_i}$ 相比较,就可以判断过程是否可逆,而且作为可逆性判据的克劳修斯不等式也就是不可逆程度的度量,过程的热温商比系统的熵变小得越多,说明过程的不可逆程度越大。

2. 熵增原理　对于绝热系统中所发生的任何过程,有

$$\sum \delta Q_i = 0$$

所以

$$\Delta S_{绝热}\begin{cases} > 0 & 不可逆 \\ = 0 & 可\ 逆 \end{cases} \tag{2-13}$$

由此可得出一个重要的结论:在绝热系统中,若发生一个可逆过程,则系统的熵值不变;若发生一个不可逆过程,则系统的熵值必然增加,即绝热系统的熵值永不减少,这就是著名的熵增加原理(principle of entropy increasing)。

3. 熵判据 对于孤立系统,系统与环境间既无热的交换也无功的交换,即系统与环境不发生相互作用,过程的推动力蕴藏在系统内部,因而在孤立系统中发生的不可逆过程必定是自发过程,当熵值不再增加时即处于平衡态,则

$$\Delta S_{孤立} \geq 0 \begin{cases} > 0 & 自发 \\ = 0 & 平衡 \end{cases} \tag{2-14}$$

通常系统和环境多少总有些联系,不可能完全隔离,如果把系统及与系统密切相关的环境合并,视为一个孤立系统,由于熵具有加和性,则

$$\Delta S_{孤立} = \Delta S_{系统} + \Delta S_{环境} \begin{cases} > 0 & 自发 \\ = 0 & 平衡 \end{cases} \tag{2-15}$$

由此可见,孤立系统中自发过程的方向总是朝着熵值增大的方向进行,直到在该条件下系统熵值达到最大为止,即孤立系统中过程的限度就是其熵值达到最大。这是熵增加原理在孤立系统的推广,即孤立系统中熵值永不减少。

式(2-15)称为熵判据,在实际生产和科学研究中,常用来判断过程进行的方向与限度,它也是热力学第二定律的另一种表现形式。

综上所述,对熵函数有如下的理解:

(1)熵是系统的状态函数,其改变值仅与系统的始、终态有关,而与变化的途径无关,始、终态确定后,熵变的值为定值,由可逆过程的热温商度量。

(2)熵是广度性质,具有加和性,系统的熵是各个部分熵的总和。

(3)要判断过程进行的方向及限度,应把系统熵变和环境熵变的总和计算出来。

(4)系统或环境的熵可增加,也可减少,但孤立系统内不可能出现总熵减少的变化。

4. 热力学第二定律的本质 热力学第二定律指出,凡是自发过程都是不可逆过程,而且一切不可逆过程都可以与热功转换相联系(即不能从单一热源吸取热量使之全部变为功而不发生其他变化)。人们总是希望多得到一些功,希望热量可以完全变为功,但实际上在没有其他影响的条件下,却办不到。热是分子混乱运动的一种表现,分子相互碰撞的结果只会导致混乱程度的增加;而功则是与有方向的运动相联系,是有秩序的运动,所以功转变为热的过程是规则运动转化为无规则运动,是向混乱度增加的方向进行。有秩序的运动会自动地变为无秩序的运动。反之,无秩序的运动却不会自动地变为有秩序的运动。因此一切不可逆过程都是向混乱度增加的方向进行。这就是热力学第二定律所阐明的不可逆过程的本质。

物质从固态经液态到气态,系统中大量分子有序性减小,分子运动的混乱程度依次增加,熵值增加;当物质温度升高时,分子热运动增加,分子的有序性减小,混乱程度增加,熵值增加;两种气体的扩散混合,混合前就其中某种气体而言,运动空间范围较小,混合后运动空间范围增大,分子空间分布较无序,混乱程度增大,熵值增加。可见熵是系统混乱程度的量度。不可逆过程都是熵增加的过程。因此,自发过程的方向是从熵值较小的有序状态向着熵值较大的无序状态的方向进行,直至在该条件下混乱度最大的状态,即熵值最大的状态。

第四节 熵变的计算

实际应用过程中真正属于绝热系统和孤立系统的研究对象非常有限,因此在应用熵判据时常把环境和系统合并构成一个孤立系统,所以不但要掌握系统的熵变如何计算,还要掌握环境的熵变如何计算。

系统熵变的计算原则:熵是系统的状态函数,系统由指定的始态到指定的终态,熵变 $\Delta S_{系统}$ 为一定值,与过程的可逆与否无关。因此,不管实际过程的性质如何,只要始态和终态一定,总可以设计成可逆过程来计算实际过程的熵变,故系统熵变计算的基本式为

$$\Delta S_{系统} = \int_A^B \frac{\delta Q_R}{T} \qquad (2\text{-}16a)$$

对于任意实际过程,系统熵变计算的常用步骤为:①确定系统始态 A 和终态 B;②设计由 A 至 B 的可逆过程;③由式(2-16a)计算系统熵变。

环境熵变的计算原则:与系统相比,环境很大,通常由大量的不发生相变和化学变化的物质构成,它处于热力学平衡态。当环境与系统间交换有限量的热和功时,环境的温度和压力仅发生了极其微小的变化,甚至可以看成不变。在这种情况下,虽然实际过程是不可逆的,但环境吸热或放热的过程可以视为以可逆方式进行。环境吸收或放出的热与系统放出或吸收的热在数值上是相等的,只是符号相反,环境的熵变计算为

$$\Delta S_{环境} = -\frac{Q_{实际}}{T_{环}} \qquad (2\text{-}16b)$$

以下讨论如何计算熵变。

一、单纯状态变化过程熵变的计算

单纯状态变化过程包括定温过程、简单变温过程(包括定压变温过程和定容变温过程)、理想气体 pVT 均变化过程和理想气体混合过程。

(一)定温过程熵变的计算

在定温过程中,$\Delta U = 0$,$\Delta H = 0$,$Q_R = -W_R$,则有

$$\Delta S_{定温} = \frac{Q_R}{T} = \frac{-W_{max}}{T} = nR\ln\frac{V_2}{V_1} = nR\ln\frac{p_1}{p_2}$$

【例2-1】 0.5 mol 理想气体,压力为 101.325 kPa,温度为 600 K,分别经过程(Ⅰ)定温可逆膨胀,以及过程(Ⅱ)真空膨胀过程,变化到 10.1325 kPa,计算过程的熵变,并判断过程是否可逆?

解:(1)过程(Ⅰ)是定温可逆过程,$Q_R = W_{max}$,则

$$\Delta S_I = nR\ln\frac{p_1}{p_2} = 0.5 \times 8.314 \times \ln\frac{101325}{10132.5} = 9.57 \ (J \cdot K^{-1})$$

环境的熵变与系统的熵变的值相等,但符号相反,即

$$\Delta S_{环境} = -\Delta S_I = -9.57 (J \cdot K^{-1})$$

(2)过程(Ⅱ)的始、终态与过程(Ⅰ)相同,因熵是状态函数,ΔS 只决定于始、终态,与途径无关,所以

$$\Delta S_{Ⅱ} = \Delta S_I = 9.57 (J \cdot K^{-1})$$

由于 $p_e = 0$,有 $Q = -W = 0$,则

$$\Delta S_{环境} = -\frac{Q_{实际}}{T_{环境}} = 0$$

$$\Delta S_{孤} = \Delta S_I + \Delta S_{环} = 9.57(\text{J} \cdot \text{K}^{-1}) > 0$$

即过程(Ⅱ)为不可逆过程。

(二)简单变温过程熵变的计算

简单变温过程是指没有相变化和化学变化的变温过程。当系统温度发生变化时,其熵也要改变,从热容的定义,有 $\delta Q = C\text{d}T$,则

$$\text{d}S = \frac{C\text{d}T}{T}$$

可得,定压变温:

$$\Delta S = \int_{T_1}^{T_2} C_p \frac{\text{d}T}{T} \tag{2-17}$$

同理,定容变温:

$$\Delta S = \int_{T_1}^{T_2} C_V \frac{\text{d}T}{T} \tag{2-18}$$

如果在变温区间内热容是一个常数,则

$$\Delta S = \overline{C}_p \ln \frac{T_2}{T_1} = n\overline{C}_{p,m} \ln \frac{T_2}{T_1}$$

$$\Delta S = \overline{C}_V \ln \frac{T_2}{T_1} = n\overline{C}_{V,m} \ln \frac{T_2}{T_1}$$

可见,当 $T_2 > T_1$,则 $\Delta S > 0$,因此 $S_{高温} > S_{低温}$。

【例 2-2】 100 kPa 下,1 mol $H_2O(l)$ 从 25℃ 加热到 50℃,求 ΔS。已知在该区间液态水的 $\overline{C}_{p,m} = 73.4$ J·mol^{-1}·K^{-1}。

解: $\Delta S = \overline{C}_p \ln \frac{T_2}{T_1} = n\overline{C}_{p,m} \ln \frac{T_2}{T_1} = 1 \times 73.4 \times \ln \frac{323}{298} = 5.91(\text{J} \cdot \text{K}^{-1})$

(三)理想气体 pVT 均变化过程熵变的计算

1 mol 理想气体,从始态 $A(p_1, V_1, T_1)$ 变化到终态 $D(p_2, V_2, T_2)$ 的熵变,可设计两种不同的可逆过程,如图 2-4 所示。

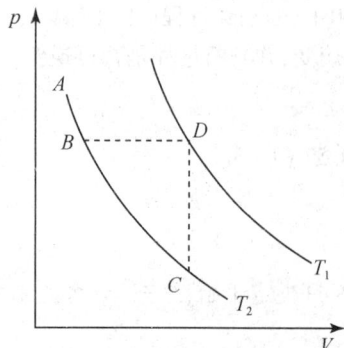

途径(1),使系统从始态 A 先经定温变容过程到中间态 C,再经定容变温过程到终态 D。

途径(2),使系统从始态 A 先经定温变压过程到 B,再经定压变温过程到终态 D。

两过程所得系统的熵变相同。

此外,从热力学第一定律可知,当 $\delta W' = 0$ 时,理想气体 pVT 均变化过程时可逆变化过程的热有

$$\delta Q_R = \text{d}U + p\text{d}V = nC_{V,m}\text{d}T + p\text{d}V$$

代入熵变的计算式中,得

$$\text{d}S = \frac{\delta Q_R}{T} = \frac{nC_{V,m}\text{d}T}{T} + \frac{nR\text{d}V}{V}$$

图 2-4　理想气体 pVT 变化途径

当 $C_{V,m}$ 视为常数时,积分可得

$$\Delta S = nC_{V,m}\ln\frac{T_2}{T_1} + nR\ln\frac{V_2}{V_1} \tag{2-19}$$

将理想气体状态方程 $pV=nRT$ 代入式(2-19)可得

$$\Delta S = nC_{p,m}\ln\frac{T_2}{T_1} - nR\ln\frac{p_2}{p_1} \tag{2-20}$$

$$\Delta S = nC_{V,m}\ln\frac{p_2}{p_1} + nC_{p,m}\ln\frac{V_2}{V_1} \tag{2-21}$$

式(2-19)~式(2-21)为理想气体 pVT 变化过程熵变的普遍公式,三式计算结果相同。

由此也可得出理想气体:

定容变温过程的熵变　　$\Delta S = nC_{V,m}\ln\frac{T_2}{T_1}$ 或 $\Delta S = nC_{V,m}\ln\frac{p_2}{p_1}$

定压变温过程的熵变　　$\Delta S = nC_{p,m}\ln\frac{T_2}{T_1}$ 或 $\Delta S = nC_{p,m}\ln\frac{V_2}{V_1}$

若 $C_{V,m}$ 不为常数,需代入熵变计算的微分式中进行计算。

知识延伸

在绝热可逆过程中由于熵变为零,则可将式(2-19)~式(2-21)三式联立,借以判断绝热可逆过程中系统 p、V、T 之间的关系,即

$$nC_{V,m}\ln\frac{T_2}{T_1} = -nR\ln\frac{V_2}{V_1}$$
$$nC_{p,m}\ln\frac{T_2}{T_1} = nR\ln\frac{p_2}{p_1}$$
$$nC_{V,m}\ln\frac{p_2}{p_1} = -nC_{p,m}\ln\frac{V_2}{V_1}$$

【例2-3】 1 mol 单原子理想气体从 300 K,压力为 3×10^5 Pa,变化到 500 K,压力为 6×10^5 Pa,计算此过程的 ΔS。

解: 根据式(2-20)得

$$\Delta S = nC_{p,m}\ln\frac{T_2}{T_1} - nR\ln\frac{p_2}{p_1} = \Delta S = 1\times2.5\times8.314\ln\frac{500}{300} - 1\times8.314\ln\frac{6\times10^5}{3\times10^5} = 4.856\ (\text{J}\cdot\text{K}^{-1})$$

(四)理想气体混合过程熵变的计算

当环境的温度和压力都恒定时,理想气体的混合过程是不可逆过程,此过程的熵变需要设计一个可逆过程来求算。理想气体分子间无作用力,一气体的存在不影响另一气体的行为。因而在一定温度下,混合两种压力相等的理想气体,可以看成是两个绝热自由膨胀过程同时进行,即 n_A 由 V_A 绝热膨胀至 $V(V=V_A+V_B)$,n_B 由 V_B 绝热膨胀至 $V(V=V_A+V_B)$。混合过程的熵变是两个绝热自由膨胀过程的熵变之和,即

$$\Delta S = nR\ln\frac{V_A+V_B}{V_A} + nR\ln\frac{V_A+V_B}{V_B} \tag{2-22}$$
$$= -nR\ln x_A - nR\ln x_B$$

【例2-4】 一个绝热刚性容器,用一隔板将容器分为两部分,隔板两边分别装有 1 mol、202650 Pa 的 O_2,另一边是 1 mol、202650 Pa 的 N_2,均为 298 K。抽去隔板后,两气体相互扩散直至均匀,计算系统在此混合过程的熵变,并判断过程是否可逆。(O_2 和 N_2 可视为理想气体)

解：$\Delta S = n_{O_2}R\ln\dfrac{V_{O_2}+V_{N_2}}{V_{O_2}} + n_{N_2}R\ln\dfrac{V_{O_2}+V_{N_2}}{V_{N_2}}$

$= -n_{O_2}R\ln x_{O_2} - n_{N_2}R\ln x_{N_2}$

$= -1\times 8.314\times\ln 0.5 - 1\times 8.314\times\ln 0.5$

$= 11.53(\text{J}\cdot\text{K}^{-1})$

因混合过程的 $Q=0$，故 $\Delta S_{环境}=0$

$$\Delta S_{孤立} = \Delta S_{系统} + \Delta S_{环境} = 11.53(\text{J}\cdot\text{K}^{-1}) > 0$$

可见气体混合过程是一个自发过程。

二、相变过程的熵变计算

相变过程一般分为可逆相变和不可逆相变，系统在相平衡的条件下进行的相变化为可逆相变，如发生在沸点下的气、液转变，以及熔点下的固、液转变等。如果相变化不是在相平衡的条件下进行，则为不可逆性相变过程，如在常压、低于熔点(凝固点)的温度下过冷液体凝固成固体的过程；在一定温度、低于液体饱和蒸汽压力下液体蒸发为蒸气的过程；在一定温度、高于液体饱和蒸汽压力下过饱和蒸气凝结为液体的过程；在一定压力、高于沸点的温度下过热液体蒸发的过程等，皆属于不可逆相变过程。

（一）可逆相变过程熵变的计算

对于定温定压下进行的可逆相变，因为过程定温可逆，$Q_R = Q_p = \Delta H_{相变}$，因此

$$\Delta S = \frac{Q_R}{T} = \frac{Q_p}{T} = \frac{\Delta H_{相变}}{T} \tag{2-23}$$

（二）不可逆相变过程熵变的计算

要计算不可逆过程的熵变，通常需要设计一条包括有可逆相变步骤在内的可逆途径，这个可逆途径的热温商就是不可逆相变过程的熵变。

【例2-5】 1 mol 水经下列两个过程凝结成冰，求两个过程的熵变，并判断此过程是否可逆。(1)在正常凝固点 273.15 K 下完全凝结为冰；(2)在 263.15 K、101325 Pa 下完全凝结为冰。已知水的正常凝固点为 273.15 K，水的凝固热为 –6008 J·mol⁻¹，水和冰的平均摩尔定压热容分别为 75.3 J·K⁻¹·mol⁻¹ 和 37.1 J·K⁻¹·mol⁻¹。

解：(1)过程(1)属可逆相变过程，所以

$$\Delta S = \frac{\Delta H_{相变}}{T} = \frac{6008}{273.15} = 21.99(\text{J}\cdot\text{K}^{-1})$$

(2)过程(2)中，263.15 K、101325 Pa 下水凝结成冰为非正常相变，是一个不可逆过程，要计算此过程的熵变，需设计一个可逆过程，设计过程如下所示：

$$\Delta S_1 = nC_{p,m}(1)\ln\frac{T_2}{T_1} = 1\times 75.3\times\ln\frac{273.15}{263.15} = 2.81(\text{J}\cdot\text{K}^{-1})$$

$$\Delta S_2 = \frac{\Delta H_{相变}}{T_2} = \frac{-6008}{273.15} = -22(\text{J}\cdot\text{K}^{-1})$$

$$\Delta S_3 = nC_{p,m}(s)\ln\frac{T_1}{T_2} = 1\times 37.1\times\ln\frac{263.15}{273.15} = -1.38(\text{J}\cdot\text{K}^{-1})$$

$$\Delta S = \Delta S_1 + \Delta S_2 + \Delta S_3 = 2.81 - 21.99 - 1.38 = -20.56(\text{J}\cdot\text{K}^{-1})$$

$$
\begin{array}{ccc}
\boxed{\text{H}_2\text{O}(\text{l},263.15\ \text{K})} & \xrightarrow{\Delta S} & \boxed{\text{H}_2\text{O}(\text{s},263.15\ \text{K})} \\
\downarrow \Delta S_1 & & \uparrow \Delta S_3 \\
\boxed{\text{H}_2\text{O}(\text{l},273.15\ \text{K})} & \xrightarrow{\Delta S_2} & \boxed{\text{H}_2\text{O}(\text{s},273.15\ \text{K})}
\end{array}
$$

$$\Delta S_1 \qquad \xrightarrow{\Delta S_2} \qquad \Delta S_3$$

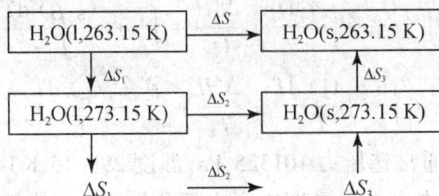

系统的熵变小于零,若要判断过程是否可逆,应当再计算环境的熵变。

对于实际凝固过程的热效应,因是定压过程,$Q = \Delta H$,而焓是状态函数,可用基尔霍夫公式计算。

$$\Delta H = \Delta H_1 + \Delta H_2 + \Delta H_3$$
$$= \int_{263.15}^{273.15} C_{p,\text{l}}\,\mathrm{d}T + \Delta H_{\text{相变}} + \int_{273.15}^{263.15} C_{p,\text{s}}\,\mathrm{d}T$$
$$= 1 \times 75.3 \times (273.15 - 263.15) - 1 \times 6008 + 1 \times 37.1 \times (263.15 - 273.15)$$
$$= -5626(\text{J})$$

$$\Delta S_{\text{环境}} = -\frac{Q_{\text{实际}}}{T_{\text{环}}} = -\frac{\Delta H}{T_{\text{环}}} = \frac{5626}{263.15} = 21.38(\text{J} \cdot \text{K}^{-1})$$

$$\Delta S_{\text{孤立}} = \Delta S_{\text{系统}} + \Delta S_{\text{环境}} = -20.57 + 21.38 = 0.81(\text{J} \cdot \text{K}^{-1}) > 0$$

说明 263.15 K、101325 Pa 下水凝结成冰的过程为自发过程。

三、化学反应过程的熵变

(一) 热力学第三定律

根据熵变的计算可知,纯物质 $S_{\text{气}} > S_{\text{液}} > S_{\text{固}}$,且 $S_{\text{高温}} > S_{\text{低温}}$。固态的熵最小;当固态的温度进一步下降时,其熵值也进一步降低。20 世纪初,科学家根据一系列低温实验,总结出热力学第三定律:0 K 时,任何纯物质完美晶体的熵等于零,即

$$S_{0\text{K}} = \lim_{T \to 0} S_T = 0 \tag{2-24}$$

热力学第三定律除了温度 0K 条件外,还有两个规定,即纯物质及完美晶体。如果物质含有杂质,其熵会增加;完美晶体即晶体中应无缺陷、错位,原子或分子只有一种排列方式,如 NO 的完美晶体排列顺序应为 NO NO NO…,若排列为 NO NO ON…则不能认为是完美晶体。

(二) 规定熵

定压条件下,纯物质的熵值与温度的关系为

$$\Delta S = S_T - S_{0\text{K}} = S_T = \int_0^T \mathrm{d}S = \int_0^T \frac{C_p \mathrm{d}T}{T} \tag{2-25}$$

根据热力学第三定律,完美晶体在 0 K 时熵值等于零,故任意温度下物质的熵值 S_T 原则为

$$S_T = \int_0^T \frac{C_p \mathrm{d}T}{T} \tag{2-26}$$

式中,S_T 通常称为该物质在指定状态下的规定熵(conventional entropy)。

如果在升温过程中,物质有相变化,如

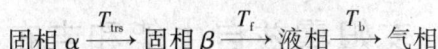

$$\text{固相}\,\alpha \xrightarrow{T_{\text{trs}}} \text{固相}\,\beta \xrightarrow{T_{\text{f}}} \text{液相} \xrightarrow{T_{\text{b}}} \text{气相}$$

则在温度 T 时的规定熵 S_T 为

$$S_T = \int_0^{T_m} \frac{C_p(s,\alpha)\,dT}{T} + \frac{\Delta_\alpha^\beta H}{T_{trs}} + \int_{T_{trs}}^{T_t} \frac{C_p(s,\beta)\,dT}{T} + \frac{\Delta_\beta^l H}{T_f}$$

$$+ \int_{T_f}^{T_b} \frac{C_p(l)\,dT}{T} + \frac{\Delta_l^g H}{T_b} + \int_{T_b}^T \frac{C_p(g)\,dT}{T} \tag{2-27}$$

1 mol 纯物质 B 在标准状态(通常选压力 101325 Pa,温度 298.15 K)下的规定熵称为该物质 B 的标准摩尔熵,用 $S_{m,B}^\ominus(T)$ 表示。本书在附录四中列出部分物质的标准摩尔熵。

(三)化学反应过程的熵变

在标准状态下,化学反应的摩尔熵变 $\Delta_r S_m^\ominus(298.15\ K)$ 可查表由下式计算

$$\Delta_r S_m^\ominus(298.15\ K) = \sum \nu_B S_{m,B}^\ominus \tag{2-28}$$

式中, $S_{m,B}^\ominus$ 为物质 B 的标准摩尔熵; ν_B 为化学计量式中物质 B 的计量系数。

对于非 298.15 K 下化学反应的摩尔熵变 $\Delta_r S_m^\ominus(T)$ 则可以通过设计以下可逆过程求得

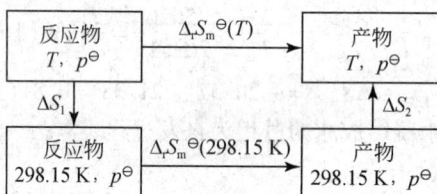

$$\Delta_r S_m^\ominus(T) = \Delta_r S_m^\ominus(298.15\ K) + \int_{298.15}^T \frac{\sum \nu_B C_{p,m}^\ominus dT}{T} \tag{2-29}$$

【例 2-6】 计算标准大气压下,甲醇合成反应 $CO(g) + 2H_2(g) \longrightarrow CH_3OH(g)$ 分别在 298.15 K 和 423.15 K 下的熵变。

解:(1)查表可知,在 298.15 K 及标准压力下各物质的标准摩尔熵为: $S_m^\ominus(CO,g) = 197.7\ J \cdot K^{-1} \cdot mol^{-1}$, $S_m^\ominus(H_2,g) = 130.7\ J \cdot K^{-1} \cdot mol^{-1}$, $S_m^\ominus(CH_3OH,g) = 239.7\ J \cdot K^{-1} \cdot mol^{-1}$ 将数据代入式(2-28)得

$$\Delta_r S_m^\ominus(298.15K) = \sum \nu_B S_{m,B}^\ominus(298.15K)$$

$$= 1 \times 239.7 - 1 \times 197.7 - 2 \times 130.7 = -219.4(J \cdot K^{-1} \cdot mol^{-1})$$

(2)在 423.15 K 下,查表可知: $C_{p,m}(CO,g) = 29.04\ J \cdot K^{-1} \cdot mol^{-1}$, $C_{p,m}(H_2,g) = 29.29\ J \cdot K^{-1} \cdot mol^{-1}$, $C_{p,m}(CH_3OH,g) = 51.25\ J \cdot K^{-1} \cdot mol^{-1}$,则

$$\Delta_r S_m^\ominus(423.15\ K) = \Delta_r S_m^\ominus(298.15K) + \int_{298.15}^T \frac{\sum \nu_B C_{p,m}^\ominus dT}{T}$$

代入数据进行计算可得

$$\Delta_r S_m^\ominus(423.15\ K) = -219.0 + \int_{298.15}^{423.15} \frac{(51.25 - 29.04 - 2 \times 29.29)\,dT}{T}$$

$$= -219.0 - 36.37 \times \ln\frac{423.15}{298.15} = -231.7(J \cdot K^{-1} \cdot mol^{-1})$$

第五节　亥姆霍兹自由能和吉布斯自由能

应用熵增原理判断系统变化过程的方向和限度,除了要计算系统的熵变外,还要计算环境的熵

变,比较麻烦。大多数化学变化、混合过程等是在定温定压或定温定容两种条件下进行的,为了更方便地判断系统过程的方向和限度,人们定义了新的状态函数,利用系统的该种状态函数的变化值即可判定过程进行的方向及限度,而无需再考虑环境。其中,最常用的是亥姆霍兹自由能(Helmholtz free energy)与吉布斯自由能(Gibbs free energy)这两个状态函数。

一、亥姆霍兹自由能

将热力学第一定律

$$\delta Q = \mathrm{d}U - \delta W$$

代入克劳修斯不等式 $\mathrm{d}S \geqslant \dfrac{\delta Q}{T}$ 中,得

$$\mathrm{d}S \geqslant \frac{\mathrm{d}U - \delta W}{T}$$

或

$$T\mathrm{d}S - \mathrm{d}U \geqslant -\delta W \tag{2-30}$$

在定温条件下,有 $T_1 = T_2 = T_{系统} = T_{环境}$,式(2-30)变为

$$\mathrm{d}(TS) - \mathrm{d}U \geqslant -\delta W$$

即

$$-\mathrm{d}(U - TS) \geqslant -\delta W \tag{2-31}$$

U、T、S 均为状态函数,它们的组合也应是一个状态函数,令

$$F = U - TS \tag{2-32}$$

F 函数由德国物理学家亥姆霍兹(Helmholtz)提出,故此函数命名为亥姆霍兹自由能。

将式(2-32)代入式(2-31),则

$$-\mathrm{d}F \geqslant -\delta W$$

即

$$\begin{cases} -\Delta F > -W & \text{不可逆} \\ -\Delta F = -W & \text{可 逆} \end{cases} \tag{2-33}$$

式(2-33)表明,在定温条件下,若过程是可逆的,系统所做的功(为最大功)等于亥姆霍兹自由能的减少;若过程是不可逆的,系统所做的功小于亥姆霍兹自由能的减少。亥姆霍兹自由能的减少代表了在定温条件下系统做功的能力,故常把亥姆霍兹自由能称为功函。亥姆霍兹自由能是系统的性质,是状态函数,故 ΔF 值只取决于系统的始、终态,与变化的途径无关。

系统在定温定容且不做非体积功的条件下,式(2-33)可写为

$$-\mathrm{d}F \geqslant 0 \quad (T、V一定, W' = 0)$$

即

$$\Delta F \begin{cases} < 0 & \text{自发} \\ = 0 & \text{平衡} \end{cases} \quad (T、V一定, W' = 0) \tag{2-34}$$

式(2-34)表示,封闭系统在定温定容和非体积功为零的条件下,系统的亥姆霍兹自由能只会自发减小,且一直进行到该条件下所允许的最小值,此时系统达到平衡状态。在定温定容和非体积功为零的条件下,不能自动发生 $\mathrm{d}F > 0$ 的过程。因此,式(2-34)是定温定容和非体积功为零的条件下自发过程的判据,称为亥姆霍兹自由能判据。

二、吉布斯自由能

在定温定压条件下，有 $T_1 = T_2 = T_{系统} = T_{环境}$，$p_1 = p_2 = p_e$，式(2-31)变为

$$- d(U - TS) \geqslant - \delta W_V - \delta W'$$

$$- \delta W_V = p dV = d(pV)$$

$$d(TS) - dU - d(pV) \geqslant - \delta W'$$

即

$$- d(U + pV - TS) \geqslant - \delta W' \tag{2-35}$$

U、T、S、p、V 均为状态函数，它们的组合也应是一个状态函数，故令

$$G = U + pV - TS = H - TS \tag{2-36}$$

G 函数由美国物理学家吉布斯(Josiah Willard Gibbs)提出，因此称 G 为吉布斯自由能。

将式(2-36)代入式(2-35)，则

$$- (dG)_{T,p} \geqslant - \delta W'$$

即

$$- \Delta G_{T,p} \begin{cases} > - W' & 不可逆 \\ = - W' & 可\quad 逆 \end{cases} \tag{2-37}$$

式(2-37)表明：在定温定压条件下，对可逆过程，系统所做的功(为最大功)等于吉布斯自由能的减少；对不可逆过程，系统所做的功小于吉布斯自由能的减少。因此，吉布斯自由能的减少代表了在定温定压条件下系统做有效功(非体积功)的能力，这就是吉布斯自由能的物理意义。吉布斯自由能是系统的性质，是状态函数，其改变量 ΔG 只由系统的始、终态决定，而与变化途径无关。

定温定压和无非体积功($\delta W' = 0$)的情况下，有

$$- dG \geqslant 0 \quad (T、p 一定，W' = 0)$$

即

$$\Delta G \begin{cases} < 0 & 自发 \\ = 0 & 平衡 \end{cases} \quad (T、p 一定，W' = 0) \tag{2-38}$$

式(2-38)表示：封闭系统在定温定压和非体积功为零的条件下，只有使系统吉布斯函数减小的过程才会自动发生，且一直进行到该条件下所允许的最小值，此时系统达到平衡状态。在定温定压和非体积功为零的条件下，不能自动发生 $dG>0$ 的过程。因此，式(2-38)是定温定压和非体积功为零的条件下自发过程的判据，称为吉布斯自由能判据。

与熵相同，亥姆霍兹自由能、吉布斯自由能的变化可通过可逆过程求算。

知识延伸

G 与 S 的关系

因为 $G=H-TS$，所以在一定温度和压力下对系统而言有

$$\Delta G_{系统} = \Delta H_{系统} - T \Delta S_{系统}$$

知识延伸

或

$$-\frac{\Delta G_{系统}}{T} = -\frac{\Delta H_{系统}}{T} + \Delta S_{系统}$$

当系统 $W' = 0$ 并且 $\mathrm{d}p = 0$ 时有

$$\Delta H_{系统} = Q_p = -Q_{环境}$$

将上式两边同除以 $-T$ 有

$$-\frac{\Delta H_{系统}}{T} = -\frac{Q_p}{T} = \frac{Q_{环境}}{T} = \Delta S_{环境}$$

故有

$$-\frac{\Delta G_{系统}}{T} = \Delta S_{环境} + \Delta S_{系统} = \Delta S_{孤立}$$

即

$$\Delta G_{系统} = -T\Delta S_{孤立}$$

以上推导说明:用 $\Delta G_{系统}$ 判断化学反应的方向和限度与用 $\Delta S_{孤立}$ 作判据是等效的。显然,用 $\Delta G_{系统}$ 作判据比用 $\Delta S_{孤立}$ 作判据要简便得多。

三、热力学判据

判断自发过程进行的方向和限度是热力学第二定律的核心用途。至此,已经介绍了 U、H、S、F 和 G 五个热力学函数,在不同的特定条件下,S、F 和 G 都可以成为系统过程进行的方向和限度的判据,分别称为熵判据、亥姆霍兹自由能判据和吉布斯自由能判据。

1. 熵判据　是最重要的热力学判据,其他判据均由熵判据推导而来。熵判据适用于绝热系统或孤立系统,若不是上述两种系统,就要考虑将系统和环境视为孤立系统。

对于绝热系统或孤立系统,有 $\Delta S \geqslant 0$,则

$\Delta S > 0$ 　自发不可逆过程

$\Delta S = 0$ 　可逆过程

$\Delta S < 0$ 　不可能发生的过程

熵判据原则上可以判断一切过程的方向与限度。在自然界中发生的自发过程为不可逆的过程,系统的状态向平衡态趋近,当系统达到平衡时系统的熵最大,系统分子运动的混乱度也最大。当系统达到平衡态后,熵趋于极大,系统的熵不再变化。

2. 亥姆霍兹自由能判据　是直接用系统的热力学量变化进行判断,不用再考虑环境的热力学量的变化。亥姆霍兹自由能判据主要适用于定温定容的封闭系统。

对于定温定容和非体积功为零的封闭系统,有 $\Delta F \leqslant 0$,则

$\Delta F < 0$ 　自发不可逆过程

$\Delta F = 0$ 　可逆过程

$\Delta F > 0$ 　不可逆非自发过程

3. 吉布斯自由能判据　是直接用系统的热力学量变化进行判断,不用再考虑环境的热力学量的变化。吉布斯自由能判据主要适用于定温定压的封闭系统。

对于定温定压和非体积功为零的封闭系统,有 $\Delta G \leqslant 0$,则

$\Delta G < 0$ 　自发过程

$$\Delta G = 0 \qquad \text{可逆过程}$$
$$\Delta G > 0 \qquad \text{不可逆非自发过程}$$

第六节 吉布斯自由能变的计算

由于实际过程多在定温定压条件下发生,所以吉布斯函数是在化学中应用最广泛的热力学函数。因为 G 是状态函数,在相同的始、终态之间吉布斯自由能变 ΔG 为定值,所以,无论过程是否可逆,总是设计始、终态相同的可逆过程来计算 ΔG。

一、定温过程吉布斯自由能变的计算

1. 理想气体的定温过程 对非体积功为零的系统,有

$$T\mathrm{d}S = \delta Q_\mathrm{R} = \mathrm{d}U - \delta W_\mathrm{R} = \mathrm{d}U + p\mathrm{d}V$$

整理得

$$\mathrm{d}U = T\mathrm{d}S - p\mathrm{d}V$$

吉布斯函数定义式的微分式为

$$\mathrm{d}G = \mathrm{d}U + p\mathrm{d}V + V\mathrm{d}p - T\mathrm{d}S - S\mathrm{d}T$$

两式相加得

$$\mathrm{d}G = -S\mathrm{d}T + V\mathrm{d}p \tag{2-39}$$

若理想气体定温下单纯状态变化,由上式可得

$$\mathrm{d}G = V\mathrm{d}p = \frac{nRT}{p}\mathrm{d}p$$

积分得

$$\Delta G = \int_{p_1}^{p_2} V\mathrm{d}p = \int_{p_1}^{p_2} \frac{nRT}{p}\mathrm{d}p = nRT\ln\frac{p_2}{p_1} \tag{2-40}$$

对照理想气体做功公式得 $\Delta G = W_\mathrm{R}$,说明可逆过程的功等于系统吉布斯自由能变。

2. 凝聚态定温过程吉布斯自由能变的计算 将 $\mathrm{d}G = V\mathrm{d}p$ 应用于凝聚系统,一般条件下,凝聚系统中视体积不随压力变化,则有

$$\Delta G = \int_{p_1}^{p_2} V\mathrm{d}p \approx V(p_2 - p_1) \tag{2-41}$$

【例 2-7】 301.2 K 时,1 mol 理想气体通过下列两种方式由 1013250 Pa 膨胀至 101325 Pa:(1)定温可逆膨胀;(2)向真空膨胀。分别计算上述两过程中的 Q、W、ΔU、ΔH、ΔS、ΔF 和 ΔG。

解:(1)对理想气体,定温过程,$\Delta U = 0$,$\Delta H = 0$

$$\Delta G = \int_{p_1}^{p_2} V\mathrm{d}p = \int_{p_1}^{p_2} \frac{nRT}{p}\mathrm{d}p = nRT\ln\frac{p_2}{p_1}$$

$$= 1 \times 8.314 \times 301.2 \times \ln\frac{101325}{1013250} = -5766(\mathrm{J})$$

$$Q_\mathrm{R} = -W_\mathrm{R} = \int_{V_1}^{V_2} p\mathrm{d}V = \int_{V_1}^{V_2} \frac{nRT}{V}\mathrm{d}V = nRT\ln\frac{V_2}{V_1}$$

$$= nRT\ln\frac{p_1}{p_2} = 8.314 \times 301.2 \times \ln\frac{1013250}{101325} = 5766(\mathrm{J})$$

$$\Delta S = \frac{Q_\mathrm{R}}{T} = \frac{5766.1}{301.2} = 19.14(\mathrm{J \cdot K^{-1}})$$

$$\Delta F = \Delta U - T\Delta S = -5766(J)$$

（2）真空膨胀过程，$Q = W = 0$

从同样的始态到同样的终态，状态量变化值相同，所以其他量与上题结果一样，即 $\Delta U = 0$，$\Delta H = 0$，$\Delta G = -5766\ J$，$\Delta F = 5766\ J$，$Q = -W = 5766\ J$，$\Delta S = 19.14\ J\cdot K^{-1}$。

二、相变过程吉布斯自由能变的计算

一般常见的相变过程分为可逆相变过程和不可逆相变过程。

1. 可逆相变过程吉布斯自由能变的计算 可逆相变是一个定温定压且无非体积功的过程，因此，根据吉布斯函数判据，$\Delta G = 0$。

2. 不可逆相变过程吉布斯自由能变的计算 不可逆相变过程的 ΔG 值必须设计成可逆过程进行计算。具体计算思路与过程通过例题进行说明。

【例 2-8】 1 mol 水在下列过程中蒸发成水蒸气，求 1 mol 水在下列两种过程中的 ΔG。

（1）373.15 K，101325 Pa 下，转变为同温同压下的水蒸气；

（2）373.15 K，26664 Pa 下，转变为同温同压下的水蒸气。

解：（1）是可逆相变，所以 $\Delta G = 0$；

（2）是不可逆相变，需要设计成可逆过程计算，具体设计过程如下图示：

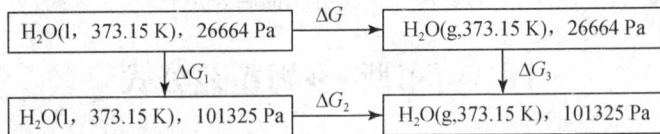

$$\Delta G_1 = \int V_l dp = nV_m(p_2 - p_1) = 1 \times 1.8 \times 10^{-5} \times (101325 - 26664) = 1.34(J)$$

（因水的可压缩性甚微，V_m 可视为常数，$V_m = \dfrac{m}{\rho} = 1.8 \times 10^5\ m^3$）

$$\Delta G_2 = 0\ (定温定压可逆相变)$$

$$\Delta G_3 = \int V_g dp = nRT\ln\frac{p_2}{p_1} = 1 \times 8.314 \times 373.15 \times \ln\frac{26664}{101325} = -4141(J)$$

$$\Delta G = \Delta G_1 + \Delta G_2 + \Delta G_3 = 1.34 + 0 + (-4141.72) = -4140(J)$$

$\Delta G < 0$，该过程可自发进行。

三、化学变化过程吉布斯自由能变的计算

化学反应在通常条件下进行时都是不可逆的，因此必须设计一个可逆过程来计算变化过程的 $\Delta_r G_m^\ominus$，求算化学反应的 $\Delta_r G_m^\ominus$ 可以采用多种方法。例如，热化学的方法可以使反应在范特霍夫平衡箱内可逆完成；电化学方法可以把化学反应设计成可逆电池等。常见的是热化学方法。

根据 $G = H - TS$，定温下，有

$$\Delta G = \Delta H - T\Delta S \tag{2-42}$$

对定温定压下的化学反应，相应为

$$\Delta_r G_m^\ominus = \Delta_r H_m^\ominus - T\Delta_r S_m^\ominus$$

【例 2-9】 $6O_2(g) + C_6H_{12}O_6(s) \Longrightarrow 6CO_2(g) + 6H_2O(l)$，求 298.15 K 标准状态下，1 mol α-右旋糖 $C_6H_{12}O_6(s)$ 与氧反应的标准摩尔吉布斯自由能变 $\Delta_r G_m^\ominus$，并判断该反应在此条件下进行的方向。

已知 298.15 K 下有关数据如下:

物质	$6O_2(g)$	$C_6H_{12}O_6(s)$	$6CO_2(g)$	$6H_2O(l)$
$\Delta_f H_m^\ominus/(kJ \cdot mol^{-1})$	0	-1274	-393.5	-285.8
$S_m^\ominus/(J \cdot K^{-1} \cdot mol^{-1})$	205.2	212	213.6	70.0

解:在 298.15 K 和各物质处于标准态下进行,为定温定压过程,所以

$$\Delta_r G_m^\ominus(298.15\ K) = \Delta_r H_m^\ominus(298.15\ K) - T\Delta_r S_m^\ominus(298.15\ K)$$

$$\Delta_r H_m^\ominus(298.15\ K) = \sum \nu_B \Delta_f H_{m,B}^\ominus(298.15\ K)$$

$$= 6\Delta_f H_{m,H_2O(l)}^\ominus + 6\Delta_f H_{m,CO_2(g)}^\ominus - \Delta_f H_{m,C_6H_{12}O_6(s)}^\ominus - 6\Delta_f H_{m,O_2(g)}^\ominus$$

$$= 6\times(-285.8) + 6\times(-393.5) - (-1274) - 6\times 0 = -2801.8(kJ \cdot mol^{-1})$$

$$\Delta_r S_m^\ominus(298.15\ K) = \sum \nu_B S_{m,B}^\ominus(298.15\ K)$$

$$= 6S_{m,H_2O(l)}^\ominus + 6S_{m,CO_2(g)}^\ominus - S_{m,C_6H_{12}O_6(s)}^\ominus - 6S_{m,O_2(g)}^\ominus$$

$$= 6\times 70.0 + 6\times 213.6 - 212 - 6\times 205.2 = 258.4(J \cdot K^{-1} \cdot mol^{-1})$$

$$\Delta_r G_m^\ominus(298.15\ K) = \Delta_r H_m^\ominus(298.15\ K) - T\Delta_r S_m^\ominus(298.15\ K)$$

$$= -2801.8 - 298.15 \times 258.4 \times 10^{-3}$$

$$= -2879(kJ \cdot mol^{-1})$$

因为 $\Delta_r G_m^\ominus(298.15\ K) < 0$,所以在给定条件下反应正向自发进行。

四、吉布斯-亥姆霍兹公式

在化学反应中,298.15 K 时反应的 ΔG 是较容易求出的,那么其他温度下的 ΔG 又如何计算呢?这就有必要了解和知道 ΔG 与温度的关系。依式(2-42)可得

$$\left(\frac{\partial G}{\partial T}\right)_p = -S$$

则

$$\left(\frac{\partial \Delta G}{\partial T}\right)_p = \left(\frac{\partial G_2}{\partial T}\right)_p - \left(\frac{\partial G_1}{\partial T}\right)_p = -\Delta S$$

在温度 T 时 $\Delta G = \Delta H - T\Delta S$,代入上式,有

$$\left(\frac{\partial \Delta G}{\partial T}\right)_p = \frac{\Delta G - \Delta H}{T}$$

变形为

$$\frac{1}{T}\left(\frac{\partial \Delta G}{\partial T}\right)_p - \frac{\Delta G}{T^2} = -\frac{\Delta H}{T^2}$$

上式左方是 $\left(\frac{\partial G}{T}\right)$ 对 T 的微商,即

$$\left[\frac{\partial(\Delta G/T)}{\partial T}\right]_p = -\frac{\Delta H}{T^2} \tag{2-43}$$

式(2-43)是由吉布斯和亥姆霍兹各自独立得到的,因此称为吉布斯-亥姆霍兹(Gibbs-Helmholtz)公式。从 $T_1 \to T_2$ 积分,则

$$\frac{\Delta G_2}{T_2} - \frac{\Delta G_1}{T_1} = -\int_{T_2}^{T_1} \frac{\Delta H}{T^2}dT \tag{2-44}$$

若 ΔH 不随温度而变,则为

$$\frac{\Delta G_2}{T_2} - \frac{\Delta G_1}{T_1} = \Delta H\left(\frac{1}{T_2} - \frac{1}{T_1}\right) \tag{2-45}$$

【例 2-10】 生命起源学说认为,形成动物代谢产物尿素的反应和 298 K 时的热力学数据如下

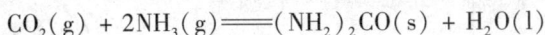

$$CO_2(g) + 2NH_3(g) \Longrightarrow (NH_2)_2CO(s) + H_2O(l)$$

$S_m^\ominus /J \cdot K^{-1} \cdot mol^{-1}$:213.6　　192.8　　104.6　　70.0

$\Delta_f H_m^\ominus /kJ \cdot mol^{-1}$:−393.5　　−45.9　　−333.5　　−285.8

请问:(1)298 K 时反应能否自动形成尿素?(2)350 K 时有尿素存在吗?

解:(1) $\Delta_r H_m^\ominus(298\ K) = \sum \nu_B \Delta_f H_{m,B}^\ominus = (-333.5 - 285.8) - (-393.5 - 2 \times 45.9)$

$$= -134.0(kJ \cdot K^{-1})$$

$\Delta_r S_m^\ominus(298\ K) = \sum \nu_B S_{m,B}^\ominus = (104.6 + 70.0) - 213.6 - 2 \times 192.8$

$$= -424.6(J \cdot K^{-1}) = -0.425(kJ \cdot K^{-1})$$

$\Delta_r G_m^\ominus(298\ K) = \Delta_r H_m^\ominus - T \cdot \Delta_r S_m^\ominus = -134.0 - 298 \times (-0.425) = -7.35(kJ \cdot mol^{-1})$

因为 $\Delta_r G_m^\ominus(298\ K) < 0$,所以在 298 K 时此反应正向自发进行,能自动形成尿素。

(2)根据式(2-45)得

$$\frac{\Delta_r G_m(350\ K)}{350} - \frac{\Delta_r G_m(298\ K)}{298} = \int_{298}^{350} -\frac{\Delta_r H_m}{T^2}dT = \Delta_r H_m\left(\frac{1}{350} - \frac{1}{298}\right)$$

解得 $\Delta_r G_m(350\ K) = 14.75\ kJ \cdot mol^{-1}$,因为 $\Delta_r G_m(350\ K) > 0$,所以此反应在 350 K 时正向反应不自发进行,没有尿素存在。

知识延伸

ΔG 随压力 p 的变化

在封闭系统中,当仅有体积功时,热力学第一、第二定律的联立可得

$$dU = TdS - pdV$$

由公式 $G = U + pV - TS$,全微分得

$$dG = dU + Vdp + pdV - SdT - TdS$$

dU 代入 dG 得 $dG = -SdT + Vdp$,定温下:

$$\left(\frac{\partial G}{\partial p}\right)_T = V$$

$$\left(\frac{\partial \Delta G}{\partial p}\right)_T = \Delta V = V_2 - V_1$$

上式积分得

$$\Delta G(p_2) = \Delta G(p_1) + \int_{p_1}^{p_2} \Delta V dp$$

根据这个公式,可由某一压力 p_1 下的 $\Delta G(p_1)$ 求算另一温度 p_2 下的 $\Delta G(p_2)$。

凝聚系统在变化过程中若压力小,体积随压力的改变很小,因此 ΔG 的变化可以忽略;若压力变化很大,则变化不能忽略。

第七节　热力学状态函数之间的关系

在上文中,引入了五个新的状态函数,即 U、H、S、F、G,其中 U 和 S 有明确的物理意义,而 H、F、G

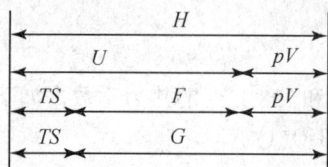

图 2-5　热力学函数间的关系图

是为了在特定的条件下使用方便而引入的组合函数,特定条件下才具有一定的物理意义。根据定义,存在如下关系

$$H = U + pV$$

$$F = U - TS$$

$$G = H - TS = U + pV - TS$$

这些热力学函数间的关系可明了地用图 2-5 表示。

一、热力学基本关系式

只做体积功的封闭系统中,将热力学第一定律和第二定律联立可得

$$dU = TdS - pdV \tag{2-46}$$

根据 $H = U + pV$,微分得 $dH = dU + pdV + Vdp$,整理得 $dU = dH - pdV - Vdp$,代入式(2-46),可得

$$dH = TdS + Vdp \tag{2-47}$$

根据 $F = U - TS$,微分得 $dF = dU - TdS - SdT$,整理得 $dU = dF + TdS + SdT$,代入式(2-46)可得

$$dF = -SdT - pdV \tag{2-48}$$

根据 $G = H - TS$,微分得 $dG = dH - TdS - SdT$,将式(2-47)代入该式可得

$$dG = -SdT + Vdp \tag{2-49}$$

式(2-46)~式(2-49)称为热力学基本公式,适用于只做体积功的封闭系统。

由这四个热力学基本公式可以得出很多关系式,如

$$T = \left(\frac{\partial U}{\partial S}\right)_V = \left(\frac{\partial H}{\partial S}\right)_p \tag{2-50}$$

$$V = \left(\frac{\partial H}{\partial p}\right)_S = \left(\frac{\partial G}{\partial p}\right)_T \tag{2-51}$$

$$p = -\left(\frac{\partial U}{\partial V}\right)_S = -\left(\frac{\partial F}{\partial V}\right)_T \tag{2-52}$$

$$S = -\left(\frac{\partial F}{\partial T}\right)_V = -\left(\frac{\partial G}{\partial T}\right)_p \tag{2-53}$$

二、麦克斯韦关系式

对于组成不变、非体积功为零的封闭系统,状态函数仅需两个状态变量就可确定,即存在函数关系,并且这种函数具有全微分的性质。例如,式(2-46)内能可以表示为熵和体积的函数,其全微分如下

$$dU = \left(\frac{\partial U}{\partial S}\right)_V dS + \left(\frac{\partial U}{\partial V}\right)_S dV = TdS - pdV$$

式中,T 和 p 分别是 S 和 V 的函数。将 T 和 p 分别对 S 和 V 再偏微分一次,得

$$\left(\frac{\partial T}{\partial V}\right)_S = \frac{\partial^2 U}{\partial S \cdot \partial V} \qquad -\left(\frac{\partial p}{\partial S}\right)_V = \frac{\partial^2 U}{\partial V \cdot \partial S}$$

上两式的右边相等,所以有

$$\left(\frac{\partial T}{\partial V}\right)_S = -\left(\frac{\partial p}{\partial S}\right)_V \tag{2-54}$$

式(2-47)~式(2-49)进行同样处理,可得

$$\left(\frac{\partial S}{\partial p}\right)_T = -\left(\frac{\partial V}{\partial T}\right)_p \tag{2-55}$$

$$\left(\frac{\partial V}{\partial S}\right)_p = \left(\frac{\partial T}{\partial p}\right)_S \tag{2-56}$$

$$\left(\frac{\partial S}{\partial V}\right)_T = \left(\frac{\partial p}{\partial T}\right)_V \tag{2-57}$$

式(2-54)~式(2-57)是最早由英国物理学家数学家麦克斯韦(J. C. Maxwell)给出,所以称为麦克斯韦(Maxwell)关系式。其用途是把不能直接测量的物理量转化为可直接测量的物理量。例如,在式(2-55)中,变化率 $\left(\frac{\partial S}{\partial p}\right)_T$ 难以测定,而 $\left(\frac{\partial V}{\partial T}\right)_p$ 代表系统热膨胀情况,可直接测定。

第八节　偏摩尔量与化学势

前面讨论的热力学系统是纯物质,或者是组成不变的多组分均相系统。对于纯物质或组成不变的多组分系统,状态变化时,其状态函数 X(如 V、U、H、S 和 G)仅用两个独立变量即温度(T)和压力(p)就可确定其函数值,如任意状态函数 X 可用 $X = f(T, p)$ 来表示。

但对于多组分系统,或因发生化学变化而导致系统的组成发生变化时,仅规定系统的温度和压力,系统的状态并不能确定。因为在均相混合物中,系统的某一热力学量并不等于各物质在纯态时的该热力学量之和。如取 1 mol 水(20℃时摩尔体积为 18.06 mL)和 1 mol 乙醇(20℃时摩尔体积为 58.39 mL)混合,其体积 $V \neq (18.06 + 58.39)\,\text{mL} = 76.45\,\text{mL}$,而是 74.40 mL。对于乙醇和水的混合物来说,规定了系统的温度和压力,但系统的体积这个状态性质并不能确定,即系统的状态还不能确定,只有确定了乙醇在水中的浓度,才能确定此系统的状态。如含 20% 乙醇的溶液 100 mL 与另一含 20% 乙醇的溶液 100 mL 混合,则结果一定得 200 mL 的乙醇溶液。因此对于多组分单相系统的状态,规定了系统的温度和压力以外,还必须规定系统中每一物质的数量。本节将引入两个新的概念——偏摩尔量和化学势。

一、偏 摩 尔 量

(一)偏摩尔量的定义

设有一不做非体积功的开放的均相系统,由物质 A、B、C、…组成,各组分的物质的量相应为 n_A、n_B、n_C、…。在增加了各组分的物质的量作为变量后,多组分系统的任意状态函数 X 可表示如下

$$X = f(T, p, n_A, n_B, n_C, \cdots) \tag{2-58}$$

当系统的状态发生微小变化时,系统的某一广度性质的改变除与 T、p 有关外,还与各组分的物质的量有关,这种关系在数学上即为式(2-58)的全微分,即

$$\begin{aligned}
\mathrm{d}X = {} & \left(\frac{\partial X}{\partial T}\right)_{p, n_A, n_B, n_C, \cdots} \mathrm{d}T + \left(\frac{\partial X}{\partial p}\right)_{T, n_A, n_B, n_C, \cdots} \mathrm{d}p \\
& + \left(\frac{\partial X}{\partial n_A}\right)_{T, p, n_B, n_C, \cdots} \mathrm{d}n_A + \left(\frac{\partial X}{\partial n_B}\right)_{T, p, n_A, n_C, \cdots} \mathrm{d}n_B + \cdots
\end{aligned} \tag{2-59}$$

若系统是在等温等压下变化,$\mathrm{d}T = 0$,$\mathrm{d}p = 0$。

令

$$X_B = \left(\frac{\partial X}{\partial n_B}\right)_{T, p, n_A, n_C, \cdots} \quad (T、p \text{ 一定}) \tag{2-60}$$

式(2-59)简化为

$$dX = X_A dn_A + X_B dn_B + \cdots = \sum_B X_B dn_B \tag{2-61}$$

式中，X_A、X_B、$\cdots$分别代表物质 A、B、$\cdots$的某种偏摩尔量，系统中任意物质的偏摩尔量可表示为

$$X_B = \left(\frac{\partial X}{\partial n_B}\right)_{T,p,n_C,\cdots} \tag{2-62}$$

式中，下标 $n_C\cdots$是指除了物质 B 以外所有其他物质的量均保持不变，即只对 n_B 求偏导数。

因 X 是代表混合系统的 V、U、H、S、F、G 等广度性质，所以对任意物质 B 来说也相应有偏摩尔体积 V_B、偏摩尔热力学能 U_B、偏摩尔焓 H_B、偏摩尔熵 S_B、偏摩尔亥姆霍兹自由能 F_B 和偏摩尔吉布斯自由能 G_B 等。

$$V_B = \left(\frac{\partial V}{\partial n_B}\right)_{T,p,n_C,\cdots} \qquad \text{为物质 B 的偏摩尔体积}$$

$$U_B = \left(\frac{\partial U}{\partial n_B}\right)_{T,p,n_C} \qquad \text{为物质 B 的偏摩尔热力学能}$$

$$H_B = \left(\frac{\partial H}{\partial n_B}\right)_{T,p,n_C,\cdots} \qquad \text{为物质 B 的偏摩尔焓}$$

$$S_B = \left(\frac{\partial S}{\partial n_B}\right)_{T,p,n_C,\cdots} \qquad \text{为物质 B 的偏摩尔熵}$$

$$F_B = \left(\frac{\partial F}{\partial n_B}\right)_{T,p,n_C,\cdots} \qquad \text{为物质 B 的偏摩尔亥姆霍兹自由能}$$

$$G_B = \left(\frac{\partial G}{\partial n_B}\right)_{T,p,n_C,\cdots} \qquad \text{为物质 B 的偏摩尔吉布斯自由能}$$

偏摩尔量的物理意义为：等温等压下，在各组分的物质的量确定的极大系统中，除物质 B 外所有其他的物质的量都保持不变时，因加入 1 mol 物质 B 引起系统广度性质 X 的改变量，或者在一有限量系统中加入无限小量 dn_B 的物质 B 所引起系统广度性质 X 的改变量 dX 与 dn_B 之比值。

需要强调的是，偏摩尔量 $X_B = \left(\frac{\partial X}{\partial n_B}\right)_{T,p,n_C,\cdots}$ 是以 T、p 保持常数为条件的。只有在 T、p 一定时，才是偏摩尔量。如 $X_B = \left(\frac{\partial X}{\partial n_B}\right)_{T,V,n_C\cdots}$，在 T、V 不变的条件下则不能称为偏摩尔量。

偏摩尔量 X_B 是处于 T、p 及组成条件一定时，1 mol 物质 B 的改变对系统 X 变化的贡献，所以偏摩尔量是组分 B 的强度性质。因此也只有多组分系统的广度性质才有偏摩尔量。

对于纯物质 B，偏摩尔量 X_B 与摩尔量 X_m（$X_m = \frac{X}{n}$）相同。纯物质 B 的偏摩尔量 X_B 或纯物质 B 的摩尔量 X_m 可用 X_B^* 来表示，以便与混合物中 B 的偏摩尔量 X_B 区别，如 $V_B^* = V_{m,B}$、$G_B^* = G_{m,B}$。

(二) 偏摩尔量的集合公式

偏摩尔量是强度性质，与混合物中各组分的物质的量有关，与混合物的总量无关。在等温、等压、混合物各组分物质的量比例不变的条件下，同时向溶液中加入各组分，相当于对式（2-61）进行积分，积分结果为

$$X = \int_0^X dX = \int_0^{n_A} X_A dn_A + \int_0^{n_B} X_B dn_B + \cdots = n_A X_A + n_B X_B + \cdots = \sum_B n_B X_B \quad (T \text{、} p \text{一定}) \tag{2-63}$$

每项之所以能够分别积分，原因在于混合物中各组分物质的量比例不变，则各组分的偏摩尔量也不变，并可以提到积分号外面。式（2-63）就是偏摩尔量集合公式，它对全部偏摩尔量都成立。偏摩尔量集合公式说明多组分系统中各物质的偏摩尔量具有加和性。

若系统只有 A 和 B 两个组分,式(2-63)简化为

$$X = n_A X_A + n_B X_B \quad (T、p 一定) \tag{2-64}$$

例如,若 X_A、X_B 分别为乙醇与水的偏摩尔体积,就可以求得系统的总体积。

二、吉布斯–杜亥姆方程

如果将式(2-64)微分,则得

$$dX = \sum_B X_B dn_B + \sum_B n_B dX_B \quad (T、p 一定) \tag{2-65}$$

比较式(2-61)与式(2-65),则得

$$\sum_B n_B dX_B = 0 \quad (T、p 一定) \tag{2-66}$$

式(2-66)是由吉布斯和杜亥姆分别于1875年和1876年提出的,称为吉布斯-杜亥姆(Gibbs-Duhem)方程。对二组分系统可写为

$$n_A dX_A + n_B dX_B = 0 \quad (T、p 一定) \tag{2-67}$$

对二组分系统,吉布斯–杜亥姆方程有重要意义,如将式(2-64)和式(2-67)联立,得到微分方程组

$$\begin{cases} X = n_A X_A + n_B X_B \\ n_A dX_A + n_B dX_B = 0 \end{cases}$$

解联立微分方程组,可求得偏摩尔量 X_A、X_B,如计算组分 A 与组分 B 的偏摩尔体积。因解偏微分方程需要一定的数学知识,这里不再展开。

【例2-11】　25℃时,若向摩尔分数为 0.4 的甲醇水溶液(大量)中加 1 mol H_2O,使溶液体积增加17.35 cm^3;若向此甲醇溶液中加 1 mol CH_3OH,使溶液体积增加39.01 cm^3。试计算(1)将 0.4 mol CH_3OH 和 0.6 mol H_2O 均加入到上述溶液中,溶液的体积变化值;(2)此混合过程中体积的变化。已知25℃时甲醇密度为 0.7911 g·cm^3,水的密度为 0.9971g·cm^3。

解:(1)由题意,可知在 $x_B = 0.4$ 时,水的偏摩尔体积为 $V_{H_2O} = 17.35$ $cm^3·mol^{-1}$,甲醇的偏摩尔体积为 $V_{CH_3OH} = 39.01$ $cm^3·mol^{-1}$。则摩尔分数为 0.4 的甲醇水溶液的总体积改变量为

$$V = n_{CH_3OH} V_{CH_3OH} + n_{H_2O} V_{H_2O} = 0.4 \times 39.01 + 0.6 \times 17.35 = 26.01 (cm^3)$$

(2)混合前总体积为

$$V = \left(0.4 \times \frac{32.04}{\rho_{CH_3OH}}\right) + \left(0.6 \times \frac{18.02}{\rho_{H_2O}}\right) = \left(0.4 \times \frac{32.04}{0.7911}\right) + \left(0.6 \times \frac{18.02}{0.9971}\right) = 27.04 (cm^3)$$

$$\Delta V = V_2 - V_1 = 26.01 - 27.04 = -1.03 (cm^3)$$

三、化　学　势

(一)化学势的定义

在所有的偏摩尔数量中,以偏摩尔吉布斯自由能 G_B 应用最广泛。因此多组分系统中组分 B 的偏摩尔吉布斯自由能 G_B 又称为"化学势",以符号 μ_B 表示,即

$$\mu_B = G_B = \left(\frac{\partial G}{\partial n_B}\right)_{T,p,n_i \neq n_B} \tag{2-68}$$

这就是化学势的定义式。

在多组分系统中,吉布斯自由能 G 可表示为 T、p 和各组分的物质的量 n_A、n_B、$\cdots$ 的函数,即

$$G = G(T, p, n_A, n_B, n_C, \cdots)$$

全微分式为

$$dG = \left(\frac{\partial G}{\partial T}\right)_{p, n_A, n_B, n_C, \cdots} dT + \left(\frac{\partial G}{\partial p}\right)_{T, n_A, n_B, n_C, \cdots} dp + \left(\frac{\partial G}{\partial n_A}\right)_{T, p, n_B, n_C, \cdots} dn_A$$
$$+ \left(\frac{\partial G}{\partial n_B}\right)_{T, p, n_A, n_C, \cdots} dn_B + \cdots$$

在组成不变的情况下,有 $\left(\frac{\partial G}{\partial T}\right)_{p, n_A, n_B, n_C, \cdots} = -S$,$\left(\frac{\partial G}{\partial p}\right)_{T, n_A, n_B, n_C, \cdots} = V$,所以

$$dG = -SdT + Vdp + \sum_B \mu_B dn_B \tag{2-69}$$

将式(2-69)代入热力学函数间关系式的微分形式中,则有

$$dU = TdS - pdV + \sum_B \mu_B dn_B \tag{2-70}$$

$$dH = TdS + Vdp + \sum_B \mu_B dn_B \tag{2-71}$$

$$dF = -SdT - pdV + \sum_B \mu_B dn_B \tag{2-72}$$

式(2-69)~式(2-72)不仅适用于组成变化的封闭系统,也适用于敞开系统,是多组分、多相系统的热力学基本方程。

将上述四式与其对应的全微分方程式进行比较,则有

$$\mu_B = \left(\frac{\partial G}{\partial n_B}\right)_{T, p, n_i \neq n_B} = \left(\frac{\partial U}{\partial n_B}\right)_{S, V, n_i \neq n_B} = \left(\frac{\partial H}{\partial n_B}\right)_{S, p, n_i \neq n_B} = \left(\frac{\partial F}{\partial n_B}\right)_{T, V, n_i \neq n_B}$$

上述几个等式均为化学势,但后三种化学势的表示法较少使用。应注意,其中只有 $\left(\frac{\partial G}{\partial n_B}\right)_{T, p, n_i \neq n_B}$ 为偏摩尔量。

(二)化学势判据及其应用

在恒温恒压及非体积功为零的条件下,可以用 dG 作为自发过程方向和限度的判据,即

$$\Delta G_{T, p, W'=0} \begin{cases} < 0 & 自发 \\ = 0 & 平衡 \end{cases}$$

由式(2-69)可见,在恒温恒压及非体积功为零的条件下,系统 dG 取决于物质数量增减引起的化学势变化,即

$$dG_{T, p, W'=0} = \sum_B \mu_B dn_B \tag{2-73}$$

两式结合,则

$$\sum_B \mu_B dn_B \begin{cases} < 0 & 自发 \\ = 0 & 平衡 \end{cases} \tag{2-74}$$

上式表明,在恒温恒压及非体积功为零的条件下,系统总是自发地从化学势高的状态向化学势低的状态变化,直到化学势最低点(平衡态)为其限度。通过 dF 判据同样可以证明在恒温恒容及非体积功为零的条件下式(2-74)仍然成立。可见 μ_B 是一个普遍化的判据,其作用与重力场中的势能类似,故称之为"化学势"。式(2-74)称为化学势判据,是研究自发化学变化和相变化时最常用的一个关系式。

下面以相变和化学变化为例讨论化学势的应用。

1. 化学势在多相平衡中的应用　设多组分系统有 α 和 β 两相。在恒温恒压下 β 相有微量的物质 B 转移到 α 相中,则系统吉布斯自由能变为

$$dG = \mu_B^{\alpha} dn_B^{\alpha} + \mu_B^{\beta} dn_B^{\beta}$$

α 相所得等于 β 相所失,即 $dn_B^{\alpha} = - dn_B^{\beta}$。

若上述物质迁移是自发进行的,根据吉布斯自由能判据,其 $dG<0$,即

$$dG = \mu_B^{\alpha} dn_B^{\alpha} + \mu_B^{\beta} dn_B^{\beta} = \mu_B^{\beta} dn_B^{\beta} - \mu_B^{\alpha} dn_B^{\beta} = (\mu_B^{\beta} - \mu_B^{\alpha}) dn_B^{\beta} < 0$$

又 $dn_B^{\beta} < 0$,故 $\mu_B^{\beta} - \mu_B^{\alpha} > 0$,即

$$\mu_B^{\beta} > \mu_B^{\alpha}$$

若两相间达到平衡,$dG=0$,同理可得

$$\mu_B^{\beta} = \mu_B^{\alpha}$$

由此可见,在相转移过程中,物质总是自发地从化学势较高的相转移到化学势较低的相,直到两相中该物质的化学势相等为止(即达平衡)。

2. 化学势在化学平衡中的应用　对于反应

$$N_2 + 3H_2 \Longrightarrow 2 NH_3$$

在恒温恒压下向右进行微小的变化,当有 dn mol 的 N_2 消失时,一定有 $3dn$ mol 的 H_2 随之消失,同时有 $2dn$ mol 的 NH_3 生成。反应的吉布斯自由能变为

$$dG = \sum_B \mu_B dn_B = 2\mu_{NH_3} dn - \mu_{N_2} dn - 3\mu_{H_2} dn$$

由吉布斯判据 $dG \leqslant 0$ 可知,$2\mu_{NH_3} dn - \mu_{N_2} dn - 3\mu_{H_2} dn \leqslant 0$,或

$$2\mu_{NH_3} \begin{cases} < \mu_{N_2} + 3\mu_{H_2} & 自发 \\ = \mu_{N_2} + 3\mu_{H_2} & 平衡 \end{cases}$$

上式表明,若产物的化学势总和小于反应物化学势总和,则反应向右自发进行;若两者相等,反应已达平衡。

推广到任意反应,则为

$$\begin{cases} \left(\sum P_B \mu_B \right)_{产物} = \left(\sum R_B \mu_B \right)_{反应物} & 平衡 \\[2mm] \left(\sum P_B \mu_B \right)_{产物} < \left(\sum R_B \mu_B \right)_{反应物} & 正向反应自发进行 \\[2mm] \left(\sum P_B \mu_B \right)_{产物} > \left(\sum R_B \mu_B \right)_{反应物} & 逆向反应自发进行 \end{cases} \tag{2-75}$$

(三)气体的化学势

1. 理想气体的化学势　对于单组分理想气体,$\mu^* = G_m^*$,有

$$\left(\frac{\partial \mu^*}{\partial p} \right)_T = \left(\frac{\partial G_m^*}{\partial p} \right)_T = V_m^*$$

如果压力从 p_1 变到 p_2,将 $V_m^* = \dfrac{RT}{p}$ 代入积分,则

$$\mu_2 - \mu_1 = RT\ln \frac{p_2}{p_1}$$

由于吉布斯自由能的绝对值无法测得,故任何系统的化学势的绝对值也无法测得。因此,假设以 100 kPa($p^{\ominus}$)的理想气体作为标准态,并规定标准态的化学势为 $\mu^{\ominus}$,那么上式就变为

$$\mu^* = \mu^{\ominus}(T) + RT\ln \frac{p}{p^{\ominus}} \tag{2-76}$$

式(2-76)就是单组分理想气体的化学势表达式。式中，$\mu^{\ominus}(T)$ 为 $p^{\ominus}$ 时理想气体的化学势。由于压力已指定为 100 kPa，所以 $\mu^{\ominus}(T)$ 只是取决于温度的一个常数。

对于多组分混合理想气体，由于理想气体分子之间除弹性碰撞外无其他相互作用力，所以某组分 B 在多组分理想气体中，与它单独存在并占有相同体积时的行为完全一样。因此，多组分理想气体中组分 B 的化学势表示式应与它单独存在时的表示式相同，即

$$\mu_B = \mu_B^{\ominus}(T) + RT\ln\frac{p_B}{p^{\ominus}} \tag{2-77}$$

式中，p_B 为多组分理想气体组分 B 的分压，而不是混合气体的总压；$\mu^{\ominus}(T)$ 是该气体温度为 T、分压为 $p^{\ominus}$ 时的化学势，它也是温度的函数。

2. 实际气体的化学势 对于单组分实际气体，根据式 $\left(\dfrac{\partial \mu}{\partial p}\right)_T = \left(\dfrac{\partial G_m}{\partial p}\right)_T = V_m$，若把 V_m 和 p 的关系代入积分，也可得出 $\mu = \mu^{\ominus}(T) + \displaystyle\int_{p^{\ominus}}^{p} V_m \mathrm{d}p$ 的表达式。但是由于实际气体的状态方程式比较复杂，且又因气体而异，很难得出一个通用简单的化学势表达式。为了让实际气体的化学势表达式保持与理想气体化学势表达式相似的简单形式，路易斯(Lewis)用一新的热力学函数 f 代替压力 p，于是实际气体的化学势表达式为

$$\mu = \mu^{\ominus}(T) + RT\ln\frac{f}{p^{\ominus}} \tag{2-78}$$

式中，f 称为逸度，它与压力之间的关系为

$$f = \gamma p \tag{2-79}$$

且有

$$\lim_{p \to 0} \frac{f}{p} = 1 \tag{2-80}$$

式(7-79)中，γ 称为逸度系数，其数值不仅与气体的特性有关，还与气体所处的温度和压力有关。一般来说，在温度一定时，压力较小，逸度系数 $\gamma<1$；当压力很大时，逸度系数 $\gamma>1$；当压力趋于零时，这时真实气体的行为接近于理想气体的行为，逸度的数值就趋近于压力的数值，故 $\gamma \to 1$。显然，逸度相当于一种"修正压力"，逸度系数相当于"修正因子"。

当压力为 $p^{\ominus} = 100$ kPa 时，任何实际气体对理想气体都存在着偏差，则各实际气体的标准态也各不相同。为了统一，将实际气体的标准态选定为规定温度为 T，压力为 $p^{\ominus}$ 的理想气体。

(四) 多组分液相中各组分的化学势

1. 理想液态混合物中各组分的化学势

(1) 拉乌尔定律：1887 年，拉乌尔(Raoult)根据稀溶液中溶剂的蒸气压较纯溶剂的蒸气压低的实验结果，总结出：在指定温度和压力下，溶液中溶剂 A 的饱和蒸气压 p_A 等于纯溶剂的饱和蒸气压 p_A^* 乘以它在溶液中的摩尔分数 x_A，即

$$p_A = p_A^* x_A \tag{2-81}$$

式(2-81)称为拉乌尔定律，它不仅适用于两种物质构成的溶液，也适用于多种物质组成的溶液。对于二组分溶液来说，因为 $1 - x_A = x_B$，所以拉乌尔定律也可表示为

$$p_A = p_A^*(1 - x_B) \tag{2-82}$$

实际上，只有理想液态混合物才符合这个规律。因为理想液态混合物中各种分子之间的相互作

用力大小相同,即溶剂分子之间、溶质分子之间、溶剂与溶质分子之间的作用力均相同,当由几种纯物质混合而构成一理想液态混合物时,必然没有热效应($\Delta H = 0$),也没有体积变化($\Delta V = 0$)。在这种情况下,处于理想液态混合物中的任意分子的处境才与它在纯物质中的处境完全相同,因此又把溶液中任一组分在全部浓度范围内都遵从拉乌尔定律的溶液称为理想液态混合物。

理想液态混合物和理想气体一样,亦是一个极限的概念,它能以极简单的形式总结溶液的一般规律。虽然没有一种气体能在任意温度和压力下均遵从理想气体定律,但是有在任意浓度下均遵从拉乌尔定律的非常类似理想液态混合物的溶液存在。若两种物质的化学结构及其性质非常相似,当它们组成溶液时,就有符合理想溶液条件的基础。例如,苯和甲苯的混合物、正己烷和正庚烷的混合物都非常类似理想溶液。

(2)理想液态混合物的化学势:在恒温恒压下,理想液态混合物中任一组分 B 与液面上蒸气(视为理想气体)达到平衡时,根据多相平衡的条件可知,它在气液两相中的化学势相等,即

$$\mu_B(l, T, p) = \mu_B(g, T, p)$$

设组分 B 的分压为 p_B,由式(2-81)可得

$$\mu_B(l, T, p) = \mu_B(g, T, p) = \mu_B^\ominus(g, T) + RT\ln\frac{p_B}{p^\ominus}$$

代入拉乌尔定律,则

$$\mu_B(l, T, p) = \mu_B^\ominus(g, T) + RT\ln\frac{p_B^* x_B}{p^\ominus} = \mu_B^\ominus(g, T) + RT\ln\frac{p_B^*}{p^\ominus} + RT\ln x_B$$

对于仅有液体 B 的系统,有

$$\mu_B^*(l, T, p) = \mu_B^*(g, T, p) = \mu_B^\ominus(g, T) + RT\ln\frac{p_B^*}{p^\ominus}$$

理想液态混合物中任意组分 B 的化学势为

$$\mu_B(l, T, p) = \mu_B^*(l, T, p) + RT\ln x_B \tag{2-83}$$

式中,$\mu_B^*(l, T, p)$ 是 $x_B = 1$,即纯液体 B 在温度 T、压力 p(不是 $p^\ominus$)时的化学势。

2. 理想稀溶液中各组分的化学势

(1)亨利定律:理想液态混合物是很少的,所以拉乌尔定律并不完全适用于大多数的实际溶液。但在溶剂的量非常多而溶质的量很少的稀溶液中,溶剂遵从拉乌尔定律,而溶质则遵从另一定律——亨利定律。这样的溶液称为理想稀溶液。

1803 年亨利(W. Henry)研究了具有挥发性溶质的稀溶液,如一些气体(O_2、N_2 等)溶于水的溶液、甲醇等挥发性液体溶于水的稀溶液等,发现溶质在稀溶液中的溶解度(即浓度)与其处于平衡气相中的分压有一定关系。亨利从大量实验结果总结出亨利定律:"在等温下,稀溶液的挥发性溶质的平衡分压 p_B 与该溶质在溶液中的浓度成正比"。若溶质 B 的浓度采用摩尔分数 x_B 时,则亨利定律的数学式为

$$p_B = k_x x_B \tag{2-84}$$

式中,k_x 称为亨利系数(比例常数)。应用亨利定律时需注意,溶质在气相和溶液中的分子状态必须相同。如果在两相中溶质分子有聚合或解离现象,应用时只能用其分子浓度。

(2)理想稀溶液各组分的化学势:在 A、B 组成的二组分溶液中,以 A 代表溶剂,以 B 代表溶质。由于稀溶液的溶剂 A 遵从拉乌尔定律,因此,稀溶液中溶剂的化学势为

$$\mu_A(l, T, p) = \mu_A^*(l, T, p) + RT\ln x_A$$

对于稀溶液的溶质 B 来说,在溶液与其上方蒸气达成平衡时,则

$$\mu_B(l, T, p) = \mu_B(g, T, p) = \mu_B^\ominus(g, T) + RT\ln\frac{p_B}{p^\ominus}$$

$$= \mu_B^{\ominus}(g, T) + RT\ln\frac{k_x}{p^{\ominus}} + RT\ln x_B$$

令

$$\mu_{B,x}^{*}(T, p) = \mu_B^{\ominus}(g, T) + RT\ln\frac{k_x}{p^{\ominus}} \tag{2-85}$$

则溶质 B 的化学势为

$$\mu_B(1, T, p) = \mu_{B,x}^{*}(T, p) + RT\ln x_B \tag{2-86}$$

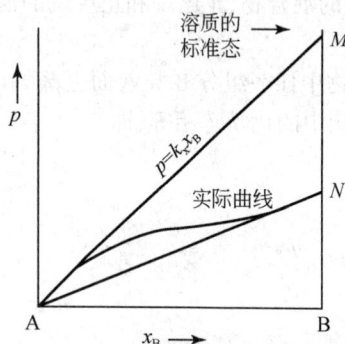

$\mu_{B,x}^{*}(T, p)$ 为溶质的标准态,即在温度 T、压力 p 下,$x_B \to 1$ 时仍能遵从亨利定律的假想状态。由于 $x_B \to 1$ 时溶液中挥发性溶质 B 的蒸气压已不符合亨利定律,即 $p_B \neq k_x x_B$,所以溶质 B 的标准态是一种虚拟的假想状态。如图 2-6 中 M 点所示。

3. 非理想溶液中各组分的化学势 对于非理想溶液,其溶剂 A 不遵从拉乌尔定律,溶质 B 也不遵从亨利定律。为了使非理想溶液中各物质的化学势表示仍具有简单形式,路易斯引入活度的概念,将非理想溶液的偏差全部集中在对非理想溶液的浓度校正上。其定义为

$$a_B = \gamma_B x_B$$

图 2-6 稀溶液的标准态是假想的状态

式中,a_B 为活度;γ_B 为活度系数。活度相当于某种形式的"校正浓度",即把非理想溶液中溶剂 A 的性质校正到遵从拉乌尔定律,且当 x_A 趋近于 1 时,活度系数 γ_A 趋近于 1,活度 a_A 等于浓度 x_A;把溶质 B 的性质校正到遵从亨利定律,且当 x_B 趋近于 0 时,活度系数 γ_B 趋近于 1,活度 a_B 等于浓度 x_B。

(1)非理想溶液中溶剂的化学势

对于非理想溶液中溶剂 A,其浓度以活度 a_A 表示时遵从拉乌尔定律,则化学势为

$$\mu_A(1, T, p) = \mu_A^{*}(1, T, p) + RT\ln a_A \tag{2-87}$$

或

$$\mu_A(1, T, p) = \mu_A^{*}(1, T, p) + RT\ln\gamma_A x_A$$

式中,$\mu_A^{*}(1, T, p)$ 为非理想溶液中溶剂 A 的标准态化学势。其状态为温度 T、压力 p 下的纯溶剂,这一状态的 $x_A = 1$,$\gamma_A = 1$,$a_A = 1$。

(2)非理想溶液中溶质的化学势

对于非理想溶液中溶质 B,其浓度以活度 a_B 表示时遵从亨利定律,则化学势为

$$\mu_B(1, T, p) = \mu_{B,x}^{*}(T, p) + RT\ln a_B \tag{2-88}$$

$$\mu_B(1, T, p) = \mu_{B,x}^{*}(T, p) + RT\ln\gamma_B x_B$$

式中,$\mu_{B,x}^{*}(T, p)$ 为非理想溶液中溶质 B 的标准态化学势。其状态为温度 T、压力 p 下,溶质浓度 $x_B = 1$ 时仍遵从亨利定律的假想状态。

综上所述,各种形态物质的化学势具有相似的形式,可统一表示为

$$\mu_B = \mu_B^{\ominus} + RT\ln a_B$$

式中,a_B 是广义活度。此时,对不同形态的物质来说,活度 a_B 有不同的含义:理想气体的 a_B 代表 $\frac{p_B}{p^{\ominus}}$;实际气体的 a_B 代表 $\frac{f_B}{p^{\ominus}}$;理想溶液的 a_B 代表摩尔分数 x_B。

此外,在许多实际问题中往往涉及凝聚态纯物质,我们选取温度 T、压力 $p^{\ominus}$ 下的纯固体或纯液体作为其标准态。按照这一规定,纯固体和纯液体在 $p^{\ominus} = 100$ kPa 下的活度为 1。

四、稀溶液的依数性

当溶质溶于溶剂形成溶液时,若溶质是难挥发的,并且不溶于固体溶剂中,那么与原溶剂比较,溶液将会产生四种现象,即溶液中溶剂的蒸气压下降、沸点升高、凝固点降低以及产生渗透压。溶液浓度很稀时,溶液这些性质的数值仅与溶液中溶质的数量有关,而与溶质的种类(即本性)无关,因此,把上述四种性质称为稀溶液的依数性。

(一)蒸气压下降

溶液中溶剂的蒸气压 p_A 低于同温度下纯溶剂的饱和蒸气压 p_A^*,这一现象称为蒸气压下降。溶剂蒸气压下降值为 $\Delta p_A = p_A^* - p_A$。对稀溶液,将拉乌尔定律 $p_A = p_A^* x_A$ 代入,得

$$\Delta p_A = p_A^* - p_A = p_A^* - p_A^* x_A = p_A^*(1 - x_A)$$

则

$$\Delta p_A = p_A^* x_B \tag{2-89}$$

式(2-89)说明:稀溶液的蒸气压下降值 Δp_A 与溶液中溶质的摩尔分数 x_B 成正比,而与溶质的种类(本性)无关。

(二)沸点升高

沸点是指液体的饱和蒸气压与外压相等时的温度。根据溶液蒸气压下降的讨论可知,在含非挥发性溶质的稀溶液中,溶液的蒸气压较液体纯溶剂的蒸气压低。因此,当纯溶剂的蒸气压等于外压 p_e(101325 Pa)时,纯溶剂开始沸腾,沸点为 T_b^*;而在此温度下溶液的蒸气压仍小于外压 p_e,并不沸腾,要使溶液蒸气压等于外压,就需要把温度提高到 T_b,如图2-7所示。可见,溶液的沸点 T_b 较纯溶剂的沸点 T_b^* 为高,这种现象称为沸点升高。溶液的沸点升高值为 $\Delta T_b = T_b - T_b^*$。

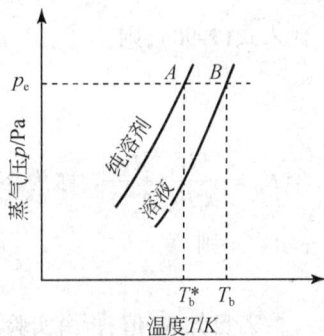

图 2-7 稀溶液的沸点升高

压力一定,一种非挥发性溶质溶于挥发性溶剂中形成二组分稀溶液,在沸点 T_b 时溶液中的溶剂与其蒸气达到平衡,则气相中溶剂的化学势 $\mu_A^*(g, T_b, p)$ 与稀溶液中纯溶剂的化学势 $\mu_A(l, T_b, p)$ 相等,即

$$\mu_A^*(g, T_b, p) = \mu_A(l, T_b, p) = \mu_A^*(l, T_b, p) + RT_b \ln x_A$$

变形为

$$\ln x_A = \frac{\mu_A^*(g, T_b, p) - \mu_A^*(l, T_b, p)}{RT_b} = \frac{\Delta_l^g G_m(T_b)}{RT_b}$$

式中,$\Delta_l^g G_m(T_b)$ 为纯溶剂在温度 T_b 时由液态变为气态的摩尔吉布斯自由能变化值。

当 $x_A = 1$ 时,平衡的温度就是纯溶剂的沸点 T_b^*,上式相应变化为

$$\ln 1 = \frac{\mu_A^*(g, T_b^*, p) - \mu_A^*(l, T_b^*, p)}{RT_b^*} = \frac{\Delta_l^g G_m(T_b^*)}{RT_b^*}$$

将两式相减,得

$$\ln x_A - \ln 1 = \frac{\Delta_l^g G_m(T_b)}{RT_b} - \frac{\Delta_l^g G_m(T_b^*)}{RT_b^*}$$

将 $\Delta_l^g G_m = \Delta_l^g H_m - T\Delta_l^g S_m$ 代入上式得

$$\ln x_A = \frac{\Delta_l^g H_m(T_b)}{RT_b} - \frac{\Delta_l^g S_m(T_b)}{R} - \frac{\Delta_l^g H_m(T_b^*)}{RT_b^*} + \frac{\Delta_l^g S_m(T_b^*)}{R}$$

对于稀溶液, x_B 很小, 以致 $x_B \ll 1$, 则

$$\ln x_A = \ln(1 - x_B) = -x_B - \frac{x_B^2}{2} - \frac{x_B^3}{3} - \cdots \approx -x_B$$

在此情况下, 溶液沸点升高也很少, 则 $\Delta_l^g H_m(T_b) \approx \Delta_l^g H_m(T_b^*)$, $\Delta_l^g S_m(T_b) = \Delta_l^g S_m(T_b^*)$, 上式变为

$$-x_B = \frac{\Delta_l^g H_m(T_b^*)}{R}\left(\frac{1}{T_b} - \frac{1}{T_b^*}\right) = \frac{\Delta_l^g H_m(T_b^*)}{RT_b T_b^*}(T_b^* - T_b)$$

因 T_b 与 T_b^* 接近, 则

$$\Delta T_b = \frac{RT_b^{*2} x_B}{\Delta_l^g H_m(T_b^*)} \tag{2-90}$$

式 (2-90) 说明: 溶液沸点升高值 ΔT_b 与溶液中溶质的摩尔分数 x_B 成正比, 而与溶质的种类 (本性) 无关。由于在稀溶液时

$$x_B = \frac{n_B}{n_A + n_B} \approx \frac{n_B}{n_A} = \frac{\dfrac{W_B}{M_B}}{\dfrac{W_A}{M_A}} = M_A b_B$$

代入式 (2-90), 则

$$\Delta T_b = \frac{RT_b^{*2} M_A b_B}{\Delta_l^g H_m(T_b^*)} \tag{2-91}$$

令 $K_b = \dfrac{RT_b^{*2} M_A}{\Delta_l^g H_m(T_b^*)}$, 称为溶剂的沸点升高常数, K_b 仅与溶剂的性质有关, 其单位为 kg · K · mol^{-1}。则

$$\Delta T_b = K_b b_B \tag{2-92}$$

若已知 K_b 值, 再由实验测出 ΔT_b, 就可计算溶质的摩尔质量 M_B。

$$M_B = \frac{K_b}{\Delta T_b} \cdot \frac{m_B}{m_A} \tag{2-93}$$

一些常见溶剂的沸点升高常数 K_b 值见表 2-1。

表 2-1　几种常见溶剂的 K_b

溶剂	水	甲醇	乙醇	乙醚	丙酮	苯	氯仿	四氯化碳
K_b	0.52	0.80	1.20	2.11	1.72	2.57	3.88	5.02

【例 2-12】　在 9.68×10^2 kg CCl_4 中, 溶解一种不挥发的物质 2.50×10^4 kg, 经实验测定此溶液的沸点比纯 CCl_4 的沸点高 0.055 K。求此未知物质的摩尔质量。

解: 查表知 CCl_4 的 $K_b = 5.02$ kg · K · mol^{-1}, 则

$$M_B = 5.02 \times (2.50 \times 10^{-4}) / ((9.68 \times 10^{-2}) \times (0.055))$$
$$= 0.236 (\text{kg} \cdot \text{mol}^{-1})$$

(三) 凝固点降低

凝固点是指在一定压力下固态纯溶剂与液态溶液呈平衡状态时的温度。如果将不挥发性的溶质溶于液态纯溶剂, 形成液体溶液 (不形成固态溶液), 当温度降低时, 从溶液中析出固态纯溶剂的

温度(即溶液的凝固点),比纯溶剂的凝固点低,这就是凝固点降低现象。根据相平衡原理可知,在凝固点时,液态纯溶剂与固态纯溶剂的蒸气压相等。

图2-8绘出凝固点降低原理。根据相平衡原理可知,在凝固点时液态纯溶剂与固态纯溶剂的蒸气压是相等的,当液态纯溶剂蒸气压曲线与固态纯溶剂蒸气压曲线相交于 A 点(蒸气压都为 p_A^*),这时的温度 T_f^* 就是纯溶剂的凝固点。从拉乌尔定律可知,在同温度下,溶液中溶剂的蒸气压低于纯溶剂的蒸气压,溶液的蒸气压曲线应在液态纯溶剂蒸气压曲线下面。因此溶液与固态纯溶剂蒸气压曲线交于 B 点(蒸气压都为 p ,液-固平衡),这时的温度 T_f 称为溶液的凝固点。由此可见,溶液的凝固点 T_f 比纯溶剂的凝固点 T_f^* 低, $\Delta T_f = T_f^* - T_f$ 称为溶液的凝固点降低值。

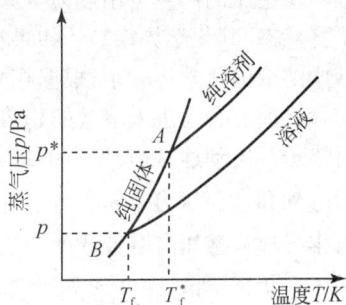

图2-8　稀溶液的凝固点降低示意图

应用推导沸点升高的相同方法,可得到溶液的凝固点降低值 ΔT_f 相应的关系,即

$$\Delta T_f = \frac{RT_f^{*2} x_B}{\Delta_s^1 H_m(T_f^*)} \tag{2-94}$$

$$\Delta T_f = K_f b_B \tag{2-95}$$

式中, $K_f = \frac{RT_f^{*2} M_A}{\Delta_s^1 H_m(T_f^*)}$,称为溶剂的凝固点降低常数, K_f 仅与溶剂的性质有关,其单位为 $kg \cdot K \cdot mol^{-1}$ 。

由此可见,溶液凝固点降低值 ΔT_f 与溶液中溶质的摩尔分数 x_B 成正比,而与溶质的种类(本性)无关。

若已知 K_f 值,再由实验测出 ΔT_f ,同样可计算溶质的摩尔质量 M_B 。

$$M_B = \frac{K_f}{\Delta T_f} \cdot \frac{m_B}{m_A} \tag{2-96}$$

一些常见溶剂的凝固点降低常数 K_f 值见表2-2。

表2-2　几种常见溶剂的 K_f

溶剂	水	乙酸	苯	环己烷	酚	萘	樟脑
K_f	1.86	3.90	5.10	20	7.27	7.0	40

(四)渗透压

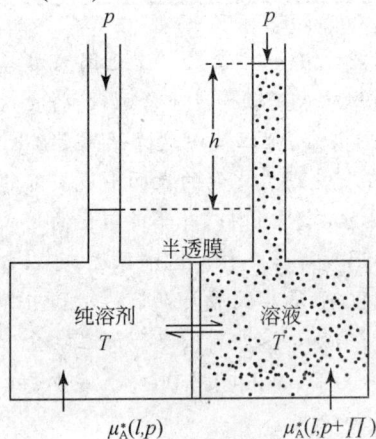

图2-9　渗透压示意图

只能让溶剂分子通过而不能让溶质分子通过的物质称为"半透膜(semipermeable membrane)"。动物的组织膜如膀胱膜、精制肠衣等物质属于天然的半透膜,用溶于乙醚-乙醇混合溶剂中的硝化纤维挥发后制成的胶袋等物质则属于人工半透膜。

在一定温度下,用半透膜将纯溶剂与溶液隔开,溶剂就会自动地通过半透膜渗透到溶液中,从而使溶液液面上升,直到溶液液面上升到一定的高度达到平衡,渗透才停止,这种对于溶剂的膜平衡称为渗透平衡。这一为阻止纯溶剂进入溶液所施加的压力(液柱重力)称为渗透压(osmotic pressure),用 Π 表示,如图2-9所示。

渗透压的产生可用热力学原理来解释。在一定温度下,用半透膜将两纯溶剂隔开时,两者处于平衡状态,其化学势相等。如果在膜一边的纯溶剂中加入溶质,形成溶液,因溶质的混乱分布,使溶液中溶剂的化学势减小,根据相平衡原则,物质必自化学势高的相自动转移到化学势低的相,于是纯溶剂水就有自动进入溶液的趋势,这就是渗透现象产生的原因。化学势是随压力而增加的,当溶液自渗透开始到达平衡,压力由 p 增加到 $p + \Pi$,使溶液中溶剂的化学势 $\mu_A(l, p + \Pi, x_A)$ 逐渐增加,最后达到和液面压力为 p 的纯溶剂的化学势 $\mu_A^*(l, p)$ 相等,宏观上渗透现象就停止了。利用化学势,可推导出渗透压与溶液浓度的关系。

对于稀溶液,温度为 T、压力为 $p + \Pi$ 时溶剂的化学势为

$$\mu_A(l, T, p + \Pi) = \mu_A^*(l, T, p + \Pi) + RT\ln x_A = \mu_A^*(l, T, p) + \int_p^{p+\Pi} V_m^* dp + RT\ln x_A$$

对于纯溶剂,温度为 T、压力为 p 时的化学势为 $\mu_A^*(l, T, p)$。当渗透达平衡时,两者化学势相等

$$\mu_A(l, T, p + \Pi) = \mu_A^*(l, T, p)$$

则

$$\int_p^{p+\Pi} V_m^* dp = - RT\ln x_A$$

稀溶液有 $\ln x_A = \ln(1 - x_B) \approx - x_B$,且纯溶剂的摩尔体积 V_m^* 在压力变化不大时可视为常数,上式积分得

$$\Pi V_m^* = RT x_B \tag{2-97}$$

对稀溶液,$x_B \approx \dfrac{n_B}{n_A}$,溶液的体积 $V \approx n_A V_m^*$,浓度 $c_B = \dfrac{n_B}{V}$,代入式(2-97),得

$$\Pi = c_B RT \tag{2-98}$$

式(2-98)称为范特霍夫(van't Hoff)的稀溶液渗透压公式。该式说明,在定温下,溶液的渗透压与溶质的浓度成正比。溶液越稀,公式越准确。通过渗透压的测定可求出大分子溶质的摩尔质量。

当施加在溶液与纯溶剂上的压力大于溶液的渗透压时,则将使溶液中的溶剂通过半透膜渗透到纯溶剂中,这种现象称为反渗透。应当注意,渗透现象不仅在溶液与溶剂之间存在,在不同浓度的溶液中同样存在。人们把具有相等渗透压的溶液彼此称为等渗溶液。对于渗透压不相等的两种溶液,渗透压相对较高的称为高渗溶液;渗透压相对较低的称为低渗溶液。

当渗透压不相等的两溶液用半透膜隔开时,则水总是由低渗溶液向高渗溶液中转移。使高渗溶液浓度逐渐变小,而低渗溶液浓度逐渐变大,直至两溶液浓度相等(即渗透压相等)为止。

知识延伸

冬天北方的街道积雪很滑,为了防止交通事故,经常会在路上撒一些食盐。这是因为水溶解食盐以后由于溶液的依数性使溶液的凝固点降低,而使冰雪融化。用凝固点下降原理,将食盐和冰(或雪)混合,可以使温度降低到 251 K;氯化钙与冰(或雪)混合,可以使温度降低到 218 K。体系温度降低的原因是:当食盐或氯化钙与冰(或雪)接触时,在食盐或氯化钙的表面形成极浓的盐溶液,而这些浓盐溶液的蒸气压比冰(或雪)的蒸气压低得多,冰(或雪)则以升华或熔化的形式进入盐溶液。进行上述过程都要吸收大量的热,从而使体系的温度降低。利用这一原理,可以自制冷冻剂。冬天在室外施工,建筑工人在砂浆中加入食盐或氯化钙,汽车驾驶员在散热水箱中加入乙二醇等,也是利用这一原理,这样可以防止砂浆和散热水箱结冰。溶液凝固点下降在冶金工业中也具有指导意义。一般金属的 K_f 都较大,如 Pb 的 $K_f \approx 130 \text{ kg} \cdot \text{K} \cdot \text{mol}^{-1}$,若 Pb 中加入少量其他金属,Pb 的凝固点会大大下降,利用这种原理可以制备许多低熔点合金。

知识延伸

　　等渗溶液在药学上具有重要意义。例如,眼药水必须与眼球组织内的液体具有相同的渗透压,否则会引起疼痛;静脉注射用的盐水与血液是等渗溶液,因为若为高渗溶液(比血液的渗透压高)则血球细胞(其细胞膜为半透膜)中的水分向血液中渗透,而引起血球的萎缩,若为低渗溶液,则水分向血球细胞内渗透,则会引起细胞肿胀,最后细胞胀破。大量静脉注射的生理盐水,其浓度约为 0.9%,与血液等渗。

　　溶液的渗透压在生物学中有很重要的作用。例如,植物细胞汁的渗透压可高达 2.0×10^3 kPa,土壤中水分通过这种渗透作用,送到树梢;鲜花插在水中,可以数日不萎缩;海水中的鱼不能在淡水中生活。这些都与渗透压有关。现在药物研究的一个方向是利用药用植物进行组织培养获得有效成分。对于植物组织的培养液,必须具备一定的渗透压,才能适宜于组织生长。工业上常常利用渗透的逆过程——反渗透来为人类服务。反渗透原理在工业废水处理、海水淡化、浓缩溶液等方面都有广泛应用。用反渗透法来淡化海水所需要的能量仅为蒸馏法的30%,目前已成为一些海岛、远洋客轮、某些缺少饮用淡水的国家获得淡水的方法。反渗透法处理无机废水,去除率可达 90% 以上,有的竟高达 99%。对于含有机物的废水,有机物的去除率也在 80% 以上。作为反渗透的物质有醋酸纤维素膜、尼龙 66、聚砜酰胺膜,以及氢氧化铁、硅藻土制成的新型超过滤膜等。

第九节　化 学 平 衡

　　所有的化学反应都是既可正向进行,也可逆向进行。例如,用 $N_2(g)$ 和 $H_2(g)$ 合成 $NH_3(g)$ 的反应,在一定条件下,反应开始时,正向反应速率远大于逆向反应速率;随着时间的进行,正反应速率减小,而逆反应速率增大,最后两者速率相等,系统就达到平衡态。所谓化学平衡(chemical equilibrium)是指可逆反应的正向和逆向速率相等,且各物质的浓度或分压不变的状态。只要外界条件(如温度、压力、浓度等)不变,系统中物质的种类和数量都不随时间发生变化,平衡状态就不变;外界条件发生变化时,平衡状态也要随之发生改变,直至达到新的平衡。从宏观上看,化学平衡表现为静态,参与反应的各物质的浓度不随时间而改变;从微观上看,正逆反应仍在进行,仅是两者的速率相等而已。

　　本节主要是利用热力学第二定律所引入的化学势和吉布斯自由能,计算化学平衡常数,判定化学反应的方向和平衡条件,导出化学反应等温式,讨论温度、压力及惰性气体对平衡常数的影响。

　　化学平衡可以解决什么问题呢?例如,在科学实验和生产中,一个化学反应在一定的条件下能否进行?反应的最大产率是多少?怎么控制反应条件来达到最大产率?如何控制反应条件使它按照人们所需要的方向进行?所以具备了化学平衡相关的知识,对于了解提高产率潜力等都有重大的意义。

一、化学反应的方向和平衡条件

1. 化学反应的吉布斯自由能变　设任意封闭系统中有化学反应

$$aA + dD + \cdots \longrightarrow gG + hH + \cdots$$

在恒温恒压及不做非体积功的条件下,若上述反应向右进行了无限小量的反应,此时系统的吉布斯自由能变为

$$dG(T,p) = \sum_B \mu_B dn_B \qquad (2\text{-}99)$$

因 $dn_B = \nu_B d\xi$,代入上式得

$$dG(T,p) = \sum_B \mu_B \nu_B d\xi = \left(\sum_B \nu_B \mu_B \right) d\xi \qquad (2\text{-}100)$$

由此得出

$$\Delta_r G_m = \left(\frac{\partial G}{\partial \xi} \right)_{T,p} = \sum_B \nu_B \mu_B \qquad (2\text{-}101)$$

式中,$\Delta_r G_m$ 称为反应的吉布斯自由能变,它表示在恒温定压下,在无限大量的系统中发生一个单位反应(μ_B 近似不变)时系统吉布斯自由能的改变;或者说,在有限量的系统中,在恒温定压及反应进度为 ξ 时,反应再进行 $d\xi$(极小),此时 μ_B 也可当成不变,系统吉布斯自由能随反应的变化率 $\left(\frac{\partial G}{\partial \xi} \right)_{T,p,\xi}$ 就是 $\Delta_r G_m$。

2. 化学反应的方向和平衡的条件 根据吉布斯自由能的判据,系统不做非体积功时

$$\Delta_r G_m = \left(\frac{\partial G}{\partial \xi} \right)_{T,p} = \sum_B \nu_B \mu_B \begin{cases} < 0 & \text{正向反应自发进行} \\ = & \text{达到化学平衡} \\ > 0 & \text{逆向反应自发进行} \end{cases} \qquad (2\text{-}102)$$

以上几种情况可用图 2-10 表示,即以系统的 G 对 ξ 作图,得一条曲线,曲线上任一点的斜率都代表 G 对 ξ 的变化率 $\left(\frac{\partial G}{\partial \xi} \right)_{T,p}$。当 ξ 进行到一定值($\xi^{eq} \neq 1$)时,G 趋于最小,曲线出现最低点,此时 $\left(\frac{\partial G}{\partial \xi} \right)_{T,p} = 0$,反应达到平衡。所以化学平衡的实质,从动力学看,是正、逆反应的速率相等;从热力学看,是产物的化学势总和等于反应物化学势的总和。

为什么化学反应总会出现化学平衡而不能进行到底(反应物不能全部变为产物)呢?因为在等温等压下,化学反应总是自发向系统吉布斯自由能减小的状态变化。反应时,一旦有产物生成,产物与反应物的混合必定引起混合熵,其值 ΔS_{mix} > 0。由 $\Delta G_m = \Delta H_m - T\Delta S_m$ 可知,混合熵的存在导致 G 进一步减小,当 G 减至最小时,反应达到平衡,这时系统中或多或少还有反应物存在。这就是说,反应只能进行到某一程度,而不是全部的反应物都变为产物。

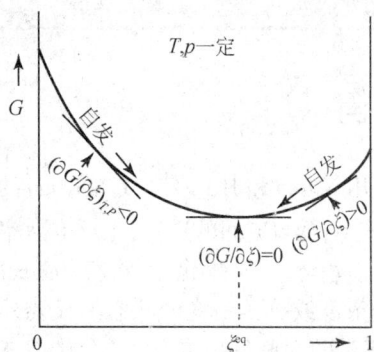

图 2-10 定温定压下 G-ξ 曲线

3. 化学反应标准平衡常数 任意化学反应

$$a\text{A} + d\text{D} + \cdots \longrightarrow g\text{G} + h\text{H} + \cdots$$

在恒温定压下达到平衡时,由式(2-101)得

$$\sum_B \nu_B \mu_B = 0 \qquad (2\text{-}103)$$

因任一物质 B 的化学势为 $\mu_B = \mu_B^{\ominus}(T) + RT\ln a_B$,代入式(2-103)得

$$\sum \nu_B [\mu_B^{\ominus}(T) + RT\ln a_B] = \sum \nu_B \mu_B^{\ominus}(T) + RT\ln \prod_B a_B^{\nu_B} = 0$$

即

$$RT\ln \prod_B a_B^{\nu_B} = - \sum_B \nu_B \mu_B^{\ominus}(T) = - \Delta_r G_m^{\ominus}(T)$$

$$\left[\prod_{B} a_{B}^{\nu_{B}}\right]_{平衡} = \exp\left[-\frac{\Delta_{r}G_{m}^{\ominus}(T)}{RT}\right] \tag{2-104}$$

因为恒温下 $\Delta_{r}G_{m}^{\ominus}(T)$ 为常数,所以 $\prod\limits_{B} a_{B}^{\nu_{B}}$ 也是常数,令

$$K^{\ominus} = \exp\left[-\frac{\Delta_{r}G_{m}^{\ominus}(T)}{RT}\right] = \left(\frac{a_{G}^{g}a_{H}^{h}}{a_{A}^{a}a_{D}^{d}}\right)_{eq} \tag{2-105}$$

式中,$K^{\ominus}$ 就是标准平衡常数(standard equilibrium constant),简称平衡常数(equilibrium constant)。它表示:在一定条件下,一个化学反应达到平衡时,产物活度的计量系数次方幂的乘积与反应物活度的计量系数次方幂的乘积之比为常数。$K^{\ominus}$ 越大,意味着产物的活度越大,反应完成的程度就越高,反之亦然。

对于不同的化学反应,a_{B} 有着不同的含义。例如,对于理想气体,a_{B} 表示各组分的相对分压 $\dfrac{p_{B}}{p^{\ominus}}$;

对于高压实际气体,a_{B} 表示 $\dfrac{f_{B}}{p^{\ominus}}$;对于理想溶液,$a_{B}$ 表示 x_{B};对于非理想溶液,a_{B} 表示活度等。因此,$K^{\ominus}$ 无量纲,它对气体反应、溶液反应和各种多相反应都适用,只是具体的表现形式不同。

由(2-105)式可得

$$\Delta_{r}G_{m}^{\ominus} = -RT\ln K^{\ominus} \tag{2-106}$$

式中,$\Delta_{r}G_{m}^{\ominus}$ 称为反应的标准摩尔吉布斯自由能变,其国际标准单位为 $J \cdot mol^{-1}$。

应当指出:对于指定的反应(反应式确定),$K^{\ominus}$ 只是温度的函数,而与系统的压力和组成无关;标准平衡常数不是状态函数,一个平衡温度下有一个 $K^{\ominus}$ 和 $\Delta_{r}G_{m}^{\ominus}$,但两者仅在数学上存在以上关系,不能认为实际系统在每个平衡时各物质都处在标准状态。

二、化学反应的等温方程式

假设在封闭系统中有化学反应

$$aA + dD \Longrightarrow gG + hH$$

在恒温恒压下,当反应进行无限小量的变化时

$$\begin{aligned}\Delta_{r}G_{m} &= \sum_{B}\nu_{B}\mu_{B} = \sum_{B}\nu_{B}[\mu_{B}^{\ominus}(T) + RT\ln a_{B}] \\ &= \sum_{B}\nu_{B}\mu_{B}^{\ominus}(T) + RT\ln\prod_{B}a_{B}^{\nu_{B}}\end{aligned} \tag{2-107}$$

根据式(2-106) $\sum\limits_{B}\nu_{B}\mu_{B}^{\ominus}(T) = -RT\ln K^{\ominus}$ 得

$$\Delta_{r}G_{m} = -RT\ln K^{+} RT\ln\prod_{B}a_{B}^{\nu_{B}} \tag{2-108}$$

如令

$$Q_{a} = \prod_{B}a_{B}^{\nu_{B}} = \frac{a_{G}^{g}a_{H}^{h}}{a_{A}^{a}a_{D}^{d}} \tag{2-109}$$

则

$$\Delta_{r}G_{m} = -RT\ln K^{\ominus} RT\ln Q_{a} \tag{2-110}$$

式中,Q_{a} 称为活度商,即系统在恒温下处于任意状态时,产物活度的乘方之积与反应物活度的乘方之积的比值。

式(2-110)就是化学反应的等温方程(reaction isotherm),也称范特霍夫等温式。它的重要意义是用来判断反应进行的方向和限度,即

当 $K^{\ominus} > Q_{a}$ 时,$\Delta_{r}G_{m} < 0$　反应能正向进行

当 $K^{\ominus} < Q_a$ 时，$\Delta_r G_m > 0$　反应不能正向进行（逆向可能进行）

当 $K^{\ominus} = Q_a$ 时，$\Delta_r G_m = 0$　反应达到平衡

若是理想气体的反应，$K^{\ominus} = K_p^{\ominus}$，而非平衡时

$$Q_p = \prod_B \left(\frac{p_B}{p^{\ominus}}\right)^{\nu_B} = \frac{\left(\frac{p_G}{p^{\ominus}}\right)^g \left(\frac{p_H}{p^{\ominus}}\right)^h}{\left(\frac{p_A}{p^{\ominus}}\right)^a \left(\frac{p_D}{p^{\ominus}}\right)^d} \tag{2-111}$$

式中，Q_p 称为压力商，此式可写成

$$\Delta_r G_m = -RT\ln K_p^{\ominus} + RT\ln Q_p \tag{2-112}$$

同理，请读者写出实际气体、理想溶液和稀溶液等各类反应的等温方程式。

【例 2-13】　下列反应在 2000 K 时，$K_p^{\ominus} = 1.58 \times 10^7$

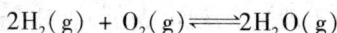

$$2H_2(g) + O_2(g) \Longleftrightarrow 2H_2O(g)$$

（1）当 H_2、O_2 各为 100 kPa 与 100 kPa 的 H_2O 混合时，反应能否自发进行？

（2）当 H_2 的分压为 $0.09p^{\ominus}$ 时，O_2 为 $0.0009p^{\ominus}$ 时，欲使反应不能自发进行，则水蒸气的压力最低应控制为多少？

解：根据化学反应等温式 $\Delta_r G_m = -RT\ln K_p^{\ominus} + RT\ln Q_p$

（1）$Q_p = \dfrac{\left(\dfrac{p_{H_2O}}{p^{\ominus}}\right)^2}{\left(\dfrac{p_{H_2}}{p^{\ominus}}\right)^2 \left(\dfrac{p_{O_2}}{p^{\ominus}}\right)} = \dfrac{1^2}{1^2 \times 10} = 0.1 \ll K_p^{\ominus}$

正向反应能自发进行。

（2）欲使反应不能自发进行，则 $K_p^{\ominus} < Q_p$，即

$$1.58 \times 10^7 < \frac{\left(\dfrac{p_{H_2O}}{p^{\ominus}}\right)^2}{0.09^2 \times 0.009}$$

所以

$$p_{H_2O} > 34p^{\ominus}$$

三、反应的标准摩尔吉布斯自由能变及平衡常数的计算

上文讲过，要判断反应进行的方向和限度，必须求得平衡常数。如果每次都采用直接测定平衡时系统中各物质的浓度（或分压）来确定，这是相当麻烦的，而且有些反应有时是无法直接测定的。通常的方法是用热力学数据来进行计算。

1. 反应的标准摩尔吉布斯自由能变的计算　对于任意化学反应

$$aA + dD \Longleftrightarrow gG + hH$$

在温度 T 和 $p^{\ominus}$ 下，根据式（2-102）和化学势的定义，得

$$\Delta_r G_m^{\ominus} = \sum_B \nu_B \mu_B^{\ominus} = \sum_B \nu_B G_{m,B}^{\ominus} \tag{2-113}$$

$\Delta_r G^{\ominus}$ 称为反应的标准摩尔吉布斯自由能变，它表示反应物和产物各自都处于温度 T 和标准压力 $p^{\ominus}$ 下，按化学反应计量式反应物完全变成产物时反应的吉布斯自由能变。$G_{m,B}^{\ominus}$ 为物质 B 的标准摩尔吉布斯自由能，由于其绝对值目前还无法测得，类似热化学中用生成热计算反应热的方法，大家规定稳定单质的 $G_{m,B}^{\ominus}$ 为零。

这样,在温度 T 和 $p^{\ominus}$ 下,由稳定单质生成 1 mol 某化合物 B 时反应的吉布斯自由能变就称为该化合物的标准摩尔生成吉布斯自由能变,记为 $\Delta_f G_m^{\ominus}(B)$。按此定义,稳定单质的 $\Delta_f G_m^{\ominus}(B) = 0$,其他物质的 $\Delta_f G_m^{\ominus}(B)$ 在数值上与其自身的 $G_{m,B}^{\ominus}$ 相等。例如,

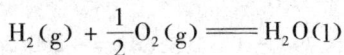

$$H_2(g) + \frac{1}{2}O_2(g) === H_2O(l)$$

由定义可知

$$\Delta_f G_m^{\ominus}(H_2O,l) = \Delta_r G_m^{\ominus}$$

$$= G_m^{\ominus}(H_2O,l) - G_m^{\ominus}(H_2,g) - \frac{1}{2}G_m^{\ominus}(O_2,g)$$

$$= G_m^{\ominus}(H_2O,l) - 0 - 0 = G_m^{\ominus}(H_2O,l)$$

所以,改写式(2-113)式,得到 $\Delta_r G_m^{\ominus}$ 的计算公式是

$$\Delta_r G_m^{\ominus} = \sum_B \nu_B \Delta_f G_m^{\ominus}(B) \tag{2-114}$$

对上述反应

$$\Delta_r G_m^{\ominus} = [g\Delta_f G_m^{\ominus}(G) + h\Delta_f G_m^{\ominus}(H)] - [a\Delta_f G_m^{\ominus}(A) + d\Delta_f G_m^{\ominus}(D)]$$

在 298.15 K 时,部分物质的 $\Delta_f G_m^{\ominus}$ 数据列于附录四。当 $T \neq 298.15K$ 时,常用下式进行计算,或结合吉布斯–亥姆霍兹方程,同样很方便地得到 $\Delta_r G_m^{\ominus}(T)$。

$$\Delta_r G_m^{\ominus} = \Delta_r H_m^{\ominus} - T\Delta_r S_m^{\ominus}$$

由于 $\Delta_r G_m^{\ominus} = -RT\ln K^{\ominus}$,因此 $\Delta_r G_m^{\ominus}$ 值有着特别重要的意义,如下

(1)利用 $\Delta_r G_m^{\ominus}$ 估计反应的可能性

因为在恒定 T、p 下,等温式

$$\Delta_r G_m = \Delta_r G_m^{\ominus} + RT\ln Q_a$$

若 $\Delta_r G_m^{\ominus}$ 的绝对值很大,而实际 Q_a 变化不大,$\Delta_r G_m^{\ominus}$ 就决定了 $\Delta_r G_m$ 的符号,就决定了化学反应是否能自发进行。有人提出一个粗略的估计,$\Delta_r G_m^{\ominus} < -42 \text{ kJ} \cdot \text{mol}^{-1}$ 时,可认为反应能自发进行;$\Delta_r G_m^{\ominus} > 42 \text{ kJ} \cdot \text{mol}^{-1}$ 时,反应不能自发进行。

【例 2-14】 298 K 时,已知下列反应中各物质的 $\Delta_f G_m^{\ominus}$,试估计反应的可能性。

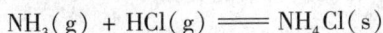

$$NH_3(g) + HCl(g) === NH_4Cl(s)$$

$$\Delta_f G_m^{\ominus}/(\text{kJ} \cdot \text{mol}^{-1}) \quad\quad -16.5 \quad\quad -95.3 \quad\quad -203.9$$

解:根据式(2-114)

$$\Delta_r G_m^{\ominus}(298 \text{ K}) = \Delta_f G_m^{\ominus}(NH_4Cl) - \Delta_f G_m^{\ominus}(NH_3) - \Delta_f G_m^{\ominus}(HCl)$$

$$= (-203.9) - [(-16.5) + (-95.3)] = -92.10(\text{kJ} \cdot \text{mol}^{-1})$$

因为 $\Delta_r G_m^{\ominus} = -92.10 \text{ kJ} \cdot \text{mol}^{-1} < -42 \text{ kJ} \cdot \text{mol}^{-1}$,所以估计反应可以进行。

(2)由有关反应的 $\Delta_r G_m^{\ominus}$ 求未知反应的 $\Delta_r G_m^{\ominus}$

有些反应的 $\Delta_r G_m^{\ominus}$ 不易由实验求得,但 $\Delta_r G_m^{\ominus}$ 是状态函数的改变量,可以类似盖斯定律计算反应热的方法进行运算。

【例 2-15】 已知 1000 K 时下列反应的 $\Delta_r G_m^{\ominus}$:

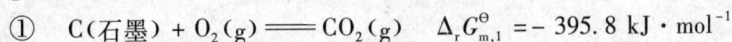

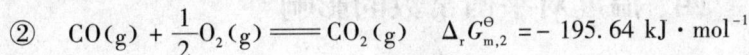

① $\quad C(石墨) + O_2(g) === CO_2(g) \quad \Delta_r G_{m,1}^{\ominus} = -395.8 \text{ kJ} \cdot \text{mol}^{-1}$

② $\quad CO(g) + \frac{1}{2}O_2(g) === CO_2(g) \quad \Delta_r G_{m,2}^{\ominus} = -195.64 \text{ kJ} \cdot \text{mol}^{-1}$

求不易测得的下列反应的 $\Delta_r G_{m,3}^{\ominus}$ 和 $K_p^{\ominus}$:

③　$C(石墨) + \frac{1}{2}O_2(g) = CO(g)$　$\Delta_r G_{m,3}^\ominus = ?$

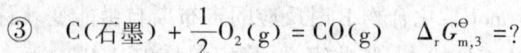

解:因为反应③ = ① - ②,所以

$$\Delta_r G_{m,3}^\ominus = \Delta_r G_{m,1}^\ominus - \Delta_r G_{m,2}^\ominus$$
$$= (-395.79) - (-195.64) = -200.2(kJ/mol)$$
$$K_p^\ominus = \exp(-\Delta_r G_{m,3}^\ominus / RT) = \exp[-(-200.15 \times 1000)/(8.314 \times 1000)]$$
$$= \exp(+24.07) = 2.84 \times 10^{10}$$

2. 有关平衡常数的计算　平衡常数是化学平衡必定存在的一个特征,是衡量一个化学反应进行限度的标准。判断一个反应是否确已达到平衡,通常可以用下面几种方法:

(1)系统若已达平衡,则在外界条件不变的情况下,无论再经历多长时间,系统中各物质的浓度均不再改变。

(2)从反应物开始正向进行反应,或者从生成物开始逆向进行反应,在达到平衡后,所得到的平衡常数应相等。

(3)恒温下,任意改变参加反应各物质的最初浓度,达平衡后所得平衡常数相同。

平衡常数的计算,可利用物理方法测定平衡系统的折射率、旋光度、电导率或吸光度等求出各组分的含量,或用化学分析法测定平衡系统中各物质的浓度,然后计算求得;也可以用 $\Delta_r G_m^\ominus$ 求得,从而确定反应物的平衡转化率和产物的产量。

平衡转化率也称理论转化率或最高转化率(解离度),其定义为

$$平衡转化率(\alpha) = \frac{平衡时某反应物消耗掉的量}{该反应物的原始量} \times 100\% \qquad (2\text{-}115)$$

若有副反应发生,反应物的一部分变为产品,另一部分变为副产品。工业上又常用“产率”(或称收率)这一概念,即

$$平衡产率 = \frac{平衡时转化为指定产物的某反应物的量}{该反应物的原始量} \times 100\% \qquad (2\text{-}116)$$

【例 2-16】　298 K 时,下列反应的 $\Delta_r H_m^\ominus = -92.2 \text{ kJ} \cdot \text{mol}^{-1}$,$\Delta_r S_m^\ominus = -198.6 \text{ J} \cdot \text{K}^{-1} \cdot \text{mol}^{-1}$。

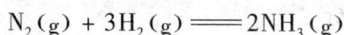

$$N_2(g) + 3H_2(g) = 2NH_3(g)$$

求:(1)上述反应的标准摩尔吉布斯自由能变;

(2)反应 $\frac{1}{2}N_2(g) + \frac{3}{2}H_2(g) = NH_3(g)$ 的平衡常数。

解:(1)根据　$\Delta_r G_m^\ominus = \Delta_r H_m^\ominus - T\Delta_r S_m^\ominus$,得

$$\Delta_r G_m^\ominus = (-92.2) - 298 \times (-0.199) = -32.9(kJ \cdot mol^{-1})$$

(2)反应 $\frac{1}{2}N_2(g) + \frac{3}{2}H_2(g) = NH_3(g)$ 的 $\Delta_r G_{m,2}^\ominus = \frac{1}{2}\Delta_r G_m^\ominus$

由式(2-106) $K_{p,2}^\ominus = \exp[-\Delta_r G_{m,2}^\ominus / RT]$

$$= \exp\left[-\frac{1}{2} \times (-32.9 \times 1000)/(8.314 \times 298)\right]$$
$$= \exp(+6.644) = 7.68 \times 10^2$$

四、温度对平衡常数的影响

将 $\Delta_r G_m^\ominus = -RT\ln K^\ominus$ 代入吉布斯-亥姆霍兹方程

$$\left[\frac{\partial\left(\dfrac{\Delta_r G_m^\ominus}{T}\right)}{\partial T}\right]_p = -\frac{\Delta_r H_m^\ominus}{T^2}$$

可得

$$\left(\frac{\partial \ln K}{\partial T}\right)_p = \frac{\Delta_r H_m^\ominus}{RT^2} \tag{2-117}$$

式(2-117)称为化学反应的等压方程(reaction isobar),也称范特霍夫等压式。式中,$\Delta_r H_m^\ominus$ 是各物质均处于标准态时的标准摩尔反应热,由此可见:

吸热反应　　$\Delta_r H_m^\ominus > 0$,$\left(\dfrac{\partial \ln K}{\partial T}\right)_p > 0$,即 $K^\ominus$ 随升温而增大

放热反应　　$\Delta_r H_m^\ominus < 0$,$\left(\dfrac{\partial \ln K}{\partial T}\right)_p < 0$,即 $K^\ominus$ 随升温而降低

故升温对吸热反应有利,对放热反应不利。对于吸热和放热的可逆反应平衡来说,升温可使平衡向吸热方向移动,降温则可使平衡向放热方向移动。如果反应不吸热也不放热($\Delta_r H_m^\ominus = 0$),则改变温度,$K^\ominus$ 不受影响。

假定在一定的温度范围内,$\Delta_r H_m^\ominus$ 与温度无关,可看成常数,则定积分式(2-117)得

$$\ln\frac{K_2^\ominus}{K_1^\ominus} = -\frac{\Delta_r H_m^\ominus}{R}\left(\frac{1}{T_2} - \frac{1}{T_1}\right) \tag{2-118}$$

若将式(2-117)不定积分,则得

$$\ln K^\ominus = -\frac{\Delta_r H_m^\ominus}{RT} + C \tag{2-119}$$

式中,C 是积分常数,以 $\ln K^\ominus$ 与 $\dfrac{1}{T}$ 作图时,可得一条直线,其斜率等于 $\dfrac{-\Delta_r H_m^\ominus}{R}$,截距为 C,故由斜率可求得反应热 $\Delta_r H_m^\ominus$。

【例2-17】　对于合成甲醇的反应

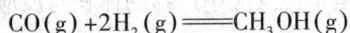

$$CO(g) + 2H_2(g) \Longrightarrow CH_3OH(g)$$

如找到合适的催化剂,在773 K 可使反应进行得很快。已知298 K 时 $K_{p1}^\ominus = 2.2 \times 10^4$,$\Delta_r H_m^\ominus = -90.7$ kJ·mol^{-1}(设与温度无关),求773 K 时的平衡常数 $K_{p2}^\ominus$。

解:因为 $\Delta_r H_m^\ominus$ 不随温度变化

$$\ln\frac{K_{p2}^\ominus}{K_{p1}^\ominus} = -\frac{\Delta_r H_m^\ominus}{R}\left(\frac{1}{T_2} - \frac{1}{T_1}\right)$$

$$= -\frac{(-90.7 \times 1000)}{8.314}\left(\frac{1}{773} - \frac{1}{298}\right) = -22.5$$

所以 $\dfrac{K_{p2}^\ominus}{K_{p1}^\ominus} = 1.70 \times 10^{-10}$,$K_{p2}^\ominus = 3.6 \times 10^{-6}$。

五、压力对平衡常数的影响

1. 压力对化学平衡的影响　由上文可知

$$\sum_B \nu_B \mu_B^* = \Delta_r G_m^\ominus = -RT\ln K^\ominus$$

无论是理想气体、实际气体或是溶液中的组分,其标准态的压力都已被指定为 $p^\ominus$,因此其化学势 μ_B^* 都只与温度有关,所以 $K^\ominus$ 仅是温度的函数。因此,压力对化学平衡的影响,实际上并非是对平

衡常数 $K^\ominus$ 的影响,而是指对平衡移动的影响。并且,这种对平衡移动的影响主要是指对气相反应而言,对凝聚相反应影响很小。

现在讨论压力对理想气体反应的影响。

因为

$$K_p^\ominus = K_p \, (p^\ominus)^{-\sum\limits_B \nu_B} = K_c \, (RT)^{\sum\limits_B \nu_B} (p^\ominus)^{-\sum\limits_B \nu_B}$$

$$= K_x p^{\sum\limits_B \nu_B} (p^\ominus)^{-\sum\limits_B \nu_B}$$

由于 $K_p^\ominus$ 只是温度的函数,故 K_p、K_c 也只与温度有关。但 K_x 与压力有关,而 K_x 表示的是平衡时气体的组成,故通过压力对 K_x 的影响就能说明压力对气相反应平衡移动的影响。

将上式取对数得

$$\ln K_p^\ominus = \ln K_x + \sum_B \nu_B \ln p - \sum_B \nu_B \ln p^\ominus$$

将上式在恒温下对压力求导得

$$\left(\frac{\partial \ln K_p^\ominus}{\partial p}\right)_T = \left(\frac{\partial \ln K_x}{\partial p}\right)_T + \sum_B \nu_B \left(\frac{\partial \ln p}{\partial p}\right)_T$$

$$= \left(\frac{\partial \ln K_x}{\partial p}\right)_T + \sum_B \nu_B \left(\frac{\dfrac{\partial p}{p}}{\partial p}\right)_T$$

$$= \left(\frac{\partial \ln K_x}{\partial p}\right)_T + \sum_B \nu_B \frac{1}{p}$$

恒温下,$\left(\dfrac{\partial \ln K_p^\ominus}{\partial p}\right)_T = 0$,所以

$$\left(\frac{\partial \ln K_x}{\partial p}\right)_T = -\frac{\sum\limits_B \nu_B}{p} = -\frac{\Delta V_m}{RT} \tag{2-120}$$

式中,p 是反应系统的总压;ΔV_m 是单位反应中产物的体积与反应物的体积之差。

由式(2-120)可见,恒温下平衡组成与压力有关。当 $\sum\limits_B \nu_B > 0$ 时,$\left(\dfrac{\partial \ln K_x}{\partial p}\right)_T < 0$,即对增摩尔反应而言,压力升高不利于平衡右移。当 $\sum\limits_B \nu_B < 0$ 时,$\left(\dfrac{\partial \ln K_x}{\partial p}\right)_T > 0$,即对减摩尔反应而言,压力升高有利于平衡右移。这与吕查德里原理吻合。

对凝聚相反应而言,因为反应前后体积改变可略去,故压力对平衡移动的影响是可以略去的。

2. 惰性气体对化学平衡的影响　由于压力影响气相反应的平衡组成,所以如果在反应系统中增加气体物质而改变各组分压力,必将改变平衡组成,这就是惰性气体对平衡的影响。

所谓惰性气体指的是参与反应的物质。例如,水蒸气在乙苯脱氢制苯乙烯反应中就是惰性气体;CH_4 在氨合成反应中也是惰性气体。

惰性气体对反应的影响分成两种情况:

(1)在保持系统总压不变的情况下加入惰性气体。

因为

$$K_p^\ominus = K_x p^{\sum\limits_B \nu_B} = \frac{x_G^g x_H^h}{x_D^d x_A^a} p^{\sum\limits_B \nu_B}$$

$$= \frac{n_G^g n_H^h}{n_A^a n_D^d} \left[\frac{p}{\sum\limits_B n_B}\right]^{\sum\limits_B \nu_B} \tag{2-121}$$

在当加入惰性气体时,由于总压不变,而 $\sum\limits_{B} n_B$ 加大,若 $\sum\limits_{B} \nu_B > 0$,$\left[\dfrac{p}{\sum\limits_{B} n_B}\right]^{\sum\limits_{B} \nu_B}$ 必减小,为了维持 K_p

不变,$\dfrac{n_G^g n_H^h}{n_A^a n_D^d}$ 必然增大,即反应向右移动,故惰性气体加入增摩尔反应是有利的。例如,在乙苯脱氢制苯乙烯反应中加入水蒸气以利于平衡产率增高。也可以这样来理解惰性气体的影响:由于总压不变,惰性气体加入相当于有效成分总压降低,当然有利于增摩尔反应了。

如果 $\sum\limits_{B} \nu_B < 0$,则增加惰性气体必然导致平衡左移,不利于产物生成,因此在反应系统中要设法清除这些惰性气体。例如,在用天然气作为原料合成氨过程中的惰性气体,由于循环使用原料气,致使原料气体 CH_4、Ar 的含量增高,它们都是合成氨过程中的惰性气体,为了不降低合成率,在生产中定时在原料气进入合成塔前释放一部分循环原料气,以降低系统中惰性气体的百分数来提高合成率。这一部分合成气中含有大量可燃的 CH_4 和 H_2,一般可输送到厂生活区作燃料用。

(2)若在恒温恒容下加入惰性气体,即加入惰性气体时使系统的总压作相应的变化,则惰性气体的加入不会影响平衡组成。

设未加入惰性气体时

$$pV = \sum\limits_{B} n_B RT$$

在恒温恒容下加入惰性气体 $n_惰$,压力随之增加 Δp,必有

$$(p + \Delta p) V = \left(\sum\limits_{B} n_B + n_惰\right) RT$$

由于

$$\frac{p}{\sum\limits_{B} n_B} = \frac{V}{RT} \qquad \frac{p + \Delta p}{\sum\limits_{B} n_B + n_惰} = \frac{V}{RT}$$

所以

$$\frac{p}{\sum\limits_{B} n_B} = \frac{p + \Delta p}{\sum\limits_{B} n_B + n_惰}$$

$$K_p^\ominus = \frac{n_G^g n_H^h}{n_A^a n_D^d} \left[\frac{p}{\sum\limits_{B} n_B}\right]^{\sum\limits_{B} \nu_B} = \frac{n_G^g n_H^h}{n_A^a n_D^d} \left[\frac{p + \Delta p}{\sum\limits_{B} n_B + n_惰}\right]^{\sum\limits_{B} \nu_B}$$

可见,在这种情况下加入惰性气体 $n_惰$,而压力相应增加 Δp,所以对平衡组成没有影响。

阅读材料

一、热力学第二定律的适用范围

(1)热力学第二定律是宏观规律,对少量分子组成的微观系统是不适用的。

(2)热力学第二定律适用于"绝热系统"或"孤立系统",对于生命体(开放系统)是不适用的。早在1851年开尔文在叙述热力学第二定律时,就曾特别指明动物体并不像一架热机一样工作,热力学第二定律只适用于无生命物质。

(3)热力学第二定律是建立在有限的空间和时间所观察到的现象上,不能被外推应用于整个宇宙。

19世纪后半期,有些科学家错误地将热力学第二定律应用到无限的、开放的宇宙,提出了所谓"热寂说"。

阅读材料

二、热力学第二定律的应用

1. 对时间流逝的理解 人们已经知道,热力学第二定律事实上是自然界所有单向变化过程的共同规律,而时间的变化就是一个单向的不可逆过程,对每个人都一样,时间一去不复还,因此可以这样理解:时间运动的方向,就是熵增加的方向。这样,热力学第二定律就给出了时间箭头。由物理学的进一步研究表明,能量守恒与时间的均匀性有关,即热力学第一定律告诉我们,时间是均匀流逝的。因此我们现实生活中的时间是均匀变化的,热力学第一定律指出,时间是均匀的;热力学第二定律指出,时间是有方向的且是不可逆的。这两条定律合在一起告诉我们:时间在向着特定的方向均匀地流逝着,且是不可逆的。

2. 通过熵增加原理,理解能源危机 按照热力学第二定律的数学表达式,对于与外界既无能量交换又无物质交换的孤立系统,必有 $dS > 0$,即熵增加原理。在孤立系统或绝热系统中进行的一切不可逆过程都是向着熵增的方向演化,直到熵函数达到最大为止,系统自发地由非平衡态向平衡态的过程,正是一个熵增加的过程。条件确定的系统平衡态,最大熵也是指在一定条件下的最大。当人们燃烧煤、石油、原子核,能量的问题并没有发生变化,从热力学第一定律的角度看这一切能量不会消失,也不会有能源危机。但是如果从热力学第二定律的角度来看,就会使人们忧心忡忡。燃烧资源,其结果就是世界的熵在无情的增加,它所储有的能量的"质"随之减少,并向空间弥散,于是把人们带入了能源危机中。因此在日常生活中人们要做的不是保住能的数量,而是要珍惜它的"质",应该合理使用能量,降低熵的产生,提高能量的利用率,并不断开发新能源。

3. 关于信息熵的应用 人类在长期的电讯通信实践中,不断在力图提高通信的有效性和可靠性。提高有效性就是尽可能用最窄的频带,尽可能快和尽可能降低能耗,即提高通信的经济性;提高可靠性,就是要力图消除或减少噪音,以提高通信的质量。随着电子通信发展到一定阶段后,人们在实践中发现,在一定的条件下,要同时实现上述这两个要求,会遇到如下的困难:要减少噪音的干扰,信息传输速率就得降低;反之,提高了传输速率,就不能有效地避免噪扰。在一定的具体的客观条件下,想要同时提高电讯通信的效率和可靠性的尝试总是失败,于是有人想到,在限定的条件下同时提高通信的效率和可靠性的要求可能存在一种理论上的界限。1948 年,美国贝尔电讯实验所的工程师申农提出了一个数学模型,对于信息的产生和传输这些概念从量的方面给出定义,提出了信道和信息量等概念,利用熵的形成导入了信道容量这一新的重要概念,并且确定了信号频带宽度、超扰值和信道传输率三者之间的一般关系。从而,人们可以用信息熵来描述信道上传输信息的容量。这就是热力学第二定律在信息传输技术中的一些应用。

热力学第二定律是关于在有限空间和时间内,一切和热运动有关的物理、化学过程具有不可逆性的经验总结,是热力学中一个基础而重要的内容。深入理解和认识热力学第二定律的本质、认识和理解有关的热现象,对实际的生产生活实践具有重要的指导意义。

科学家介绍

克劳修斯(R. R. Clausius),德国物理学家和数学家,热力学的主要奠基人之一。1822 年生于普鲁士克斯林(今波兰科沙林)的一个知识分子家庭。1847 年在哈雷大学获数学和物理学的哲学博士学位。1855 年任苏黎世工业大学教授,1867 年返回德国任维尔茨堡大学教授。1868 年获选为英国皇家学会会员,1879 年获科普利奖章。1870 年获惠更斯奖。1883 年获彭赛列奖。1882 年获维尔茨堡大学颁授荣誉博士学位。月球上的克劳修斯环形山以他的名字命名。1888 年在波恩逝世。

克劳修斯重新陈述了萨迪·卡诺的定律(又称为卡诺循环),把热理论推至一个更真实更健全的基础。在 1850 年发表了著名论文"论热的动力以及由此推出的关于热学本身的诸定律"。他支持焦耳的热功当量的实验结果,批判热质学的两种错误的基本思想,即宇宙中的热量是守恒的和物质内部的热量是物质的状态函数。他根据理想气体的性质写出了热力学第一定律数学表达式。在这篇论文的第二部分,他重新论证了卡诺 1824 年关于工作于两个温度不同的理想热机的论断,提出了"热不能自发地从低温物体向高温物体转移"的热力学第二定律的克劳修斯说法。

R. R. Clausius(1822~1888)
德国物理学家克劳修斯

尼古拉·莱昂纳尔·萨迪·卡诺(N. L. Carnot),其父是法国有名的数学家、将军和政治活动家,学术上很有造诣,对卡诺的影响很大。

卡诺是法国物理学家、工程师。在热学方面有一定贡献。他在 1824 年提出了卡诺热机定理,是以后建立热力学第二定律的重要基础。1832 年 6 月,他患了猩红热,不久后转为脑炎,身体受到致命的打击。后来他又染上了流行性霍乱,于同年 8 月 24 日逝世,年仅 36 岁。按照当时的防疫条例,霍乱病者的遗物一律付之一炬。卡诺生前所写的大量手稿被烧毁,幸得他的弟弟将他的小部分手稿保留了下来。

N. L. Carnot(1796~1832)
法国物理学家卡诺

卡诺身处蒸汽机迅速发展、广泛应用的时代。他看到从国外进口的,尤其是英国制造的蒸汽机性能远远超过自己国家生产的,便决心从事热机效率问题的研究。他从理论的高度对热机的工作原理进行研究,以期得到普遍性的规律。1824 年,他发表的著名论文指出:为了以最普遍的形式来考虑热产生运动的原理,就必须撇开任何的设备或任何特殊的工作介质来进行考虑。不仅建立蒸汽机原理,而且必须建立所有假想的热机的原理,无论在这种热机里用的是什么工作介质,也无论以什么方法来运转它们。

卡诺出色地运用理想模型的研究方法,以他富于创造性的想象力,精心构思了理想化的热机,后来被称为卡诺可逆热机,提出了作为热力学重要理论基础的卡诺循环和卡诺定理。从理论上解决了提高热机效率的根本途径。

卡诺指出了热机工作过程中最本质的东西:热机必须工作于两个热源之间,才能将高温热源的热量不断地转化为有用的机械功;明确了"热的动力与用来实现动力的介质无关,动力的量仅由最终影响热量传递的物体之间的温度来确定"。

卡诺还指明了循环工作的热机效率有一极限值,而按可逆卡诺循环工作的热机所产生的效率最高。实际上,卡诺的理论已经深含了热力学第二定律的基本思想,但由于受到热质学的束缚,他当时未能完全探究到问题的本质。

J. W. Gibbs(1839~1903)
美国物理化学家吉布斯

吉布斯(J. W. Gibbs)1839 年 2 月 11 日生于美国康涅狄格州的纽黑文,其父是耶鲁学院教授。1854~1858 年,他在耶鲁学院学习。学习期间,吉布斯由于拉丁语和数学成绩优异而多次获奖。24 岁他获耶鲁

学院哲学博士学位后,留校任助教,1866～1868年留学法国和德国,1869年回国后继续任教。1870年后任耶鲁学院的数学物理教授,1903年4月28日在纽黑文逝世。

吉布斯在1873～1878年发表了三篇论文,采用严格的逻辑推理导出了大量热力学公式,特别是引进化学势处理热力学问题,在此基础上建立了物相变化的规律,为化学热力学的发展做出了重大贡献。1902年,他将玻尔兹曼和麦克斯韦所创立的统计理论推广和发展成为系统理论,从而创立了近代物理学的吉布斯统计理论及其研究方法。他的主要著作有《图解方法在流体力学中的应用》《论多相物质的平衡》《统计力学的基本理论》等。

吉布斯治学严谨,成绩卓著。逝世47年后,他被选入纽约大学的名人馆,并立半身像。

习　题

1. 1mol 水在100℃、101325 Pa下汽化为水蒸气,再升温降压到200℃、50660 Pa,求整个过程的 ΔS。已知在100℃、101325 Pa时水的汽化热为40640 J·mol^{-1},设水蒸气为理想气体,且水蒸气的 $C_{p,m}$=34.9 J·K^{-1}·mol^{-1}。
（123.0 J·K^{-1}）

2. 在题1的过程与条件下,若25℃时水蒸气的标准熵为 $S_m^{\ominus}$(298.2 K) = 188.72 J·K^{-1}·mol^{-1},计算题1中终态水蒸气的标准熵。
（210.6 J·K^{-1}·mol^{-1}）

3. 5 mol 理想气体,在300 K时,分别经历以下两个过程由10 L膨胀到20 L。①恒温向真空膨胀;②恒温可逆膨胀。分别求①、②两过程的 W、Q、ΔU、ΔH、ΔG、$\Delta S_体$、$\Delta S_环$ 及 $\Delta S_孤$。
［过程①:ΔU=0,ΔH=0,$\Delta S_体$= 28.8 J·K^{-1},$\Delta S_环$ =0 ,$\Delta S_孤$=28.8 J·K^{-1},W=0,Q=0;
过程②:ΔU=0,ΔH=0,$\Delta S_体$= 28.8 J·K^{-1},$\Delta S_环$ =-28.8 J·K^{-1},$\Delta S_孤$=0, W=-8644 J,
Q= - W = 8644 J］

4. 一个可逆热机在温差为200 K的两个热源之间工作,若热机效率为25%,计算两个热源的温度 T_1、T_2和功。已知每一循环中低温热源 T_1 吸热3000 J,假定所做的功 W 以摩擦热形式完全消失在高温热源 T_2上,求该热机每一循环后的熵变和环境的熵变。
（T_1 = 600 K,T_2 = 800 K,W = 1000 J;$\Delta S_体$ = 0 , $\Delta S_环$ = 1.25 J·K^{-1}）

5. 1 mol 水于0.1 MPa下自25℃升温至50℃,求熵变及热温熵,并判断过程的可逆性。①热源温度为750℃;②热源温度为150℃。已知 $C_{p,m}$ = 75.40 J·K^{-1}·mol^{-1}。
［$\Delta S_{总1}$ = 4.228 J·K^{-1} >0,不可逆的自发过程;$\Delta S_{总2}$ = 1.616 J·K^{-1} >0,不可逆的自发过程。
根据总熵变可知,过程①的不可逆程度大于过程②。］

6. 1 mol 水在100℃(沸点)和100 kPa向真空蒸发,变成100℃和100 kPa的水蒸气,试计算:①此过程的 $\Delta S_体$、$\Delta S_环$和 $\Delta S_总$,并判断此过程是否自发;②此过程的 ΔG、ΔF,并判断过程的自发性。已知水的摩尔汽化热为40.64 kJ·mol^{-1}。
［① $\Delta S_体$ = 108.9 J·K^{-1},$\Delta S_环$ = - 100.6 J·K^{-1},$\Delta S_总$ = 8.3 J·K^{-1} >0,可自发进行;
② ΔG=0,ΔF_T=W_R(或 =ΔU -$T\Delta S$=W_R),-ΔF_T>- $W_{实际}$,为不可逆过程］

7. 有一大恒温槽,其温度为90℃,室温为20℃,经过相当长时间后,有4000 J的热因恒温槽绝热不良而传给室内空气,试求:①恒温槽的熵变;②空气的熵变;③试问此过程是否可逆。
（$\Delta S_{系统}$= - 11.01 J·K^{-1},$\Delta S_{环境}$= 13.64 J·K^{-1},$\Delta S_总$ = 2.63 J·K^{-1} >0,不可逆）

8. 计算向绝热容器内的1 mol、-20℃的冰块上加入1 mol、80℃的水后的熵变 ΔS。已知0℃冰的熔化热 $\Delta_{fus}H$=6008 J·mol^{-1};冰的热容 C_p(s) = 37.1 J·mol^{-1}·K^{-1};水的热容 C_p(l) = 75.3 J·mol^{-1}·K^{-1}。求系统熵变。
（ΔS = 2.82 J·K^{-1}）

9. 1 mol 乙醇在其沸点351.5 K时蒸发为气体,求该过程中的 Q、W、ΔU、ΔH、ΔS、ΔG、ΔF。已知该温度下乙醇的汽化热为38.92 kJ·mol^{-1}。

（$Q_R = \Delta H = 38.92$ kJ，$\Delta G = 0$，$W_R = -2922$ J，$\Delta U = 35998$ J，$\Delta S = 110.7$ J·K^{-1}，$\Delta F = -2922$ J）

10. 10 mol 理想气体于 300 K 下，自 10 个大气压恒温膨胀到 1 个大气压，分别计算下列过程的 Q、W、ΔU、ΔH、ΔS、ΔG。①$p_e = p_i$；②$p_e = 1$ 个大气压；③$p_e = 0$。

（① $W_1 = -Q = -57430$ J $= -57.43$ kJ，$Q = 57.43$ kJ；

② $W_2 = -22.45$ kJ，$Q = -W = 22.45$ kJ；

③$W = 0$，$Q = 0$，

上述三个过程的 ΔU、ΔH、ΔS、ΔG 的数值相等：$\Delta U = 0$，$\Delta H = 0$，$\Delta S = 191.43$ J·K^{-1}，$\Delta G = -57.43$ kJ）

11. 指出在下述各过程中系统的 ΔU、ΔH、ΔS、ΔF、ΔG 何者为零？

①理想气体卡诺循环；②H_2 和 O_2 在绝热钢瓶中发生反应；③液态水在 373.15 K 和 101.325 kPa 下蒸发为水蒸气；④理想气体向真空自由膨胀；⑤理想气体绝热可逆膨胀；⑥理想气体等温可逆膨胀。

（①改变量均为零；②$\Delta U = 0$；③$\Delta G = 0$；④$Q = W = \Delta U = 0$，$\Delta H = 0$；⑤$\Delta S = 0$；⑥$\Delta U = 0$，$\Delta H = 0$）

12. 1 mol 双原子理想气体始态压力、温度分别为 1013250 Pa 和 20℃，现在反抗恒定外压 101325 Pa 恒温膨胀到终态。终态气体的体积等于始态体积的 10 倍，试求过程的 W、Q、ΔU、ΔH、ΔS 及 ΔG。

（$\Delta U = \Delta H = 0$，$W = -2194$ J，$\Delta S = 19.14$ J·K^{-1}，$\Delta G = -5613$ J）

13. 在压力 101325 Pa 下，1 mol 263.15 K 的冷水凝固为 263.15 K 的冰，求此过程系统的 ΔS 和 ΔG。已知水的凝固热 ΔH_m(273.15 K) $= -6008$ J·mol^{-1}，水和冰的恒压摩尔热容分别为 $C_{p,m}(1) = 75.3$ J·K^{-1}·mol^{-1} 和 $C_{p,m}(s) = 37.1$ J·K^{-1}·mol^{-1}。并判断过程的自发性。

（$\Delta S = -19.79$ J·K^{-1}，$\Delta G = -418.2$ J <0，该变化为自发的不可逆过程）

14. 在 298.15 K 的恒温情况下，两个瓶子有旋塞相连通。开始时，一边放 0.2 mol O_2，压力为 0.2×101325 Pa，另一边放 0.8 mol N_2，压力为 0.8×101325 Pa，打开旋塞后两气体相互混合，计算：①混合后瓶中的压力；②混合过程的 Q、W、ΔU、ΔH、ΔS、ΔG。

（①50662.5 Pa；② $Q = 0$，$W = 0$，$\Delta U = 0$，$\Delta H = 0$，$\Delta S = 5.76$ J·K^{-1}，$\Delta G = -1718$ J）

15. 1 mol 单原子理想气体始态为 273 K，p，分别经历下列可逆变化：①恒温下压力加倍；②恒压下体积加倍；③恒容下压力加倍；④绝热可逆膨胀至压力减少一半。计算上述各过程的 Q、W、ΔU、ΔH、ΔS、ΔG、ΔF。已知 273 K，$p^{\ominus}$ 下该气体的摩尔熵为 100 J·K^{-1}·mol^{-1}。

解：① $\Delta U = \Delta H = 0$，$Q = -1573$ J，$W = 1573$ J，$\Delta S = -5.763$ J·K^{-1}，$\Delta F = W_R = 1573$ J，$\Delta G = \Delta F = 1573$ J

② $\Delta U = 3404$ J，$W = -2270$ J，$Q_p = \Delta U - W = 5674$ J，$\Delta H = 5674$ J，$\Delta S = 14.41$ J·K^{-1}，$S_2 = 114.41$ J·K^{-1}，$\Delta G = -2.949 \times 10^4$ J，$\Delta F = -3.176 \times 10^4$ J

③ $W = 0$，$Q_V = \Delta U = 3404$ J，$\Delta S = 8.644$ J·K^{-1}，$S_2 = 108.6$ J·K^{-1}，$\Delta G = -2.632 \times 10^4$ J，$\Delta F = -2.86 \times 10^4$ J

④$Q = 0$，$\Delta U = -823.1$ J，$W = \Delta U = -823.1$ J，$\Delta H = -1372$ J，$\Delta S = 0$，$\Delta G = 5228$ J，$\Delta F = 5777$ J

16. 298 K 和 101.325 kPa 下，金刚石与石墨的规定熵分别为 2.45 J·mol^{-1}·K^{-1} 和 5.71 J·mol^{-1}·K^{-1}；其标准燃烧热分别为 -395.40 kJ·mol^{-1} 和 -393.51 kJ·mol^{-1}。计算：①在此条件下，石墨→金刚石的 $\Delta_r G_m^{\ominus}$ 值，并说明此时哪种晶体较为稳定；②求算需增大到多大压力才能使石墨变成金刚石？已知在 25℃ 时石墨和金刚石的密度分别为 2.260×10^3 kg·m^{-3} 和 3.513×10^3 kg·m^{-3}。

解：① $\Delta_r G_m^{\ominus} = 2.862$ kJ·mol^{-1} >0，说明在此条件下，石墨稳定。

②通过加压使 $\Delta_r G_m = 0$，由 $\Delta_r G_m(p_2) \leqslant 0$，$p_2 \geqslant 1.52 \times 10^9$ Pa，石墨才能变成金刚石。

17. 甲醇蒸气在 25℃、101325 Pa 时的标准摩尔生成吉布斯自由能变为 $\Delta_f G_m^{\ominus}$(g) $= -162.7$ kJ·mol^{-1}，求算甲醇液态的标准摩尔生成吉布斯自由能变 $\Delta_f G_m$(1)，计算时假定甲醇蒸气为理想气体，已知 25℃

时甲醇的蒸气压为 16265 Pa。 $\qquad [\Delta_f G_m^{\ominus}(l) = -167.2 \text{ kJ}]$

18. 在 20℃ 和标准压力下,从摩尔分数为 0.1053 的大量氨溶液中取 1mol 氨,转移到另一摩尔分数为 0.0455 的大量氨溶液中,求此过程的吉布斯自由能变。 $(\Delta G = -2044 \text{ J})$

19. 在常温常压下,将一定量 $n(\text{mol})$ 的 NaCl 加在 1 kg 水中,水的体积 $V(\text{m}^3)$ 随 n 的变化关系为: $V = 1.0013 \times 10^{-3} + 1.6625 \times 10^{-5} n + 1.773 \times 10^{-6} n^{3/2} + 1.194 \times 10^{-7} n^2$,求当 $n=2$ mol 时 H_2O 和 NaCl 的偏摩尔体积。 $\qquad (V_{B,n} = 2.086 \times 10^{-5} \text{ m}^3 \cdot \text{mol}^{-1} \text{、} V_{A,n} = 17.99 \times 10^{-6} \text{ m}^3 \cdot \text{mol}^{-1})$

20. 乙醇蒸气在 25℃、1 个大气压时的标准生成吉布斯自由能 $\Delta_f G_m(g) = -168.5$ kJ·mol^{-1},求乙醇(液)的标准生成吉布斯自由能 $\Delta_f G_m(l)$。计算时假定乙醇蒸气为理想气体,已知 25℃时乙醇蒸气压为 9348 Pa。 $\qquad [\Delta_f G_m^{\ominus}(l) = -174.4 \text{ kJ} \cdot \text{mol}^{-1}]$

21. 指出下列式子中哪些是偏摩尔量,哪些是化学势?

(1) $\left(\dfrac{\partial H}{\partial n_i}\right)_{T,p,n_j}$; (2) $\left(\dfrac{\partial F}{\partial n_i}\right)_{T,p,n_j}$; (3) $\left(\dfrac{\partial U}{\partial n_i}\right)_{S,V,n_j}$; (4) $\left(\dfrac{\partial V}{\partial n_i}\right)_{T,p,n_j}$; (5) $\left(\dfrac{\partial G}{\partial n_i}\right)_{T,V,n_j}$;

(6) $\left(\dfrac{\partial F}{\partial n_i}\right)_{T,V,n_j}$ (7) $\left(\dfrac{\partial G}{\partial n_i}\right)_{T,p,n_j}$; (8) $\left(\dfrac{\partial H}{\partial n_i}\right)_{S,p,n_j}$; (9) $\left(\dfrac{\partial S}{\partial n_i}\right)_{T,p,n_j}$

[偏摩尔量:(1)、(2)、(4)、(7)、(9);化学势:(3)、(6)、(7)、(8)]

22. 在温度 298 K 下,O_2、N_2 和 CO_2 的亨利常数分别为 $k_x(O_2) = 43 \times 10^8$ Pa,$k_x(N_2) = 86 \times 10^8$ Pa 和 $k_x(CO_2) = 1.6 \times 10^8$ Pa;若它们的分压为 $p_{O_2} = 2.0 \times 10^4$ Pa,$p_{N_2} = 7.5 \times 10^4$ Pa 和 $p_{CO_2} = 5.0 \times 10^3$ Pa,求它们在水中的溶解度。 $\qquad (n_{O_2} = 0.258 \text{ mol} \cdot \text{m}^{-3} \text{、} n_{N_2} = 0.484 \text{ mol} \cdot \text{m}^{-3} \text{、} n_{CO_2} = 1.74 \text{ mol} \cdot \text{m}^{-3})$

23. 试比较下列几种状态下水的化学势的大小。

(a)373 K,$p^{\ominus}$,$H_2O(l)$;(b)373 K,$p^{\ominus}$,$H_2O(g)$;(c)373 K,$2 \times p^{\ominus}$,$H_2O(l)$;(d)373 K,$2 \times p^{\ominus}$,$H_2O(g)$;(e)374 K,$p^{\ominus}$,$H_2O(l)$;(f)374 K,$p^{\ominus}$,$H_2O(g)$。

a 与 b 比较,c 与 d 比较,e 与 f 比较,a 与 d 比较,d 与 f 比较。

$(\mu_a = \mu_b ; \mu_c < \mu_d ; \mu_e > \mu_f ; \mu_a < \mu_d ; \mu_d > \mu_f)$

24. 在 100 g 水中溶解 2 g 尿素 $[CO(NH_2)_2]$,该溶液在常压下沸点为 100.17℃,求沸点升高常数 K_b。理论值为 0.513 K·mol^{-1}·kg。 $\qquad (0.510 \text{ K} \cdot \text{mol}^{-1} \cdot \text{kg})$

25. 在 298 K,将某有机物 80 g 溶于 1 dm^3 的溶剂中,测得渗透压为 400 Pa,试求有机物的摩尔质量。 $\qquad (4.96 \times 10^5 \text{ g} \cdot \text{mol}^{-1})$

26. 把 68.4 g 的蔗糖加入到 1 kg 的水中,在 200℃时此溶液的比重为 1.024,求该溶液的蒸气压和渗透压。 $\qquad (p_A = 2.33 \text{ kPa}, \Pi = 4.67 \times 10^5 \text{ Pa})$

27. 1000 K,101325 Pa 条件下,化学反应 C(石)$+2H_2(g) = CH_4(g)$ 的 $\Delta_r G_m^{\ominus} = 19.37$ kJ·mol^{-1},若 ①参加反应的气体组成为 10% CH_4、80% H_2、10% N_2,则反应能否进行? ②若要反应能进行,不改变 H_2 与 CH_4 量的比例,使混合气中 N_2 的含量增至 55%,反应系统的压力应多大?

解:① $\Delta_r G_m = 23080$ J >0,反应不能正向进行

② $\Delta_r G_m^{\ominus} = 19370$ J,总压 $p = 163.22$ kPa,因此总压大于 163.22kPa 时,$\Delta_r G_m < 0$,上述反应可以进行

28. 已知 45℃ 分解反应 $N_2O_4(g) \Longrightarrow 2NO_2(g)$,$K_p^{\ominus} = 0.664$,若达平衡时,反应系统总压为 101325 Pa,其中含有 N_2 25%(体积),求 N_2O_4 的解离度。 $\qquad (\alpha = 0.4257,即 42.57\%)$

29. 在 400 K 时,将 0.0163 mol 的 PCl_5 置于 1.0dm^3 容器中,当按反应 $PCl_5(g) \Longrightarrow PCl_3(g) + Cl_2(g)$ 达平衡后(设为理想气体),测得压力 $p=101325$ Pa。计算反应的解离度 α 和平衡常数 $K_p^{\ominus}$。 $\qquad (\alpha = 0.87 \text{、} K_p^{\ominus} = 3.11)$

30. 在生物体内(pH 7.0,310 K),葡萄糖的代谢过程是

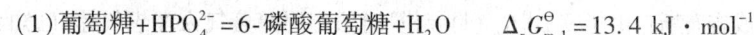

(1)葡萄糖$+HPO_4^{2-} = $6-磷酸葡萄糖$+H_2O$ $\qquad \Delta_r G_{m,1}^{\ominus} = 13.4$ kJ·mol^{-1}

（2）ATP（三磷腺苷）+H_2O ⟶ ADP（二磷酸腺苷）+Pi（无机磷酸盐）　　$\Delta_r G^\ominus_{m2} = -30.5\ \mathrm{kJ \cdot mol^{-1}}$

反应（1）在（2）的水解驱动下才能进行，它们的偶合反应是：

（3）葡萄糖+ATP+HPO_4^{2-} ⟶ ADP+P_i+6-磷酸葡萄糖

试计算反应（3）的 $\Delta_r G^\ominus_{m3}$ 和平衡常数 $K^\ominus_3$，并说明偶合反应的意义。

$$(\Delta_r G^\ominus_{m,3} = -17.1\ \mathrm{kJ \cdot mol^{-1}},\ K^\ominus_3 = 761.1)$$

说明：一般情况下，第一步反应不能自发进行，但通过偶合以后，使之得以进行，通过这个代谢反应，使葡萄糖转化体内以能量的方式储藏起来。

31. 从 $NH_3(g)$ 制备 HNO_3 的一种工业方法，是将 $NH_3(g)$ 与空气的混合物通过高温下的金属铂催化剂，主要反应为 $4NH_3(g) + 5O_2(g)$ ⟶ $4NO(g) + 6H_2O(g)$。试计算 1073 K 时的标准平衡常数。设反应的 $\Delta_r H^\ominus_m$ 不随温度而改变。所需 298 K 热力学数据如下：

	$NH_3(g)$	$H_2O(g)$	$NO_2(g)$	$O_2(g)$
$\Delta_f H^\ominus_m/(\mathrm{kJ \cdot mol^{-1}})$	−46.1	−241.818	90.25	0
$\Delta_f G^\ominus_m/(\mathrm{kJ \cdot mol^{-1}})$	−16.45	−228.572	86.55	0

$$(\ln K^\ominus_p(1073) = 123.2,\ K^\ominus_p(1073) = 3.2 \times 10^{53})$$

32. 反应 $2NO_2(g)$ ⟶ $N_2O_4(g)$，在 298.2 K 时，$\Delta_r G^\ominus_m = -4.77\ \mathrm{kJ \cdot mol^{-1}}$。

试问：（1）当混合物中 $p_{NO_2} = 2.67 \times 10^4$ Pa 及 $p_{N_2O_4} = 1.07 \times 10^5$ Pa 时，反应向什么方向自发进行？

（2）当混合物中 $p_{NO_2} = 1.07 \times 10^5$ Pa 和 $p_{N_2O_4} = 2.67 \times 10^4$ Pa 时，反应向什么方向进行？

$$[2NO_2(g) \Longrightarrow N_2O_4(g) \qquad K^\ominus_p = 6.86]$$

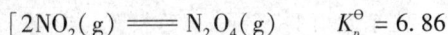

$$(1)\ Q_p = 15.2 > K^\ominus_p，向左进行；（2）Q_p = 0.24 < K^\ominus_p，反应自发向右进行]$$

33. 在 298 K 时，下列可逆反应的平衡常数 $K^\ominus_c = 8.9 \times 10^{-5}$。

1,6-二磷酸果糖（FDP）⟶ 3-磷酸甘油醛（G-3-P）+ 二羟基丙酮磷酸盐（DHAP）

试求：（1）反应的标准摩尔吉布斯自由能变 $\Delta_r G^\ominus_m$(298 K)；

（2）若 c(FDP) $= 10^{-2}\ \mathrm{mol \cdot dm^{-3}}$；$c$(G-3-P) $= c$(DHAP) $= 10^{-5}\ \mathrm{mol \cdot dm^{-3}}$ 时，反应的方向向哪边进行？（设 $c^\ominus = 1\ \mathrm{mol \cdot dm^{-3}}$）

$$(\Delta_r G^\ominus_m = 23.11\ \mathrm{kJ \cdot mol^{-1}},\ Q_c = 10^{-8},\ K^\ominus_c > Q_c，即反应向右进行)$$

34. 反应 $C_2H_4(g) + H_2O(g)$ ⟶ $C_2H_5OH(g)$ 的 $\Delta_r H^\ominus_m = -46020\ \mathrm{J \cdot mol^{-1}}$，$\Delta C_p = 0$，已知 298 K 时热力学数据如下：

	$C_2H_4(g)$ +	$H_2O(g)$ =	$C_2H_5OH(g)$
$S^\ominus_m/(\mathrm{J \cdot K^{-1} \cdot mol^{-1}})$	219.3	188.8	281.6

（1）试推导该反应 $\Delta_r G^\ominus_m = f(T)$ 的关系式；

（2）计算在 500 K 时此反应的 $K^\ominus_p$；

（3）求反应的转化温度（或称最高温度）。

$$[\Delta_r G^\ominus_m(T) = \Delta_r H^\ominus_m - T\Delta_r S^\ominus_m = -46020 + 126.5T$$

$$K^\ominus_p = 0.0158,\ T \leqslant 363.8\ \mathrm{K}]$$

35. 在 448～688 K 的温度区间内，用分光光度法研究了下面的气相反应：

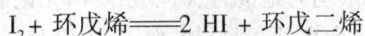

$$I_2 + 环戊烯 \Longrightarrow 2\ HI + 环戊二烯$$

得到 $K^\ominus_p$ 与温度 T 的关系为 $\ln K^\ominus_p = 17.39 - \dfrac{11155}{T}$。计算 573 K 时反应的 $\Delta_r G^\ominus_m$、$\Delta_r H^\ominus_m$、$\Delta_r S^\ominus_m$。

$$(\Delta H^\ominus_m = 92743\ \mathrm{J \cdot mol^{-1}}、\Delta S^\ominus_m = -144.6\ \mathrm{J \cdot mol^{-1} \cdot K^{-1}}、\Delta G^\ominus_m = 9858.2\ \mathrm{J})$$

第三章 相 平 衡

本节提要

本章在介绍相、相图、独立组分数、自由度等基本概念和相律的意义和应用的基础上,重点讨论了:①单组分系统的相图特点(水的相图特点,点、线、面的意义)及应用(包括冷冻干燥法的原理、克拉贝龙-克劳修斯方程在计算和实践中的应用);②完全互溶的理想液态混合物系统、完全互溶的非理想液态混合物系统、部分互溶的双液系统、完全不互溶的双液系统等类型,二组分系统的相图类型(p-x图、T-x图)、特点及应用(蒸馏、精馏、水蒸气蒸馏的原理、杠杆规则在两相平衡区计算中的应用);③三组分系统的相图绘制(正三角形坐标法)、特点、一对共轭溶液的三组分系统的相图和应用(萃取的原理)。同时简单介绍了超临界萃取及伪三元相图在中药提取和微乳制剂中的应用。

系统中物质从一个相转移到另外一个相的过程称为相变过程,如物质的熔化、升华、冷凝、蒸发过程。当这些过程达到平衡后就称为相平衡过程,所有多相平衡系统均遵循相律。相律(phase rule)是由吉布斯(Gibbs)在1876年根据热力学原理推导出的相平衡的基本规律,它描述了多相平衡系统中的相数、组分数以及自由度数(如温度、压力、组成等)之间的关系。通过相律可以对多相平衡系统进行定性的描述,如确定有几个相共存、有几个因素对系统的相平衡产生影响。用图形的方式来描述多相平衡系统的状态如何随温度、压力、组成等变量的改变而改变,这种图形称为相图。从相图中可以直观地了解系统在给定条件下相变的方向。

多相系统相平衡的研究与制药工业是密切相关的,如中药提取和分离中采用的蒸馏、精馏、冷冻干燥、萃取等方法的理论基础均来源于相平衡原理;另外,相平衡的研究为药物制剂中药物的增溶和合理配伍等实践提供了一定的理论指导作用。

第一节 基本概念

在介绍相律和不同系统的相图之前,首先介绍相、物种数、独立组分数等基本概念。

一、相与相数

相(phase)是指系统内部物理性质和化学性质完全均匀的部分。多相系统中不同的相之间有明显的界面,越过界面时,物理性质和化学性质会发生突变。在系统中相的总数称为"相数",用符号"Φ"来表示。

通常不同种类的气体均能无限均匀地混合,所以系统内无论有多少种气体,都只有一个气相。

对于系统中的液体,相数的多少视其互溶程度而定,可以是一相、两相或三相共存。如果完全互溶,则为一相,否则有一个液层就是一个相,一般不会超过三个相。

对于固体,一般是有几种固体就有几个相,无论它们的体积、形状、质量以及分散的程度大小,如大块的冰是一个相,粉碎为小冰屑依然是一个相。但固熔体(固态溶液)是一个相,因为固态粒子都是以分子形式相互均匀分散。另外,同一种物质若有不同的晶型共存,如金刚石和石墨,则每一种晶型就是一个相。

二、物种数和独立组分数

多相平衡系统中各种物质称为物种,系统中所含的化学物质的数目称为物种数,用符号 S 表示。一种物质不同聚集状态只能代表一个物种。例如,水、水蒸气、冰共存的系统,$S=1$。足以确定相平衡系统中所有各相组成所需的独立的、最少的物种数,称为独立组分数或组分数,用符号 K 表示。物种数 S 和组分数 K 的关系为

$$K = S - R - R' \tag{3-1}$$

式中,R 为独立化学平衡数,表示系统中各物种之间实际存在的独立的化学平衡的数目,每当有一个独立的化学反应方程式就有一个相应的平衡常数的计算等式,就可以少考虑一个物种来确定系统中各相的组成;R' 为浓度限制条件数,代表系统中物种间存在的浓度关系,在同一相中每存在一个独立的不同组分浓度之间的定量关系,亦可少考虑一个物种来确定系统中各相的组成。

下面举例说明两者之间的关系:

例如,由 KCl 和水组成的系统中,无化学平衡和浓度限制条件,$S=K=2$。

如果系统中有化学平衡存在,如 $HI(g)$、$H_2(g)$ 和 $I_2(g)$ 构成的系统中,存在 $2HI(g) \rightleftharpoons H_2(g) + I_2$ (g) 的化学平衡,系统中 $S=3$,$K=S-R-R'=3-1-0=2$,即只要知道两种物质在平衡时的物质的量或分压,第三种组分的物质的量或分压便可通过平衡常数进行计算确定,体系的组成就能够确定了。

对于上述系统,如果反应前只有 $HI(g)$,当达到化学平衡时,按照化学反应计量关系,所产生的 $H_2(g)$ 和 $I_2(g)$ 的浓度为 $1:1$ 的关系,存在浓度限制条件,则 $K=S-R-R'=3-1-1=1$。也就是说,只需要知道平衡时一种物种的量或分压,如已知 $H_2(g)$ 的分压,根据 $H_2(g)$ 和 $I_2(g)$ 的浓度关系就能确定 $I_2(g)$ 的分压,再根据平衡常数就能计算平衡时 $HI(g)$ 的分压,体系的组成就确定了,即三种物质中只有一种物质是独立的。

确定物种数和独立组分数时还需要注意以下三点。

(1)确定独立存在的化学平衡关系式数目时,要注意"独立"二字。例如,系统中有 $CO(g)$、CO_2 (g)、$H_2O(g)$、$C(s)$、$H_2(g)$ 五种物质,它们之间存在三个化学平衡关系式:

$$①CO_2(g) + C(s) \rightleftharpoons 2CO(g)$$
$$②H_2O(g) + C(s) \rightleftharpoons CO(g) + H_2(g)$$
$$③CO_2(g) + H_2(g) \rightleftharpoons CO(g) + H_2O(g)$$

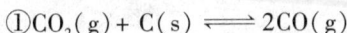

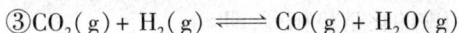

其中只有两个反应是独立的,另一个反应可由其他两个反应组合得到。例如,反应①可由反应②+③得到,故其独立化学平衡数 $R=2$。

(2)确定浓度限制条件数目时,需要注意,同一相中物种间才存在浓度限制条件,不同相间的物种不存在浓度限制条件。例如,$CaCO_3$ 的分解反应:

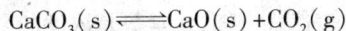

$$CaCO_3(s) \rightleftharpoons CaO(s) + CO_2(g)$$

虽然分解产生的 $CaO(s)$ 与 $CO_2(g)$ 的物质的量相同,但由于一个是固相,另一个是气相,两者间不存在浓度关系,即 $R'=0$,因此组分数应是 2 而不是 1。

(3)对于同一个相平衡系统,物种数会随人们考虑问题的角度不同而不同,但独立组分数却都是确定不变的。以纯水系统为例,从分子层面考虑,水中只有一种物质 H_2O,物种数为 1,$R=0$,$R'=0$,组分数也为 1;但若考虑到水的电离,则水中含有 H^+、OH^- 和 H_2O 三种物种,但三个物种间存在化学平衡 $H_2O \rightleftharpoons H^+ + OH^-$ 和浓度限制条件 $x_{H^+} = x_{OH^-}$,则 $R=1$,$R'=1$,$K=3-1-1=1$。由此可见,对于纯水系统,物种数会因为考虑问题的角度不同为 1 或 3,而独立组分数肯定为 1。

【例 3-1】 在密闭容器中,$NH_4HS(s)$ 分解并建立平衡:$NH_4HS(s) \rightleftharpoons NH_3(g) + H_2S(g)$,求平

衡时系统的独立组分数。

解：物种数 $S=3$，系统中有一个化学平衡，$R=1$。系统中 $p_{NH_3,g}=p_{H_2S,g}$，存在着一个浓度限制条件，因此 $R'=1$。根据式 $K=S-R-R'$，得 $K=3-1-1=1$。

三、自　由　度

一个平衡系统中，在一定范围内，可以独立地改变而不会引起系统相数改变的强度性质（如温度、压力、浓度等）的数目，称为自由度（degrees of freedom），用符号 f 表示。例如，液态水可在一定范围内同时任意改变温度和压力，仍然能保持为单一液相不变，即 $f=2$。若水和水蒸气两相平衡共存时，如果指定温度，系统压力肯定等于该温度下水的饱和蒸气压，这时压力不能随意选择，故自由度为 1。也就是说，若系统保持气液共存状态不变，则温度和压力两因素中只有一个可以任意改变，即 $f=1$。由此可见，自由度数实际就是系统的独立变量数。

自由度数会随相数、独立组分数的变化而变化，它们之间的关系可用相律来描述。

四、相　　律

相律（phase rule）是描述多相平衡系统中的相数（Φ）、独立组分数（K）及自由度数（f）之间关系的规律。对于一多组分多相平衡系统，系统达到平衡时必须满足：

(1)热平衡　　各相温度相等　　$T^\alpha=T^\beta=T^\gamma=\cdots=T$

(2)力平衡　　各相压力相等　　$p^\alpha=p^\beta=p^\gamma=\cdots=p$

(3)相平衡　　每种物质在各相中的化学势相等　　$\mu_B^\alpha=\mu_B^\beta=\mu_B^\gamma\cdots=\mu_B^\Phi$

整个系统中所有各相都应具有相同的温度（T）和压力（p），因此指定一个温度和压力就可以确定整个系统的温度和压力，即温度和压力为系统的两个基本变量。

接下来需要确定有多少浓度变量是独立的。假设系统中有 S 种物质分布于 Φ 个相的每一相中，若用 1、2、3、$\cdots$、S 代表各种物质，以 α、β、γ、$\cdots$、Φ 代表各个相。每一相中都有 S 个浓度，因 $\sum x_i=1$，则有 $(S-1)$ 个浓度是独立变量。在 Φ 个相中就有 $\phi(S-1)$ 个浓度变量，再加上 T、p 两个变量，则总变量数为 $[\Phi(S-1)+2]$。

因为多相平衡系统中存在多种浓度限制条件，所以这些浓度变量并不是独立的。由于系统达到相平衡时，各物质在各相中的化学势相等，即

$$\mu_1^\alpha=\mu_1^\beta=\mu_1^\gamma=\cdots=\mu_1^\phi$$

$$\mu_2^\alpha=\mu_2^\beta=\mu_2^\gamma=\cdots=\mu_2^\phi$$

$$\vdots$$

$$\mu_S^\alpha=\mu_S^\beta=\mu_S^\gamma=\cdots=\mu_S^\phi$$

根据 $\mu_B=\mu_B^*(T,p)+RT\ln x_B$ 表达式可知，化学势是浓度的函数，各物质在各相中的化学势相等即表示浓度变量间的定量关系。因每一种物质在 Φ 个相中，就有 $(\Phi-1)$ 个化学势相等的关系式和 $(\Phi-1)$ 个浓度限制条件，对 S 个组分就有 $S(\Phi-1)$ 个浓度限制条件。另外，若系统中还有 R 个独立化学平衡存在，并有 R' 个浓度限制条件，则变量间的关系式数为 $[S(\Phi-1)+R+R']$。

系统的总自由度数=总变量数-变量间的关系式数

即

$$f=[\Phi(S-1)+2]-[S(\Phi-1)+R+R']=[S-R-R']-\Phi+2$$

因

$$K=S-R-R'$$

则

$$f = K - \Phi + 2 \tag{3-2}$$

这就是相律的数学表示式。式中,f 为自由度数;K 为独立组分数;Φ 为相数;2 指温度和压力两个变量。如果系统指定了温度或压力,则上式改为

$$f^* = K - \Phi + 1 \tag{3-3}$$

如果系统压力和温度均已指定,则

$$f^{**} = K - \Phi$$

式中,f^* 或 f^{**} 称为条件自由度。在有些情况下,除温度和压力外,平衡系统还受到电场、磁场、渗透膜等其他因素的影响,这时相律应写成更普遍的形式:

$$f = K - \Phi + n \tag{3-4}$$

相律是一切平衡系统均遵循和适用的规律,它对多组分多相系统的研究起到重要的指导作用。但是相律只能确定平衡系统中有几个相和几个自由度,不能具体指出这些数目代表什么相(气相、液相或固相)和什么独立变量,也不能确定温度、压力或各相的质量数值。

【例3-2】 试确定下列平衡系统的组分数、相数和自由度数。

(1)NaCl 的水溶液;

(2)NaCl(s)与其饱和水溶液平衡共存;

(3)任意量的 HCl(g)和 NH_3(g)组成的系统中,反应 HCl(g) + NH_3(g) $\Longrightarrow$ NH_4Cl(s) 达平衡。

解:(1)NaCl 的水溶液,只有一个液相,$\Phi = 1$,$S = 2$(NaCl 和水两个物种)

$K = 2 - R - R' = 2$,$f = K - \Phi + 2 = 2 - 1 + 2 = 3$(氯化钠的浓度、$T$、$p$ 三个独立变量)

(2)NaCl(s)与其饱和水溶液平衡共存,即 $\Phi = 2$,$K = 2 - R - R' = 2$,$f = K - \Phi + 2 = 2 - 2 + 2 = 2$($T$、$p$ 两个独立变量)

(3)系统有三个物种,$S = 3$,一个化学平衡,$R = 1$,任意量的 HCl(g)和 NH_3(g)组成的系统中,不存在浓度限制条件,$R' = 0$,则 $K = 3 - 1 - 0 = 2$,$\Phi = 2$,$f = K - \Phi + 2 = 2 - 2 + 2 = 2$,即温度、总压及任一气体的浓度中,有两个可独立变化。

第二节 单组分系统

组分数为 1 的系统称为单组分系统,将相律应用于单组分系统,可表示为:$f = K - \Phi + 2 = 1 - \Phi + 2 = 3 - \Phi$。$f = 0$ 时,$\Phi = 3$,单组分系统最多有三相共存,此时温度和压力都不能变化;当 $\Phi = 1$ 时,$f = 2$,单组分系统最多有两个独立变量,即温度和压力,所以可以用 p-T 平面图来描述单组分系统的相平衡关系。当系统两相平衡时,$\Phi = 2$,$f = 1$,温度和压力只有一个是独立变化,两者之间必然存在一定的函数关系,此函数关系即为克拉贝龙-克劳修斯(Clausius-Clapeyron)方程。

一、克拉贝龙-克劳修斯方程

克拉贝龙-克劳修斯方程是应用热力学原理研究纯物质两相平衡时得到的结果。假设,某纯物质在一定温度和压力时,在 α 和 β 两相中达到平衡,则满足条件:

$$G_m^{\alpha}(T, p) = G_m^{\beta}(T, p)$$

若系统的温度由 T 变至 $T + dT$,压力由 p 变至 $p + dp$,则系统的摩尔吉布斯自由能分别变至 $G_m^{\alpha} + dG_m^{\alpha}$、$G_m^{\beta} + dG_m^{\beta}$,两个相又达到新的平衡,则

$$G_m^{\alpha} + dG_m^{\alpha} = G_m^{\beta} + dG_m^{\beta}$$

因为

$$G_m^\alpha = G_m^\beta$$

所以

$$dG_m^\alpha = dG_m^\beta$$

根据热力学的基本公式 $dG = -SdT + Vdp$ 得

$$dG_m^\alpha = -S_m^\alpha dT + V_m^\alpha dp \text{ 和 } dG_m^\beta = -S_m^\beta dT + V_m^\beta dp$$

所以

$$-S_m^\alpha dT + V_m^\alpha dp = -S_m^\beta dT + V_m^\beta dp$$

移项得

$$(V_m^\beta - V_m^\alpha)dp = (S_m^\beta - S_m^\alpha)dT$$

$$\frac{dp}{dT} = \frac{S_m^\beta - S_m^\alpha}{V_m^\beta - V_m^\alpha} = \frac{\Delta_\alpha^\beta S_m}{\Delta_\alpha^\beta V_m} \tag{3-5}$$

式中, S_m^α、S_m^β、V_m^α、V_m^β 分别为某物质 α、β 相的摩尔熵和摩尔体积; $\Delta_\alpha^\beta S_m$ 和 $\Delta_\alpha^\beta V_m$ 分别为 1 mol 纯物质相变过程中的熵变和体积变化。

因为

$$\Delta_\alpha^\beta S_m = \frac{\Delta_\alpha^\beta H_m}{T}$$

式中, $\Delta_\alpha^\beta H_m$ 为可逆相变焓, 代入式(3-5)可得

$$\frac{dp}{dT} = \frac{\Delta_\alpha^\beta H_m}{T\Delta_\alpha^\beta V_m} \tag{3-6}$$

式(3-6)称为克拉贝龙方程。它表明了纯物质两相平衡时压力随温度的变化率, 在推导过程中未指明 α 和 β 相的聚集状态, 所以此方程可适用于纯物质的任何两相平衡过程。

若将克拉贝龙方程应用到固-气两相平衡或液-气两相平衡系统, 因液相或固相的摩尔体积相比于气相的摩尔体积可以忽略, 所以 $\Delta_\alpha^\beta V_m$ 可近似为 V_m^g, 并将蒸气视为理想气体, 克拉贝龙方程可变化为

$$\frac{dp}{dT} = \frac{\Delta_\alpha^\beta H_m}{T\Delta_\alpha^\beta V_m} \approx \frac{\Delta_\alpha^\beta H_m}{TV_m^g} = \frac{\Delta_\alpha^\beta H_m}{T\left(\dfrac{RT}{p}\right)} = \frac{p\Delta_\alpha^\beta H_m}{RT^2} \tag{3-7}$$

或

$$\frac{d\ln p}{dT} = \frac{\Delta_\alpha^\beta H_m}{RT^2} \tag{3-8}$$

式(3-7)和式(3-8)为克拉贝龙-克劳修斯方程的微分形式, 其只适用于纯物质固-气、液-气两相平衡过程。由于克拉贝龙-克劳修斯方程不需要 $\Delta_\alpha^\beta V_m$ 数据, 比克拉贝龙方程应用方便, 但此方程不如克拉贝龙方程精确。

若温度变化的范围不是很大, 可近似认为 $\Delta_\alpha^\beta H_m$ 为一个常数。将式(3-8)进行不定积分, 可得

$$\ln p = -\frac{\Delta_\alpha^\beta H_m}{RT} + B \tag{3-9}$$

式中, B 为积分常数, 由实验可测得不同温度下的饱和蒸气压, 以 $\ln p$ 对 $1/T$ 作图应为一直线, 由斜率可求算出液体或固体的摩尔焓变。

将式(3-8)在 T_1 和 T_2 间进行定积分, 得

$$\ln\frac{p_2}{p_1} = -\frac{\Delta_\alpha^\beta H_m}{R}\left(\frac{1}{T_2} - \frac{1}{T_1}\right) \tag{3-10}$$

式(3-10)为克拉贝龙-克劳修斯方程的定积分形式。利用该式可根据某物质一个温度下的饱和蒸气压,来计算另一温度时的饱和蒸气压;根据液体在一个外压下的沸点,求算另一外压下的沸点;并可根据温度和饱和蒸气压数据求算纯物质的相变潜热。

若缺少液体蒸发的摩尔焓变数据时,可以用特鲁顿(Trouton)经验规则进行近似估算。对于一般非极性液体(液体分子不缔合):

$$\Delta_l^g H_m = T_b \Delta_l^g S_m \approx T_b \times 88 \ \text{J} \cdot \text{mol}^{-1} \cdot \text{K}^{-1} \tag{3-11}$$

式中,T_b为该液体的正常沸点。

【例3-3】 医药、生物实验室通常采用高压蒸气灭菌法对器皿、培养基等进行蒸气消毒灭菌,若用200 kPa的水蒸气进行加热,问锅内的温度有多少度?(已知100 kPa下,水的沸点是100℃;$\Delta_{vap} H_m = 40.67 \ \text{kJ} \cdot \text{mol}^{-1}$)

解:当高压锅内的水蒸气压力为200 kPa时,水的沸点设为T,将有关数据代入克拉贝龙–克劳修斯方程,则

$$\ln \frac{p_2}{p_1} = -\frac{\Delta_\alpha^\beta H_m}{R}\left(\frac{1}{T_2} - \frac{1}{T_1}\right)$$

$$\ln \frac{200}{100} = \frac{40670}{8.314}\left(\frac{1}{373.15} - \frac{1}{T}\right)$$

解得$T = 394$ K ≈ 121℃,即当高压锅内压力为200 kPa时,水蒸气的温度为121℃,持续15 ~ 20 min,即可起到消毒杀菌作用。

由此可见,外压越高,液体的沸点越高;外压越低,液体的沸点越低。减压蒸馏正是利用此原理,借助真空泵降低系统压力,使液体在较低的温度下馏出。例如,中药提取分离有效成分时,常用减压蒸馏或旋转蒸发仪回收溶剂,可通过减压控制温度不超过60℃,避免了有效成分的受热分解。

【例3-4】 已知氯仿的正常沸点为61.5℃,试求氯仿40℃时的饱和蒸气压。

解:已知氯仿在100 kPa时的沸点为61.5℃。氯仿的摩尔汽化热可由特鲁顿规则近似估算:

$$\Delta H_m = 88 \times T_b = (273.15 + 61.5) \times 88 = 29.45 (\text{kJ} \cdot \text{mol}^{-1})$$

将已知数据代入克拉贝龙–克劳修斯方程:

$$\ln \frac{p_2}{p_1} = \frac{\Delta H_m}{R}\left(\frac{1}{T_1} - \frac{1}{T_2}\right)$$

$$\ln \frac{p_2}{100} = \frac{29450}{8.314}\left(\frac{1}{334.65} - \frac{1}{313.15}\right)$$

解得$p_2 = 49.0$ kPa,即氯仿在40℃时的饱和蒸气压为49.0 kPa。

二、水 的 相 图

以水为例,介绍单组分系统相图的特点。

在一般温度和压力下,水有三种聚集状态:液态水、固态冰和气态水蒸气。通过实验可得到水的相平衡时的温度、压力数据,见表3-1。

把表中数据在p-T图中描点连线,就可以得到图3-1的示意图,即水的相图。在相图中,每个点均表示系统的某一个状态,反之,系统的每一个状态都可在图中表示。水的相图基本由三个区、三条线和一个点构成。

表 3-1 水的相平衡数据

温度/℃	饱和蒸气压/kPa		平衡压力/kPa
	水⇌气	冰⇌气	冰⇌水
−20	0.126	0.103	193.5×10^3
−15	0.191	0.165	156.0×10^3
−10	0.287	0.260	110.4×10^3
−5	0.422	0.414	59.8×10^3
0.01	0.610	0.610	0.610
20	2.338		
60	19.916		
100	101.325		
150	476.02		

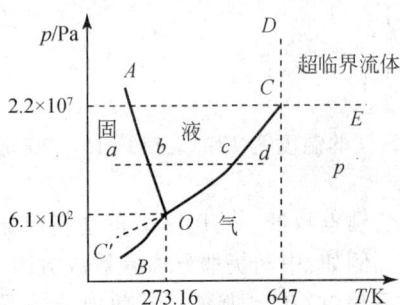

图 3-1　水的相图

(1)三个区即 AOB、AOC 及 BOC,分别代表固、液、气三个单相区。单相区内,$\Phi=1$,$f=2$,温度和压力在此范围内可独立变化而不会引起相的变化,或者说要确定单相区系统的状态需要同时指出其温度和压力。

(2)三条线为 OA、OB 和 OC,分别为固液、固气和液气两相的交界线,线上 $\Phi=2$,两相共存,$f=1$,系统的温度、压力只有一个是独立可变,若指定了温度,则系统的平衡压力就是曲线上相应指定温度下所对应的压力,反之亦然。OA、OB、OC 三条线的斜率可根据克拉贝龙方程或克拉贝龙–克劳修斯方程求算。

OA 线为冰和水两相平衡曲线,它表示不同压力下水的凝固温度或冰的熔化温度,可称为水的凝固点曲线或冰的熔化曲线。OA 线的斜率为负值,表明冰的熔点随压力的升高而降低,这是因为冰的密度比水小。OA 线不能无限向上延伸,因为延伸到压力为 2.03×10^8 Pa 时,相图变得比较复杂,有六种不同晶形结构的冰生成。

OB 线是冰和水蒸气的两相平衡曲线,它表示冰在不同温度下的饱和蒸气压,称为冰的饱和蒸气压曲线或冰的升华曲线。在此曲线对应的压力下,冰可直接变为水蒸气。

OC 线为水蒸气与液态水的平衡曲线,它表示水在不同温度下的饱和蒸气压,称为水的饱和蒸气压曲线;同时当外压等于液体的饱和蒸气压,对应的温度即为液体的沸点,所以这条曲线也可称为水在不同外压下的沸点曲线。OC 线向上不能任意延长,它终止于临界点 C,其对应的临界温度和临界压力分别为 647 K 和 2.2×10^7 Pa。临界温度和临界压力以上的区域称为超临界流体状态,此状态下,水的密度和水蒸气的密度相等,气液两相的界面消失。从 C 点作垂线,则垂线以左的区域意味着气体可以加压而液化为水,垂线以右的区域意味着不可能用加压的方法使水蒸气液化。

知识延伸

超临界流体兼有气体和液体的优点,其黏度小、扩散系数大、密度大,具有良好的溶解特性和传质特性。一种溶剂在超临界状态的萃取能力比在常温、常压条件下可提高几十倍、甚至几百倍。超临界流体萃取(SFE)技术正是利用此原理,控制超临界流体在高于临界温度和临界压力的条件下,从目标物中萃取成分,当恢复到常压和常温时,溶解在超临界流体中的成分立即与

知识延伸

超临界流体分开,具有流程简单、操作方便、萃取效率高且能耗少、无溶剂残留等优势,因此在中草药提取、食品等工业中受到越来越广泛的应用,为中药产业化提供了一种高效的提取与分离方法。

CO_2是目前应用最广泛的非极性超临界萃取剂,具有化学性质稳定、无毒、无污染、不易燃、无腐蚀性、对许多有机物溶解能力强等优点。与其他常规的提取方法相比较,超临界CO_2流体萃取(SC-CO_2萃取)应用于中草药提取具有优异的特性,主要表现在:

①传统提取方法常常存在有机溶剂残留问题,而SC-CO_2萃取无溶剂残留,更适用于医药和食品行业。

②传统提取方法一般提取温度较高,提取时间较长,会使药材中一些热敏性物质受热而破坏,而CO_2的临界温度为31.1℃,SC-CO_2的萃取温度接近室温,特别适合于分离热敏性或易氧化的成分,防止其氧化或分解。

③超临界CO_2的溶解能力和渗透能力强,扩散速度快,故SC-CO_2萃取提取更完全,能充分利用中药资源。

④CO_2的临界压力为7.38 MPa,处于中等压力,故SC-CO_2萃取压力适中,容易达到。

(3)图中虚线OC'是OC线的延长线,为过冷水与水蒸气的亚稳平衡线,表示过冷水的饱和蒸气压和温度的关系。过冷水是指0℃以下还保持着液态的水。由图3-1可见,OC'线在OB线之上,表明它的蒸气压比同温度下处于稳定状态的冰的蒸气压大,因此过冷水处于不稳定状态。若在此亚稳状态的体系中加入少许冰作为晶种,或稍加搅拌,可促进过冷水凝固。

(4)O点,是OA、OB、OC三条曲线的交点,称为水的三相点(triple point)。O点处,水以固、液、气三相平衡共存,$\Phi=3$,$f=0$,即三相点的温度和压力皆由系统本身决定,不能任意改变。水的三相点的温度为273.16 K,压力为610.6 Pa。

需要说明的是,水的三相点与通常所说的水的冰点不同。三相点是严格的纯水系统,而冰点是在水中溶有空气和外压为100 kPa时测得的数据。由于水中溶有少量空气,冰点较三相点下降了0.00242℃。其次三相点时系统的蒸气压是610.6 Pa,而冰点时系统的外压为100 kPa,由于压力升高,水的冰点又下降了0.00747℃,所以水的冰点比三相点下降了0.00242+0.00747≈0.01℃。

根据水的相图,可以对水的任一个变化过程进行直观的相图分析。例如,对a状态的冰定压加热到d点对应的温度,变化过程可用$abcd$水平线表示(图3-1),a点表示冰,当升温至b点时即达到冰的熔点,冰融化出现液态水,固液两相平衡共存。温度升高,冰全部融化成水后温度继续升高进入液相区,当升温至c点对应的温度时,水开始沸腾,出现水蒸气,此时气液两相共存,加热至水全部汽化为水蒸气,温度继续升高,进入气相区。

从图3-1还可看出,当温度低于三相点的温度,同时系统的压力降至OB线以下,冰可以不经过熔化而直接升华。在制药工艺上,对于热敏性、挥发性或容易氧化的药物,通常将药物水溶液在短时间内快速深度冷冻成冰,同时降低系统压力至冰的饱和蒸气压以下,可使冰升华除去溶剂,密封后便得到可以长时间储存的疏松的海绵状粉针剂,这种干燥方法称为冷冻干燥法。其正是利用冰的升华原理,在低温、低压的条件下除去药物水溶液中作为溶剂的水,达到干燥、精制药物的目的。因在低温下操作,药物不会因受热而分解;得到的结晶多为多孔疏松结构,具有易溶的特点。

第三节　二组分系统

二组分系统，$K=2$，相律公式表达为 $f=K-\Phi+2=4-\Phi$。由于系统中至少有一个相，系统自由度数最多等于 3，即二组分系统的状态由三个独立变量来确定，分别为温度、压力和组成（浓度），因此二组分系统的相图需要用三维的立体图才能表达。

为绘制和应用方便，通常固定一个变量的情况下，得到另外两个变量之间的关系，绘制可得二组分系统的平面图来表示系统的状态。如温度恒定下可绘制压力–组成（p-x）图，压力恒定下可绘制得到温度–组成（T-x）图，组成一定下可绘制得到温度–压力（T-p）图，其中常用的是 p-x 图和 T-x 图。此种情况下相律的数学表达式为：$f=K-\Phi+1$。

二组分系统的类型包括二组分气–液平衡系统、二组分液–液平衡系统及二组分固–液平衡系统。根据相互溶解度的不同，二组分气–液平衡系统可分为完全互溶的理想液态混合物系统、完全互溶的非理想液态混合物系统等类型；二组分液–液平衡系统包括部分互溶的双液系统、完全不互溶的双液系统等类型；二组分固–液平衡系统包括生成简单低共熔混合物的系统、生成化合物的系统和生成固溶体的系统等类型。

本章涉及的相图都是一些典型系统的类型，在实际生产和研究中遇到的相图尽管可能比较复杂，但都可以看成是简单相图的组合，相图分析方法与此类似。

一、完全互溶的理想液态混合物系统

对于二组分理想液态混合物系统，由于两种液体混合时没有热效应和体积效应，两者只是相互稀释，A 和 B 在全部浓度范围内都遵守拉乌尔定律，则可得到下面三个数学表达式：

$$p_A = p_A^* x_A \tag{3-12}$$

$$p_B = p_B^* x_B \tag{3-13}$$

$$p = p_A + p_B = p_A^* x_A + p_B^* x_B$$
$$= p_A^*(1-x_B) + p_B^* x_B = p_A^* + (p_B^* - p_A^*) x_B \tag{3-14}$$

式中，p_A^*、p_B^* 分别为纯 A 和纯 B 在溶液所处温度下的饱和蒸气压；p_A、p_B 分别为液态混合物平衡气相中 A、B 的蒸气分压，x_A、x_B 分别为液态混合物中组分 A 和组分 B 的摩尔分数；p 为液态混合物的蒸气总压。

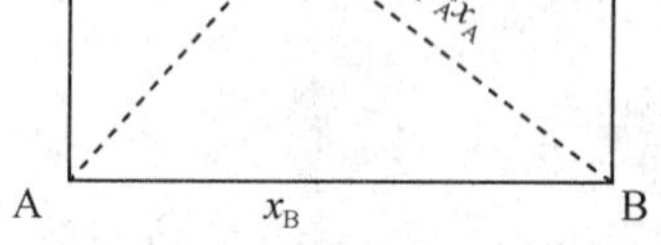

图 3-2　理想液态混合物的 p-x 图

从式（3-14）可以看出，理想液态混合物的总蒸气压 p 与 x_B 成直线关系。在恒温下，以 x_B 为横坐标，以蒸气压 p 为纵坐标，分别将压力与组成的关系在图中绘出，得到理想液态混合物的 p-x 图三条直线，如图 3-2 所示。图中实线表示理想液态混合物溶液的蒸气总压与液相组成 x_B 之间的关系，称为液相线，虚线分别表示组分 A 和组分 B 的蒸气分压与其相应组成的关系。

设气–液平衡时气相中组分 A 和组分 B 的摩尔分数分别是 y_A、y_B。根据道尔顿分压定律和拉乌尔定律，有下列关系：

$$y_A = \frac{p_A}{p} = \frac{p_A^* x_A}{p} \tag{3-15}$$

$$y_B = \frac{p_B}{p} = \frac{p_B^* x_B}{p} \tag{3-16}$$

气相中组分 A 和组分 B 的摩尔分数比为

$$\frac{y_A}{y_B} = \frac{p_A^* x_A}{p_B^* x_B}$$ (3-17)

若纯液体 B 是相对易挥发组分,即 $p_B^* > p_A^*$,则 $\frac{y_A}{y_B} < \frac{x_A}{x_B}$。

因为

$$x_A + x_B = 1 \text{ 和 } y_A + y_B = 1$$

所以

$$\frac{1 - y_B}{y_B} < \frac{1 - x_B}{x_B}$$

则

$$y_B > x_B \quad \text{或} \quad y_A < x_A$$ (3-18)

式(3-18)说明:在相同温度下有较高蒸气压的易挥发组分 B,在气相中的浓度大于它在液相中的浓度;而有较低蒸气压的难挥发组分 A 在液相中的浓度比在气相中大,这个规律称为**柯诺瓦洛夫(Konowalov)第一定律**。这正是蒸馏和精馏能够对液体混合物进行分离的原因所在。

【例 3-5】 乙醇和甲醇的混合溶液中,两者的摩尔分数均为 0.5,已知 60℃时乙醇和甲醇饱和蒸气压分别是 50 kPa 和 80 kPa。设二者可形成理想液态混合物,求 60℃时此混合物的平衡蒸气的组成,以摩尔分数表示。

解:根据道尔顿分压定律和拉乌尔定律:

$$p = p_{乙醇} + p_{甲醇} = p_{乙醇}^* x_{乙醇} + p_{甲醇}^* x_{甲醇}$$
$$= 50 \times 0.5 + 80 \times 0.5 = 65 \text{ kPa}$$

$$p_{乙醇} = p_{乙醇}^* x_{乙醇} = 25 \text{ kPa} \qquad p_{甲醇} = p_{甲醇}^* x_{甲醇} = 40 \text{ kPa}$$

$$y_{乙醇} = \frac{p_{乙醇}}{p} = \frac{25}{65} = 0.385 \qquad y_{甲醇} = \frac{p_{甲醇}}{p} = \frac{40}{65} = 0.615$$

即 60℃时此混合物的平衡蒸气的组成为 $y_{乙醇} = 0.385$,$y_{甲醇} = 0.615$。

根据式(3-14)式(3-16),可得到总压和气相组成的关系为

$$p = \frac{p_A^* p_B^*}{p_B^* + (p_A^* - p_B^*) y_B}$$ (3-19)

以蒸气总压 p 对气相组成 y_B 作图,即可绘制得到相应的气相线。恒温下,如果把理想液态混合物蒸气总压与气、液两相组成的关系绘制在同一张图上,即为理想液态混合物气–液系统的 p-x-y 相图,如图 3-3 所示。

图 3-3 中,气相线和液相线把全图分为三个区域,液相线以上是单一的液相区,$\Phi = 1$,$f^* = 2$,表示压力和液相组成在一定的范围内可以任意同时改变;气相线以下的区域是单一气相区,同样 $\Phi = 1$,$f^* = 2$,压力和气相组成在一定的范围内可以任意改变;液相线与气相线之间的区域则是气、液两相平衡共存区,在该区域内,$\Phi = 2$,$f^* = 1$,只有一个自由度,如果压力被指定,则平衡共存两相的组成随之而定,反之亦然。

药物研究和制药生产等实际工作经常在一定压力下进行,如蒸馏和精馏等操作,因此二组分气–液平衡系统的 T-x-y 图(即沸点-组成图)比 p-x-y 图更有指导意义。

T-x-y 相图通常通过实验绘制。实验中,通常测定一定压力下不同组成的液态混合物在一恒定温度沸腾时的气、液平衡共存的两相组成,然后以沸点对组成作图,就可得到一定压力下的 T-x-y 相图,如图 3-4 所示。

完全互溶理想液态混合物的 T-x-y 相图与 p-x-y 相图比较,T-x-y 相图的气相线在上,液组线在下;

中间仍为两相平衡共存区,且气、液两线均为曲线;当混合物的蒸气压等于外压时,混合物开始沸腾,此时的温度即为该混合物的沸点。显然,蒸气压越高的液态混合物,其沸点越低;反之,蒸气压越低的液态混合物,其沸点越高,所以二组分理想液态混合物的 T-x-y 图与 p-x-y 图的梭形区呈倒转的形式。

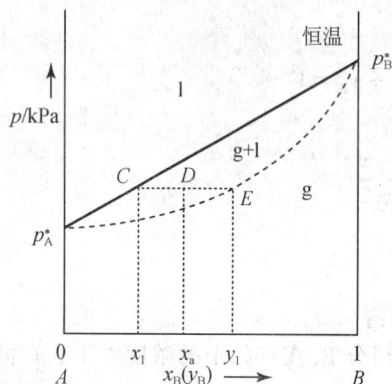

图 3-3　理想溶液的 p-x-y 图　　　　图 3-4　理想液态混合物的 T-x-y

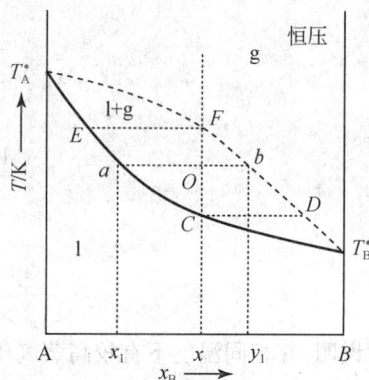

在相图上表示系统总组成的点称为物系点,表示某一相组成的点称为相点。当系统处于单相区时,其物系点和相点是一致的,即系统的总组成与该相的组成相同;当系统处于气、液两相共存区时,物系点与液相点、气相点不重合,此时可通过物系点作水平线,该线与液相线和气相线的交点分别为液相的相点和气相的相点。如图 3-4 中所示,O 点处于气、液平衡区,表示系统中 B 组分的总物系组成为 x;a 点和 b 点分别为液相的相点和气相的相点,表示液、气两相中 B 组分的组成分别为 x_1 和 y_1。两个相点之间的连线 ab 称为连接线。

一定压力下,对浓度为 x 的 AB 液体混合物系统进行加热,物系点将沿该组成的垂线向上移动,在到达 C 点前系统一直是液相,到达 C 点时液态混合物开始沸腾,对应的温度就是该压力下对应液态混合物的沸点。最初形成蒸气的组成是图 3-4 中的 D 点对应的数值;若继续加热,当温度升高至 O 点对应的温度,系统呈液–气两相平衡,液相组成和气相组成分别为 a、b 两点所示;系统的温度继续上升,物系点向上移动到 F 点时,系统中液态混合物几乎全部蒸发成为蒸气而进入气相的单相区。由图可知,A、B 组成液态混合物的组成不同,沸点就不同,所以液相线又可称为沸点曲线。

二、杠 杆 规 则

如图 3-4 所示,当系统处于 O 物系点时,系统中 B 组分摩尔分数为 x,此时气、液两相平衡共存,液相中 B 组分的摩尔分数为 x_1,气相中 B 组分的摩尔分数为 y_1,设该系统总物质的量为 n,液相的物质的量为 n_1,气相的物质的量为 n_2。根据质量守恒原理,系统中 B 组分的物质的量一定等于其在液相和气相中的物质的量之和,则

$$nx = n_1 x_1 + n_2 y_1 \qquad n = n_1 + n_2$$

代入整理,可得

$$\frac{n_1}{n_2} = \frac{y_1 - x}{x - x_1} = \frac{\overline{Ob}}{\overline{Oa}} \tag{3-20}$$

式(3-20)表示,当系统处于气、液两相共存时,**平衡两相的物质的量反比于物系点到两个相点的线段的长度,**此规则称为**杠杆规则**。由于杠杆规则来源于质量守恒定律,所以对于所有相图的任意两相区,杠杆规则都适用。如果相图中横坐标用质量分数表示组成,则杠杆规则可写为

$$\frac{m_1}{m_2} = \frac{\overline{Ob}}{\overline{Oa}} \tag{3-21}$$

式中,m_1 和 m_2 分别表示液相和气相的质量。

三、完全互溶的非理想液态混合物

绝大多数液态混合物属于非理想液态混合物。所谓非理想液态混合物,就是把其蒸气压的实测值与按理想液态混合物进行处理时的计算值相比较,两者出现了偏差。如果蒸气压实测值比通过拉乌尔定律计算的值高,则为正偏差;如果蒸气压实测值比通过拉乌尔定律计算的值低,则为负偏差。

非理想液态混合物产生偏差的原因,因具体情况各有不同,但都是因为混合的两个组分的分子间相互作用的结果。一般有以下三种原因:

(1)存在缔合作用。例如,在乙醇和苯的混合物中,乙醇是极性化合物,分子间有一定的缔合作用,当非极性的苯分子混入后,使乙醇分子间的缔合体发生解离,导致液相中乙醇分子数目增加,蒸气压增大,因而产生正偏差。因为缔合分子发生解离时常吸收热量,所以形成这类液态混合物时通常伴随有温度降低和体积增加的效应。

(2)各组分间的引力不同。如果 A-B 分子间的引力小于 A-A 或 B-B 分子之间的引力,则 B 分子掺入后就会减少 A 分子或 B 分子所受到的引力,A 和 B 都变得容易逸出,所以 A 和 B 分子的蒸气压都产生了正偏差。

(3)形成化合物或氢键。如果两组分混合后,部分分子形成化合物或氢键,液态混合物中 A、B 的分子数都要减少,因而产生负偏差。由于在生成化合物时常有热量放出,所以形成这类液态混合物时常伴有温度升高和体积缩小的效应。

根据正负偏差的大小,通常可以把二组分非理想液态混合物系统分为以下三种类型:正、负偏差不大的系统、正偏差较大的系统和负偏差较大的系统。正、负偏差不大的系统,是指非理想液态混合物的蒸气压相对于纯 A 或纯 B 的蒸气压偏差的数值都不是很大,液态混合物的蒸气总压介于两个纯组分的蒸气压之间,如图 3-5(a)、(b)所示。图 3-5(a)中的虚线表示假定其为理想液态混合物时的计算值,实线表示实测的蒸气总压、蒸气分压随组成的变化。因为非理想液态混合物的蒸气压与拉乌尔定律计算值产生偏差,所以在相图上 p-x 之间不再呈直线关系;若某一定的浓度范围内,A、B 二组分所组成的非理想液态混合物的总蒸气压比纯 A 和纯 B 的蒸气压都大,则液态混合物发生很大的正偏差,如图 3-5(c)所示;若在某一定的浓度范围内,A、B 二组分所组成的非理想液态混合物的总蒸气压比纯 A 和纯 B 的蒸气压都小,则液态混合物发生很大的负偏差,如图 3-5(d)图所示。同样,在两图中,虚线代表符合拉乌尔定律的情况,实线表示实际情况。

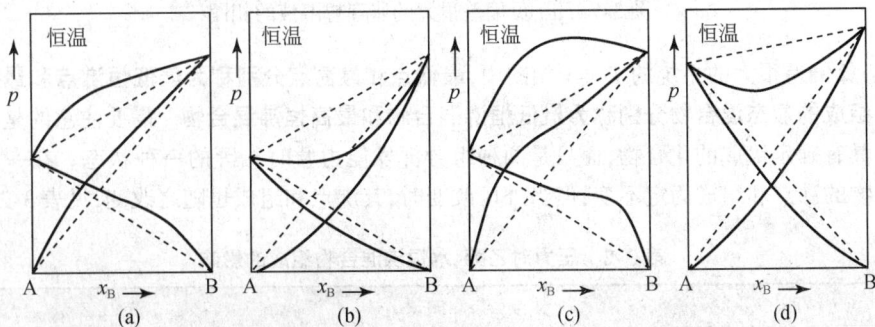

图 3-5 二组分非理想液态混合物系统的 p-x 图

1. 正、负偏差不大的系统的 *p-x-y* 图、*T-x-y* 图　　正、负偏差不大的非理想液态混合物的 *p-x-y* 相图和 *T-x-y* 图如 3-6 所示,其相图可参照前述理想液态混合物的对应相图进行分析和讨论,在此不再重复。

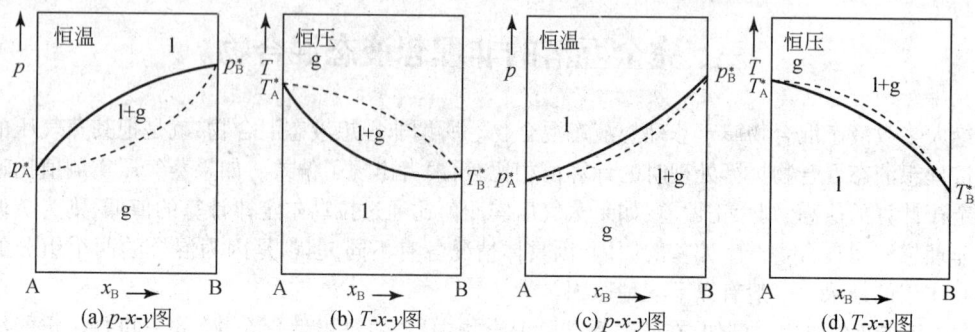

图 3-6　正、负偏差不大的非理想溶液的相图

2. 正、负偏差很大的系统的 *p-x-y* 图、*T-x-y* 图　　图 3-7(a)、(b) 为正偏差很大的非理想液态混合物的 *p-x-y* 图和 *T-x-y* 图,由图可见,在正偏差很大的非理想液态混合物的 *p-x-y* 图上出现了最高点,因液体蒸气压越高,其沸点越低,所以在相应的 *T-x-y* 相图上出现了最低点。图 3-7(c)、(d) 为负偏差很大的非理想液态混合物的 *p-x-y* 图和 *T-x-y* 图,其 *p-x-y* 图上出现了最低点,则其 *T-x-y* 相图上出现了最高点。

在相图最高或最低点处,如图 3-7 中 *c* 点所示,气相线和液相线于此处相切于一点。说明在该点的气相组成与液相组成相同,即 $x_B = y_B$,独立组分数 $K = S - R - R' = 2 - 0 - 1 = 1$,根据相律公式可得 $f^* = K - \Phi + 1 = 1 - 2 + 1 = 0$,说明在最高或最低点处无任何可变因素。

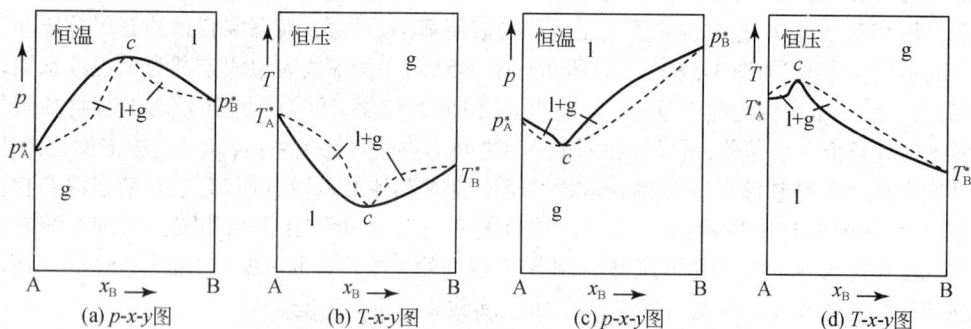

图 3-7　正、负偏差很大的非理想溶液的相图

在正、负偏差很大的系统的 *T-x-y* 相图中,**最低点和最高点分别称为最低恒沸点和最高恒沸点,此点对应组成的液态混合物分别称为最低恒沸混合物和最高恒沸混合物**。需要注意的是,恒沸混合物并不是具有确定组成的化合物,而只是两种组分挥发能力暂时相等的一种状态。在一定外压下,恒沸混合物的沸点和组成固定不变,但当外压改变时,其沸点和组成也随之改变,见表 3-2。

表 3-2　压力对乙醇-水恒沸混合物组成的影响

压力/kPa	101.3	53.3	26.7	21.3	9.33
恒沸混合物中乙醇的质量分数	95.57	96.0	97.5	99.5	100

常见恒沸混合物系统的组成和沸点见表 3-3 和表 3-4。

表 3-3 具有最低恒沸点的恒沸混合物(压力为 $p^{\ominus}$)

组分 A	沸点/K	组分 B	沸点/K	最低恒沸混合物	
				B%(质量分数)	恒沸点/K
H_2O	373.16	C_2H_5OH	351.5	95.57	351.31
CCl_4	349.91	CH_3OH	337.86	20.56	328.86
CS_2	319.41	CH_3COCH_3	329.31	33	312.36
$CHCl_3$	334.36	CH_3OH	337.86	12.6	326.56
C_2H_5OH	351.46	C_6H_6	352.76	68.24	340.79
C_2H_5OH	351.46	$CHCl_3$	334.36	93	332.56

表 3-4 具有最高恒沸点的恒沸混合物(压力为 $p^{\ominus}$)

组分 A	沸点/K	组分 B	沸点/K	最高恒沸混合物	
				B%(质量分数)	恒沸点/K
H_2O	373.16	HCl	193.16	20.24	381.74
H_2O	349.91	HNO_3	359.16	68	393.66
H_2O	319.41	HBr	206.16	47.5	399.16
H_2O	334.36	HCOOH	374	77	380.26
$CHCl_3$	351.46	CH_3COCH_3	329.31	20	337.86
C_6H_5OH	351.46	$C_6H_5NH_2$	457.56	58	459.36

对于正、负偏差很大的系统的相图分析,可以最高点或最低点为界,将相图分为两个部分,再参考前述理想液态混合物的对应相图进行分析讨论即可。

四、蒸馏、精馏的基本原理

蒸馏和精馏是分离液体混合物常用的重要方法,两者均是在一定压力下进行,所以可根据其 T-x-y 相图来说明其基本原理。

1. 蒸馏 若将组成为 x 的 A、B 原始液态混合物置于烧瓶中,在定压下进行加热,其温度和组成的变化关系可在图 3-8 中表示。当温度升高至 T_1 时液态混合物开始沸腾,产生的蒸气的组成为 y_1,显然,气相中易挥发的组分含量较多。随着组分的挥发,液相中难挥发的 A 组分的含量一定增多,液相组成将沿 T_B^*、T_A^* 线上升,同时液体的沸点升高。当液体温度升高到 T_2 时,液相的组成为 x_2,气相的组成为 y_2。蒸馏过程中,气相通过冷凝管不断地被冷凝而进入接收瓶中,组成为 x_1 的 A、B 原始混合液态混合物溜出液中第一滴液体的组成近似为 y_1,如果接收 T_1-T_2 区间的馏分,则馏出物的组成在 y_1 和 y_2 之间。馏出物中易挥发的 B 组分的含量比原始混合物中会增加,而烧瓶内剩余的混合物中难挥发的 A 组分的含量比原混合物中会增多。

由此可见,按不同的沸程收集的馏出液仍然是混合物,即简

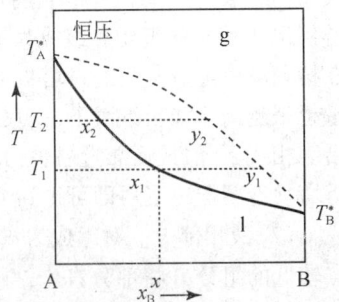

图 3-8 简单蒸馏的 T-x-y 相图

单蒸馏只能把混合系统进行粗略的分离,而不能完全彻底地分离得到两个纯组分。若要使液体混合物获得较完全的分离,需要采用精馏的方法。

2. 精馏 精馏是指将 A 和 B 构成的液态混合物反复进行多次的部分汽化和部分冷凝,使液态混合物中组分 A 和组分 B 达到较完全分离的操作,即精馏实际上是多次简单蒸馏的组合。工业上所用的精馏装置称为精馏塔。根据精馏塔内部构造的不同,其有多种形式如泡罩塔、填料塔、浮阀塔、筛板塔等。无论哪一种精馏塔一般都由三部分构成。图 3-9 为筛板塔的示意图:①加热釜。加热釜在精馏塔的底部,一般用蒸气进行加热,下面有出料口,可用于排出高沸点的组分。②塔身。其外壳是用保温物质进行隔热,塔身内部上下排列着多块塔板。塔板上面有很多小孔,供上升的蒸气通过,并有溢流管以便回流冷凝液进入下层塔板。在塔身中部塔板上设有进料口,其设计的根本依据是哪一层塔板上的物料组成与待分离的物料组成相同时,进料口就设计在哪一层塔板上。在此处加料并使料液混合物的组成和该塔板上液态混合物组成相同。③冷凝器。冷凝器处于精馏塔的顶部,低沸点的蒸气最后自塔顶进入冷凝器,经冷凝后冷凝液部分回流入塔内,这样设计的目的在于使整个精馏过程中,每一层塔板的温度保持不变,以维持精馏塔的稳定操作。其余部分收集为低沸点产品。

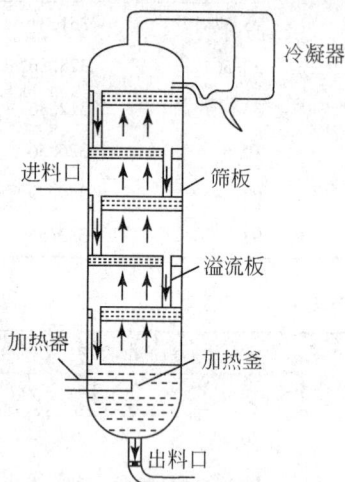

图 3-9 精馏塔示意图

精馏塔的效率与塔板数密切相关。混合物在塔底加热釜经加热后,蒸气上升,与上层塔板上的液体接触,两者发生热交换,蒸气中的高沸点物质部分冷凝为液体,放出热量,通过溢流管回流,放出的热量使液体混合物中的低沸点物质蒸发为气体,并上升到高一层的塔板。在精馏塔中的每一块塔板上都同时发生着由下一块塔板上来的蒸气的部分冷凝和上一块塔板下来的液体的部分汽化的过程,具有 n 块塔板的精馏塔中发生了 n 次的部分冷凝和部分汽化,相当于在塔中进行了 n 次的简单蒸馏。整个精馏过程中,易挥发组分越来越富集于塔顶,而难挥发组分越来越富集于塔底。因此,塔板数越多,蒸馏的次数就越多,分离的效果也越好。

精馏过程中液态混合物中气相和液相组成的变化,可通过图 3-10 进行说明。设原始混合物的组成为 x,在恒压下加热到温度为 T_3 时,物系点为 O 点,此时液、气两相的组成分别为 x_3 和 y_3。

分别将气、液两相的组成在精馏过程中的变化进行讨论。

(1)气相部分。如果把组成为 y_3 的气相冷却到 T_2 温度时,则气相中沸点较高的 A 组分将部分冷凝为液体,得到组成为 y_2 的气相和组成为 x_2 的液相。再将组成为 y_2 的气相冷却到 T_1 温度,得到组成为 y_1 的气相和组成为 x_1 的液相。由图可知:$y_3 < y_2 < y_1$,即在精馏塔中随着蒸气通过塔板上升,气相中易挥发的 B 组分的含量越来越高。如果继续下去,反复把气相部分冷凝,气相组成将沿气相线下降,最后靠近右轴,其组成就无限地接近纯 B,在精馏塔塔顶冷凝器冷凝后即可得到纯液体 B。

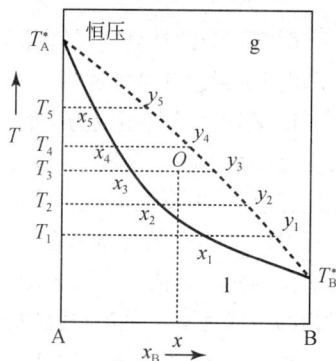

图 3-10 精馏过程的示意图

(2)液相部分。对组成为 x_3 的液相加热到温度 T_4,液相中沸点较低的组分 B 将部分汽化,得到组成为 y_4 的气相和组成为 x_4 的液相。把组成为 x_4 的液相再加热到温度为 T_5,液相可部分汽化得到组成为 y_5 的气相和组成为 x_5 的液相。显然,$x_5 < x_4 < x_3$,即在精馏塔中随着液体通过溢流管回流到下一层塔板的过程中,液相中易挥发的 B 组分的含量逐渐减少,难挥发的 A 组分的含量越来越高。如此继续下去,反复地把液相部分汽化,液相组成将沿液相线不断上

升,最后靠近左轴,其组成将无限地接近纯 A,即最后在釜底余下的液相组成就相当于纯的难挥发性组分 A。

总之,在精馏过程中,经过多次反复部分汽化和部分冷凝的过程,气相组成将沿气相线下降,在气相中易挥发组分的含量逐渐提高,最后蒸出来的是低沸点(易汽化)的组分;液相组成将沿液相线上升,在液相中难挥发组分的含量逐渐增加,最后塔釜中剩余的是高沸点(难挥发)的组分,最终实现了 A、B 液态混合物的分离,这就是精馏的基本原理。

对于正、负偏差很大的二组分非理想液态混合物系统,其相应的 T-x-y 相图具有最低或最高恒沸点,这类系统利用上述普通的精馏方法不能将它们完全分离,而只能得到一个纯组分和一个恒沸混合物。

有最低恒沸点的系统,经过精馏后,从塔顶蒸出的是最低恒沸混合物;塔底余下的组分和混合物的组成有关,如果混合物组成小于恒沸混合物的组成,则塔釜余下的是沸点高的组分 A;如果混合物组成大于恒沸混合物的组成,则从塔釜出来的是组分 B。例如,水和乙醇就是这一类系统,在标准压力下,此系统的最低恒沸点为 351.28 K,恒沸混合物中乙醇的质量分数为 0.9557,因此,对质量分数小于 0.9557 的乙醇混合物进行精馏,则得不到无水乙醇,只能得到最低恒沸混合物。

而对于有最高恒沸点的系统,情况正好与此相反。在塔釜中余下的始终为最高恒沸混合物。如果混合物组成小于最高恒沸混合物的组成,则经过精馏后,在塔顶蒸出的是纯 A;如果混合物组成大于最高恒沸混合物的组成,从塔顶蒸出的是组分 B。

对于形成恒沸混合物的系统,要使混合组分实现最终分离,必须采用其他特殊的方法和手段,如共沸蒸馏、萃取蒸馏等。

五、部分互溶的双液系统

在一定的温度和压力下,两种液体由于极性等性质的显著差异,以致两者不能完全互溶,而是彼此之间存在一定的互溶度,这种系统称为部分互溶的双液系统。当浓度超过其饱和溶解度,液体就会分层,形成两个互相饱和的液相,这对彼此饱和的液态混合物互称为共轭液态混合物。

对于部分互溶的双液系统,我们主要讨论可变因素对其相互溶解度(即组成)的影响,由于其为凝聚系统,压力对其影响可以忽略,因此,在一定压力下,我们可以根据 T-x 图来讨论在可变温度和组成范围内该系统的相平衡情况,现分为以下几种类型来讨论。

1. 有最高临界溶解温度的系统　图 3-11 是水-苯酚系统的 T-x 图。图中 ACB 曲线为水和苯酚的相互溶解度曲线,表示定压下两者的相互溶解度和温度的关系。曲线和横轴围成一个帽形区域,帽形区外,系统是单相液相区,此时水和苯酚完全相溶,所组成的是不饱和液态混合物,$\Phi = 1$,$f^* = 2$;帽形区内,如温度为 T_1 时 O 物系点,此时水和苯酚部分互溶,静置后分为两层(两相),一层是苯酚在水中的饱和液态混合物(相点为 a);一层是水在苯酚中的饱和液态混合物(相点为 b),曲线内 $\Phi = 2$,$f^* = 1$,即一恒定温度下,水和苯酚的互相溶解度是一定的。两共轭液态混合物的相对量仍可以根据杠杆规则计算。

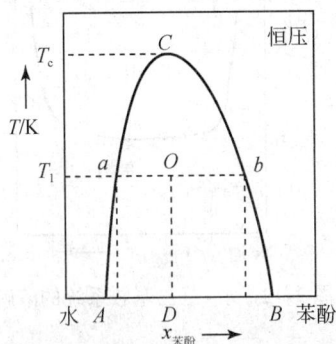

图 3-11　水-苯酚体系的溶解度图

【例 3-6】 已知水-苯酚系统在 30 ℃ 液-液平衡,形成共轭溶液,两相的组成 $w_{苯酚}$(质量分数)分别为 8.75% (L_1) 和 69.9% (L_2)。问:(1)在 30 ℃ ,100 g 苯酚和 200 g 水形成的系统达到液-液平衡时,两液相的质量各为多少? (2)30 ℃ 下,在上述系统中若再加入 100 g 苯酚,又达到相平衡时,两液相的质量各变到多少?

解:(1)设两相的质量分别为 m_1 和 m_2。此系统的物系组成为

$$w_{苯酚} = \frac{100}{100 + 200} = 0.333$$

根据杠杆规则和总的质量

$$\frac{m_1}{m_2} = \frac{L_2 - w_{苯酚}}{w_{苯酚} - L_1} = \frac{0.699 - 0.333}{0.333 - 0.0875} = 1.491$$

$$m_1 + m_2 = 300 \text{ g}$$

则

$$m_1 = 179.6 \text{ g} \qquad m_2 = 120.4 \text{ g}$$

(2)若再加入 100 g 苯酚,此系统的物系组成为

$$w_{苯酚} = \frac{200}{200 + 200} = 0.5$$

根据杠杆规则和总的质量

$$\frac{m_1}{m_2} = \frac{L_2 - w_{苯酚}}{w_{苯酚} - L_1} = \frac{0.699 - 0.5}{0.5 - 0.0875} = 0.4824$$

$$m_1 + m_2 = 400 \text{ g}$$

则

$$m_1 = 130.2 \text{ g} \qquad m_2 = 269.8 \text{ g}$$

对于有最高临界溶解温度的系统,如果对液体加热,随着温度的上升,苯酚在水中的溶解度沿 AC 曲线向 C 变化,而水在苯酚中的溶解度沿 BC 曲线向 C 变化,两液相的组成越来越接近,最后会聚于 C 点,系统由两相合为一相,C 点称为临界点,C 点所对应的温度 T_c 称为最高临界溶解温度(critical solution temperature)。当温度高于 T_c 时,水和苯酚可以任意比例完全互溶;低于 T_c 时,两液体部分互溶。临界溶解温度的高低反映了一对液体间相互溶解能力的强弱,临界溶解温度越低,两液体间的互溶性越好。因此可利用临界溶解温度的数据来选择优良的萃取剂。

有最高临界溶解温度的系统除水–苯酚外,还有水–苯胺、己烷–苯胺、水–正丁醇、正己烷–硝基苯等。

2. 有最低临界溶解温度的系统

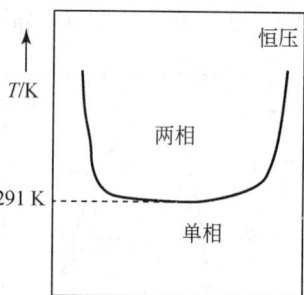

图 3-12　水–三乙基胺系统的溶解度图

有一些部分互溶双液系统,当温度降低时,两种液体的相互溶解度反而增大,当温度降低到某一温度以下时,两种液体可以任意比例完全互溶,此温度称为最低临界溶解温度。例如,水与三乙基胺的系统就属于这种类型,如图 3-12 所示,在 291 K 以下水和三乙基胺能以任意比例完全互溶,在 291 K 以上却只能部分互溶。

3. 有最高和最低临界溶解温度的系统　有的系统在温度高于某一温度或低于某一温度时,两个组分完全相溶,而在两个温度之间时两个液体部分互溶,这种系统就是具有两种临界溶解温度的系统。例如,水–烟碱系统,如图 3-13 所示,333 K 以下水和烟碱能以任意比例互溶,333 K 以上就部分互溶,而超过 481 K,却又完全互溶,其溶解度曲线为一完全封闭的曲线。

4. 无临界溶解温度的系统　两个组分在它们以液体形式存在的温度范围内,无论以任何比例混合,一直都是彼此部分互溶,不具有临界溶解温度。例如,乙醚–水系统就属于这种类型,如图 3-

14 所示。

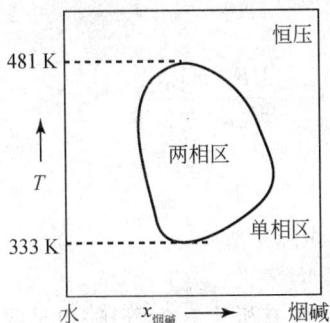

图 3-13 水–烟碱系统的溶解度图

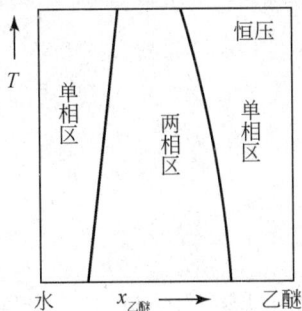

图 3-14 水–乙醚系统的溶解度示意图

六、完全不互溶的双液系统

如果两种液体之间的相互溶解度非常小,以致可以忽略不计,这种系统可近似看成完全不互溶的双液系统。例如,水与汞、水与烷烃、水与芳香烃等均属于这种系统。

对于完全不互溶的双液系统,各组分的蒸气压与它们单独存在时同温度的饱和蒸气压一样,不受任一组分的数量多少的影响,则混合系统液面上总的蒸气压等于两个纯组分的蒸气压之和,即 $p = p_A^* + p_B^*$。因此系统的总蒸气压始终比任一纯组分的蒸气压都高,则混合液体的沸点比任一纯组分的沸点都要低。

图 3-15 中 OA、OB、OC 三条曲线分别表示氯苯、水、水和氯苯混合系统的饱和蒸气压曲线,其中 OC 线上每个温度下的压力均等于该温度下 $p_{水}^*$ 和 $p_{氯苯}^*$ 之和。当外压为 100 kPa 时,氯苯的正常沸点是 403.15 K,水的正常沸点是 373.15 K,而水与氯苯混合系统的沸点为 364 K,即如果氯苯和水混合共同蒸馏,会使氯苯在低于其沸点的情况下汽化蒸出,这就是水蒸气蒸馏的原理。

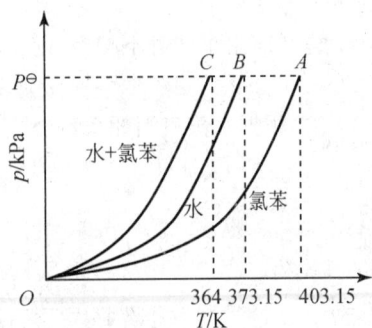

图 3-15 水、氯苯及其混合物的蒸气压曲线

某些有机化合物本身的蒸气压较低,则其沸点较高,若用一般蒸馏方法提纯,往往不到沸点时有机化合物就已经分解。因此不宜用普通的蒸馏方法进行提纯,这类有机化合物通常不溶于水,即可采用水蒸气蒸馏方法,使其在低于100℃的温度下就可蒸出,达到提纯的目的。

实际进行水蒸气蒸馏时,我们通常是把水蒸气通入含有某种有机物 B 的系统中(水蒸气通入可以起到供热和搅拌的作用),加热使其共沸,此时有机物 B 和水被同时蒸出,经冷凝后得馏出物,可分成互不相溶的有机液层和水层,进行分离可得到有机物 B。

水蒸气蒸馏尤其适用于从植物药中提取挥发性有效成分,如薄荷、花椒、姜黄、陈皮等药材挥发油的提取。

馏出单位质量的有机物 B 所需要消耗的水蒸气的量可用水蒸气消耗系数来衡量。设水蒸气蒸馏时的蒸气为理想气体,根据分压定律,有以下关系

$$p_{H_2O}^* = p \cdot y_{H_2O} = p \frac{n_{H_2O}}{n_B + n_{H_2O}}$$

$$p_B^* = p \cdot y_B = p \frac{n_B}{n_B + n_{H_2O}}$$

两式相除,得

$$\frac{p_{H_2O}^*}{p_B^*} = \frac{n_{H_2O}}{n_B} = \frac{m_{H_2O}/M_{H_2O}}{m_B/M_B} = \frac{MB \cdot m_{H_2O}}{M_{H_2O} \cdot m_B}$$

整理得

$$\frac{m_{H_2O}}{m_B} = \frac{p_{H_2O}^* M_{H_2O}}{p_B^* M_B} \tag{3-22}$$

式中,p 是系统的总蒸气压;$p_{H_2O}^*$、p_B^* 分别表示纯水和纯有机物 B 的分压,也是两者的饱和蒸气压;$y_{H_2O}^*$、y_B 分别表示 H_2O 和有机物 B 在气相中的摩尔分数;M_{H_2O}、M_B 分别表示 H_2O 和有机物 B 的摩尔质量;m_{H_2O}、m_B 分别表示馏出物中水和有机物 B 的质量。

$\frac{m_{H_2O}}{m_B}$ 称为水蒸气消耗系数,该系数越小,水蒸气蒸馏的效率越高。从式(3-22)可以看出,有机物蒸气压越高,摩尔质量越大,水蒸气的消耗系数则越小,馏出一定量的有机物所需的水量越少。

随着真空技术的发展,实验室及工业生产中已广泛采用减压蒸馏的方式来提纯有机化合物,但由于水蒸气蒸馏的设备简单,操作简便,所以仍具有重要的实际意义。

【例 3-7】 水蒸气蒸馏法提纯含有非挥发性杂质的甲苯,在系统温度为 80℃,压力为 86 kPa 下进行。已知 80℃时,水的饱和蒸气压为 47.3 kPa。求:(1)$p_{甲苯}$;(2)欲蒸出 10 kg 的甲苯,需加水蒸气多少千克?

解:(1)由于两者不相溶,则 $p = p_水^* + p_{甲苯}^*$

$$p_{甲苯}^* = p - p_水^* = 86 - 47.3 = 38.7(kPa)$$

(2)根据水蒸气消耗系数公式

$$\frac{m_{H_2O}}{m_B} = \frac{p_{H_2O}^* M_{H_2O}}{p_B^* M_B}$$

则

$$m_{H_2O} = \frac{p_{H_2O}^* M_{H_2O}}{p_B^* M_B} \times m_B = \frac{47.3 \times 18}{38.7 \times 92.13} \times 10 = 2.38(kg)$$

即理论上欲蒸馏出 10 kg 甲苯,需要水蒸气 2.38 kg。

七、二组分固-液平衡系统

对于二组分固-液平衡系统,因为压力对于固液系统的影响可以忽略,因此一般用一定压力下温度-组成(T-x)图来表示相变化规律。根据相律公式,$f^* = K - \Phi + 1 = 3 - \Phi$,当 $f^* = 0$ 时,$\Phi_{max} = 3$,表明二组分固液系统最多三相共存。二组分固液平衡系统主要包括固态完全不互溶而形成简单低共熔混合物的系统、固态有时会形成化合物的系统以及固态完全互溶的系统,本章重点介绍生成简单低共熔混合物系统的相图。

固-液相图绘制的常用方法是热分析法。将不同组成的样品加热至熔融后,恒温环境下令其缓慢均匀地自然冷却,记录冷却过程中系统在不同时刻的温度。以温度为纵坐标,时间为横坐标,绘制出 T-t 曲线,即为步冷曲线,也称冷却曲线。在熔融态样品自然冷却过程中,如不发生相变,则温度随时间均匀降低;当有相变发生时,因为相变潜热的影响,步冷曲线会出现转折点或平台,根据步冷曲线拐点、平台等变化,即可绘制出其 T-x 相图。

（一）形成简单低共熔混合物系统的相图

A 和 B 两物质如液态完全互溶,固态完全不互溶,其相图即属于形成简单低共熔混合物系统的相图。下面以对硝基氯苯与邻硝基氯苯构成的系统为例,介绍此类相图的绘制、分析和应用。

1. 相图的绘制 配制对硝基氯苯与邻硝基氯苯样品,A 表示邻硝基氯苯,B 表示对硝基氯苯,使 x_B 的含量分别为 0、0.2、0.33、0.7 和 1.0,采用上述热分析法分别绘制五个样品的步冷曲线,如图 3-16(a)所示。

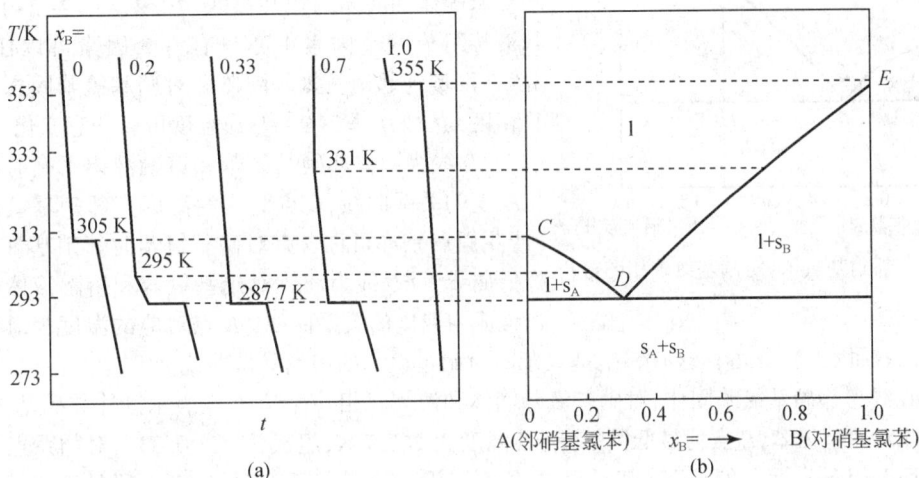

图 3-16　邻硝基氯苯–对硝基氯苯二组分系统的步冷曲线和 T-x 相图

(1)当 $x_B=0$ 时,表示纯邻硝基氯苯样品的步冷曲线,在冷却过程中,当温度在 305 K 以上时,系统是单一液相,根据相律,$f^*=2-\Phi$,$\Phi=1$,$f^*=2-1=1$,系统温度均匀降低,步冷曲线此时呈现斜率比较均匀的线形。当温度下降到邻硝基氯苯的熔点 305 K 时,邻硝基氯苯固体开始析出,$\Phi=2$,$f^*=1-\Phi+1=0$,即温度恒定,出现平台。直至邻硝基氯苯全部析出,$\Phi=1$,$f^*=1$,温度继续下降。当 $x_B=1$ 时,表示纯对硝基氯苯样品的步冷曲线,与 $x_B=0$ 完全相似,在对硝基氯苯熔点 355 K 时出现平台。

(2)当 $x_B=0.2$ 时,由图 3-16(a)中冷却曲线可知,在 295 K 以上,熔融液温度均匀下降,当温度降低到邻硝基氯苯的熔点 305 K 时,并无固体析出,这是由于样品中混有对硝基氯苯而使邻硝基氯苯的凝固点降低了;温度到达 295 K 时,出现转折点,说明熔融液中邻硝基氯苯开始析出,$f^*=2-2+1=1$,温度继续下降,因固体析出时放热,系统温度降得缓慢一些,而到 287.7 K 时邻硝基氯苯和对硝基氯苯同时析出,$\Phi=3$,$f^*=0$,这时体系的温度和液相组成都不能任意变化,在步冷曲线上出现了水平线段,由于该线段所对应的温度为熔融液可能存在的最低温度,故把这个温度称为最低共熔点(eutectic point),对应组成的溶液称为最低共熔混合物。

需要说明的是,低共熔混合物不是化合物,只是混合的比较均匀的混合物,在外压发生变化时,其组成会发生改变。当熔融液完全凝固,$\Phi=2$,$f^*=2-2+1=1$,系统的温度继续下降。

当 $x_B=0.7$ 时的步冷曲线与上述相似,只是当温度低至 331 K 时,先析出的是对硝基氯苯。

(3)当 $x_B=0.33$ 时,二组分系统的步冷曲线比较特殊,其步冷曲线总体形状与纯物质系统相似,在冷却过程中没有转折点,只在 287.7 K 时出现一水平线段。说明该样品组成与最低共熔混合物的相同。在冷却过程中,对硝基氯苯固体与邻硝基氯苯固体的析出不分先后,当系统温度降低到最低共熔点 287.7 K 时,两种固体同时析出,直接从单一液相状态进入固–固–液三相共存状态,$f^*=2-3-1=0$,步冷曲线上出现水平线段。由此可见,当系统组成为最低共熔混合物组成时,其熔点(或凝固点)最低。

(4)将上述五条步冷曲线各转折点和水平线段所对应的温度,和与之相对应的组成在 T-x 中描点,把各点连接绘制成图,即可得到二组分简单低共熔系统的相图,如图3-16(b)所示。

2. 相图分析 图3-17中 CDE 线以上是熔融的单一液相区,此区域内物系,$\Phi=1$,$f^*=2-1+1=2$,温度和组成可以在范围内同时任意变化而保持液态不变。CDF 区域为邻硝基氯苯固体和熔融液体两相共存区,$\Phi=2$,$f^*=2-2+1=1$,温度和液相组成两个因素中只有一个因素可以任意变化,另一个则随之而定。DEG 区域为对硝基氯苯固体和液体两相共存区,$\Phi=2$,$f^*=2-2+1=1$,温度和液相组成两个因素中亦只有一个因素可以任意变化。$AFGB$ 区域为邻硝基氯苯固体和对硝基氯苯固态两相平衡共存区,$\Phi=2$,$f^*=2-2+1=1$,温度可以任意变化。

CD 线为固体邻硝基氯苯和熔融液体平衡时液相组成与温度的关系曲线,C 点对应的温度为邻硝基氯苯的熔点(或凝固点),亦可称含有对硝基氯苯时邻硝基氯苯的熔点降低曲线。ED 线为固体对硝基氯苯和熔融液体平衡时液相组成与温度的关系曲线,E 点对应的温度为对硝基氯苯的熔点(或凝固点),亦可称含有邻硝基氯苯时对硝基氯苯的熔点降低曲线。

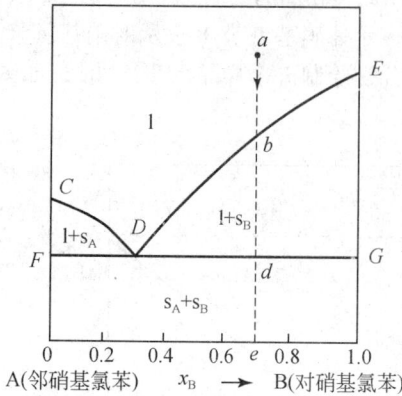

图 3-17 邻硝基氯苯-对硝基氯苯相图分析

FDG 线为邻硝基氯苯固体、对硝基氯苯固体和液体三相共存线,C 点表示固体邻硝基氯苯,D 点表示固体对硝基氯苯,E 点为最低共熔点,其温度为287.7 K,组成为 $x_B=0.33$。对物系点为 a 的系统进行动态相图分析。在不断冷却过程中,物系点沿垂线 ae 向下移动。在 ab 段是液相逐渐降温过程,到达 b 点,纯固体 B 对硝基氯苯开始由液相中析出,在 bd 段,是固体 B 对硝基氯苯不断析出的过程。由于固体 B 的析出,与之成平衡的液相中 B 的含量逐渐减少,液相中 A 的相对量不断增高。因而液相点相应的沿 bD 改变,固体 B 的量逐渐增多,液相量逐渐减少,两相的量可以用杠杆规则计算。

3. 相图的应用

(1)混合熔点法检测样品纯度。测定熔点是估计样品纯度的常用方法,由相图中可知,纯物质中如含有杂质,熔点必定降低,杂质含量越高,熔点降低得越多。混合熔点法就是把样品与标准品混合后测其熔点,若测得熔点比标准品大幅度降低,说明两者不是同一种物质;若测得熔点与标准品的相同,说明两者是同一种物质。

(2)药物的配制。如果两种固体药物的低共熔点接近室温或在室温以下,药剂调配时出现润湿或液化的现象称为低共熔现象。例如,熔点为179℃的樟脑45 g 与熔点为42℃的水杨酸苯酯55 g 混合后,测其熔点仅为6℃。药物配制时应根据低共熔后对药理作用影响而调节处方或工艺。例如,薄荷脑与冰片、樟脑与薄荷脑,可采用先形成低共熔物,再与其他固体粉末混匀;或分别以固体粉末稀释低共熔组分,再轻轻混合均匀。

(3)配制低温冷冻液。在生产和科学研究中,配制合适的水盐系统,可以获得不同的低温冷冻液。例如,H_2O-$NaCl$(s) 系统的低共熔温度为252 K,H_2O-$CaCl_2$(s) 系统的低共熔温度为218 K。按照最低共熔点的组成来配制冰和盐的体系,就可以获得较低的冷冻温度,在最低共熔点以上就不会凝固。一些常见水-盐低共熔混合物系统的最低共熔点和组成见表3-5。

表 3-5 一些常见水-盐低共熔混合物系统的最低共熔点和组成

盐	最低共熔点/K	低共熔组成/盐%
水-氯化钠	252	23.3
水-氯化钾	262.5	19.7
水-氯化铵	257.8	18.9
水-氯化钙	218.2	29.9
水-硫酸铵	254.1	39.8

(4)剂型改良,增强药效。研究发现,低共熔点析出的晶体都是细小、均匀的微晶,具有分散度高、表面能大、溶解度高的优点。将难溶药物与易溶物质(辅料,如聚乙二醇)快速冷冻形成低共熔混合物,其颗粒细小,分散程度大,能促进难溶性药物的溶解和吸收。此外,根据低共熔点相图,可以配制浓度精准的该类溶液用作分析化学中定量分析的标准溶液。

(二)生成化合物的二组分固−液系统相图

有些二组分固−液平衡系统可能生成化合物,形成第三个物种,如

$$A+B \rule[0.5ex]{1.5em}{0.1ex}\rule[0.2ex]{1.5em}{0.1ex} AB$$

则系统中物种数会增加1,但同时有一个独立的化学反应 $R=1$,按组分数的定义 $K=S-R-R'=3-1-0=2$,因此仍然是二组分系统。

根据生成的化合物是否稳定,这种系统可分为生成稳定化合物和生成不稳定化合物两种类型来介绍。

1. 生成稳定化合物的相图

A 和 B 生成化合物 AB,该化合物熔化时生成的熔融液与固相时有相同的组成,加热到熔点时并不分解,化合物 AB 称为稳定化合物。在分析此类相图时,一般可以看成是由两个简单低共熔二组分系统的相图合并而成。如图 3-18 所示,左边是化合物 A 和 AB 组成的相图,E_1 是 A 与 AB 的低共熔点;右边是化合物 AB 与 B 组成的相图,E_2 是 AB 与 B 的低共熔点。

2. 生成不稳定化合物的相图

有时 A 和 B 化合物生成一种不稳定的化合物 D,将这种化合物加热到一定温度,它就会分解成一种固体物质和溶液,而溶液的组成不同于固体化合物 D 的组成,因此我们说 D 为不稳定化合物,如图 3-19 所示。

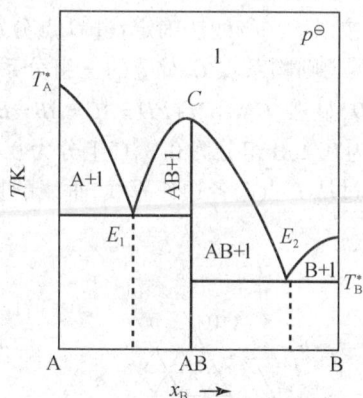

图 3-18 生成稳定化合物二组分系统

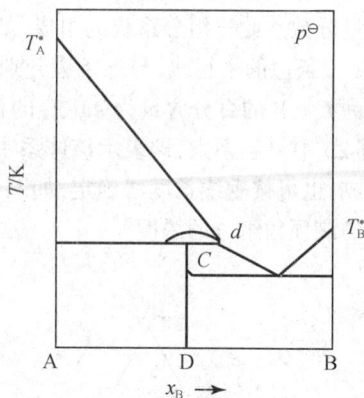

图 3-19 生成不稳定化合物二组分系统

若将化合物 D 加热,物系点 D 向上移动,达到 C 点的温度时,化合物分解为固体 A 和溶液,溶液的组成为相点 d,此时的温度称转熔温度,系统呈三相平衡,即固相 A、化合物 D、液相 d。根据相律,$f^*=2-3+1=0$,系统的温度和各相组成都不改变,直到化合物完全分解,温度才继续上升,固体又开始熔化,若继续升高温度,系统呈单一液相。

(三)生成部分互溶的固熔体的二组分固−液系统的相图

两个组分在液态时可无限混溶,而在固态时一定浓度范围内部分互熔,其他浓度范围内会形成互不相熔的两相,其相图如图 3-20 所示。

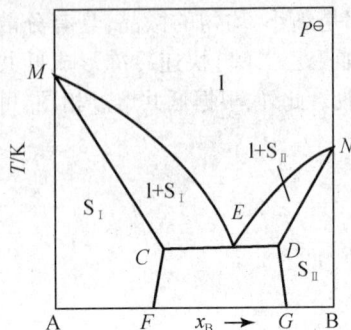

图 3-20 生成部分互溶体的二组分固-液系统的相图

图中 ME 与 NE 为液相线,在液相线以上系统以单一液相存在;MC 与 ND 为固熔体组成线,MCE 是 B 熔在 A 中的固熔体(SI)与液相的两相共存区,NDE 是 A 熔在 B 中的固熔体(S_{II})与液相的两相共存区,此时 $f^* = 2 - 2 + 1 = 1$;MAFC 为固熔体 S_I 的单相区,NBGD 为固熔体 S_{II} 的单相区,CFGD 为 S_I 与 S_{II} 两种固熔体共存的两相区,其中 E 点是低共熔点,在 E 点液相同时析出固溶体 S_I 与 S_{II};CED 线上为三相平衡共存线,此时 $f^* = 2 - 3 + 1 = 0$。

第四节　三组分系统

在三组分系统中,K = 3,根据相律,$f = 3 - \Phi + 2 = 5 - \Phi$,当 $\Phi = 1$ 时,最大自由度 $f = 3 - 1 + 2 = 4$,也就是说,三组分系统最多可以有四个独立变量,即指温度、压力和两个浓度可以独立变化。为了能在平面图上表达三组分系统的相图,通常固定压力和温度,则 $f^* = 3 - 1 + 0 = 2$,就可用平面坐标图如等边三角形、直角三角形或直角坐标来描述其相图,其中最常用的是等边三角形表示法。

一、正三角形坐标法表示三组分系统的相图

以 A、B、C 组成的三组分系统为例,其相图如图 3-21 所示。正三角形的三个顶点分别表示三个纯组分;三条边分别表示三个二组分系统,如 AB 边表示由 A、B 组成的二组分系统;三角形内任何一点都表示一个由 A、B、C 三组分构成的系统。坐标绘制时每条边视为1,按逆时针方向表示箭头所指组分的质量分数。此三组分系统的组成,如物系点 O,可按以下平行线法确定:过 O 点分别做平行于 AB、BC、CA 三条边的平行线,与三条边分别交于 N、M、D 点,则物系点 O 对应的三组分系统中,A 的百分含量为 CN,B 的百分含量为 AM,C 的百分含量为 BD,显然,CN + AM + BD = AC = AB = BC = 100%。例如,图 3-22 中 P 物系点,即表示该体系中含有 A 组分为 0.2,B 组分为 0.3,C 组分为 0.5。三组分系统的组成,也可按垂线长度法确定,如图 3-22 所示,通过从 P 点向各边作垂线,垂线的长度即代表它所指向的该顶角组分的浓度。

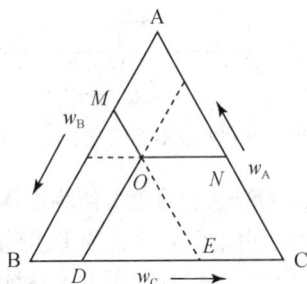

图 3-21　三角形体系表示法(平行线法)

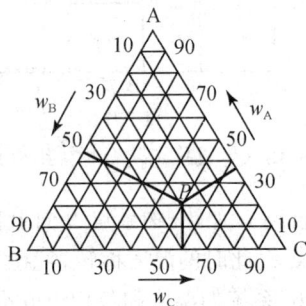

图 3-22　三组分体系组成表示法(垂线法)

反之,对于一已知的三组分系统,根据各组分的百分含量,也可按平行线法在正三角形坐标中找出其对应的物系点。

正三角形表示三组分系统的相图具有以下特点:

(1)等含量原则。三角形内平行于底边的任意一条线上的物系点所代表的系统,含对应顶点组分的百分含量相等。如图3-23所示,与底边 BC 平行的线上 d、e、f 各点所代表的系统中 A 的百分含量都相等。

(2)定比例规则。从顶点向对边作一直线 AD,如图3-23所示,线上各点代表不同的体系,但其中 B 与 C 的百分含量比值一定相等。例如,D' 和 D 物系点,含 B 组分的百分含量分别为 AE 和 AF,含 C 组分的百分含量分别为 BG 和 BH,证明可得

$$\frac{AE}{AF} = \frac{AD'}{AD} = \frac{BG}{BH}$$

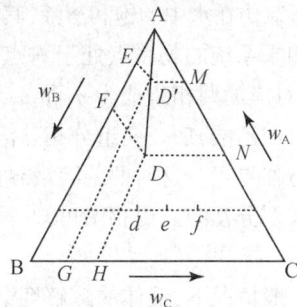

图3-23 正三角形坐标的
特点(1)(2)(3)

则

$$\frac{AE}{BG} = \frac{AF}{BH}$$

即 D' 和 D 中含 B 和 C 两组分的比值恒定相等。

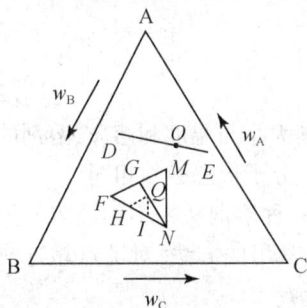

图3-24 正三角形坐标的
特点(4)(5)

(3)通过顶点的任一条线上,离顶点越近,系统中顶点组分的含量越多;离顶点越远,顶点组分含量越少。例如,图3-24中 AD 线上,D' 中 A 含量高,D 中 A 含量少。

(4)如果有两个三组分系统 D 和 E,混合成一个新的三组分系统,则新系统的物系点肯定落在 DE 连线上,如图3-24所示。O 点的位置可用杠杆规则求算。用 m_D、m_E 分别代表 D 和 E 的质量,则有 $m_D \cdot OD = m_E \cdot OE$。

(5)由 F、M、N 三个三组分系统合并成一个新的三组分系统,则新三组分系统的物系点位于该三点构成的三角形的重心处,如图3-24所示。新系统的物系点可先将 FM 两点连线按杠杆规则求出 F、M 两个系统合并后的位置 G 点,再用同样方法求出 G 与 N 相混合后系统的组成点 Q。

二、一对液体部分互溶的三组分系统

三种液体组成三组分系统中,三对液体间可能是一对液体部分互溶、两对液体部分互溶或三对液体部分互溶,下面以乙酸(A)、氯仿(B)、水(C)组成的三组分系统为例介绍一对液体部分互溶的三组分系统的相图。在乙酸、氯仿和水组成的三组分系统中,氯仿和乙酸、水和乙酸均可以任意比例互溶,而氯仿和水在一定温度下只能部分互溶。相如图3-25所示。

帽形曲线 DOE 表示在乙酸存在下氯仿和水的相互溶解度,此曲线把相图分为两个区域,帽型区以外的区域为单一的不饱和液相区,$\Phi = 1$,$f^{**} = 3 - 1 + 0 = 2$,说明在此区域内,系统中两个组分的浓度可任意变化而保持单一液态不变。帽形区以内的区域为两个液相平衡共存区,$\Phi = 2$,$f^{**} = 3 - 2 + 0 = 1$,两个液相的相点都落在 DOE 曲线上,其中一相为有乙酸存在时水在氯仿中的饱和溶液,其溶解度由相点 a_1、a_2、a_3、a_4 表示;另一相为有乙酸

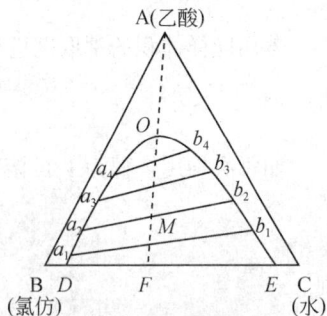

图3-25 一对部分互溶的组分
系统的相图

存在下氯仿在水中的饱和溶液,其溶解度由相点 b_1、b_2、b_3、b_4 表示,两相互称为共轭溶液。

如果系统的物系点处于 F 点,向该系统中逐渐加入 A,物系点将沿 FA 连线向 A 点移动,到达 M 点时,对应的两相组成为 a_2 和 b_2,由于乙酸在两层中分配不均等,所以连接线底边不平行。继续向系统中加乙酸,B、C 两组分相互溶解度增加,连接线缩短,两液层的组成逐渐接近,最后缩为一点,O 点称为临界点。这时两层溶液界面消失,成单相。乙酸与水、乙酸与氯仿均能以任意比例互溶,而氯仿和水部分互溶。由相图可知,第三种组分乙酸的加入,增加了氯仿和水之间的溶解度,乙酸起到助溶作用。

一般情况下,液体的溶解度会随着温度的升高而增大,当升高温度时,帽型区面积将变小,而温度降低时,帽型区面积会增大。相图属于这一类的还有:乙酸(A)–正丁醇(B)–水(W)形成的 BAW 系统、甲苯–乙醇–水和苯–乙醇–水系统。此类相图在萃取中有重要的应用。

三、萃　取

1. 分配定律　在一定温度和压力下,将一种物质溶解在两个互不相溶的溶剂中,达到平衡后,该物质在两溶剂中的浓度比值等于常数,与加入的溶质的量无关,这种关系称为分配定律。其数学表达式为

$$K = \frac{c_A}{c_B} \tag{3-23}$$

式中,c_A、c_B 分别表示溶质在溶剂 A、溶剂 B 中的浓度;K 为分配系数,其大小与温度和溶质、溶剂的本性有关。应用分配定律时需注意,此式只适用于稀溶液;溶质在两相中分子形态必须相同。

2. 萃取效率　萃取是分配定律的一个重要应用。萃取就是利用一种溶剂从一不相混溶的另一溶液中提取出某一种溶质的分离。萃取对于提纯、精制药物等都是很常用的方法,对沸点靠近或有共沸现象的液体混合物,可以考虑用萃取的方法分离。

假定某溶质在两溶剂中没有缔合、解离、化学作用等变化。设在体积为 V_1 的溶液中含有溶质 m g,若每次都用体积为 V_2 的溶剂萃取,则第一次达到平衡后,在原溶液中剩余的溶质的量为 m_1,则

$$K = \frac{m_1/V_1}{(m - m_1)/V_2}$$

可解得

$$m_1 = m \frac{KV_1}{KV_1 + V_2}$$

若用同样体积的萃取剂进行第二次萃取,则溶质在原溶液中的剩余量 m_2 为

$$m_2 = m_1 \left(\frac{KV_1}{KV_1 + V_2} \right) = m \left(\frac{KV_1}{KV_1 + V_2} \right)^2$$

如每次均用体积为 V_2 的溶剂萃取,则经 n 次萃取后,剩余在原溶液中的溶质的质量为

$$m_n = m \left(\frac{KV_1}{KV_1 + V_2} \right)^n$$

则

$$萃取效率 = \frac{m_0 - m_n}{m_0} \times 100\% \tag{3-24}$$

对于一定量的萃取剂来说,分若干份进行多次萃取,要比将全部萃取剂一次萃取的效率高。

3. 连续萃取　如果不同物质的分配系数差别较小,则需要采取连续萃取的方法进行分离。利用一对互溶的三组分相图能直观说明萃取分离的过程。

如图 3-26 所示,设组成为 D 的 A 和 B 的混合物溶液,其中 A 为要被萃取出的物质,B 为原溶剂,C 为加入的萃取剂,C 与 B 部分互溶。将混合物装入分液漏斗,加入萃取剂 C,摇动,物系点沿 DC 线移动,设到达 O_1 物系点,对应的相点分别为 E_1 和 F_1,静置分层,分离。

萃余相的组成为 E_1,萃取相的组成为 F_1。E_1 相中再加入萃取剂 C,物系点沿 E_1C 移动,新的物系点为 O_2,对应的相点分别为 E_2 和 F_2,静置分层。在萃余相 E_2 中再加萃取剂 C,物系点沿 E_2C 方向移动,设到达 O_3 点,再摇动分层,萃余相组成为 E_3。如此重复多次,萃余相的相点由 E_1 逐渐靠近 E,其中 A 的含量趋近于零。

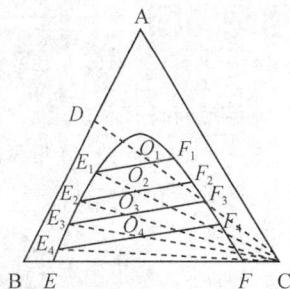

图 3-26 萃取过程示意图

阅读材料

伪三元相图筛选药用微乳的处方

微乳是由油相、水相、乳化剂和助乳化剂在适当的比例下自发形成的一种透明或半透明的、低黏度的热力学及动力学稳定的油水混合系统,微乳粒径分布较小,为 $1 \sim 100$ nm,又称纳米乳。其具有吸收迅速、可过滤灭菌、易于制备和保存等优点,可作为纳米级给药系统的载体,有缓释和靶向作用,可提高药物的疗效,降低其毒副作用。其应用价值逐渐引起药剂学者的重视。

药用微乳处方设计的重点是选择合适的乳化剂和助乳化剂及确定恰当的比例。目前,在制备微乳前大都要先进行微乳的伪三元相图的研究,以确定微乳的存在区域及微乳区面积大小,进而确定药用微乳的处方。伪三元相图是研究多组分分散体系相行为直观而有效的方法。通过相图可以直观地看出微乳区的大小及各组分的比例,可以有效减少实验次数,缩短实验时间,克服盲目性,对配方的优化具有指导作用。

如何绘制伪三元相图呢?

在绘制相图时,通常对四组分或四组分以上的体系,采用变量合并法。例如,固定某两个组分的配比,使实际独立变量不超过 3 个,从而仍可用三角相图来表示,这样的相图称为拟三元相图或伪三元相图。

伪三元相图的绘制可采用加水滴定法或加油滴定法进行试验,常采用加水滴定法进行。加水滴定法即在一定温度下,将乳化剂与助乳化剂按 K_m(乳化剂和助乳化剂的质量比)为一定比例混合,用磁力搅拌器充分混合均匀得到混合乳化剂,混合乳化剂再与油相分别按不同比例混合均匀,在旋涡振荡下逐滴加入注射用水,观察体系由浑浊至澄清或由澄清到浑浊的现象,记录澄清和浑浊临界点时的数据。绘制相图时,以乳化剂和助乳化剂为伪三元相图的一个顶点,油相和水相作为另外两个顶点,根据各组分在临界点时所占总量的百分比来确定该点在相图中的位置,将每个临界点连成曲线即得该组分在一定 K_m 值下的伪三元相图,如图 3-27 所示,曲线内为普通乳状液区,曲线外为微乳区,在此范围内选择各相的用量,为微乳处方设计提供依据。

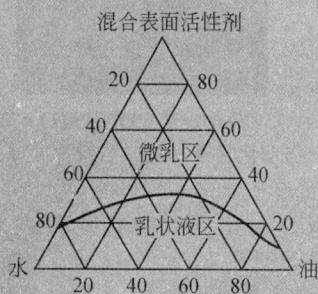

图 3-27 伪三元相图示意图

阅读材料

目前,中药微乳作为现代化中药研究的一种新剂型,因其粒径小,故增加了难溶性药物的溶解度和吸收利用度,但其还存在很多问题。首先,微乳中含有高浓度的乳化剂和助乳化剂具有一定的毒性,对胃肠黏膜有一定的刺激性,对全身的急、慢性毒性较为明显。其次,中药微乳载药量尚有一定的局限。因此需要寻找高效低毒的表面活性剂和助表面活性剂;并尝试精制中药有效部位或有效成分,提高药物载药量。

总之,微乳作为一种新型药物载体,吸收迅速、疗效增强、作用稳定。如果能降低其毒副作用,其制剂潜力巨大。相信随着中药现代化技术的发展,中药微乳制剂将具有更广阔的发展前景。

科学家介绍

Clapeyron(1799~1864)
法国物理学家和工程师克拉贝龙

克拉贝龙(Clapeyron),1799 年 1 月 26 日生于巴黎,1818 年毕业于巴黎工业大学。1820~1830 年在俄国彼得堡交通工程部门担任工程师,回到法国后,1844 年起任巴黎桥梁道路学校教授,1848 年被选为巴黎科学院院士。

克拉贝龙主要从事热学、蒸汽机设计和理论、铁路工程技术方面的研究。他在物理上的贡献主要是热学方面。克拉贝发表了《关于热的动力》的论文,重新研究和发展了卡诺的热机理论,1834 年赋予卡诺理论以易懂的数学形式,使卡诺理论显现出巨大意义。并在卡诺定理的基础上研究了气-液相平衡问题。按照热质说,他利用一个无限小的可逆卡诺循环得出了著名的克拉贝龙方程,1851 年克劳修斯从热力学理论也导出了这个方程,因而称之为克拉贝龙-克劳修斯方程。它是研究物质相变的基本方程。

1864 年 1 月 28 日克拉贝龙在巴黎逝世。

黄子卿,字碧帆,1900 年出生于广东省梅县。1924 年毕业于美国威斯康星大学,主修化学,获理学学士学位。1925 年获康奈尔大学理学硕士学位。同年 9 月入麻省理工学院化学系攻读博士学位,后因公费到期,1927 年结业回国。1934 年再度赴麻省理工学院,1935 年获麻省理工学院哲学博士学位。历任北京协和医院、清华大学、西南联合大学和北京大学化学系教授。1955 年被聘为中国科学院数理化学部委员,1981 年被聘为化学部委员。

黄子卿一生勤奋好学,勇于探索,50 多年教学和科研生涯中,涉足电化学、生物化学、热力学等多个领域,讲授过多门物理化学相关课程。1956 年,他出版的《物理化学》是新中国成立后第一本物理化学教材。黄子卿先生被誉为我国物理化学的一代宗师。

黄子卿(1900~1982)
物理化学家和化学教育家黄子卿

1934 年他在麻省理工学院作为博士论文的内容之一就是测定了水的三相点的精确值为 (0.00980 ± 0.00005)℃,这一结果成为 1948 年国际实用温标(IPTS-1948)选择的关于水的三相点的基准参照数据之一。他从事溶液理论研究 40 余年,提出了盐效应的机制,阐明了盐析和盐溶与离子性质的关系;提出了简单溶剂化模型及其检验公式,并给出了估算这类体系中离子溶剂化数的方法,受到国际上同行的重视。

黄子卿从事高等学校化学教育 55 年,讲课一丝不苟,立论严谨,循循善诱,使学生终生难以忘怀。他非常重视实验在化学教育中的作用,谆谆教导学生要重视科学研究中的实验工作,真正做到一丝不苟,严格可靠,否则可能会得出荒谬的结论。

习 题

1. 如何用相律说明两组分气-液平衡相图中恒沸点混合物是混合物而不是化合物?

2. 试确定 $H_2(g)+Cl_2(g)\Longrightarrow 2HCl(g)$ 平衡系统中,在下述情况下的独立组分数:

(1)反应前只有 $HCl(g)$;

(2)反应前有等物质的量的 $H_2(g)$ 和 $Cl_2(g)$;

(3)反应前有任意量的 $H_2(g)$ 和 $Cl_2(g)$。

$$[(1)\ K=1;(2)\ K=1;(3)\ K=2]$$

3. 碳酸钠和水可形成下列几种含水化合物: $Na_2CO_3\cdot H_2O$、$Na_2CO_3\cdot 7H_2O$、$Na_2CO_3\cdot 10H_2O$,则
(1)在 101. 325 kPa 下能与 Na_2CO_3 水溶液和冰共存的含水盐最多可有几种? (2)在20℃能与水蒸气平衡共存的含水盐最多可有几种?

$$[(1)最多只能含有一种含水盐与之平衡共存;(2)最多可能有两种含水盐与之共存]$$

4. 由甲苯和苯组成的某一溶液含30%(W/W)的甲苯,在30℃时纯甲苯和纯苯的蒸气压分别为4. 89 kPa 和15. 76 kPa,设该溶液为理想溶液,问30℃时溶液的总蒸气压和分压各为多少?

$$(p_{甲苯}=1. 3\ kPa;p_{苯}=11. 55\ kPa;p_{总}=12. 85\ kPa)$$

5. 已知氯仿在20℃和50℃下的饱和蒸气压分别为21. 3 kPa 和71. 4 kPa,计算氯仿的摩尔汽化热。

$$(\Delta_r H_m=31. 8\ kJ\cdot mol^{-1})$$

6. 水和乙酸乙酯是部分互溶的,设在37. 55℃时,二相互成平衡,其中一相含有6. 75%的酯,而另一相含水3. 79%。设拉乌尔定律适用于各相的溶剂,在此温度时纯乙酸乙酯的蒸气压是22. 13 kPa,纯水的蒸气压是6. 40 kPa。试计算:①酯的分压;②水蒸气的分压;③总蒸气压。

$$(①p_{酯}=18. 56\ kPa;②p_{水}=6. 31\ kPa;③p_{总}=24. 87\ kPa)$$

7. A 液体的正常沸点为338 K,其汽化热为34. 727 kJ·mol^{-1},A 液体和 B 液体可形成理想液态混合物,现将1mol 的 A 和9mol 的 B 混合形成理想液态混合物,其沸点为320 K,试计算:将组成 $x_A=0. 4$ 的理想液态混合物置于带活塞的气缸内,开始时活塞与气缸接触,若在320 K 下逐渐降低活塞的压力,当液体内出现第一个气泡时,气相组成 y_A 为多少? 气相总压 $p_{总}$ 为多大?

$$(y_A=0. 24,p_{总}=84. 396\ kPa)$$

8. $CuSO_4$-H_2O 系统的 T-x 相图如下:将50℃时组分为 x_A 的250 kg $CuSO_4$ 水溶液,冷却至25℃,析出 $CuSO_4\cdot 2H_2O$ 结晶(x_B),与此结晶成平衡的饱和溶液组成为 x_C,求该过程析出的 $CuSO_4\cdot H_2O$ 结晶和剩余溶液的质量?

$$(m_B=50\ kg,剩余溶液的质量为200\ kg)$$

9. 用热分析法测得对二甲苯和间二甲苯的步冷曲线转折点如下表所示:

(1)绘制对二甲苯和间二甲苯的熔点-组成图;

(2)若有 100 kg 含对二甲苯的摩尔分数为 0. 70 的溶液由 10℃冷至-15℃时,求析出的对二甲苯的质量。

(3)当继续降温时,可最多析出纯对二甲苯的质量为多少?此时液相的质量为多少?

$x_{间二甲苯}$	$x_{对二甲苯}$	第一转折点/℃	最低共熔点/℃
1	0	-47. 9	—
0. 90	0. 10	-50	-52. 8
0. 87	0. 13	-52. 8	-52. 8
0. 30	0. 70	-4	-52. 8
0	1. 00	13. 3	

$$[(1)略;(2)m=31. 8\ kg;(3)m_{(l)}=34. 6\ kg]$$

10. 某有机酸在水和乙醚中的分配系数在20℃时为0. 08。该有机酸5 g 溶于 0. 1 dm^3 水中构成溶液。①若用 0. 04 dm^3 的乙醚一次萃取,问水中剩余有机酸多少克? ②若每次用 0. 02 dm^3 的乙醚萃取两次,问水中剩余有机酸多少克?

$$(①m_1=0. 833\ g;②m_2=0. 408\ g)$$

第四章 电 化 学

本节提要

　　本章在介绍电解质溶液的导电机理、法拉第定律和离子的电迁移等内容的基础上,重点讨论了:(1)电解质溶液电导(包括电导率、摩尔电导率、离子独立运动定律)及其应用(包括水的纯度测定、弱电解质的电离度及电离常数的测定、难溶盐的溶解度测定和电导滴定);(2)可逆电池的热力学及相关计算、电池电动势和电极电势产生的机理和应用。同时简单介绍了电化学应用的相关进展。

　　电化学是研究电能和化学能之间相互转化及有关规律的科学。电化学不仅与无机化学、有机化学和化学工程等传统学科相关,而且随着科学技术的快速发展它已广泛应用于环境科学、能源科学、材料科学和生命科学等研究领域。

　　电化学与其他学科结合,出现了很多新的研究领域。例如,在生物医药领域,人们采用电化学分析手段开展了电泳、电导滴定、极谱分析、离子选择性电极的应用、生物电催化等研究工作,在临床与科研方面发挥了重要的作用。

　　电化学的研究内容十分广泛,本章主要介绍电化学中的基本原理和规律,主要包括电解质溶液理论、可逆电池热力学和原电池电动势产生理论等内容。

第一节　电化学的基本概念和理论

一、基 本 概 念

　　电化学实现化学能和电能转化的装置有两类:将化学能转变为电能的**原电池**(primary cell)和将电能转变为化学能的**电解池**(electrolytic cell)。无论是原电池还是电解池,它们的电极(electrode)和电解质溶液都作为导体实现了电路的连通。

　　导体是电化学最重要的基本概念,能导电的物质称为导体。在导体中电流载体(载流子)指可以自由移动的带有电荷的物质微粒,如电子和离子。按照载流子的不同,我们将导体分为电子导体和离子导体:第一类是**电子导体**,如金属、石墨及其金属化合物等,这些导体主要是靠自由电子的定向移动导电,当电流通过电子导体时自身不发生化学变化。随着外界温度的升高,电子导体的内部热运动加剧、电阻增大,导电能力降低。第二类是**离子导体**,主要包括电解质溶液、熔融状态的电解质和固体电解质等,离子导体主要是靠离子的定向迁移实现导电的,导电的同时体系会发生化学变化,并且随着温度的升高,导电能力增大。

　　原电池和电解池都包含两个电极,把发生氧化反应(失去电子)的电极称为**阳极**(anode),而发生还原反应(得到电子)的电极称为**阴极**(cathode);同时把电势较低的电极称为**负极**,把电势较高的电极称为**正极**。由此可见,在原电池中的正极为阴极,负极为阳极;而在电解池中的正极为阳极,负极为阴极。

　　当电流通过电解池或原电池时,电解质溶液中的离子在电场作用下作定向迁移,阴离子向阳极移动,阳离子向阴极移动,同时在电极上发生氧化还原反应。图4-1分别给出了原电池和电解池的装置及过程中离子迁移情况,现以图 4-1(a)为例分析如下。

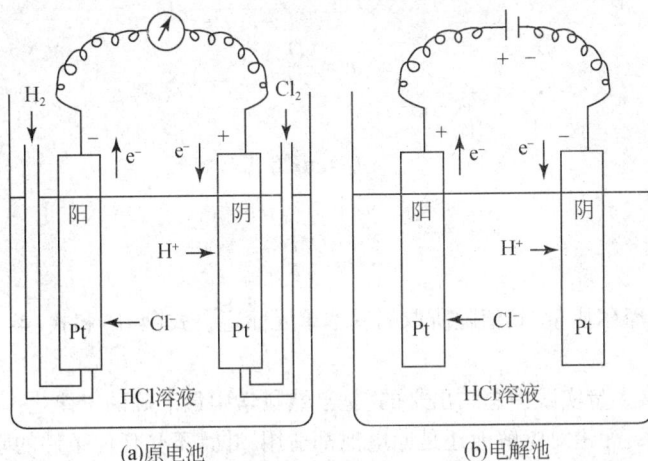

图 4-1 电化学装置示意图

图 4-1(a)所示的原电池装置由两个铂电极插入 HCl 溶液中构成,分别通入氢气和氯气吹打插入 HCl 溶液中的两个铂电极,则在负极上自发地进行氢气失去电子的氧化反应:

$$H_2(g) \longrightarrow 2H^+(aq) + 2e^-$$

在正极上自发地发生氯气夺取电子的还原反应:

$$Cl_2(g) + 2e^- \longrightarrow 2Cl^-(aq)$$

上述两电极上发生的氧化或还原反应称为**电极反应**(reaction electrode),两电极反应的总结果则称为**电池反应**(reaction of cell):

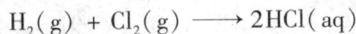

$$H_2(g) + Cl_2(g) \longrightarrow 2HCl(aq)$$

在负极上有多余的电子而具有较低的电势,在正极(阴极)上缺少电子而具有较高的电势,如果用导线通过负载连接两电极,就会产生电流而对外做电功。溶液中的 H^+ 向负极扩散迁移,Cl^- 向正极扩散迁移,溶液中正、负离子的定向移动构成电流回路。在恒温恒压条件下,电化学系统的吉布斯自由能降低,化学能转化成电能。

综上可知,在借助外部导线连接的基础上,原电池和电解池的导电机理为:

(1)电极与溶液接口处的电流是由于两电极上发生氧化还原反应产生电子得失而实现连续的;

(2)电解质溶液内部的电流连续是通过正、负离子定向迁移完成的。

二、法拉第定律

1833 年,法拉第在研究大量电解反应的实验结果后提出关于电解产物的量与通入电量之间关系的规律,即**法拉第定律**(Faraday's law):

(1)电解过程中,任一电极上发生化学反应的物质的量与所通的电量成正比;

(2)通入相同的电量时,任何电极上发生化学反应的物质的量相同。

电化学中,通常以含有单位元电荷 e(即一个质子或一个电子的电荷绝对值)的物质作为物质的量基本单元,如 H^+、$1/2Mg^{2+}$、$1/3PO_4^{3-}$ 等。1 mol 元电荷所具有的电量称为法拉第常数,用 F 表示:

$$F = Le = (6.022 \times 10^{23}\ mol^{-1}) \times (1.6022 \times 10^{-19}\ C) = 96484.6(C \cdot mol^{-1}) \approx 96500\ (C \cdot mol^{-1})$$

式中,L 为阿伏伽德罗常量;e 为质子的元电荷。

如欲从含有 M^{Z+} 离子的溶液中沉积 1mol 金属 M,即 $M^{Z+} + Ze^- \longrightarrow M$,则需要通过 $1\ mol \times Z$ 个电

子,Z 是电极反应式中电子的计量系数。因此,当通过的电量为 Q 时,所沉积出该金属的物质的量为 n mol,即

$$n = \frac{Q}{ZF}$$

或一般写成

$$Q = nZF \qquad\qquad (4-1)$$

所沉积的金属质量为

$$m = \frac{QM_r}{ZF} \qquad\qquad (4-2)$$

式中,M_r 为析出物的摩尔质量,其值随所取的基本单元而定。式(4-1)和式(4-2)是法拉第定律的数学表示式。

法拉第定律是从大量实践中总结出来的,是自然科学中最准确的定律之一。它揭示了电能与化学能之间的定量关系,无论对电解池还是原电池都适用,并且不受任何条件的限制。

【例 4-1】 用电流强度为 0.025 A 的电流通过硝酸金[$Au(NO_3)_3$]溶液,通电时间为 7.05×10^4 s,计算沉积在电极上的金的质量。已知 $Au(s)$ 的摩尔质量为 197.0 g · mol^{-1}。

解:通入的电量 Q 为

$$Q = It = 0.0258 \times 7.05 \times 10^4 = 1763(C)$$

阴极上的电极反应为

$$Au^{3+} + 3e^- \longrightarrow Au(s)$$

$$n = \frac{Q}{ZF} = \frac{1763}{3 \times 96500} = 6.09 \times 10^{-3}(mol)$$

沉积在电极上的金的质量为

$$m_{Au} = nM_r = 6.09 \times 10^{-3} \times 197 = 1.2(g)$$

三、离子的电迁移现象

电解质溶液通电后,其中的离子将在电场作用下做定向运动,其中阴、阳离子将分别向正、负两极移动,同时在相应的电极上发生氧化反应或者还原反应,并造成电解质在两极附近溶液浓度的变化。电化学将离子在电场作用下发生的定向移动称为离子的**电迁移**(electro-migration)。研究电迁移可以帮助我们更好地理解电解质的导电机理。

如图 4-2 所示,在两个惰性电极之间有想象的平面 AA 和 BB,将溶液分为阳极部、中部及阴极部三个部分。在通电前,各部均含有 5 mol 的正、负离子,分别使用+、−号的数量来表示正、负离子的物质的量。

当接通电源后有 4 mol 的电量通过,在阳极上有 4 mol 负离子发生氧化反应,同时在阴极上有 4 mol 正离子发生还原反应,溶液中的正、负离子也分别发生定向迁移。由于电解质溶液内部电量的转移是由正、负离子通过电迁移共同完成的,如果每种离子的迁移速率不同,则他们转移的电量也不同,以下分两种情况讨论:

(1)当正、负离子的迁移速率相等($\nu_+ = \nu_-$)时,则导电任务各分担一半。在 AA 平面上,各有 2 mol 正、负离子逆向通过,在 BB 平面上也如此,通电完毕后,中部溶液浓度没有变化,阴、阳两极溶液浓度相同,但与原溶液相比各少了 2 mol,这个过程如图 4-2(a)所示。

(2)当正离子的迁移速率是负离子的三倍($\nu_+ = 3\nu_-$)时,正离子承担的导电任务为负离子的三倍。当在 AA 平面上有 1 mol 负离子通过时,则有 3 mol 正离子逆向通过,通电完毕后,中部溶液的浓

度仍然保持不变,但阴、阳两极部的浓度则不同。两极部的浓度比原溶液都有所下降,阳极部减少了3 mol 电解质,而阴极部减少了 1 mol 电解质,该过程如图 4-2(b)所示。

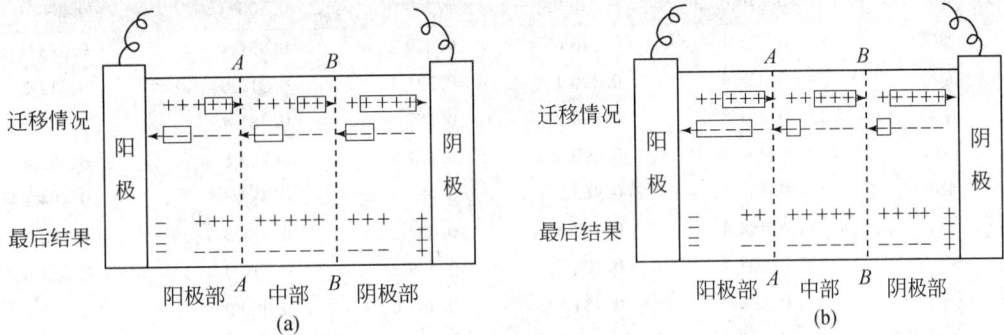

图 4-2 离子电迁移示意图

从上述讨论可以得到以下结论:

(1)通过溶液的总电量 Q 等于正离子迁移的电量 Q_+ 和负离子迁移的电量 Q_- 之和。即

$$Q = Q_+ + Q_-$$

(2) $\dfrac{\text{阳极物质量的减少}}{\text{阴极物质量的减少}} = \dfrac{\text{正离子传导的电量}(Q_+)}{\text{负离子传导的电量}(Q_-)} = \dfrac{\text{正离子的迁移率}}{\text{负离子的迁移率}}$ (4-3)

上面讨论的是惰性电极的情况。若电极本身也参加反应,则阴、阳两极溶液浓度变化情况要复杂一些,可根据电极上的反应具体分析,但仍然满足上述两条规律。

四、离子迁移数

当电流通过电解质溶液时,每种离子都承担着一定的导电任务。我们把某种离子迁移的电量(Q_+ 或 Q_-)与通过溶液的总电量(Q)之比称为该离子的**迁移数**(transference number),用符号 t 表示。对于只含有一种正离子和一种负离子的电解质溶液,则可将正离子的迁移数 t_+ 和负离子的迁移数 t_- 分别表示为

$$t_+ = \frac{Q_+}{Q_+ + Q_-}, \quad t_- = \frac{Q_-}{Q_+ + Q_-}$$ (4-4)

由于 $t_+ + t_- = \dfrac{Q_+}{Q_+ + Q_-} + \dfrac{Q_-}{Q_+ + Q_-} = 1$

联合式(4-3)可得

$$t_+ = \frac{\nu_+}{\nu_+ + \nu_-}, \quad t_- = \frac{\nu_-}{\nu_+ + \nu_-}$$ (4-5)

式(4-5)说明:离子的迁移数与溶液中正、负离子的电迁移速率有关,正、负离子迁移的电量之比等于正、负离子的电迁移速率之比。因此,凡是影响离子电迁移速率的因素(如离子的本性、离子浓度、温度等)都会影响离子的迁移数。

表 4-1 列出了在 298.15 K 时一些正离子在不同浓度时迁移数的实验测定值。可以看出,同一种离子在不同电解质中的迁移数不同,H^+ 的迁移速率较快,所以迁移数较大。

表 4-1　298.15 K 时不同浓度的水溶液中一些正离子的迁移数

电解质	$c_B/(\text{mol} \cdot \text{dm}^{-3})$				
	0.010 0	0.020 0	0.050 0	0.100 0	0.200 0
HCl	0.825 1	0.826 6	0.829 2	0.831 4	0.833 7
LiCl	0.328 9	0.326 1	0.321 1	0.316 6	0.311 2
NaCl	0.391 8	0.390 2	0.387 6	0.385 4	0.362 1
KCl	0.490 2	0.490 1	0.489 9	0.489 8	0.489 4
KBr	0.483 3	0.483 2	0.483 1	0.483 3	0.484 1
KI	0.488 4	0.488 3	0.488 2	0.488 3	0.488 7
KNO$_3$	0.508 4	0.508 7	0.509 3	0.510 3	0.512 0
1/2 K$_2$SO$_4$	0.482 9	0.484 8	0.487 0	0.489 0	0.491 0
1/2 CaCl$_2$	0.426 4	0.422 0	0.414 0	0.406 0	0.395 3

五、离子迁移数的测定

离子迁移数的测定方法常用希托夫(Hittorf)法和接口移动法。图 4-3 所示是希托夫法测定电迁移的装置,该方法是将已知浓度的电解质溶液进行电解,用小电流通电一段时间后,电极附近的离子浓度不断改变,中部浓度基本不变。经过对阳极区或阴极区溶液的分析,测定电解后阳极区或阴极区溶液中电解质含量的变化,计算经过电解后阳极区正离子或阴极区负离子迁出的物质的量,根据总电量计算出电极反应的物质总量,从而计算出离子的迁移数。

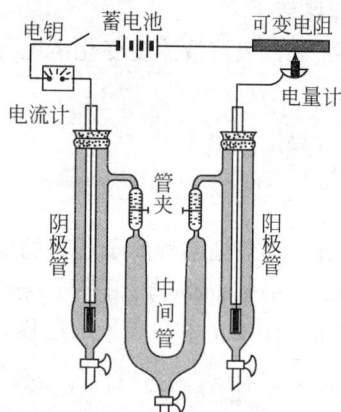

图 4-3　希托夫法测定装置

第二节　电解质溶液的电导

一、电导率与摩尔电导率

(1)电导(electric conductance):用来表示电解质溶液的导电能力的物理量,用 L 表示,是电阻的倒数。其单位是 S(西门子)或 Ω^{-1}(欧姆$^{-1}$)。

$$L = \frac{1}{R} \tag{4-6}$$

(2)电导率(electrolytic conductivity):表示单位体积(即单位距离、单位横截面积的两平行电极间充满)电解质溶液的电导。电导率用 κ 表示,单位是 $S \cdot m^{-1}$ 或者 $\Omega^{-1} \cdot m^{-1}$。

根据欧姆定律,溶液的电阻 R 与两极间距离 l 成正比,而与浸入溶液中的电极面积 A 成反比,即 $R = \rho \frac{l}{A}$。其中比例系数 ρ 称为电阻率(resistivity)或比电阻(specific resistance)。电阻率的倒数 $\frac{1}{\rho}$ 称为电导率或比电导(specific conductance)。则

$$\kappa = \frac{1}{\rho} = \frac{1}{R} \cdot \frac{l}{A} = L \cdot \frac{l}{A} \tag{4-7}$$

对电解质溶液而言,电导率是 1 m^2 的平行电极相距 1 m 时电解质溶液的电导。由于电解质溶液的电导率与溶液浓度、电解质的种类等诸因素有关,故仅以溶液电导率的大小来衡量电解质溶液的导电

能力是不够的。

（3）摩尔电导率（mole conductivity）：在相距 1 m 的两平行电极之间放入含有 1 mol 电解质的溶液，其电导值称为**摩尔电导率**，用 Λ_m 表示，单位是 $S \cdot m^2 \cdot mol^{-1}$。

由于电解质的量规定为 1 mol，故电解质溶液的体积将随其浓度而改变。设 c 为溶液的浓度，其单位为 $mol \cdot m^{-3}$，则含有 1 mol 电解质溶液的体积 V_m 应为浓度 c 的倒数，即 $V_m = \dfrac{1}{c}$，如图 4-4 所示。摩尔电导率 Λ_m 与电导率 κ 的关系为

$$\Lambda_m = V_m \kappa = \frac{\kappa}{c} \tag{4-8}$$

利用摩尔电导率 Λ_m 可以方便地比较不同类型电解质的导电能力，但是必须在荷电量相同的基础上进行。

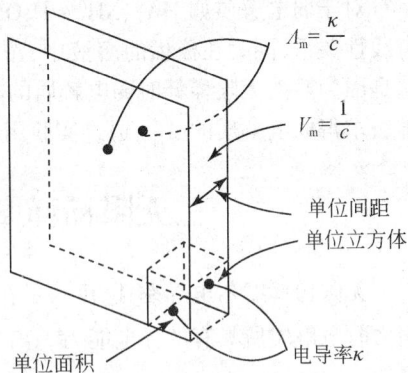

图 4-4 摩尔电导率示意图

二、电导率、摩尔电导率与浓度的关系

强电解质溶液的电导率随浓度增加（即导电粒子数的增多）而逐渐升高，但是当浓度增加到一定程度后，由于溶液中正、负离子之间的相互作用增大，离子的运动速率降低，电导率反而下降，因此在电导率与浓度的关系曲线上会出现最高点。

弱电解质溶液的电导率随浓度的变化规律不显著，因为浓度增加会使其电离度降低，溶液中导电离子数变化不大，如图 4-5 所示。

图 4-6 所示电解质溶液的摩尔电导率随浓度的变化与电导率的变化情况不同。对强电解质溶液而言，浓度降低使正、负离子之间的距离增大，相互作用减弱，正、负离子的运动速率增加，故摩尔电导率增大。强电解质溶液的摩尔电导率随溶液浓度的降低略有升高，且当溶液浓度很稀时，摩尔电导率很快达到一个极限值。科尔劳许（Kohlrausch）根据大量的实验结果归纳出：在极稀溶液中，强电解质的摩尔电导率与其浓度的平方根呈线性关系，即

$$\Lambda_m = \Lambda_m^{\infty} - A\sqrt{c} \tag{4-9}$$

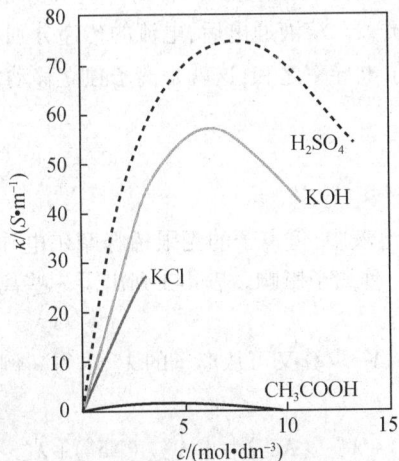

图 4-5 298 K 时一些电解质的电导率与浓度的关系

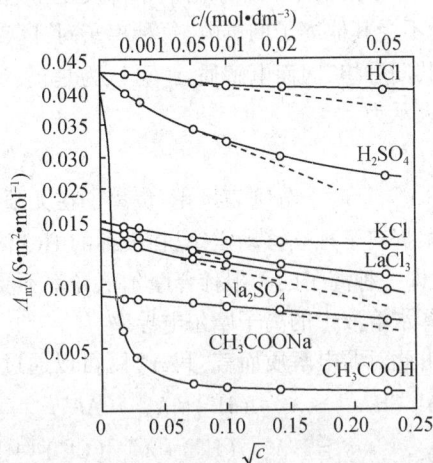

图 4-6 298 K 时一些电解质的摩尔电导率与浓度的关系

在一定温度下,式(4-9)中的 A 对于一定的强电解质和溶剂来说是一个常数。将直线外推至与纵坐标相交处,即得到溶液在无限稀释时的摩尔电导率 Λ_m^∞（又称为极限摩尔电导率,Llimiting molar conductivity）。强电解质的 Λ_m^∞ 可用直线外推法在截距处求得。

对于弱电解质如 HAc、NH$_3$·H$_2$O,在溶液稀释至 $0.005\ mol\cdot dm^{-3}$ 时,摩尔电导率 Λ_m 与 $\sqrt{c}$ 不具有线性关系,同时在极稀的溶液中,浓度稍微降低一点,Λ_m 值迅速上升,且浓度越低,上升越显著。这是因为溶液无限稀释时弱电解质的电离度迅速增大,溶液中导电离子数急剧增加。因此无法用外推法求得弱电解质的 Λ_m^∞,通过实验用外推法求弱电解质的 Λ_m^∞ 遇到了困难。

三、无限稀释摩尔电导率和离子独立移动定律

无限稀释摩尔电导率 Λ_m^∞ 反映了在无限稀释的溶液中,所有电解质完全电离,离子间没有相互作用力时电解质所具有的导电能力。离子间彼此独立运动,每种离子对电解质溶液的导电贡献是一定的。

科尔劳许在研究了大量电解质的有关实验资料后,发现在相同温度无限稀释的溶液中,每种离子独立移动,不受其他离子的影响。HCl 与 HNO$_3$、KCl 与 KNO$_3$、LiCl 与 LiNO$_3$ 三对电解质的 Λ_m^∞ 的差值相等,而与正离子的本性（即无论是 H$^+$、K$^+$,还是 Li$^+$）无关,见表4-2。

表4-2   在298 K 时一些强电解质的无限稀释摩尔电导率 Λ_m^∞

电解质	$\Lambda_m^\infty /(S\cdot m^2\cdot mol^{-1})$	差 数	电解质	$\Lambda_m^\infty /(S\cdot m^2\cdot mol^{-1})$	差 数
KCl	0.014 986		HCl	0.042 616	
LiCl	0.011 503	34.83×10^{-4}	HNO$_3$	0.042 13	4.9×10^{-4}
KClO$_4$	0.014 004		KCl	0.014 986	
LiClO$_4$	0.010 598	35.06×10^{-4}	KNO$_3$	0.014 496	4.9×10^{-4}
KNO$_3$	0.014 50		LiCl	0.011 503	
LiNO$_3$	0.011 01	34.9×10^{-4}	LiNO$_3$	0.011 01	4.9×10^{-4}

从表4-2还可以看出,具有相同负离子的三组电解质其 Λ_m^∞ 差值也是相等的,与负离子本性无关。在水溶液中和非水溶液中都发现了这个规律,因此认为在无限稀释时,每一种离子是独立移动的,不受其他离子的影响,每种离子对 Λ_m^∞ 都有恒定的贡献。溶液通电后,电流的传递分别由正、负离子共同分担,因而电解质 Λ_m^∞ 可认为是正、负离子的摩尔电导率之和,这就是离子独立移动定律,用公式表示为

$$\Lambda_m^\infty = \lambda_{m,+}^\infty + \lambda_{m,-}^\infty \tag{4-10}$$

式中,$\lambda_{m,+}^\infty$、$\lambda_{m,-}^\infty$ 分别表示正、负离子在无限稀释时的摩尔电导率。

根据离子独立移动定律,在极稀的 HCl 溶液和 HAc 溶液中,氢离子的无限稀释摩尔电导率 $\lambda_{m,+}^\infty$ 相同,即一种离子的无限稀释摩尔电导率不受共存的另一种离子影响。表4-3列出了一些离子在无限稀释水溶液中的离子摩尔电导率。

由此对弱电解质而言,其 Λ_m^∞ 既可以通过强电解质的 Λ_m^∞ 求算又可从离子的 λ_m^∞ 求得。例如,

$$\Lambda_m^\infty(HAc) = \lambda_{m,+}^\infty(H^+) + \lambda_{m,-}^\infty(Ac^-)$$
$$= [\lambda_{m,+}^\infty(H^+) + \lambda_{m,-}^\infty(Cl^-)] + [\lambda_{m,+}^\infty(Na^+) + \lambda_{m,-}^\infty(Ac^-)] - [\lambda_{m,+}^\infty(Na^+) + \lambda_{m,-}^\infty(Cl^-)]$$
$$= \Lambda_m^\infty(HCl) + \Lambda_m^\infty(NaAc) - \Lambda_m^\infty(NaCl)$$

上式表明:弱电解质 HAc 的极限摩尔电导率可由强电解质 HCl、NaAc 和 NaCl 的极限摩尔电导率来求得。

表 4-3 298.15 K 无限稀释水溶液中离子的摩尔电导率

正离子	$\lambda_{m,+}^{\infty}/(S \cdot m^2 \cdot mol^{-1})$	负离子	$\lambda_{m,-}^{\infty}/(S \cdot m^2 \cdot mol^{-1})$
H^+	349.82×10^{-1}	OH^-	198.0×10^{-4}
Li^+	38.69×10^{-4}	Cl^-	76.34×10^{-4}
Na^+	50.11×10^{-4}	Br^-	78.4×10^{-4}
K^+	73.52×10^{-4}	I^-	76.8×10^{-4}
NH_4^+	73.4×10^{-4}	NO_3^-	71.44×10^{-4}
Ag^+	61.92×10^{-4}	CH_3COO^-	40.9×10^{-4}
$1/2\ Ca^{2+}$	59.50×10^{-4}	$1/2ClO_4^-$	68.0×10^{-4}
$1/2\ Ba^{2+}$	63.64×10^{-4}	$1/2\ SO_4^{2-}$	79.8×10^{-4}

电解质的摩尔电导率是正、负离子电导率贡献的总和,所以离子的迁移数也可以看成是某种离子摩尔电导率占电解质的摩尔电导率的分数。对于 1-1 型的电解质在无限稀释时:

$$\Lambda_m^{\infty} = \lambda_{m,+}^{\infty} + \lambda_{m,-}^{\infty}$$

$$t_+ = \frac{\lambda_{m,+}^{\infty}}{\lambda_{m,-}^{\infty}}, \quad t_- = \frac{\lambda_{m,-}^{\infty}}{\lambda_{m,+}^{\infty}} \tag{4-11}$$

t_+、t_- 和 Λ_m 的值都可由实验测得,从而计算离子的摩尔电导率。

【例 4-2】 已知苯巴比妥钠的 Λ_m^{∞}(Nap) 为 7.35×10^{-3} S $\cdot$ m^2 $\cdot$ mol^{-1},盐酸的 Λ_m^{∞}(HCl) 为 4.262×10^{-2} S $\cdot$ m^2 $\cdot$ mol^{-1},氯化钠的 Λ_m^{∞}(NaCl) 为 1.265×10^{-2} S $\cdot$ m^2 $\cdot$ mol^{-1},求苯巴比妥溶液的无限稀释摩尔电导率 Λ_m^{∞}(Hp)。

解: Λ_m^{∞}(Hp) $= \lambda_{m,+}^{\infty}$(H$^+$) $+ \lambda_{m,-}^{\infty}$(p$^-$) $= \Lambda_m^{\infty}$(HCl) $+ \Lambda_m^{\infty}$(Nap) $- \Lambda_m^{\infty}$(NaCl)

$= 3.73 \times 10^{-2}$(S $\cdot$ m^2 $\cdot$ mol^{-1})

第三节 电导的测定及应用

一、电解质溶液的电导测定

在实验中,测定电导实际上是通过测定电阻完成的,基本的测量原理与物理学上测电阻的韦斯顿(Wheatstone)电桥十分类似。随着实验技术的不断发展,目前已有不少测定电导、电导率的仪器,并可把测出的电阻值换算成电导值在仪器上反映出来。图 4-7 所示为韦斯顿电桥示意图,同时给出电阻分压法对电导进行测定的基本原理图。大多数电导率仪都是根据电阻分压法进行设计的,这里不再详述。

图 4-7(a)中,AB 为均匀滑线电阻;R_1 为可变电阻,在 R_1 上并联了一个可变电容 F,用以抵消电导池中的电容;M 为放有待测溶液的电导池,设其电阻为 R_x;I 是一定频率的交流电源,通常取其频率为 1000 Hz;G 为耳机(或阴极示波器)。测量时,接通电源,移动接触点 C,直到耳机中声音最小(或示波器中无电流通过)为止。这时 D、C 两点的电势降相等,DGC 线路中电流几乎为零,这时电桥达到平衡,并有如下关系

$$\frac{R_1}{R_x} = \frac{R_3}{R_4}$$

$$\frac{1}{R_x} = \frac{R_3}{R_1 \cdot R_4} = \frac{AC}{BC} \cdot \frac{1}{R_1}$$

式中,R_3、R_4分别为AC、BC段的电阻;R_1为可变电阻器的电阻,均可从实验中测得。利用上式即可求出电导池中溶液的电阻R_x,取倒数之后即为该溶液的电导。

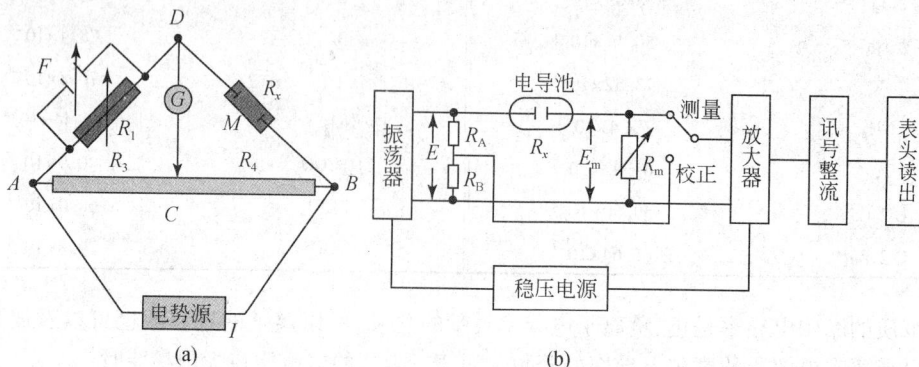

图 4-7　韦斯顿电桥(a)和电阻分压法示意图(b)

如果知道电极间的距离、电极面积及溶液的浓度,利用式(4-6)~式(4-8)原则上可以求得κ、Λ_m等物理量。但是,电导池中两极之间的距离l及涂有铂黑的电极面积A是很难测量的。通常是把已知电阻率的溶液(常用一定浓度的KCl溶液)注入电导池,测出其电阻,从而计算出l/A值。l/A的值称为电导池常数(cell constant of a conductivity cell),用K_{cell}表示,单位是m^{-1},即

$$R = \rho \frac{l}{A} = \rho K_{cell}$$

$$K_{cell} = \frac{1}{\rho} R = \kappa R \tag{4-12}$$

KCl溶液的电导率已经精确测出,见表4-4。

表 4-4　在 298 K、$p^{\ominus}$ 下不同浓度 KCl 水溶液的 κ 和 Λ_m 值

$c/(mol \cdot dm^{-3})$	0	0.001	0.01	0.1	1.0
$\kappa/(S \cdot m^{-1})$	0	0.014 7	0.141 1	1.289	11.2
$\Lambda_m/(S \cdot m^2 \cdot mol^{-1})$	0.015 0	0.014 7	0.014 1	0.012 9	0.011 2

【例 4-3】　已知在 298 K 时,有一电导池中当盛有 0.01 $mol \cdot dm^{-3}$ 的 KCl 溶液时,其电阻为 150.0 Ω;当盛有 0.01 $mol \cdot dm^{-3}$ 的 HCl 溶液时,其电阻为 51.40 Ω,试求 HCl 溶液的电导率和摩尔电导率。

解:从表4-4查得,298 K 时 0.01 $mol \cdot dm^{-3}$ 的 KCl 溶液的电导率为 0.1411 $S \cdot m^{-1}$。

$$K_{cell} = \kappa R = 0.1411 \times 150.00 = 21.17 (m^{-1})$$

298 K 时,0.01 $mol \cdot dm^{-3}$ 的 HCl 溶液的电导率 κ 和摩尔电导率 Λ_m 分别为

$$\kappa = \frac{1}{R} K_{cell} = \frac{1}{51.40} \times 21.17 = 0.4119 (S \cdot m^{-1})$$

$$\Lambda_m = \frac{\kappa}{c} = \frac{0.4119}{0.01 \times 10^3} = 4.119 (S \cdot m^2 \cdot mol^{-1})$$

二、电解质溶液电导测定的应用

1. 水的纯度检验　一般自来水中由于含有 Na^+、K^+、Ca^+、Mg^{2+} 等阳离子和 CO_3^{2-}、Cl^-、SO_4^{2-} 等阴

离子杂质,常温下其电导率约为 1.0×10^{-1} S·m^{-1}。经过净化后电导率会显著降低,电导率越小,水中所含杂质离子越少,水的纯度越高。电导率测定是检测水纯度的一种方便有效的方法。

医药行业对水的纯度有较高的要求,药用去离子水要求的电导率为 1.0×10^{-4} S·m^{-1}。普通蒸馏水的电导率 κ 约为 1.0×10^{-3} S·m^{-1},重蒸水(蒸馏水经用 $KMnO_4$ 和 KOH 溶液处理以除去 CO_2 及有机杂质,然后在石英器皿中重新蒸馏 $1 \sim 2$ 次)和去离子水的 κ 值一般小于 1.0×10^{-4} S·m^{-1}。所以我们只要测定水的电导率 κ 值就可以获知水的纯度是否符合要求。

2. 弱电解质的电离度及电离平衡常数的测定　一定浓度下弱电解质的 Λ_m 与其无限稀释的 Λ_m^{∞} 差别取决于两个因素:一是电解质的电离程度;二是离子间的相互作用力。由于一般弱电解质的电离度很小,溶液中离子浓度很低,故可将离子间相互作用忽略不计,则 Λ_m 与 Λ_m^{∞} 的差别只由部分电离和全部电离产生的离子数目不同所致,由此可得

$$\alpha = \frac{\Lambda_m}{\Lambda_m^{\infty}} \tag{4-13}$$

式中,α 为弱电解质在浓度 c 时的电离度。

以 1-1 型弱电解质 HAc 为例,设其起始浓度为 c,则

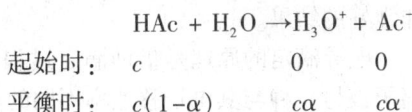

$$HAc + H_2O \rightarrow H_3O^+ + Ac^-$$

起始时:　　c　　　　　0　　　0

平衡时:　$c(1-\alpha)$　　$c\alpha$　$c\alpha$

电离平衡常数(dissociation constant)为

$$k_a^{\ominus} = \frac{\alpha^2}{1-\alpha} \cdot \frac{c}{c^{\ominus}}$$

将式(4-13)代入得

$$k_a^{\ominus} = \frac{\Lambda_m^2}{\Lambda_m^{\infty}(\Lambda_m^{\infty} - \Lambda_m)} \cdot \frac{c}{c^{\ominus}} \tag{4-14}$$

该式称为奥斯特瓦尔德(Ostwald)稀释定律。它适用于 1-1 型弱电解质。

【例 4-4】　298.15 K 时,实验测得 0.01 mol·dm^{-3} 的磺胺($C_6H_8O_2N_2S$)水溶液的电导率 κ(SNH)为 1.103×10^{-3} S·m^{-1},磺胺钠盐的无限稀释摩尔电导率 Λ_m^{∞}(SN-Na)为 0.01003 S·m^2·mol^{-1}。试求 0.01 mol·dm^{-3} 的磺胺水溶液中磺胺的电离度及其电离平衡常数。

解:查表可得 Λ_m^{∞}(HCl) = 0.042616 S·m^2·mol^{-1},Λ_m^{∞}(NaCl) = 0.012645 S·m^2·mol^{-1},故

$$\Lambda_m^{\infty}(SNH) = \Lambda_m^{\infty}(SN\text{-}Na) + \Lambda_m^{\infty}(HCl) - \Lambda_m^{\infty}(NaCl) = 0.0400(S \cdot m^2 \cdot mol^{-1})$$

$$\Lambda_m = \frac{\kappa}{c} = \frac{1.103 \times 10^{-3}}{0.01 \times 10^{-2}} = 1.103 \times 10^{-4}(S \cdot m^2 \cdot mol^{-1})$$

因此

$$\alpha = \frac{\Lambda_m(SNH)}{\Lambda_m^{\infty}(SNH)} = \frac{1.103 \times 10^{-4}}{0.0400} = 0.276\%$$

$$K_a^{\ominus} = \frac{\alpha^2}{1-\alpha} \cdot \frac{c}{c^{\ominus}} = 7.64 \times 10^{-2}$$

3. 难溶盐的溶解度(或溶度积)的测定　难溶盐在水中的溶解度很小,一般很难测定,而利用电导法则可以很方便地求得难溶盐在水中的溶解度。由于难溶盐在水中的溶解度很小,可以将其溶液视为无限稀溶液,则其摩尔电导率可以使用无限稀释摩尔电导率来代替,即 $\Lambda_m \approx \Lambda_m^{\infty}$,可通过离子的无限稀释摩尔电导率之和求得。

由于溶液浓度很稀,水的电导贡献不可忽略。根据 $\Lambda_m = \frac{\kappa}{c}$,式中 c 为难溶盐的物质的量浓度,

$\Lambda_m \approx \Lambda_m^\infty$，因此可得

$$c_{饱和} = (\kappa_{溶液} - \kappa_{水})/\Lambda_m^\infty \tag{4-15}$$

式中，Λ_m^∞ 可查表求得。从上式可求得难溶盐的饱和溶液的量浓度 c，即难溶盐的溶解度 S。

【**例4-5**】 298.15 K 时，测得 AgBr 饱和水溶液的电导率值为 1.576×10^{-4} S·m^{-1}，所用水的电导率 κ 为 1.519×10^{-4} S·m^{-1}，试求 AgBr 在该温度时的溶解度。

解：$c_{饱和} = (\kappa_{溶液} - \kappa_{水}) / \Lambda_m^\infty (AgBr) = (\kappa_{溶液} - \kappa_{水}) / [\Lambda_m^\infty (Ag^+) + \Lambda_m^\infty (Br^-)]$

查表得 $\Lambda_m^\infty (Ag^+) = 6.192 \times 10^{-3}$ S·m^2·mol^{-1}，$\Lambda_m^\infty (Br^-) = 7.184 \times 10^{-3}$ S·m^2·mol^{-1}

所以

$$c = \frac{1.576 \times 10^{-4} - 1.519 \times 10^{-4}}{6.192 \times 10^{-3} + 7.184 \times 10^{-3}} = 4.261 \times 10^{-4} (mol \cdot m^{-3})$$

故 AgBr 在该温度时的溶解度 $S(AgBr) = c_{饱和} = 4.261 \times 10^{-4}$ mol·m^{-3}

4. 电导滴定（conductimetric titration） 是利用滴定过程中溶液电导的变化来确定滴定终点的方法。在定量分析中，当指示剂选择不理想、溶液混浊、有颜色干扰时，使用电导滴定法能得到非常好的结果。

电导滴定的原理是借助滴定过程中离子浓度的变化或某种离子被另一种与其电迁移速率不同的离子所取代，因而导致溶液电导发生改变，根据溶液的电导变化来确定滴定终点。电导滴定可用于酸碱中和反应、氧化还原反应和沉淀反应等。

图 4-8 所示为用 AgNO$_3$ 滴定 KCl 溶液时的滴定曲线，在滴定过程中体系的电导值出现明显转折处即为滴定终点。注意在滴定过程中溶液的体积应相对大一些，以求尽量减少滴定过程中由于体积增大而引起的电导变化。电导滴定方法简便，结果准确，一般精密度可达 0.5% ~ 1.0%。

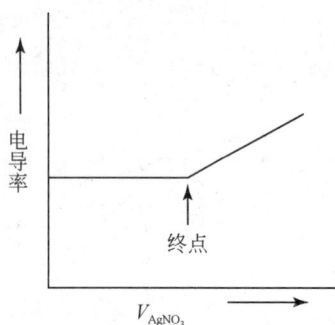

图 4-8 沉淀反应的电导滴定曲线

第四节 可逆电池

一、可逆电池的意义

原电池是一种将化学能转变为电能的装置，简称电池。如果这种能量转换是以热力学可逆的方式进行，则在恒温恒压下，系统所做的最大非体积功 W_{max}（电功）为系统吉布斯自由能的降低值。在恒温恒压下，当电池中发生了反应进度为 $\zeta = 1$ mol 的反应时，有 Z mol 电子参与电池反应，则电池反应的吉布斯自由能变化可表示为

$$-(\Delta_r G_m)_{T,p} = W_{max} = ZFE \tag{4-16}$$

式中，E 为电池电动势。该式是联系热力学与电化学的桥梁公式，对于研究可逆电池（reversible cell）电动势非常有意义。一方面，可借助热力学的知识计算化学能转变为电能的理论转化量，从而为提高电池性能提供依据；另一方面，为热力学问题的研究提供了电化学的手段和方法，如吉布斯自由能和化学平衡常数计算等都可通过电化学方法实现。

二、可逆电池的条件

可逆电池必须满足以下三个条件：

（1）电池内发生的化学变化必须是可逆的，即电池在放电时所进行的反应与充电时进行的反应互为可逆反应。

（2）能量的转换必须可逆，即可逆电池无论在充电或放电时，通过的电流十分微小，以保证电池内进行的化学反应在无限接近平衡态条件下进行。这样在电池放电时对外做最大功，若用此电功对电池充电，则系统和环境同时复原。

（3）电池在工作时所伴随发生的其他过程如离子的迁移等也必须可逆。

严格来说，由两个不同的电解质溶液组成的具有溶液接界的电池（如丹聂尔电池），因在溶液接界处存在着离子的不可逆扩散过程，所以均不能视为可逆电池；若经过处理，能消除由于离子扩散所产生的影响，可近似将此类电池看成可逆电池，电化学中主要研究的是可逆电池。

三、可逆电池的热力学

由热力学原理可知，当化学能以可逆方式转变为电能时，电化学系统吉布斯自由能的降低值 $-(\Delta_r G_m)_{T,p} = ZFE$，借助于不同温度下的可逆电池电动势的测定，可进一步求得相应电池反应的各热力学函数的变化。因此研究可逆电池热力学十分有意义。

1. 可逆电池电动势的温度系数 在热力学中讨论吉布斯自由能变与温度的关系时，得到了吉布斯-亥姆霍兹公式，即

$$\left(\frac{\partial \Delta G}{\partial T}\right)_p = \frac{\Delta G - \Delta H}{T}$$

将式（4-16）代入整理得

$$\Delta H = -ZFE + ZFT\left(\frac{\partial E}{\partial T}\right)_p \tag{4-17}$$

如果将式（4-17）与热力学中 $\Delta H = \Delta G + T\Delta S$ 式相比较，可得到

$$T\Delta S = ZFT\left(\frac{\partial E}{\partial T}\right)_p$$

因为电池是在可逆条件下工作，所以 $T\Delta S = Q_R$（Q_R 是可逆过程的热），这样上式就成为

$$Q_R = T\Delta S = ZFT\left(\frac{\partial E}{\partial T}\right)_p \tag{4-18}$$

式中，$\left(\frac{\partial E}{\partial T}\right)_p$ 是定压下电动势随温度的变化率。若 $\left(\frac{\partial E}{\partial T}\right)_p > 0$，则温度升高，可逆电池的电动势增加，说明该电池放电时是吸热的；若 $\left(\frac{\partial E}{\partial T}\right)_p < 0$，则温度升高，可逆电池的电动势降低，说明该电池放电时是放热的。

【例4-6】 已知丹尼尔电池在298.15 K时 $E_1 = 1.1030$ V，在313.15 K时 $E_2 = 1.0961$ V，设在此温度范围内 $\left(\frac{\partial E}{\partial T}\right)_p$ 为常数，试计算此电池反应在298.15 K时的 ΔG、ΔH、ΔS 及电池的 Q_R。

解：$\left(\frac{\partial E}{\partial T}\right)_p = \frac{E_2 - E_1}{T_2 - T_1} = \frac{1.0961 - 1.1030}{313.15 - 298.15} = \frac{-0.0069}{15} = -4.6 \times 10^{-4}(\text{V} \cdot \text{K}^{-1})$

因电池反应中 $Z=2$，所以

$$\Delta G = -ZEF = -2 \times 1.1030 \times 96500 = -212.9(\text{kJ})$$

$$\Delta H = -ZFE + ZFT\left(\frac{\partial E}{\partial T}\right)_p$$

$$= 212.9 + \frac{2 \times 96500 \times 298.15 \times (-4.6 \times 10^{-4})}{1000} = -239.3(\text{J} \cdot \text{K}^{-1})$$

$$\Delta S = ZF \left(\frac{\partial E}{\partial T} \right)_p = 2 \times 96500 \times (-4.6 \times 10^{-4}) = -88.78 (\text{J} \cdot \text{K}^{-1})$$

$$Q_R = T\Delta S = 298.15 \times (-88.78) = -26.50 (\text{kJ})$$

计算结果说明:丹尼尔电池的反应能自发进行,放电时电池向环境放热。

2. 能斯特方程(Nernst equation)　对于任意的化学反应

$$a\text{A} + d\text{D} \rightleftharpoons g\text{G} + h\text{H}$$

根据热力学等温方程,此化学反应的吉布斯自由能变与该反应中各物质的浓度(或活度)之间有下面的关系

$$\Delta G = \Delta G^{\ominus} RT\ln \frac{a_\text{G}^g a_\text{H}^h}{a_\text{A}^a a_\text{D}^d} \tag{4-19}$$

如果能利用此化学反应组成一个可逆电池,则 $\Delta G = -ZEF$,在标准状态下,$\Delta G^{\ominus} = -ZE^{\ominus}F$,这样上式可改写为

$$ZEF = ZE^{\ominus}F - RT\ln \frac{a_\text{G}^g a_\text{H}^h}{a_\text{A}^a a_\text{D}^d}$$

$$E = E^{\ominus} - \frac{RT}{ZF}\ln \frac{a_\text{G}^g a_\text{H}^h}{a_\text{A}^a a_\text{D}^d} \tag{4-20}$$

式(4-20)就是电化学中十分重要的能斯特方程,它表示在恒定温度下电池电动势与参加反应的各物质活度间的定量关系。通过此式可将可逆电池的电动势与化学反应的热力学平衡联系起来,其中 $E^{\ominus}$ 表示此电池化学反应中反应物和产物的浓度(或活度)均为 1 时的电动势,又称标准电动势。

对于可逆电池,有以下关系式

$$E = -\frac{\Delta G}{ZF} = \frac{RT}{ZF}\ln K^{\ominus} \tag{4-21}$$

式中,$K^{\ominus}$ 是该电池化学反应的反应物和产物用活度来表示的平衡常数,因此求得一个原电池的 $E^{\ominus}$,就可计算出组成此电池化学反应的平衡常数,这就是通常利用测电动势求化学反应平衡常数的方法。

第五节　电动势产生的机理、测定和应用

一、电池电动势产生的机理

一个电池的电动势是组成电池的各相间接口上所产生的电势差的代数和,主要包括电极-溶液接口电势差和液体接界电势。

1. 电极-溶液界面电势差　将一个金属电极插入含有该种金属离子的溶液中时,由于金属离子在固体和溶液中的化学势不等,金属离子将会从化学势高的相向化学势低的相转移,此时会发生两种可能:①电极的金属晶格中的金属离子溶入液相,而将电子留在电极上,导致金属带负电,而液相带正电;②溶液中的金属离子向金属电极表面沉积,使金属带正电而液相带负电。

这两种情况都将导致相接口间产生电势差,当这种转移达到平衡时,金属-溶液中的电势差宏观上就不再变化。电极表面的电荷层与溶液中多余的反号离子层共同形成了双电层(double layer)。由于离子的静电吸引及离子热运动的结果,带相反电荷的离子一部分吸附在金属表面成为紧密层(contact double layer),另一部分向溶液中扩散,成为扩散层(diffuse double layer),紧密层的厚度一般约为 10^{-10} m,扩散层的厚度在 $10^{-10} \sim 10^{-6}$ m 范围内变动,金属表面电荷密度越大,溶液中离子浓度越

大,扩散层厚度越小(图4-9)。

2. 液体接界电势和盐桥 两种不同的电解质溶液或者电解质相同但浓度不同的溶液相互接触时,由于离子的迁移速率不同,在接触接口上也会形成双电层,产生微小的电势差,称为**液体接界电势**(liguid junction potential),亦称**扩散电势**(diffuse potential)。这种电势主要是由溶液中离子的扩散速率不同所产生的。例如,两个不同浓度的 HCl 溶液接界时,HCl 会由浓的一侧向稀的一侧扩散,如图4-10 所示。

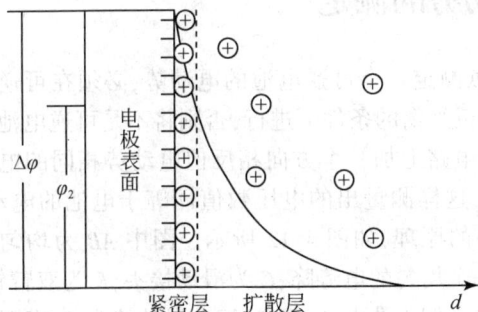

图4-9 双电层结构示意图 　　　图4-10 液体接界电势示意图

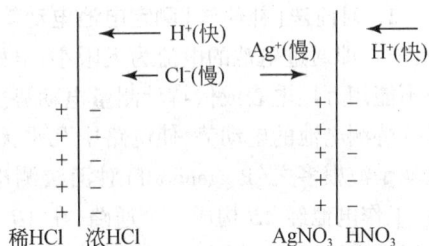

由于 H^+ 的迁移速率大于 Cl^- 的迁移速率,故在较稀溶液一侧出现过剩的 H^+ 而带正电,在较浓溶液一侧有过剩的 Cl^- 而带负电,因此在溶液接界处形成双电层,产生电势差。另外,浓度相等的不同电解质溶液,如 KCl 和 HCl 溶液接界时,K^+ 和 H^+ 分别向另一侧扩散,由于 K^+ 比 H^+ 的迁移速率慢,故造成 KCl 一侧有过剩的 H^+ 而带正电,HCl 一侧则相应因负离子过剩而带负电,在液体接界处同样产生电势差。当液体接界产生电势差后,由于静电作用会使得扩散通过接口的离子速率快者减慢,速率慢者加快,最后达到平衡时,以等速通过接口。在界面处形成稳定电势差,即为液体接界电势。液体接界电势通常不超过 0.03 V。

由于液体的扩散是自发的不可逆过程,故液体接界电势的存在将影响电池的可逆性。因此在实际工作中常在两种溶液之间连接一个盐桥(salt bridge)来尽量减小液体的接界电势。

所谓盐桥是用正负离子迁移速率相近的电解质溶液,一般是用饱和 KCl 溶液通过琼脂凝胶固定装入一个倒置的 U 形管构成,如图4-11 所示。

图4-11 盐桥的作用

以饱和 KCl 盐桥为例,其消除液体接界电势的工作原理是:将盐桥插入两溶液中,以两个液体接界代替原来的一个液体接界。由于 KCl 浓度大,故在两个液体接口上主要是 K^+ 和 Cl^- 向溶液中扩散。由于 K^+ 和 Cl^- 的迁移速率极为相近,故在两接口上产生的液体接界电势很小且符号相反,这将进一步在总体上相抵消,其代数和的总贡献仅为 1~2 mV,基本上可以消除液体接界电势。

若组成电池中的电解质含有与盐桥中的电解质发生反应或生成沉淀的离子,如含有 Ag^+、Hg_2^{2+} 等,则就不能用 KCl 盐桥,而要改用 NH_4NO_3 或 KNO_3 溶液做盐桥。

综上所述,可得出电池的电动势应为电池内各相接口上的电势差的代数和。例如,丹尼尔电池

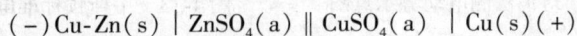

$$(-)Cu\text{-}Zn(s) \mid ZnSO_4(a) \parallel CuSO_4(a) \mid Cu(s)(+)$$

$$\varepsilon_{金属} \qquad \varepsilon_- \quad \varepsilon_{液接} \qquad\qquad \varepsilon_+$$

$\varepsilon_{金属}$ 表示金属铜导线与锌极板之间的金属接界电势,$\varepsilon_{液接}$ 表示液体接界电势,ε_+ 和 ε_- 为两电极与溶液

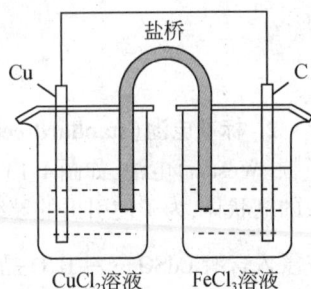

界面间的电势差。故整个电池的电动势为 $E = \varepsilon_{金属} + \varepsilon_- + \varepsilon_{液接} + \varepsilon_+$。由于 $\varepsilon_{金属}$ 数值较小,$\varepsilon_{液接}$ 可用盐桥基本消除,故

$$E = \varepsilon_- + \varepsilon_+ \tag{4-22}$$

由于电极与溶液间接口电势差的绝对值无法测得,所以式(4-22)只是从理论上告诉我们电池电动势的组成。式中,ε_-、ε_+ 只是用来说明电池电动势产生的机理,要真正计算电池电动势,则需要考虑电极电势 φ(与标准氢电极比较的相对值)。

二、电池电动势的测定

1. 对消法(补偿法)测定电池电动势的原理 欲测定一个可逆电池的电动势,必须在可逆条件下进行,即通过电池的电流为无限小,电极反应在接近平衡的条件下进行,否则将不是可逆电池。一般不能用万用电表或伏特计测量电动势。而是在外电路上加一个方向相反但电动势相同的电池来对抗待测电池的电动势,使电路中几乎无电流通过,这样测量出的电压数值即等于电池的电动势。这就是波根多夫(Poggendorff)对消法测电池电动势的原理,如图 4-12 所示。图中 AB 为均匀电阻线,工作电池经 AB 构成一个通路,在 AB 上可产生一个均匀的电势降;C 为滑动接头,K 为双臂钥,E_s 为标准电池,E_x 为待测电池,G 为检流计。测定时,将电钥 K 先与 E_s 相连,移动滑动接头 C,直至检流计中无电流通过时为止,此时 AC 段所代表的电势差数值与 E_s 相等,而电流方向相反,因此可完全抵消。再将电钥 K 拨向与 E_x 相连,移动接触点至 C' 点时,检流计中无电流通过。此时 AC 段所代表的电势差数值与 E_x 值恰好相等而方向相反。由于电势差与电阻线的长度成正比,则

$$\frac{E_x}{E_s} = \frac{AC'}{AC}$$

所以

$$E_x = E_s \cdot \frac{AC'}{AC} \tag{4-23}$$

2. 标准电池(standard cell) 是电动势已知、稳定不变的高度可逆电池。常用的标准电池为韦斯顿(Weston)电池,如图 4-13 所示。图中电池的负极为含有 12.5% 镉的镉汞齐,正极为汞与硫酸亚汞的糊状体,为了使引出的导线与糊状体接触紧密,则在糊状体的下面放少许汞。该糊状体与镉汞齐浸入含有 $CdSO_4 \cdot \frac{3}{8}H_2O$ 晶体的饱和溶液中。电池反应为

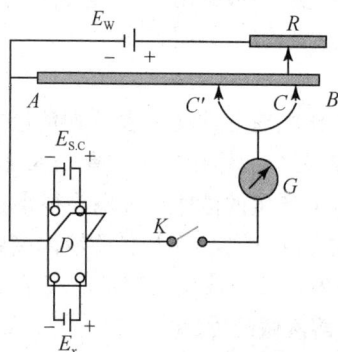

图 4-12 对消法测电动势示意图

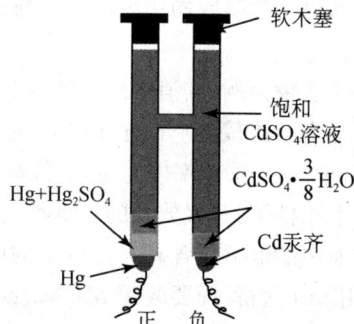

图 4-13 韦斯顿标准电池示意图

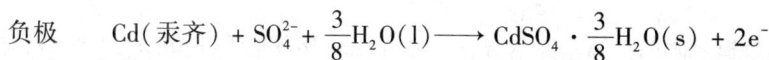

负极 $Cd(汞齐) + SO_4^{2-} + \frac{3}{8}H_2O(1) \longrightarrow CdSO_4 \cdot \frac{3}{8}H_2O(s) + 2e^-$

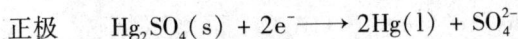

正极　　$Hg_2SO_4(s) + 2e^- \longrightarrow 2Hg(l) + SO_4^{2-}$

总反应为

$$Cd(汞齐) + Hg_2SO_4(s) + \frac{3}{8}H_2O(l) \longrightarrow 2Hg(l) + CdSO_4 \cdot \frac{3}{8}H_2O(s)$$

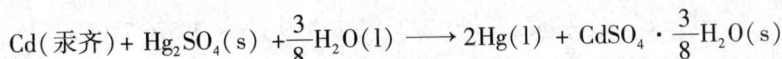

电池表示式为

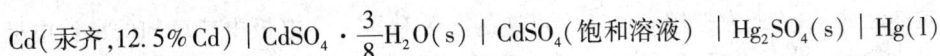

$$Cd(汞齐,12.5\% Cd) \mid CdSO_4 \cdot \frac{3}{8}H_2O(s) \mid CdSO_4(饱和溶液) \mid Hg_2SO_4(s) \mid Hg(l)$$

韦斯顿电池的电动势非常稳定,温度对其影响很小,如在 293.15 K 时,$E = 1.01845$ V;298.15 K 时,$E = 1.01832$ V;在其他温度时,电动势可由下式求得

$$E(T) = 1.01845 - 4.05 \times 10^{-5}(T-293.15) - 9.5 \times 10^{-7}(T-293.15)^2 + 1 \times 10^{-8}(T-293.15)^3 (V)$$

三、电池电动势的应用

通过电池电动势 E 的测定可以解决很多实际问题,我们从化学反应方向判断、平衡常数的测定等四个方面进行讨论。

1. 判断化学反应的方向　根据可逆电池 $-(\Delta_r G_m)_{T,p} = ZFE$ 关系式可知,可将一个反应设计在电池中进行,通过测定电动势,可根据 E 的符号判断反应的方向:当 $E>0$ 时,$\Delta_r G_m < 0$,反应可自发正向进行;反之则不能。

【例 4-7】　问 Fe 能否将 $Fe^{3+}(a=0.1)$ 还原为 $Fe^{2+}(a=0.1)$?

解:若将反应 $Fe + 2Fe^{3+} \longrightarrow 3Fe^{2+}$ 设计在电池中进行,则

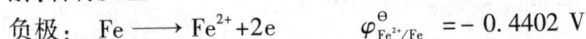

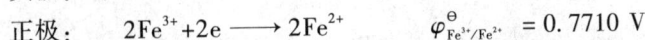

负极:　　$Fe \longrightarrow Fe^{2+} + 2e$　　　　$\varphi^{\ominus}_{Fe^{2+}/Fe} = -0.4402$ V

正极:　　$2Fe^{3+} + 2e \longrightarrow 2Fe^{2+}$　　　　$\varphi^{\ominus}_{Fe^{3+}/Fe^{2+}} = 0.7710$ V

则该电池标准电动势为 $E^{\ominus} = 1.2112$ V >0,说明在标准状态下该反应能够发生。

根据能斯特方程:

$$E = E^{\ominus} - \frac{RT}{ZF} \ln \frac{a_{Fe^{2+}}^3}{a_{Fe} \cdot a_{Fe^{3+}}^2}$$

$$= 1.2112 - \frac{0.05916}{2} \ln \frac{0.1^3}{0.1^2}$$

$$= 1.2407(V)$$

因 $E>0$,该反应可正向进行。

2. 测定化学反应的平衡常数和难溶盐的溶度积　将反应设计为电池,根据电池标准电动势 $E^{\ominus}$ 与电池反应 $\Delta_r G_m^{\ominus}$ 的关系即可求 $K_a^{\ominus}$ 和 $K_{sp}^{\ominus}$。

$$\Delta_r G_m^{\ominus} = -ZFE^{\ominus} = -RT \ln K_a^{\ominus}(或 K_{sp}^{\ominus})$$

$$E^{\ominus} = \frac{RT}{ZF} \ln K_a^{\ominus}(或 K_{sp}^{\ominus})$$

【例 4-8】　计算 298 K 时反应 $Ce^{4+} + Fe^{2+} \longrightarrow Fe^{3+} + Ce^{3+}$ 的标准平衡常数 $K^{\ominus}$。

解:将该反应设计为电池

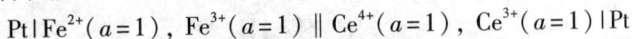

$$Pt \mid Fe^{2+}(a=1), Fe^{3+}(a=1) \parallel Ce^{4+}(a=1), Ce^{3+}(a=1) \mid Pt$$

已知 $\varphi^{\ominus}_{Fe^{3+}/Fe^{2+}} = 0.7710$ V,$\varphi^{\ominus}_{Ce^{4+}/Ce^{3+}} = 1.61$ V,则 $E^{\ominus} = 1.61 - 0.771 = 0.839(V)$。

因此,$\ln K_a^{\ominus} = \frac{ZFE^{\ominus}}{RT} = \frac{1 \times 96500 \times 0.839}{8.314 \times 298}$,$K_a^{\ominus} = 1.56 \times 10^{14}$。

【例 4-9】　计算难溶盐 AgCl 在 298 K 时的溶度积。

解:AgCl 的溶解过程为 $AgCl(s) \longrightarrow Ag^+ + Cl^-$,将其设计为电池

$$\mathrm{Ag(s)\,|\,AgNO_3}(a_1)\,\|\,\mathrm{KCl}(a_2)\,|\,\mathrm{AgCl(s)\,|\,Ag(s)}$$

已知 $\varphi^{\ominus}_{\mathrm{Ag^+/Ag}} = 0.799\ 1\ \mathrm{V}$，$\varphi^{\ominus}_{\mathrm{AgCl/Ag}} = 0.222\ 4\ \mathrm{V}$，则

$$E^{\ominus} = \varphi^{\ominus}_{\mathrm{AgCl/Ag}} - \varphi^{\ominus}_{\mathrm{Ag^+/Ag}} = 0.222\ 4 - 0.799\ 1 = -0.576\ 7\ (\mathrm{V})$$

由 $\ln K^{\ominus}_{\mathrm{sp}} = \dfrac{ZFE^{\ominus}}{RT} = \dfrac{1 \times 96\ 500 \times (-0.576)}{8.314 \times 298}$，可得 $K^{\ominus}_{\mathrm{sp}} = 1.78 \times 10^{-10}$。

3. 测定溶液的 pH　通常选用对氢离子可逆的电极和另一个电极电势已知的参比电极组成电池。常用的氢离子指示电极有氢电极、玻璃电极和锟–氢锟电极，而最常用的参比电极是甘汞电极和银电极。目前最普遍使用的氢离子电极是玻璃电极，它不受溶液中氧化剂和还原剂的影响，适用于较大的 pH 范围。

具体测量时电池的组成为

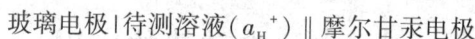

$$\text{玻璃电极}\,|\,\text{待测溶液}(a_{\mathrm{H}}{}^+)\,\|\,\text{摩尔甘汞电极}$$

298.15 K 时，电池电动势为

$$E = \varphi_{\text{甘汞}} - \varphi_{\text{玻璃}} = \varphi_{\text{甘汞}} - \left(\varphi^{\text{玻璃}} - \frac{RT}{F}\ln\frac{1}{a^{\mathrm{H^+}}}\right)$$

$$= \varphi_{\text{甘汞}} - (\varphi_{\text{玻璃}} - 0.059\ 16\mathrm{pH})$$

若知道玻璃电极的标准电极电势，即可计算出 pH。但由于制备等因素的影响，在测量时首先需要用已知 pH 的标准缓冲溶液对玻璃电极进行标定后使用，因此进行 pH 测量时需进行两次测量。设 $\mathrm{pH_s}$ 和 $\mathrm{pH_x}$ 分别为标准缓冲溶液和待测溶液的 pH，首先用标准缓冲溶液与电极组成电池，测得 E_s，则

$$E_s = \varphi_{\text{甘汞}} - \varphi_{\text{玻璃}} = \varphi_{\text{甘汞}} - \varphi^{\ominus}_{\text{玻璃}} + 0.059\ 16\ \mathrm{pH_s}$$

然后将待测溶液与电池组成电池，其 E_x 为

$$E_x = \varphi_{\text{甘汞}} - \varphi_{\text{玻璃}} = \varphi_{\text{甘汞}} - \varphi^{\ominus}_{\text{玻璃}} + 0.059\ 16\ \mathrm{pH_x}$$

整理上述两式可得 298.15 K 时用玻璃电极测得溶液测定 pH 的计算公式

$$\mathrm{pH_x} = \mathrm{pH_s} + \frac{E_x - E_s}{0.059\ 16}$$

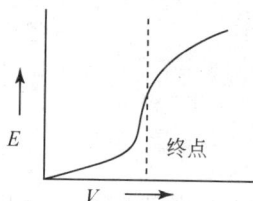

图 4-14　电势滴定示意图

4. 电势滴定　根据滴定过程中电动势的突变来指示终点的分析方法称为电势滴定。在酸碱滴定、氧化还原滴定、沉淀滴定等各类滴定中，当难以靠指示剂监控滴定终点时，可用电势滴定进行终点判断。该法不受视觉影响，适用于有色溶液、浑浊液的滴定以及混合物滴定。随着滴定剂的加入，化学反应中被测离子的浓度不断发生变化，电池电动势（E）也随之改变，记录滴定的液体体积（V）和对应的 E，绘制 E-V 曲线（图 4-14）。在接近滴定终点时少量滴定液即可引起电动势的突变，从而确定终点。

第六节　电极电势、标准电极电势及电极电势的能斯特方程

一、电极电势

从电池电动势的产生机理来看，在消除了液体接界电势后，电池的电动势主要是金属电极与溶液之间的电势差，所以原电池的电动势可近似地看成两个"半电池"之间电势差的代数和，但"半电池"的电极电势无法从实验测得。在实际应用中，只要确定某一基准电极的相对电极电势，就可以

用计算的方法求出由任意两个"半电池"所组成的原电池之电动势。

二、标准电极电势

1953 年,IUPAC 建议选用标准氢电极(standard hydrogen electrode,SHE)作为标准电极,标准氢电极的写法为:$Pt,H_2(p) \mid H^+(a)$。式中 $p(H_2) = 100$ kPa, $a = 1$,并规定该电极的 $E^{\ominus}(H^+/H_2) = 0.0000$ V。标准氢电极的结构如图 4-15 所示。

电极电势的表示方法采用标准氢电极作为发生氧化作用的负极,给定电极作为发生还原作用的正极,组成下列电池:标准氢电极 ‖ 给定电极。测得此电池的电动势,就可求出给定电极的相对还原电极电势,当给定电极中各组分均处于活度为 1 的标准状态,给定电极的电极电势称为标准电极电势位,以 $E^{\ominus}$ 表示。以铜电极为例

$$(-)Pt,H_2(p) \mid H^+(a_1) \parallel Cu^{2+}(a_2) \mid Cu(s)(+)$$

$p = 100$ kPa,在 298.15 K, $a_1 = a_{H^+} = 1$, $a_2 = a_{Cu^{2+}} = 1$,此电池的电动势实验测得为 0.3370 V,该电池电极上的反应为

负极: $H_2(g) \longrightarrow 2H^+ + 2e^-$

正极: $Cu^{2+} + 2e^- \longrightarrow Cu(s)$

电池反应:$H_2(g) + Cu^{2+} \longrightarrow Cu(s) + 2H^+$

图 4-15 标准氢电极

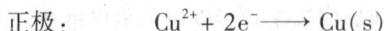

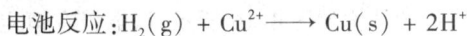

根据能斯特方程,该电池的电动势表示为 $E = E^{\ominus} - \dfrac{RT}{2F}\ln\dfrac{a^2(H^+) \cdot a(Cu)}{\dfrac{p(H_2)}{p^{\ominus}} \cdot a(Cu^{2+})}$

若与式(4-22)结合并整理得到

$$E = E_- + E_+ = \left[E_-^{\ominus} - \frac{RT}{2F}\ln\frac{a^2(H^+)}{\dfrac{p(H_2)}{p^{\ominus}}} \right] + \left[E_+^{\ominus} - \frac{RT}{2F}\ln\frac{a(Cu)}{a(Cu^{2+})} \right] \tag{4-24}$$

按规定 $a(H^+) = 1$、$p(H_2) = 100$ kPa 时,标准氢电极的电极电势 $E^{\ominus} = 0$,即 $E_- = 0$。规定气体在标准压力下的活度及纯固体的活度等于 1,故 $a(Cu) = 1$,上式可简化为

$$E = E_+^{\ominus} - \frac{RT}{2F}\ln\frac{1}{a(Cu^{2+})} \tag{4-25}$$

式(4-25)就是铜电极的电极电势表示式。当 $a(Cu^{2+}) = 1$ 时,电极电势即为铜的标准还原电极电势 $E_+^{\ominus}$,即 $E = E_+^{\ominus}$。实验测得此电池的电动势为 0.3370 V,所以铜的标准还原电极电势为 0.3370 V。

三、电极电势的能斯特方程

为了避免电极电势符号混乱,我们一律采用还原电极电势,即无论是氧化电极还是还原电极,均用还原电极电势的数值,并规定用符号 φ 表示,则式(4-24)改写成

$$E = \varphi_+ - \varphi_- = \left[\varphi_+^{\ominus} + \frac{RT}{2F}\ln\frac{a(Cu)}{a(Cu^{2+})} \right] - \left[\varphi_-^{\ominus} - \frac{RT}{2F}\ln\frac{\dfrac{p(H_2)}{p^{\ominus}}}{a^2(H^+)} \right]$$

推广到任意电极,其电极反应通式为

$$氧化态 + Ze^- \longrightarrow 还原态$$

则其电极电势的通式可写成

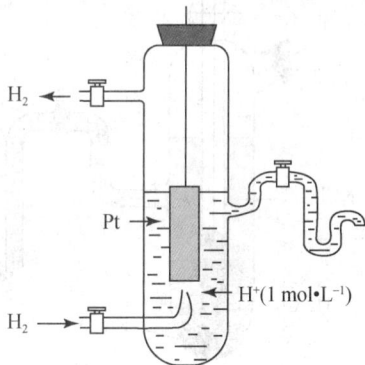

$$\varphi = \varphi^{\ominus} - \frac{RT}{ZF} \ln \frac{a_R}{a_0} \qquad (4\text{-}26)$$

式中，a_0 为电极反应中氧化态物质的活度；a_R 为电极反应中还原态物质的活度；$\varphi^{\ominus}$ 为该电极的标准电极电势。

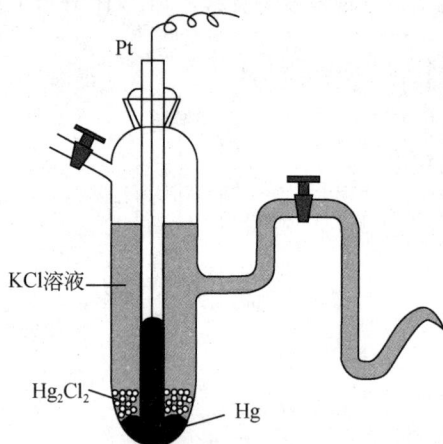

图 4-16　甘汞电极

计算电池电动势时需遵循以下规则。①电池表示式写在左面的为负极，起氧化作用；写在右面的为正极，起还原作用；②电池电动势用符号 E 表示，电极电势用符号 φ 表示，电池电动势的计算公式为 $E^{\ominus} = \varphi_+^{\ominus} - \varphi_-^{\ominus}$；③如果按照此公式计算得到的电动势为负值，则表示反应正向不能自发进行，逆向反应可以自发进行。例如，测定 $Pt, H_2(p) | H^+(a_1) \parallel Zn^{2+}(a_2) | Zn(s)$ 电池的电动势为负值，即 $-0.7628\ V$，则锌的标准还原电极电势为 $-0.7628\ V$。

电极电势数值的正负，仅表示给定电极与标准氢电极相比较时氧化还原能力的强弱。标准氢电极虽然精确，但制作复杂而要求严格，所以实验室内一般采用甘汞电极作为参比电极，甘汞电极与标准氢电极配成原电池，精确测定此原电池的电动势即等于甘汞电极的电极电势。

甘汞电极的结构如图 4-16 所示，该电极在恒定温度下有稳定的电极电势，且容易制备，使用方便。

制备时先将少量汞放到电极管底部，再加入少量由甘汞、汞，及氯化钾溶液制成的糊状物，最后从上面小心注入被甘汞饱和的氯化钾溶液。由于所用的 KCl 溶液浓度不同，甘汞电极的电极电势也不同。

常用的是饱和甘汞电极，其电极电势在 298.15 K 时，$\varphi_{甘汞} = 0.2412\ V$。

【例 4-10】　试计算 298.15 K 时下列电池的电动势

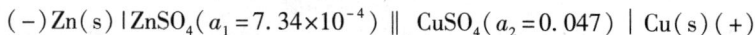

$$(-)Zn(s) | ZnSO_4(a_1 = 7.34 \times 10^{-4}) \parallel CuSO_4(a_2 = 0.047) | Cu(s)(+)$$

解：应用式(4-26)可知

$$\varphi = \varphi^{\ominus} - \frac{RT}{ZF} \ln \frac{a_R}{a_0}$$

查表可知 $\varphi_{Cu^{2+}/Cu}^{\ominus} = 0.3402\ V$，$a_2 = 0.047$
因此

$$\varphi_+ = \varphi_{Cu^{2+}/Cu}^{\ominus} - \frac{RT}{ZF} \ln \frac{1}{a_2} = 0.3402 - \frac{0.5916}{2} \ln \frac{1}{0.047} = 0.3009(V)$$

$$\varphi_{Zn^{2+}/Zn}^{\ominus} = -0.7628\ V, \quad a_1 = 0.734 \times 10^{-3}$$

$$\varphi_- = \varphi_{Zn^{2+}/Zn}^{\ominus} - \frac{RT}{ZF} \ln \frac{1}{a_1} = -0.7628 - \frac{0.05916}{2} \ln \frac{1}{0.734 \times 10^{-3}} = -0.8555(V)$$

$$E = \varphi_+ - \varphi_- = 0.3009 - (-0.8555) = 1.1564(V)$$

第七节　生物电化学

70 年代以来，一门处于电化学、生物化学和生理学等多学科交叉点上的边缘学科——**生物电化学**（bioelectrochemistry）得到令人瞩目的迅速发展。生物电化学是应用电化学的基本原理和实验方法研究生物体在分子和细胞水平上的电荷和能量传输的运动规律及其对生物系统活性功能影响的学科。生物电化学对探讨生命过程的机制和解决医学上的难题具有十分重要的意义。本节仅对生物体的电现象、生物膜电势及其生物传感器等知识点进行简单介绍。

一、生物电现象

1791 年,伽伐尼(L. Galvani)发现在两根不同金属丝间插入青蛙腿,然后使这两根金属丝另外两端接触,结果发现了蛙腿肌肉收缩的动物电现象。事实上,一切生物体,无论处于静止状态还是活动状态都存在着机体组织的电现象,统称为生物电现象。

现代医学领域应用的肌电图、心电图和脑电图都是具有代表性的生物电现象。一般生物电是很微弱的,如心电大约为 1 mV,脑电则更微弱,只有 0.1 mV 左右。正因为生物电现象比较微弱,在测定肌电、心电和脑电时要选用面积较大的电极,同时要求电极的电阻和极化要小,并且能在生物体表面牢牢固定,以银−氯化银电极使用最为广泛。

二、细胞膜电势

生物电现象是以细胞为单位产生的,主要的应用基础是在细胞膜内、外两侧存在电势差,即膜电势(membrane potential)。

细胞膜(图 4-17)实际是一种特殊的半透膜,主要由卵磷脂和蛋白质组成,对离子的通透性有高度的选择性和调节性。卵磷脂为双亲分子,其疏水链伸向膜的中间,而亲水基团伸向膜的内、外两侧,构成了约两个分子厚度的脂质双层,称为膜的骨架;球状蛋白分子则分布在细胞膜中,其中有的蛋白质分子部分嵌在膜内,部分嵌在膜外,也有的蛋白质分子贯穿整个细胞膜。因此,可以把细胞膜看成由排列有序的类脂分子和蛋白质组成的二维溶液。细胞膜中的蛋白质在生物体的活性传输和许多化学反应中起着催化作用,并充任离子透过膜的通道。细胞膜在生物体的细胞代谢和信息传递中起着关键作用,在神经细胞中能传递神经脉冲。

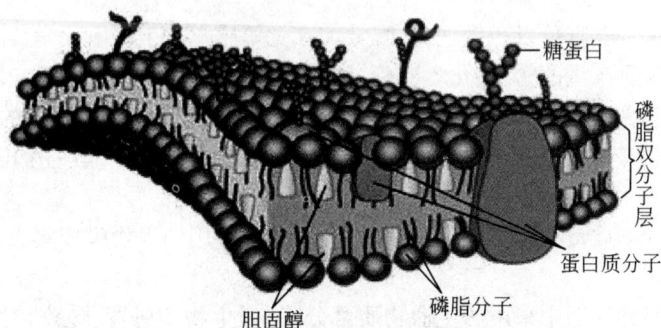

图 4-17　细胞膜结构示意图

正常生物细胞内的 K^+ 浓度(400 mmol·dm^{-3})远大于细胞外的 K^+ 浓度(20 mmol·dm^{-3}),而细胞外 Na^+ 浓度(440 mmol·dm^{-3})则高于细胞内 Na^+ 浓度(50 mmol·dm^{-3}),由于细胞内、外浓度差的存在,K^+ 必然会向膜外扩散,而 Na^+ 向细胞膜内扩散。现在让我们来考查一下由于膜两边 K^+ 离子浓度不等而引起的电势差,即膜电势的情况。假定采用适当的实验装置,将细胞内、外液体组成如下电池

$$\text{Ag(s)} \mid \text{AgCl(s)} \mid \text{KCl(aq)} \mid \text{内液} \vdots \text{细胞膜} \vdots \text{外液} \mid \text{KCl(aq)} \mid \text{AgCl(s)} \mid \text{Ag(s)}$$
$$\beta \text{ 相} \qquad\qquad\qquad \alpha \text{ 相}$$

由于细胞内液 β 相中的 K^+ 浓度远大于细胞外液 α 相中的 K^+ 浓度,因此 K^+ 倾向于自 β 相穿过膜向细胞膜外液 α 相扩散,扩散的结果是 α 相一边产生净正电荷,而在 β 相一边产生净负电荷,此种电场的存在将阻止 K^+ 进一步由 β 相向 α 相扩散,而有利于 K^+ 由 α 相向 β 相的逆向扩散,最后达到动态平衡,即 K^+ 在两相中的化学势相等。而由于 K^+ 从 β 相向 α 相转移的结果造成 α 相的电势高于 β 相,则由此产生膜电势为

$$E = \Delta\varphi(\alpha,\beta) = \varphi_\alpha - \varphi_\beta = \frac{RT}{F}\ln\frac{a_{K^+}(\beta)}{a_{K^+}(\alpha)}$$

在生物化学上,则惯于如下表示法

$$\text{膜电势} \quad \Delta\varphi = \varphi_{内} - \varphi_{外} = \frac{RT}{F}\ln\frac{a_{K^+}(外)}{a_{K^+}(内)}$$

298.15 K 下,对于静止的神经细胞,细胞内液(β)的 K^+ 浓度约为细胞外液(α)K^+ 浓度的 35 倍,假定活度系数均为 1,则

$$\Delta\varphi = \frac{RT}{F}\ln\frac{a_{K^+}(\beta)}{a_{K^+}(\alpha)} = \frac{8.314 \times 298.15}{96500}\ln\frac{1}{35} = -91 \text{ (mV)}$$

实验测得的静止神经细胞的膜电势约为 -70 mV,这可以用活性体的体液并非真正处于平衡态来解释。对于静止肌内细胞膜电势约为 -90 mV,肝细胞的膜电势约为 -40 mV。膜电势的存在表明每个细胞膜上有一个双电层,相当于一些偶极子分布在细胞表面。例如,当心脏收缩时心脏的膜电势同步变化,心脏的总偶极矩和膜电势也是随时变化。我们根据这些信号就能判断心脏的工作情况是否正常。

三、生物电化学传感器

生物传感器技术是一项重要的高新技术,它在医学领域中有着广阔的应用前景,并有望成为 21 世纪大规模的新兴产业。

人通过自身的感觉器官可以产生视觉、嗅觉和味觉等感觉。生物电化学传感器就是利用生物物质与被测物质接触时所产生的物理、化学变化,转换为电讯号而输出的装置。其构造分为两部分:一是分子识别材料或感受器,其主要是一类具有催化功能或能形成稳定复合体的生物活性物质如酶、组织、细胞、抗体、核酸等;二是信号转换器,也称基础电极或内敏感器,是一个电化学检测组件,用来监测分析物质在固定化催化剂作用下发生的化学变化并转换成信号。

生物传感器的检测质量与生物膜成膜技术关系密切,常用的生物膜成膜方法有:聚合物包埋法、共价键合法和交联法。

生物传感器按照感受器中采用的生命物质可分为:微生物传感器、免疫传感器、组织传感器、细胞传感器、酶传感器、DNA 传感器等;按照传感器检测原理可分为:热敏生物传感器、场效应管生物传感器、压电生物传感器、光电生物传感器、声波道生物传感器、酶电极生物传感器、介体生物传感器等;按照生物活性物质相互作用类型可分为:亲和型生物传感器和代谢型生物传感器。

在所有的生物传感器中,以酶传感器研究和应用的最多,也是目前最成熟的一类生物传感器。目前已经研制成功的酶传感器有 30 种左右,可用于检测尿素、葡萄糖、青霉素、抗坏血酸和磷脂等。由于酶很容易失去生物活性,因而酶传感器的稳定性较差,使用寿命短,而以微生物作为分子识别材料的微生物传感器,稳定性优于前者,使用寿命较长,灵敏度高,但响应时间较长。微生物传感器可用于致癌物质的测定,更能进行致癌物质的筛选。

生物传感器的研究发展与微电子、计算机技术以及超微电极等高科技紧密相连，它在生物体的代谢跟踪、活体检测及生物芯片的发展等方面具有十分广阔的前景。

知识延伸

电化学在药学领域应用简介

近年来，随着电化学技术的不断发展，其在药学领域的应用也越来越广泛。下面对电化学在药物合成、药物分析及中药鉴别等方面的应用进行简要介绍。

1. 在药物合成中的应用 将电化学技术与药物合成设计相结合形成的电化学合成可进行官能团的加成、取代、裂解、消去、氧化和还原等反应。电化学合成可在温和条件下进行对环境友好的洁净合成，通过改变电极电位可以提高反应的选择性、纯度和效率，电子转移和化学反应可以同时进行。与常规化学法相比，电化学合成受电极材料、电解温度、电流密度等因素影响，但是其具有选择性高、反应条件温和(可在常压常温下操作)、环境污染少和产品纯度高等优点，使电化学在药物合成方面越来越受到人们的关注。从理论上说，凡是涉及电子转移的氧化还原反应都可以用电化学合成实现。

2. 在中药质量控制方面的应用 电化学分析法是基于电池中所发生的电化学反应，依据溶液的电化学性质(如电极电位、电流、电导、电量等)与被测物质的化学或物理性质(如电解质溶液的化学组成、浓度、氧化态与还原态的比率等)之间的关系，即可将被测定物质的浓度转化为一种电学参量加以测量。电化学分析法具有灵敏度高、选择性好、响应时间短和方法简便等优点，近年来已越来越广泛地应用于药物分析的研究中。其中电化学指纹图谱、经典极谱法、伏安法及高效液相色谱、毛细管电泳与电化学技术联用在中药鉴别、中药复方制剂、中药材的有效成分及微量元素的含量检测方面有广泛应用。

极谱与伏安法是电化学分析中较早出现的分析方法，由于其灵敏、快速、简单，现在仍是电化学分析研究中的热点之一。极谱分析法是以滴汞电极为工作电极电解被分析物质的稀溶液，根据电流、电压曲线进行分析的方法。凡能在滴汞电极上起氧化还原反应的物质、都可以用极谱法进行测定。极谱与伏安法的突出特点是对复杂药物体系可不经预分离或简单萃取之后即可进行测定，药物中的共存或辅助成分以及体液中的蛋白质和其他生物分子一般不干扰测定。

毛细管电泳技术与电化学检测联用而发展的毛细管电泳-电化学法对电化学活性物质具有更高的灵敏度和选择性。该法具有分离效率高、样品不需要预处理、设备简单等特点，不但使常规的中药成分的检测更加便捷，而且为药物代谢动力学研究所需要的血样中痕量代谢产物的测定提供了可能。该检测系统一般为自组装，电化学检测采用三电极系统，工作电极为碳圆盘电极，检测前考察运行缓冲液酸度、浓度、分离电压、氧化电位和进样时间等实验参数对分离检测的影响。

总之，电化学分析技术简化了中药成分的检测步骤，提高了检测效率，为中药的质量控制提供了保障。电化学与其他分析技术的联用，不仅扩大了药物的检测范围，提高了检测精度，而且推动了分析技术的发展，使二者相互补充。此外，电化学、生物化学、生理学等学科交叉发展而成的生物电化学必将在药物的药理研究方面得到长足的发展。当然由于电化学的稳定性较差，且中药成分的电化学行为通常会受溶液 pH、溶液浓度等因素的影响，需要电化学工作者开展更多改进和创新的工作。

M. Faraday(1791～1867)
英国化学家法拉第

法拉第(M. Faraday)1791 年出生于英国的一个铁匠家庭,13 岁开始进书铺当学徒。由于他勤奋好学,在 21 岁时自荐到伦敦皇家学院与著名的院长戴维见面,他装订得整齐美观的听戴维讲演时记的笔记给戴维留下了很好的印象,随后成为戴维的助手。

法拉第具有卓越的化学才能和工艺才能,他所研究的课题广泛多样,有铁合金研究、氯和碳的化合物、电磁转动、气体液化、光学玻璃、电磁感应现象、电化学分解、静电学、电介质、气体放电、光、电和磁、抗磁性等。1831 年,法拉第发明了一种电磁电流发生器,这就是最原始的发电机。法拉第还发现了物质的抗磁性,提出了光的电磁理论等。法拉第不仅作出了划时代的贡献,而且奠定了未来电力工业的基础。曾有一个政治家问法拉第,他的发明有什么用处,法拉第回答说:"我现在还不知道,但有一天你将会从它们身上去抽税。"

法拉第创办了一个定期的"星期五晚讲座",很受欢迎,一直延续至今。法拉第于 1867 年逝世,终年 76 岁。

能斯特(W. H. Nernst)1846 年生于德国,1887 年获维尔茨堡大学博士学位。在那里,他认识了阿伦尼乌斯(Arrhenius)并将他推荐给奥斯特瓦尔德(Ostwald)当助手。1889 年,能斯特提出了电极电势与溶液浓度的关系式,即能斯特方程。他先后在格丁根大学和柏林大学任教,研究成果很多。他主要发明了闻名于世的白炽灯(能斯特灯)、建议用铂氢电极为零电位电极、能斯特方程、能斯特热定理(热力学第三定律)、低温下固体比热容的测定等,因诸多贡献能斯特于 1920 年获诺贝尔化学奖。

W. H. Nernst(1864～1941)
德国物理学家和物理化学家能斯特

能斯特将成绩归功于导师奥斯特瓦尔德的培养,因而自己也毫无保留地把知识传给学生,他的学生中先后有三位诺贝尔物理学奖获得者(米利肯 1923 年、安德森 1936 年、格拉泽 1960 年)。师徒五代相传,是诺贝尔奖史上空前的。但因受纳粹的迫害,他于 1933 年离职,1941 年在德国逝世,终年 77 岁。1951 年,他的骨灰安葬于格丁根大学。

习　题

1. 盐桥有何作用?为什么它不能完全消除液接电势,而只能把液接电势降到可以忽略不计?

2. 电解质在水溶液中时,作为溶剂的水解离为 H^+、OH^- 离子,为什么一般不考虑它们的迁移数?影响离子迁移数的主要因素是什么?

3. 如何理解离子独立运动定律?

4. 在表达溶液的导电能力方面,摩尔电导率与电导率有何不同?

5. φ 与 $\varphi^{\ominus}$ 有何不同? $\varphi^{\ominus}$ 与 E 又有何差别?

6. 用 Nernst 方程计算电极电势时的适用条件是什么?

7. 在 18℃ 时用同一电导池测得 $0.001\ mol \cdot dm^{-3}\ K_2SO_4$ 和 $0.01\ mol \cdot dm^{-3}\ KCl$ 溶液的电阻分别为 712.2Ω 和 145.00Ω。试求:①电导池常数;②$0.001\ mol \cdot dm^{-3}\ K_2SO_4$ 溶液的摩尔电导率。已知

$0.01\ mol\cdot dm^{-3}$ KCl 溶液的电导率为 $0.122\ 05\ S\cdot m^{-1}$。

$$(K_{cell}=17.70\ m^{-1};\ \Lambda_m=\frac{\kappa}{c}=\frac{K_{cell}}{cR}=0.02485\ S\cdot m^2\cdot mol^{-1})$$

8. 体积为 V 的 $0.1\ mol\cdot dm^{-3}$ NaOH 溶液的电导率是 $2.21\ S\cdot m^{-1}$,加入体积为 V 的 $0.1\ mol\cdot dm^{-3}$ HCl 溶液后,电导率下降为 $0.56\ S\cdot m^{-1}$,再加入一份体积为 V 的 $0.1\ mol\cdot dm^{-3}$ HCl 溶液后,电导率增加到 $1.70\ S\cdot m^{-1}$。计算:①NaOH 溶液的摩尔电导率;②NaCl 溶液的摩尔电导率;③HCl 溶液的摩尔电导率。

$$[\Lambda_m(NaOH)=2.21\times10^{-2}\ S\cdot m^2\cdot mol^{-1};\ \Lambda_m(NaCl)=1.12\times10^{-2}\ S\cdot m^2\cdot mol^{-1};\ \Lambda_m(HCl)=$$
$$3.99\times10^{-2}\ S\cdot m^2\cdot mol^{-1}]$$

9. 已知在 298.15 K 时,丁酸钠、氯化钠和盐酸的水溶液的极限摩尔电导率分别是 0.687×10^{-2} $S\cdot m^2\cdot mol^{-1}$、$1.2539\times10^{-2}\ S\cdot m^2\cdot mol^{-1}$ 和 $4.2586\times10^{-2}\ S\cdot m^2\cdot mol^{-1}$。试计算在此温度下,丁酸水溶液的极限摩尔电导率。 $\qquad(\Lambda_m^\infty(C_3H_7COOH)=3.6917\times10^{-2}\ S\cdot m^2\cdot mol^{-1})$

10. 298 K 时,测得 $BaSO_4$ 饱和水溶液的电导率为 $4.48\times10^{-4}\ S\cdot m^{-1}$,已知该浓度时水的电导率为 $1.50\times10^{-4}\ S\cdot m^{-1}$,$\Lambda_m^\infty[\frac{1}{2}Ba(NO_3)_2]$ 为 $1.361\times10^{-2}\ S\cdot m^2\cdot mol^{-1}$,$\Lambda_m^\infty(\frac{1}{2}H_2SO_4)$ 为 $4.285\times10^{-2}\ S\cdot m^2\cdot mol^{-1}$,$\Lambda_m^\infty(HNO_3)$ 为 $4.201\times10^{-2}\ S\cdot m^2\cdot mol^{-1}$。试计算 $BaSO_4$ 的溶解度。

$$(c=\kappa/\Lambda_m^\infty=1.03\times10^{-2}\ mol\cdot m^{-3})$$

11. 已知 298 K 时 AgCl 的活度积 $K_{sp}=1.69\times10^{-10}$,$\varphi_{Ag^+/Ag}=0.789$ V,$\varphi_{Cl_2/Cl^-}^\Theta=1.36$ V。试设计一个电池,写出电极反应和电池反应,并求 AgCl(s) 的标准生成吉布斯自由能。

$$[生成反应为:Ag(s)+\frac{1}{2}Cl_2\xrightarrow[0.2115(V)]{由反应}AgCl(s),由此反应设计成下列电池$$
$$(-)Ag(s)-AgCl(s)|HCl(c)\parallel Cl_2(p),Pt(+),$$
$$E^\Theta=\varphi_{Cl_2/Cl^-}^\Theta=\varphi_{AgCl/Ag}^\Theta 1.149V,\ \Delta_fG_m^\Theta=-110483J\cdot mol^{-1}]$$

12. 在电池 $Pt|H_2(100\ kPa)|HI$ 溶液 $[a(HI)=1]|I_2(s)|Pt$ 中,进行如下两个电池反应:
①$H_2(g,100\ kPa)+I_2(s)=2HI[a(HI)=1]$;②$\frac{1}{2}H_2(g,100\ kPa)+\frac{1}{2}I_2(s)=HI[a(HI)=1]$。自己查表计算两个电池反应的 E^Θ、$\Delta_fG_m^\Theta$ 和 K^Θ。

$$(①E_1^\Theta=\varphi_{I_2/I^-}^\Theta-\varphi_{H_2/H^+}^\Theta=0.535V,\ \Delta_fG_m^\Theta=-103.26\ kJ\cdot mol^{-1},\ lnK_1^\Theta=41.6549,\ K_1^\Theta=1.232\times10^{18}$$
$$②E_2^\Theta=E_1^\Theta=0.535\ V,\ \Delta_fG_{m,2}^\Theta=-51.63\ kJ\cdot mol^{-1},\ K_2^\Theta=(K_1^\Theta)^{1/2}=1.11\times10^9)$$

第五章 化学动力学

本节提要

本章首先介绍了化学反应速率的表示方法,以及反应级数、反应分子数、基元反应、反应机理等概念。着重介绍了一级、二级、零级反应动力学方程的推导、特征,并适当介绍了一级反应在给药方案、药物有效期预测方面的应用以及反应级数的测定。简单地介绍了可逆反应、平行反应和连续反应三种典型的复杂反应动力学方程及其特点。讨论了温度、溶剂的极性、溶剂的介电常数、离子强度以及酸碱催化和酶催化等因素对反应速率的影响。简要介绍了碰撞理论、过渡状态理论等反应速率理论以及光化反应特点、光化反应定律和量子效率。

化学反应主要有两个基本问题:一是反应进行的方向、可能性和限度;二是反应进行的速率和机理(历程)。前者属于化学热力学的研究范畴,已在前面几章讨论,而后者属于化学动力学的研究范畴。

化学动力学主要研究化学反应的速率以及浓度、压力、温度、介质、催化剂等各种因素对反应速率的影响;研究反应进行时反应物到产物所经历的具体历程,即反应机理。所以,化学动力学是研究化学反应速率和反应机理的科学。

通过化学动力学的研究,可以控制反应条件,提高主反应的速率,以增加主产品产率;可以抑制或减慢副反应的速率,以减少原料的消耗,减轻分离操作的负担,并提高产品的质量。此外,化学动力学还可为避免危险品的爆炸、材料的腐蚀、产品的老化或变质等提供理论依据和指导。

对于化学反应的研究,动力学和热力学是相辅相成的。例如,合成氨的反应

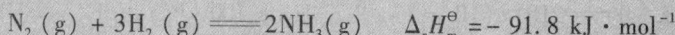

$$N_2(g) + 3H_2(g) \Longrightarrow 2NH_3(g) \qquad \Delta_r H_m^\ominus = -91.8 \text{ kJ} \cdot \text{mol}^{-1}$$

经化学热力学研究,该反应是可以发生的,且是一个放热反应,温度越低,反应的平衡常数越大,似乎低温对NH_3的合成有利。但是,该反应在低温下进行得很慢,工业生产无法实现。经化学动力学研究,要适当提高反应温度和压力,实际生产在3×10^7 Pa和773 K左右且有催化剂作用下可快速完成。因此,化学热力学只解决了反应的可能性问题,能否实现该反应还需化学动力学来解决。但若化学热力学研究表明某反应在所在条件下是不可能发生的,则动力学的研究是徒劳的,不可能违背热力学的研究结论。

化学动力学的发展比热力学晚,而且更加复杂,所以相对而言,化学动力学理论尚不完善。近百年来,随着相关学科基础理论和技术的进展以及实验方法和检测手段的日新月异,化学动力学的研究进展迅速,逐步从宏观动力学阶段过渡到微观反应动力学阶段,为人类提供了许多前所未有的新信息,为深入研究反应的细节提供了依据。物理化学家李远哲(美籍华人,1936～)由于在交叉分子束研究中做出卓越贡献而获得了1986年诺贝尔化学奖。

化学动力学广泛应用于药学研究等相关领域。例如,药物的合成路线设计离不开反应机理的探讨以及溶剂、温度等各种因素对药物生产速率和效率的影响;药物的储藏和保管、在体内的吸收、分布、代谢与排泄的研究也要应用化学动力学的有关知识和方法。

第一节 基 本 概 念

一、化学反应速率的表示方法

物理学的概念"速度"是矢量,有方向性,而"速率"(rate,velocity)是标量,本书采用标量"速率"来表示化学反应进行的快慢。化学反应速率有两种表示方法:(1)**采用反应物或生成物的浓度随时间变化率表示**,即用反应物浓度随时间的消耗率表示,或用生成物浓度随时间的增加率表示。但由于反应式中生成物和反应物的化学计量系数不同,得出的化学反应速率数值往往不同。(2)**采用各物质的反应进度随时间的变化率来表示**,则用参与反应的任意一种物质表示速率,其数值都是一样的。

根据反应进度 ξ 的定义,对于定容下的任意反应

$$a\,A + d\,D \Longrightarrow g\,G + h\,H$$

设
$$t = 0 \qquad n_{A,0} \qquad n_{D,0} \qquad n_{G,0} \qquad n_{H,0}$$
$$t = t \qquad n_{A,t} \qquad n_{D,t} \qquad n_{G,t} \qquad n_{H,t}$$

$$\xi = \frac{n_{A,t} - n_{A,0}}{-a} = \frac{n_{D,t} - n_{D,0}}{-d} = \frac{n_{G,t} - n_{G,0}}{g} = \frac{n_{H,t} - n_{H,0}}{h} \tag{5-1}$$

式中,反应物的计量系数取负值;生成物的计量系数取正值。式(5-1)对时间 t 微分得到某时刻反应进度随时间的变化率:

$$J \overset{\text{def}}{=} \frac{\mathrm{d}\xi}{\mathrm{d}t} = -\frac{1}{a}\frac{\mathrm{d}n_A(t)}{\mathrm{d}t} = -\frac{1}{d}\frac{\mathrm{d}n_D(t)}{\mathrm{d}t} = \frac{1}{g}\frac{\mathrm{d}n_G(t)}{\mathrm{d}t} = \frac{1}{h}\frac{\mathrm{d}n_H(t)}{\mathrm{d}t} \tag{5-2}$$

化学反应速率 ν 定义为单位体积内反应进度随时间的变化率:

$$\nu = \frac{J}{V} = \frac{\mathrm{d}\xi}{V\mathrm{d}t} \tag{5-3}$$

式中,V 是反应体系的体积,如果在反应过程中体积是恒定的,则式(5-3)可写为

$$\nu = -\frac{1}{a}\frac{\mathrm{d}c_A}{\mathrm{d}t} = -\frac{1}{d}\frac{\mathrm{d}c_D}{\mathrm{d}t} = \frac{1}{g}\frac{\mathrm{d}c_G}{\mathrm{d}t} = \frac{1}{h}\frac{\mathrm{d}c_H}{\mathrm{d}t} = \frac{1}{\nu_B}\frac{\mathrm{d}c_B}{\mathrm{d}t} \tag{5-4}$$

式中,B 表示参与反应的任意物质。例如,对于气相反应

$$N_2 + 3H_2 \Longrightarrow 2NH_3$$

在恒温恒容条件下,其反应速率可表示为

$$\nu = -\frac{\mathrm{d}c_{N_2}}{\mathrm{d}t} = -\frac{1}{3}\frac{\mathrm{d}c_{H_2}}{\mathrm{d}t} = \frac{1}{2}\frac{\mathrm{d}c_{NH_3}}{\mathrm{d}t}$$

显然,选用参与反应的任何一种物质表示反应速率,数值都是相同的。

二、反应机理的含义

反应机理(reaction mechanism)是指反应物变为产物所经历的途径,又称为反应历程。通常所写的化学方程式绝大多数只是化学反应的化学计量式,并不代表反应的真正历程,而仅代表反应的总结果。例如,

$$H_2 + I_2 \longrightarrow 2HI$$

实验表明,该反应并不是由一个氢气分子和一个碘蒸气分子直接作用生成两个碘化氢分子,而是分下列三步进行

$$(1)\ I_2 \longrightarrow 2I \cdot$$

$$(2)\ H_2 + 2I \cdot \longrightarrow 2HI$$

$$(3)\ M + 2I \cdot \longrightarrow I_2 + M$$

又如

$$H_2 + Cl_2 \longrightarrow 2HCl$$

该反应化学计量式与上一反应相似,但反应历程大不相同,它由下列四个步骤构成

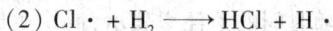

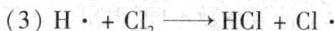

$$(1)\ Cl_2 \longrightarrow 2Cl \cdot$$

$$(2)\ Cl \cdot + H_2 \longrightarrow HCl + H \cdot$$

$$(3)\ H \cdot + Cl_2 \longrightarrow HCl + Cl \cdot$$

$$(4)\ 2Cl \cdot + M \longrightarrow Cl_2 + M$$

式中,M 指反应器壁或者其他第三方分子,它是惰性物质,只起能量传递作用。如果一个化学反应由反应物分子在一次碰撞中直接作用生成产物分子,这种反应就称为基元反应(elementary reaction)。仅由一个基元反应组成的反应称为简单反应,由两个或两个以上基元反应组成的反应称为复杂反应或总(包)反应。绝大多数宏观反应都是复杂反应,碘化氢、氯化氢合成反应均为复杂反应。在基元反应中,参加反应的分子数目之和称为反应分子数(molecularity)。这里的分子指广义的微观粒子,可以是分子、原子、离子、自由基等。由于多个分子在一次化学行为中同时碰撞的概率很小,所以反应分子数的数值迄今为止只发现了 1、2 或 3,其相应的反应称之为单分子、双分子或三分子反应。如上述氢气和氯气合成氯化氢反应机理中的步骤(1)为单分子反应,步骤(2)和步骤(3)为双分子反应,而步骤(4)为三分子反应。三分子反应为数很少,大于三分子的反应目前尚未发现。

三、质量作用定律

19 世纪,科学家对溶液中的反应进行了大量研究。挪威化学家古尔贝格(Guldberg)及瓦格(Waage)总结出一条规律:在一定温度下,基元反应的反应速率与各反应物浓度幂的乘积成正比,其中各反应物浓度的幂等于反应式中各反应物的计量系数,这就是质量作用定律(mass action law)。例如,下列反应

$$aA + dD \Longrightarrow gG + hH$$

反应速率方程表示为

$$\nu_A = -\frac{dc_A}{dt} = k_A c_A^a c_D^d \tag{5-5}$$

但是,并不是所有的反应式都可以按质量作用定律直接得到速率方程。只有反应式真正表示反应进行的步骤时才是正确的,即质量作用定律只适用于基元反应,因为只有基元反应方程式才体现了反应物分子直接作用的关系。简单反应只包含一个基元反应,其总反应方程式与基元反应一致,故质量作用定律对简单反应可直接应用。复杂反应方程式因不能体现反应物分子直接作用的关系,因此不能直接应用质量作用定律表达其速率方程,只能通过实验测定或根据反应机理来推导。

四、反 应 级 数

如果反应的速率方程可表示为

$$\nu = kc_A^\alpha c_B^\beta \cdots$$

式中,浓度项的幂指数 α、β、…分别称为组分 A、B、…的级数,均由实验确定,则各指数之和 **n** 称为反

应的总级数(reaction order)，即 $n = \alpha + \beta + \cdots$。例如，反应 $H_2 + I_2 \longrightarrow 2HI$，其速率方程为 $\nu = kc_{H_2}c_{I_2}$，此反应为二级反应，而对 H_2 和 I_2 来说均为一级。对于反应 $H_2 + Cl_2 \longrightarrow 2HCl$，其速率方程为 $\nu = kc_{H_2}c_{Cl_2}^{1/2}$，此反应对 H_2 为一级，对 Cl_2 为 0.5 级，总反应级数为 1.5 级。反应级数的大小表示物质的浓度对速率影响的程度，级数的绝对值越大，表示该物质的浓度对反应速率的影响越大。由于反应级数是速率方程中所有浓度项幂指数的代数和，所以其数值可以是整数或分数，也可以是正数、零或负数。凡是速率方程不符合 $\nu = kc_A^\alpha c_B^\beta \cdots$ 这种形式的，如反应 $H_2 + Br_2 \longrightarrow 2HBr$，其速率方程为 $\dfrac{dc_{HBr}}{dt} = \dfrac{kc_{H_2}c_{HBr}^{1/2}}{1 + k'\dfrac{c_{HBr}}{c_{Br_2}}}$，各物质的浓度项幂指数无法进行简单加和，则该反应的总级数无简单的数值。

五、反应速率常数

在速率方程 $\nu = kc_A^\alpha c_B^\beta \cdots$ 中，比例系数 k 称为反应速率常数(reaction rate constant)，其数值相当于参加反应的物质都处于单位浓度时的反应速率。不同反应有不同的速率常数，即使是同一反应采用不同物质的变化表示反应速率时，其速率常数也可能不同。

例如，任意反应

$$aA + dD === gG + hH$$

用反应物各物质的消耗表示反应速率为

$$\nu_B = -\frac{dc_B}{dt} = k_B c_A^a c_D^d$$

由式(5-4)可得

$$\frac{\nu_A}{a} = \frac{\nu_D}{d} = \frac{\nu_G}{g} = \frac{\nu_H}{h}$$

因此各速率常数之间的关系为

$$\frac{k_A}{a} = \frac{k_D}{d} = \frac{k_G}{g} = \frac{k_H}{h}$$

此外，速率常数与反应温度、反应介质(溶剂)、催化剂等有关，甚至随反应器的材料、表面状态及表面积而异。

速率常数 k 是化学动力学中一个重要的物理量，它的大小直接反映了速率的快慢，它不受浓度的影响，体现了反应体系的速率特征。

六、反应级数和反应分子数的区别

反应级数和反应分子数是两个不同的概念。两者的区别在于：

(1)反应分子数是为说明反应机理而引出的微观上的概念，它说明每个基元反应中经碰撞而发生反应的分子数，是一个理论数值；而反应级数是根据实验得出速率与浓度的关系而得出的概念，它是一个实验数值。

(2)反应级数是对总反应和基元反应而言，反应分子数只对基元反应而言。

(3)在基元反应中反应分子数和反应级数一般情况下是一致的，即单分子反应就是一级反应，双分子反应就是二级反应，按质量作用定律表达速率方程，得到的反应级数必定为正整数。复杂反应可有零级、分数级或负数级反应，但反应分子数不可能为零分子、分数分子或负数分子，因此在复杂反应中没有反应分子数的概念。当发现分数级反应,则肯定是复杂反应,但简单级数的反应,却不一定是简单反应,也可能是复杂反应。

(4)在基元反应中反应分子数和反应级数也并不总是一致的。例如,蔗糖水解反应为基元反应,该反应本身是双分子反应,其转化速率为 $-\dfrac{dc}{dt}=kc_水 c_{蔗糖}$。但是,在稀溶液中水的浓度远大于蔗糖浓度,在反应进行中水的浓度改变极小,可视为常数,上式可变为 $-\dfrac{dc}{dt}=k'c_{蔗糖}$,所以反应级数为一级,该反应也称为准一级反应。这是一个反应分子数与反应级数不一致的例子。

知识延伸

反应级数的特征:可以用八个"不一定"来描述。

(1)反应级数不一定与方程的化学计量系数相吻合

一般的化学计量方程式只代表反应的总结果,只考虑等式两边的物料平衡关系。从热力学角度:只注重始、终态,不考虑变化过程;系数任意倍增不影响化学平衡。从动力学角度:它要考虑反应的各个中间步骤,其中有快有慢,有时反应最慢的一步决定了速率方程,则反应机理完全不同。因此用总反应式写出速率方程就不能代表控速步骤的反应速率。

(2)反应级数不一定等于反应的分子数

对于一个总反应而言,分子数是没有意义的。简单反应二者相等;多步骤反应的分子数无意义。

(3)反应级数不一定只是简单的正整数,它还可以是零、分数、负数

对级数而言,它是实际化学反应速率和浓度关系的反映,而反应往往是复杂的。通常反应方程式不能反映出反应的真正机理,而是反应始、终态的总结果。反应级数则体现了总反应中所有基元反应的各种浓度关系。而反应机理中往往某些反应的基元反应起着决定性的作用,如平行反应中最快的一步、连串反应中最慢的一步浓度关系常常在反应级数中起决定性作用,故级数可以是1、2、3、0、分数或负数等。

(4)反应级数不一定等于最慢一步反应的分子数

对于反应

$$2NO \longrightarrow N_2O_2 \quad (快)$$
$$N_2O_2 + O_2 \longrightarrow 2NO_2 \quad (慢)$$

最慢的一步是双分子反应,若由此步决定,级数为2,但实际上级数为3,它不等于最慢一步的反应分子数。

对于反应 $3ClO^- \rightarrow ClO_3^- + 2Cl^-$,可求出 $\nu = kc_{ClO^-}^2$,为二级反应。

机理

$$2ClO^- \rightarrow ClO_2^- + Cl^- (慢)$$
$$ClO^- + ClO_2^- \rightarrow ClO_3^- + Cl^- (快)$$

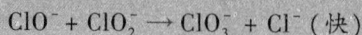

最慢的一步是双分子反应,级数也为2,两者是一致的。最慢的是第一步,则由最慢一步决定;最慢的不是第一步的则由实验决定。

(5)有些化学反应速率与浓度间不一定有明确的级数关系

一般而言,速率方程可以通过速率常数和反应级数显示出速率与浓度之间的关系,多数反应都有简单、明确的级数。但复杂反应的速率方程中不一定有明确或简单的级数关系。例如 1 mol

知识延伸

的氢和 1 mol 的溴反应生成 2 mol 的溴化氢,已证明此反应具有五个基元反应的复杂机理,导致速率方程的复杂形式,从而体现不出明确的级数关系。

(6)有些化学反应的级数关系不一定显示在浓度项,而可能隐含在速率常数 k 中

对于反应过程中其浓度为大量、常量或恒量的物质,其级数关系虽然不显示在浓度项上,但它并不是不存在,有时可能隐含在速率常数 k 中。特别是在水溶液中,有 H_2O、H^+、OH^- 或催化剂参与的反应,如蔗糖的转化反应。

(7)级数简单,反应机理不一定简单

例如,$H_2+I_2\longrightarrow 2HI$ 为二级反应,其反应机理却包含有两个分步反应。所以,级数不是拟定机理的唯一参数,级数和机理之间也没有必然的联系,复杂机理可能有简单的级数关系。

(8)一种级数关系,不一定只有一种可供解释的反应机理

根据级数关系来拟定机理时,必须在尽可能多的机理中进行合理的选择。在实际工作中,必须正确使用反应级数、反应分子数、计量系数等几个有联系又有区别的基本概念。作为具体宏观性质的特征的反应级数,它有时可能隐蔽在复杂的速率方程中,有时会隐蔽在速率常数中。

第二节 浓度对反应速率的影响

以微分形式所表达的速率方程中的反应级数能明确地表达浓度对反应速率的影响,但不能表述在指定的时间内反应各物质的浓度,也无法表明反应达到一定转化率所需的时间。在实际应用中,希望能得到浓度随时间的变化规律,可将微分形式转化为积分形式,得到浓度与时间的函数关系式。

本节主要讨论具有简单级数反应的一些特点,如速率方程的微分式、积分式、速率常数单位、半衰期与反应物初始浓度的关系等。

一、一级反应

反应速率与反应物浓度的一次方成正比的反应称为一级反应(first-order reaction),其速率方程可表示为

$$-\frac{dc}{dt}=kc \tag{5-6}$$

设某一级反应

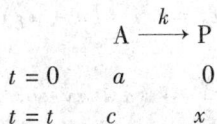

$$A \xrightarrow{k} P$$
$$t=0 \quad a \quad 0$$
$$t=t \quad c \quad x$$

将速率方程进行定积分

$$\int_a^c -\frac{dc}{c}=\int_0^t kdt$$

$$\ln\frac{a}{c}=kt \quad 或 \quad \ln c=\ln a - kt \tag{5-7}$$

$$c=ae^{-kt} \tag{5-8}$$

式(5-8)也可写成

$$k = \frac{1}{t} \ln \frac{a}{a-x} \tag{5-9}$$

一级反应具有以下特征:

(1)速率常数 k 的量纲为[时间]$^{-1}$,其单位可为秒$^{-1}$(s^{-1})、分$^{-1}$(min^{-1})、小时$^{-1}$(h^{-1})等。

(2)据式(5-7)可知,用 $\ln c$ 对 t 作图应得一直线,其斜率为 $-k$,截距为 $\ln a$。

(3)反应物浓度由 a 消耗到 $c = \frac{1}{2}a$ 所需的反应时间,称为反应的半衰期(half life),以 $t_{\frac{1}{2}}$ 表示,则

$$t_{\frac{1}{2}} = \frac{1}{k} \ln \frac{a}{\frac{1}{2}a} = \frac{\ln 2}{k} = \frac{0.693}{k} \tag{5-10}$$

从式(5-10)可知,当温度一定时,k 值一定,$t_{\frac{1}{2}}$ 也就一定,即半衰期与反应物初始浓度 a 无关。

属于一级反应的有:

(1)放射性元素的衰变,如 $^{226}_{88}Ra \longrightarrow ^{222}_{86}Rn + ^4_2He$。

(2)大多数热分解反应,如 $N_2O_5 \rightleftharpoons N_2O_4 + \frac{1}{2}O_2$。

(3)某些分子的重排反应及异构化反应。

(4)药物在体内的吸收、分布、代谢和排除过程常被近似地看成一级反应。

(5)某些药物的水解反应。

一级反应的应用如下:

(1)可用于药物有效期的预测。一般药物制剂含量损失掉原含量的10%即告失效,故将药物含量降低到原含量90%的时间称为有效期。由式(5-9)可得

$$k = \frac{1}{t} \ln \frac{a}{c} = \frac{1}{t} \ln \frac{a}{0.9a} = \frac{0.1055}{t} \quad 或 \quad t_{0.9} = \frac{0.1055}{k} \tag{5-11}$$

若已知 k 值,即可求得药物的有效期。

(2)可用于制订合理的给药方案。已知许多药物注射后血药浓度随时间的变化规律符合一级反应,因此可利用一级反应方程推算经过 n 次注射后血药浓度在体内的最高含量和最低含量。

由式(5-8)可知,当 t 为定值时,$e^{-kt} = $ 常数(γ),因此在相同的时间间隔内,注射相同剂量,$\frac{c_i}{a_i} = \gamma$。在第一次注射经 t 时间后,血液中含量为 $c_1 = a\gamma$;第二次注射完毕后,血药浓度在原来 c_1 水平上又增加了一个 a,为

$$a_2 = a + c_1 = a + a\gamma$$

第二次注射经 t 时间后,血液中的含量为

$$c_2 = a_2\gamma = (a + a\gamma)\gamma$$

第三次注射后血液中的含量为

$$a_3 = a + c_2 = a + (a + a\gamma)\gamma = a + a\gamma + a\gamma^2$$

第三次注射经 t 时间后,血液中的含量为

$$c_3 = a_3\gamma = (a + a\gamma + a\gamma^2)\gamma$$

进行第 n 次注射(注射相同剂量),血液中含量为

$$a_n = a + a\gamma + a\gamma^2 + \cdots + a\gamma^{n-1} = a(1 + \gamma + \gamma^2 + \cdots + \gamma^{n-1}) \tag{5-12}$$

第 n 次注射经 t 时间后,血液中含量为

$$c_n = a_n \gamma = a(\gamma + \gamma^2 + \gamma^3 + \cdots + \gamma^n) \tag{5-13}$$

由式(5-12)减去式(5-13)得

$$a_n - a_n \gamma = a - a\gamma^n$$

或

$$a_n = \frac{a - a\gamma^n}{1 - \gamma}$$

$\gamma < 1$，当 $n \rightarrow \infty$，$\gamma^n \rightarrow 0$，即可求得 n 次注射后血液中的最高含量 a_{max} 为

$$a_{max} = \frac{a}{1 - \gamma} \tag{5-14}$$

n 次注射后，血液中的最低含量为

$$c_{min} = a_{max}\gamma = \frac{a\gamma}{1 - \gamma} \tag{5-15}$$

【例 5-1】　某放射性同位素进行 β 衰变，经 10 d 后，同位素的活性降低 38.64%，试求此同位素的衰变常数和半衰期；要衰变 90.0%，需经多长时间完成？

解：由于放射性同位素的衰变过程属于一级反应，因此设反应物初始浓度为 100%，10 d 后的浓度为 100% ~ 38.64%，代入式(5-9)中

$$k = \frac{1}{t}\ln \frac{a}{a - x} = \frac{1}{10}\ln \frac{100}{100 - 38.42} = 0.048\,5\,(d^{-1})$$

半衰期为

$$t_{\frac{1}{2}} = \frac{0.693}{k} = \frac{0.693}{0.048\,5} = 14.3\,(d)$$

衰变 90% 的时间为

$$t = \frac{1}{k}\ln \frac{a}{a - x} = \frac{1}{0.048\,5}\ln \frac{100}{100 - 90} = 47.48\,(d)$$

【例 5-2】　药物施于人体后，一方面在血液中与体液建立平衡，另一方面由肾排除。达平衡时药物由血液移出的速率可用一级速率方程表示。在人体内注射 0.5 g 四环素，然后在不同时刻测定其在血液中浓度，得如下数据，求：①四环素在血液中的半衰期；②欲使血液中四环素浓度不低于 0.40×10^{-6} kg·0.1 dm^{-3}，需间隔几小时注射第二次？

t/h	4	8	12	16
$c/(\text{kg} \cdot 0.1\ \text{dm}^{-3})$	0.48×10^{-6}	0.34×10^{-6}	0.24×10^{-6}	0.17×10^{-6}
$\ln c$	-14.55	-14.90	-15.25	-15.59

解：①以 $\ln c$ 对 t 作图得一直线（图 5-1），其斜率为 -0.0864，所以

$$k = 0.0864\,(h^{-1})$$

②由 k 可求出半衰期

$$t_{\frac{1}{2}} = \frac{0.693}{0.0864} = 8.02 \approx 8\,(h)$$

半衰期浓度为 0.34×10^{-6} kg·0.1 dm^{-3}，

则初始浓度应为 0.68×10^{-6} kg·0.1 dm^{-3}。

$$t = \frac{1}{0.0864}\ln \frac{0.68 \times 10^{-6}}{0.40 \times 10^{-6}} = 6.14 \approx 6\,(h)$$

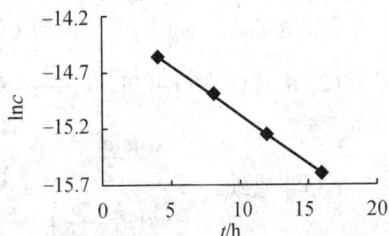

图 5-1　$\ln c$-t 关系曲线

即欲使血液中该药物浓度不低于 0.40×10^{-6} kg·0.1 dm^{-3}，需在 6 h 后注射第二次。

【例5-3】 利用上例数据,若在6 h注射一次某药物,经过 n 次注射后,血液中四环素的最高含量和最低含量为多少?

解:因每隔6 h注射一次,所以

$$\ln\frac{a}{c} = \frac{0.68 \times 10^{-6}}{c} = 0.0864 \times 6$$

$$c = 0.405 \times 10^{-6}(\text{kg} \cdot 0.1\ \text{dm}^{-3})$$

$$\gamma = \frac{c}{a} = \frac{0.405 \times 10^{-6}}{0.68 \times 10^{-6}} = 0.60$$

$$a_{\max} = \frac{0.68 \times 10^{-6}}{1 - 0.60} = 1.7 \times 10^{-6}(\text{kg} \cdot 0.1\ \text{dm}^{-3})$$

$$c_{\min} = 1.7 \times 10^{-6} \times 0.60 = 1.0 \times 10^{-6}(\text{kg} \cdot 0.1\ \text{dm}^{-3})$$

二、二 级 反 应

反应速率与反应物浓度的二次方(或两种反应物浓度的乘积)成正比的反应称为二级反应。该反应有两种类型:

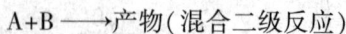

$$A + B \longrightarrow 产物(混合二级反应)$$
$$2A \longrightarrow 产物(纯二级反应)$$

对第一种类型的反应来说,如果设 a 和 b 分别代表反应物 A 和 B 的起始浓度,x 为 t 时刻反应物已反应掉的浓度,则其反应速率方程可写成

$$\frac{\mathrm{d}x}{\mathrm{d}t} = k(a-x)(b-x) \tag{5-16}$$

若 A 和 B 的初始浓度相同,即 $a=b$,上式变为

$$\frac{\mathrm{d}x}{\mathrm{d}t} = k(a-x)^2 \tag{5-17}$$

若 A 和 B 的初始浓度不同,将式(5-16)变量分离后积分得

$$k = \frac{1}{t(a-b)}\ln\frac{b(a-x)}{a(b-x)} \tag{5-18}$$

对第二种类型的反应来说,其反应速率方程与式(5-17)相同,将其积分得

$$\frac{1}{a-x} - \frac{1}{a} = kt \qquad 或 \qquad k = \frac{1}{t}\frac{x}{a(a-x)} \tag{5-19}$$

二级反应具有以下特征:

(1)速率常数 k 的量纲为[浓度] $^{-1}$ ·[时间] $^{-1}$,当浓度单位用 $\text{mol} \cdot \text{dm}^{-3}$,时间单位用 s(秒)时,$k$ 的单位为 $\text{dm}^3 \cdot \text{mol}^{-1} \cdot \text{s}^{-1}$,说明 k 的单位与浓度和时间的单位有关。

(2)由式(5-19)可知,以 $\frac{1}{a-x}$ 对 t 作图应得一直线,其斜率为速率常数 k。

(3)半衰期 $t_{\frac{1}{2}} = \dfrac{\dfrac{a}{2}}{ka\left(a-\dfrac{a}{2}\right)} = \dfrac{1}{ka}$,说明二级反应的半衰期与反应物初始浓度成反比。A、B初始浓度不等时,A 和 B 的半衰期也不等,整个反应的半衰期难以确定。

二级反应最为常见,如乙烯、丙烯和异丁烯的二聚作用,氯酸钠的分解,乙酸乙酯的皂化,碘化氢、甲醛的热分解等都是二级反应。

【例5-4】 在 298 K 时,乙酸乙酯(A)和氢氧化钠(B)皂化反应的 $k_A = 6.36\ \text{dm}^3 \cdot \text{mol}^{-1} \cdot \text{min}^{-1}$。

①若乙酸乙酯和氢氧化钠的初始浓度均为 $0.03\ mol\cdot dm^{-3}$，求反应半衰期和反应进行 $10\ min$ 的反应速率。

②若乙酸乙酯的初始浓度为 $0.03\ mol\cdot dm^{-3}$，而氢氧化钠的初始浓度为 $0.04\ mol\cdot dm^{-3}$，试求乙酸乙酯反应掉 50% 所需要的时间。

解：由速率常数单位可判定此反应为二级反应。

①两物质初始浓度相同时，反应的半衰期为：

$$t_{\frac{1}{2}} = \frac{1}{ka} = \frac{1}{6.36 \times 0.03} = 5.24(min)$$

根据式(5-19)可求得反应进行到 $10\ min$ 时的乙酸乙酯的浓度：

$$\frac{1}{c} = \frac{1}{a} + kt = \frac{1}{0.03} + 6.36 \times 10\ dm^3 \cdot mol^{-1}$$

$$c = 1.03 \times 10^{-2}(mol\cdot dm^{-3})$$

$$\nu = kc^2 = 6.36 \times (1.03 \times 10^{-2})^2$$
$$= 6.75 \times 10^{-4}(mol\cdot dm^{-3}\cdot min^{-1})$$

②两物质初始浓度不同时，根据式(5-18)，得

$$t = \frac{1}{k(a-b)} \ln \frac{b(a-x)}{a(b-x)}$$

$$= \left[\frac{1}{6.36(0.03-0.04)} \ln \frac{0.04(0.03-0.015)}{0.03(0.04-0.015)} \right]$$

$$= 3.51(min)$$

从上面计算结果可知，当乙酸乙酯和氢氧化钠的初始浓度均为 $0.03\ mol\cdot dm^{-3}$ 时，乙酸乙酯转化达 50% 所需时间为 $5.24\ min$，若将氢氧化钠的浓度增大到 $0.04\ mol\cdot dm^{-3}$，则乙酸乙酯转化达 50% 所需的时间可缩短到 $3.51\ min$。

三、零级反应

反应速率与反应物浓度无关的反应称为零级反应。其速率方程可表示为

$$\frac{dx}{dt} = k \tag{5-20}$$

积分即得

$$x = kt \qquad 或 \qquad k = \frac{x}{t} \tag{5-21}$$

零级反应具有以下特征：

(1)速率常数 k 的量纲为[浓度]·[时间]$^{-1}$，当浓度单位用 $mol\cdot dm^{-3}$，时间单位用 s 时，k 的单位是 $mol\cdot dm^{-3}\cdot s^{-1}$。

(2)若以 x 对 t 作图，可得一直线，其斜率为 k。

(3)半衰期 $t_{\frac{1}{2}} = \frac{\frac{1}{2}a}{k} = \frac{a}{2k}$，说明零级反应的半衰期与反应物初始浓度成正比。

反应总级数为零的反应并不多见，已知的零级反应主要有以下三种：①光化学反应，反应速率与反应物浓度无关，只与光强度有关。②表面催化反应，零级反应中最多的是表面催化反应。例如，氨在金属钨表面上的分解反应，反应速率只与催化剂的表面状态有关，若金属 W 表面已被吸附的 NH_3 所饱和，再增加 NH_3 的浓度对反应速率不再有影响，此时反应呈零级反应。③电解反应，反应速率只

与通过的电量有关。

四、n 级 反 应

反应速率与反应物浓度的 n 次方成正比的反应称为 n 级反应，n 的数值可以是 0、正整数，也可以为分数。利用 n 级反应可以导出各级反应的动力学积分方程、速率常数和半衰期等一般表达式。

设反应为

$$A \xrightarrow{\quad k \quad} P$$

$$
\begin{array}{cccc}
t = 0 & & a & 0 \\
t = t & & a - x & x
\end{array}
$$

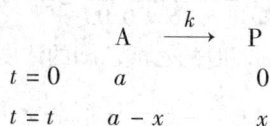

设反应为 n 级，即速率方程为

$$\frac{\mathrm{d}x}{\mathrm{d}t} = k c_A^n = k (a - x)^n \tag{5-22}$$

将式(5-22)进行定积分

$$\int_0^x \frac{\mathrm{d}x}{(a - x)^n} = \int_o^t k \mathrm{d}t$$

得

$$\frac{1}{n - 1} \left[\frac{1}{(a - x)^{n-1}} - \frac{1}{a^{n-1}} \right] = kt \tag{5-23}$$

当 n 为 0、2、3 等数值时(一级反应除外，因 $n = 1$ 时，代入上述定积分式在数学上不合理)，可得

(1)速率常数 k 的量纲为 [浓度]$^{1-n}$ · [时间]$^{-1}$。

(2) $\dfrac{1}{(a - x)^{n-1}}$ 对 t 作图应得一直线，其斜率为 $\dfrac{1}{n - 1}$，可求级数 n。

(3)将 $x = \dfrac{a}{2}$ 代入式(5-23)，式中部分常数合并为一个常数 A 表示，整理可得半衰期的通式为

$$t_{\frac{1}{2}} = A \frac{1}{a^{n-1}} \tag{5-24}$$

现将上述几种具有简单级数反应的速率方程和特征列于表 5-1 中。

表 5-1 具有简单级数反应的速率方程

反应级数	微分式	积分式	半衰期	线性关系	k 的量纲
1	$\dfrac{\mathrm{d}x}{\mathrm{d}t} = k(a - x)$	$\ln \dfrac{a}{a - x} = kt$	$\dfrac{0.693}{k}$	$\ln c \sim t$	[时间]$^{-1}$
2	$\dfrac{\mathrm{d}x}{\mathrm{d}t} = k(a - x)^2$	$\dfrac{x}{a(a - x)} = kt$	$\dfrac{1}{ka}$	$\dfrac{1}{a - x} \sim t$	[浓度]$^{-1}$ · [时间]$^{-1}$
2	$\dfrac{\mathrm{d}x}{\mathrm{d}t} = k(a - x)(b - x)$	$\dfrac{1}{(a - b)} \ln \dfrac{b(a - x)}{a(b - x)} = kt$	无意义	$\ln \dfrac{b(a - x)}{a(b - x)} \sim t$	[浓度]$^{-1}$ · [时间]$^{-1}$
0	$\dfrac{\mathrm{d}x}{\mathrm{d}t} = k$	$x = kt$	$\dfrac{a}{2k}$	$c \sim t$ 或 $x \sim t$	[浓度] · [时间]$^{-1}$
n	$\dfrac{\mathrm{d}x}{\mathrm{d}t} = k(a - x)^n$	$\dfrac{1}{n - 1} \left[\dfrac{1}{(a - x)^{n-1}} - \dfrac{1}{a^{n-1}} \right] = kt$	$A \cdot \dfrac{1}{a^{n-1}}$	$\dfrac{1}{(a - x)^{n-1}} \sim t$	[浓度]$^{1-n}$ · [时间]$^{-1}$

第三节　反应级数的测定

动力学研究的目的是建立反应的速率方程,即找出反应速率与反应物浓度的关系。速率方程是根据反应级数的测定来确定的。设化学反应的速率方程可写成式(5-5)的形式,在方程中,只有速率常数 k 和反应级数 n 是动力学参数。所谓速率方程的确定,就是确定这两个参数。但是 k 与 n 对积分式的影响不同,积分式的形式只取决于 n,而与 k 无关,k 只不过是方程中的一个常数,所以确定速率方程的关键是确定反应级数 n。在一般动力学的研究中,通常并不能直接测得反应的瞬时速率,而只能以某种直接或间接的方法,测得不同时刻反应物或产物的浓度。如何根据不同时刻的浓度求算反应的级数对建立速率方程是至关重要的一步。

测定反应级数的常用方法有积分法(integration method)和微分法(differential method)两种。

一、积 分 法

积分法就是利用速率方程的积分形式来确定反应级数的方法,可分为以下三种。

1. 尝试法　将实验数据中各个不同时刻 t 和相应浓度 c(或 x)代入各级反应动力学方程,计算速率常数 k 值。如果各组实验数据代入一级反应的方程式,得到的 k 是一个常数,则该反应就是一级反应。如果代入二级反应的方程式中得到的 k 是一个常数,则该反应就是二级反应,依此类推。这种方法的缺点是不够灵敏,只能运用于简单级数的反应。如果实验的浓度范围不够大,则很难区别出究竟是几级反应。

2. 图解法　利用各级反应特有的线性关系来确定反应级数:

(1)对一级反应,以 $\ln c$ 对 t 作图应得直线;

(2)对二级反应,以 $\dfrac{1}{a-x}$ 对 t 作图应得直线;

(3)对零级反应,以 x 对 t 作图应得直线。

将实验数据按上述不同形式作图,如果有一种图成直线,则该图代表的级数即为反应的级数,实际上这种方法也是一种尝试的过程。

3. 半衰期法　从半衰期与浓度的关系可知,若反应物起始浓度都相同,则

$$t_{\frac{1}{2}} = A \frac{1}{a^{n-1}}$$

即式(5-24),其中 n 为反应级数,A 为常数,如果以两个不同的起始浓度 a 和 a' 进行实验,则

$$\frac{t_{\frac{1}{2}}}{t'_{\frac{1}{2}}} = \left(\frac{a'}{a}\right)^{n-1} \qquad \text{或} \qquad n = 1 + \frac{\lg\left(\dfrac{t_{\frac{1}{2}}}{t'_{\frac{1}{2}}}\right)}{\lg\left(\dfrac{a'}{a}\right)} \tag{5-25}$$

由两组数据可以求出 n,如数据较多,也可以用作图法。将式(5-25)取对数,得

$$\lg t_{\frac{1}{2}} = (1-n)\lg a + \lg A \tag{5-26}$$

以 $\lg t_{\frac{1}{2}}$ 对 $\lg a$ 作图,从斜率可求出 n。

利用半衰期法求反应级数比上述另外两种方法要可靠些。半衰期法并不限于半衰期 $t_{\frac{1}{2}}$,也可用反应物反应了 $\dfrac{1}{3}$、$\dfrac{2}{3}$、$\dfrac{3}{4}$ ···的时间代替半衰期。它的缺点是:若反应物不止一种而起始浓度又不相同时,就变得较为复杂了。

二、微 分 法

微分法就是利用速率方程的微分形式来确定反应级数的方法。如果各反应物浓度相同或只有一种反应物时,其反应速率方程为

$$\nu = -\frac{\mathrm{d}c}{\mathrm{d}t} = kc^n \tag{5-27}$$

取对数得

$$\lg\nu = \lg\left(-\frac{\mathrm{d}c}{\mathrm{d}t}\right) = \lg k + n\lg c \tag{5-28}$$

先根据实验数据将浓度 c 对时间 t 作图,然后在不同的浓度 c_1、c_2、$\cdots$ 各点上,求曲线的斜率 v_1、v_2、$\cdots$。再以 $\lg\nu$ 对 $\lg c$ 作图,若所设速率方程式是对的,则应得一直线,该直线的斜率 n 即为反应级数。用此法求级数,不仅可处理级数为整数的反应,也可处理级数为分数的反应。

用微分法时,最好使用开始时的反应速率值,即用一系列不同的初始浓度 a,作不同的时刻 t 对应浓度 c 的曲线,然后在各不同的初始浓度 a 处求相应的斜率 $\left(-\dfrac{\mathrm{d}c}{\mathrm{d}t}\right)$,之后的处理方法与上面相同。采用初始浓度法的优点是可以避免反应产物的干扰。

如果有两种或两种以上的物质参加反应,而各反应物的初始浓度又不相同,其速率方程为

$$\nu = kc_A^\alpha c_B^\beta \cdots \tag{5-29}$$

无论用上述哪种方法,都比较麻烦,这时可采用过量浓度法(或称孤立法),即在一组实验中保持除 A 以外的其他物质大大过量,则反应过程中只有 A 的浓度有变化,而 B 等其他物质的浓度基本保持不变;或者在各次实验中用相同的 B 等其他物质的初始浓度,而只改变 A 的初始浓度,这时速率方程就转化为

$$\nu = k'c_A^\alpha \tag{5-30}$$

然后用上述积分法或微分法中任何一种方法确定 α。再在另一组实验中保持除 B 以外的其他物质过量,或除 B 以外的其他物质初始浓度均相同,而只改变 B 的初始浓度,确定 β。依此类推,则反应级数应为

$$n = \alpha + \beta + \cdots \tag{5-31}$$

第四节　几种典型的复杂反应

前面讨论的都是具有简单级数的反应。如果一个化学反应是由两个或两个以上的基元反应以各种方式相互联系起来的,则这种反应就是复杂反应。本章只讨论几种典型的复杂反应——可逆反应、平行反应和连续反应,这些都是基元反应的最简单组合。

一、可 逆 反 应

在反应物转变为产物的同时,还发生产物转变为反应物的逆反应,这一类反应称为可逆反应(opposing reaction),又称对峙反应。严格地说,任何反应都不能进行到底,都是可逆反应。最简单的可逆反应,其正、逆反应速率都是一级,称为 1-1 级可逆反应。

$$A \underset{k_{-1}}{\overset{k_1}{\rightleftharpoons}} B$$

$$t=0 \quad a \quad 0$$
$$t=t \quad a-x \quad x$$

总的反应速率取决于正向及逆向反应速率的总结果,即

$$v = \frac{\mathrm{d}x}{\mathrm{d}t} = v_{正} - v_{逆} = k_1(a-x) - k_{-1}x \tag{5-32}$$

移项可得

$$\frac{\mathrm{d}x}{k_1(a-x) - k_{-1}x} = \mathrm{d}t$$

当 $t=0$ 时,$x=0$,上式积分得到结果为

$$\ln \frac{a}{a - \left(\frac{k_1 + k_{-1}}{k_1}\right)x} = (k_1 + k_{-1})t \tag{5-33}$$

此式即为正、逆反应都是一级的可逆反应速率方程。

当反应达到平衡时,若物质 B 的浓度为 x_e,则

$$k_1(a - x_e) = k_{-1}x_e \tag{5-34}$$

$$k_1 = \frac{x_e}{ta}\ln \frac{x_e}{x_e - x} \tag{5-35}$$

$$K = \frac{k_1}{k_{-1}} = \frac{x_e}{a - x_e} \tag{5-36}$$

式中,K 就是可逆反应的平衡常数。

$$k_{-1} = k_1 \frac{a - x_e}{x_e} \tag{5-37}$$

$$\frac{\mathrm{d}x}{\mathrm{d}t} = k_1(a-x) - k_1\frac{a - x_e}{x_e} \cdot x = k_1 a \frac{x_e - x}{x_e} \tag{5-38}$$

积分上式得

$$k_1 = \frac{x_e}{ta}\ln \frac{x_e}{x_e - x} \tag{5-39}$$

代入式(5-37)得

$$k_{-1} = \frac{a - x_e}{ta}\ln \frac{x_e}{x_e - x} \tag{5-40}$$

从式(5-39)和式(5-40)可看出,只要确定了反应物起始浓度 a 和平衡时产物浓度 x_e,并由实验测出不同时刻 t 所反应掉的浓度 x,即可分别求算正、逆向反应的速率常数 k_1 和 k_{-1} 的值。

如果将 A 和 B 的浓度对时间作图,可得到如图 5-2 的形式。从曲线可看出,物质 A 的浓度随反应时间的增长不可能降低到零,而物质 B 的浓度亦不能增加到物质 A 的初始浓度 a,反应达平衡时 $K = \frac{k_1}{k_{-1}}$,这是可逆反应的动力学特征。

属于上述最简单可逆反应的有分子重排反应和异构化反应等。对于比较复杂的可逆反应,其速率方程的求解可仿照上述方法具体处理。

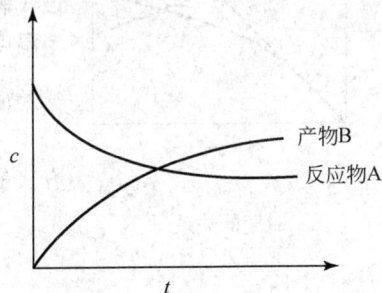

图 5-2　可逆反应中浓度与时间的关系

二、平 行 反 应

反应物同时进行不同的反应称为**平行反应**(parallel reaction),也称竞争反应。平行进行的几个反应中,生成需要产物的反应或速率较快的反应称为主反应,其余的称为副反应。

现在研究平行反应中最简单的一种,即两个平行的不可逆单分子反应,其一般式为

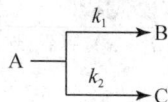

$$A \underset{k_2}{\overset{k_1}{\longrightarrow}} \begin{matrix} B \\ C \end{matrix}$$

式中,k_1 和 k_2 分别为生成 B 和 C 的速率常数。如果 $k_1 \gg k_2$,则主要产物为 B,而 C 为副产物;如果 $k_1 \ll k_2$,则 C 为主要产物而 B 为副产物。设反应开始时,反应物 A 的浓度为 a,生成物浓度为 0,反应进行到 t 时刻,各浓度分别为 c_A、c_B、c_C,则有:

t 时刻,上述两反应的速率之和即为反应物消耗速率,即

$$-\frac{dc_A}{dt} = \frac{dc_B}{dt} + \frac{dc_C}{dt} = k_1 c_A + k_2 c_A = (k_1 + k_2) c_A \tag{5-41}$$

积分上式,可得

$$\ln \frac{a}{c_A} = (k_1 + k_2) t \tag{5-42}$$

或写成

$$c_A = a e^{-(k_1+k_2)t} \tag{5-43}$$

此式表示物质 A 的浓度随时间变化的关系。同理可求得物质 B、C 的浓度随时间变化的关系

$$c_B = \frac{k_1 a}{k_1 + k_2} \left[1 - e^{-(k_1+k_2)t} \right] \tag{5-44}$$

$$c_C = \frac{k_2 a}{k_1 + k_2} \left[1 - e^{-(k_1+k_2)t} \right] \tag{5-45}$$

将式(5-43)~式(5-45)绘成浓度-时间曲线,如图5-3 如示,将式(5-44)与式(5-45)相除,即得

$$\frac{c_B}{c_C} = \frac{k_1}{k_2} \tag{5-46}$$

该式表明:平行反应中产物浓度之比等于其速率常数之比,亦即在一定温度下,反应过程中各产物浓度之比保持恒定,这是平行反应的特征。如果我们希望多获得某一种产品,就要设法改变 $\frac{k_1}{k_2}$ 的值。一种方法是选择适当的催化剂,提高催化剂对某一反应的选择性以改变 $\frac{k_1}{k_2}$ 的值;另一种方法是通过改变温度来改变 $\frac{k_1}{k_2}$ 的值。

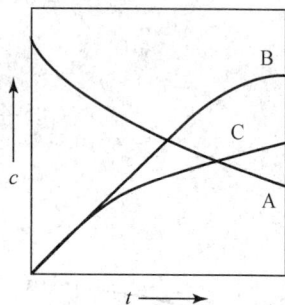

图 5-3 平行反应中浓度与时间的关系

在化工生产中,经常遇到平行反应,如丙烷的裂解:

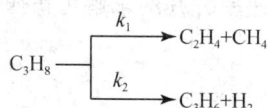

$$C_3H_8 \underset{k_2}{\overset{k_1}{\longrightarrow}} \begin{matrix} C_2H_4+CH_4 \\ C_3H_6+H_2 \end{matrix}$$

三、连续反应

凡是反应所产生的物质,能再起反应而产生其他物质者,称为连续反应(consecutive reaction),又称为连串反应。

最简单的连续反应是由两个单向连续的一级反应构成,可表示为

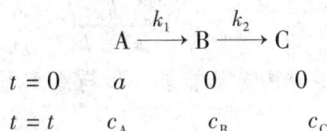

$$A \xrightarrow{k_1} B \xrightarrow{k_2} C$$

$$t = 0 \qquad a \qquad 0 \qquad 0$$

$$t = t \qquad c_A \qquad c_B \qquad c_C$$

A、B、C 三种物质的反应速率方程如下

$$\frac{-\,\mathrm{d}c_A}{\mathrm{d}t} = k_1 c_A \tag{5-47}$$

$$\frac{\mathrm{d}c_B}{\mathrm{d}t} = k_1 c_A - k_2 c_B \tag{5-48}$$

$$\frac{\mathrm{d}c_C}{\mathrm{d}t} = k_2 c_B \tag{5-49}$$

积分式(5-47)可得到

$$c_A = a \mathrm{e}^{-k_1 t} \tag{5-50}$$

将式(5-50)代入式(5-48),得到

$$\frac{\mathrm{d}c_B}{\mathrm{d}t} = k_1 a \mathrm{e}^{-k_1 t} - k_2 c_B \tag{5-51}$$

解此微分方程,得

$$c_B = \frac{k_1 a}{k_2 - k_1}(\mathrm{e}^{-k_1 t} - \mathrm{e}^{-k_2 t}) \tag{5-52}$$

按照化学反应式 $c_C = a - c_A - c_B$,将式(5-50)和式(5-52)代入,得到

$$c_C = a\left(1 - \frac{k_2}{k_2 - k_1}\mathrm{e}^{-k_1 t} + \frac{k_1}{k_2 - k_1}\mathrm{e}^{-k_2 t}\right) \tag{5-53}$$

根据式(5-50)、式(5-52)、式(5-53)绘制浓度–时间曲线,如图5-4所示。从图中看出,物质 A 的浓度总是随时间增长而降低,物质 C 的浓度总是随时间增长而增大,而物质 B 的浓度先增大,经过一极大点后,又随时间增长而降低。这是连串反应的特征。原因在于反应前期反应物 A 的浓度较大,因而生成 B 的速率较快,B 的数量不断增长;但是随着反应继续进行,A 的浓度逐渐减少,相应地生成 B 的速率减慢。而另一方面,由于 B 的浓度增大,进一步生成最终产物的速率不断加快,使 B 大量消耗,因而 B 的数量反而下降。当生成 B 的速率与消耗 B 的速率相等时,就出现极大点。这是连续反应中间产物的一个特征。

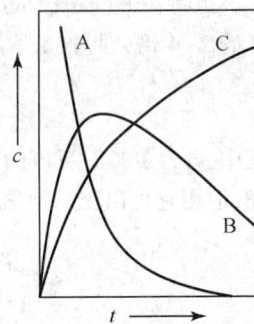

图5-4 连续反应中浓度与时间的关系

对于一般的反应来讲,反应时间长些,得到的最终产物总是多一些,但对于连续反应,如果我们需要的是中间化合物 B,由于它有一个浓度最大的反应时间,超过这个时间,反而引起所需产物浓度的降低和副产物的增加,生产上如果控制反应时间在其附近,则可望得到最高浓度的产物。从图5-4可知,B 的浓度处于极大值的时间,就是生成 B 最多的适宜时间 $t_{B,max}$,只要将式(5-52)对时间求导,并令其等于零,即

$\dfrac{\mathrm{d}c_B}{\mathrm{d}t} = 0$,则

$$\frac{\mathrm{d}c_B}{\mathrm{d}t} = \frac{\mathrm{d}\left[\dfrac{k_1 a}{k_2 - k_1}\left(\mathrm{e}^{-k_1 t} - \mathrm{e}^{-k_2 t}\right)\right]}{\mathrm{d}t} = 0$$

$$t_{B,\max} = \ln\frac{\dfrac{k_1}{k_2}}{k_1 - k_2} \tag{5-54}$$

常见的连续反应如苯的氯化,生成物氯苯能进一步与氯作用生成二氯苯、三氯苯等。

第五节　温度对反应速率的影响

温度对反应速率的影响主要表现在对速率常数 k 的影响,因此找出速率常数 k 与温度 T 之间的函数关系是研究温度对反应速率影响的主要任务。温度对反应速率的影响是一个很复杂的问题,如图 5-5 所示。最常见的情况如图 5-5(a) 所示,即温度升高反应速率加快。本节只讨论这种情况,主要介绍两个经验公式:范特霍夫(van't Hoff)规则和阿伦尼乌斯(Arrhenius)公式。

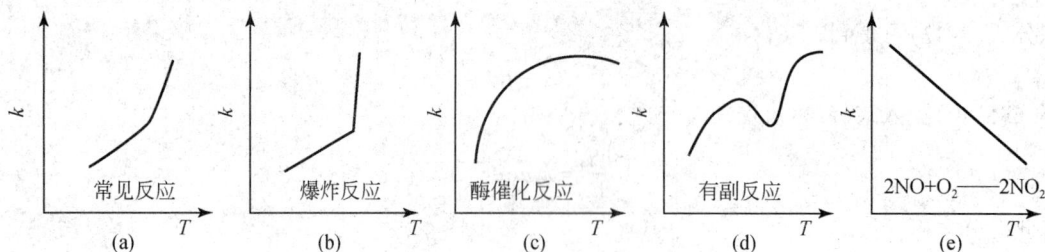

图 5-5　反应速率常数与温度关系的五种类型

一、范特霍夫规则

范特霍夫(van't Hoff)根据大量实验事实总结出一条近似规律:温度每升高 10 K,反应速率是原来的 2~4 倍,即

$$\frac{k_{T+10K}}{k_T} = 2 \sim 4 \tag{5-55}$$

式中,k_T 为 T K 时反应的速率常数;k_{T+10K} 为 $(T+10)$ K 时反应的速率常数。范特霍夫规则虽然不很精确,但用它可以粗略地估算温度对反应速率的影响。

二、阿伦尼乌斯公式

式(5-55)所表示的温度对反应速率的影响只在比较窄的温度范围内才有意义。18 世纪末期,阿伦尼乌斯(Arrhenius)研究了许多气相反应的速率,提出了活化能的概念,并定量地揭示了速率常数 k 与反应温度 T 之间的函数关系,即

$$k = A\mathrm{e}^{-E/RT} \tag{5-56}$$

式中,E 为活化能(activation energy),指每摩尔普通分子变为活化分子所需的能量。因为每个分子的能量并不完全相同,所以活化能仅指每摩尔活化分子的平均能量与每摩尔普通分子的平均能量之

差,单位为 $J \cdot mol^{-1}$,一般可将它看成与温度无关的常数。A 为一常数,通常称为指前因子或表观频率因子。将上式两边取对数,得

$$\ln k = -\frac{E}{R}\frac{1}{T} + \ln A \tag{5-57}$$

从式(5-57)可知,以 $\ln k$ 对 $\frac{1}{T}$ 作图,应为一条直线,由直线的斜率可求活化能:$E = -R \times$ 斜率,由截距可求指前因子 A。

将式(5-57)微分,可得到

$$\frac{d\ln k}{dT} = \frac{E}{RT^2} \tag{5-58}$$

该式表明:速率常数随温度的变化率主要取决于活化能 E 的大小,活化能越高,反应速率随温度的升高增加得越快,对温度越敏感。如果相同的反应物可以同时进行几个平行反应,则升高温度对活化能高的反应有利,而降低温度对活化能低的反应有利。在工业生产中,可以利用这个原理选择合适的反应温度,以提高主产物产率。

将式(5-58)进行变量分离,进行由 T_1 到 T_2 的定积分,则有

$$\ln \frac{k_2}{k_1} = -\frac{E}{R}\left(\frac{1}{T_2} - \frac{1}{T_1}\right) \tag{5-59}$$

该积分式在解题和测定活化能时非常有用。

1. 活化能的测定　活化能和指前因子都是动力学的重要参数,可以利用反应的速率方程积分表达式和阿伦尼乌斯公式实验测得。

对于一级反应,浓度和温度对同一反应的影响可将式(5-7)和式(5-56)整理得到

$$\ln \frac{1}{1-x} = Ae^{-E/RT}t \tag{5-60}$$

对于 n 级反应,浓度和温度对同一反应的影响可将式(5-23)和式(5-56)整理得到:

$$\frac{1}{n-1}\left[\frac{1}{(a-x)^{n-1}} - \frac{1}{a^{n-1}}\right] = Ae^{-E/RT}t \tag{5-61}$$

如果已知反应的级数,可以测定反应不同时刻的浓度,代入式(5-60)和式(5-61)来确定反应活化能及反应较适宜温度。

【例5-5】　某一级反应,在 340 K 时反应物转化 30% 需 5.40 min,在 300 K 时转化相同量需 14.20 min,试计算反应的表观活化能 E 和指前因子 A。

解:一级反应中,同一反应达到相同转化率,由 $k = \frac{1}{t}\ln\frac{a}{c}$,则

$$\frac{k_2}{k_1} = \frac{t_1}{t_2} = \frac{14.20}{5.40} = 2.63$$

根据阿伦尼乌斯公式积分式 $\ln \frac{k_2}{k_1} = -\frac{E}{R}\left(\frac{1}{T_2} - \frac{1}{T_1}\right)$

$$\ln 2.63 = -\frac{E}{8.314}\left(\frac{1}{340} - \frac{1}{300}\right)$$

解得 $E = 20.50(kJ \cdot mol^{-1})$。

由 $k = \frac{1}{t}\ln\frac{a}{c}$,得

$$k_1 = \frac{1}{5.40}\ln\frac{1}{1-0.30} = 6.61 \times 10^{-2}(min^{-1})$$

将已知数值代入式(5-60),得

$$\ln \frac{1}{1 - 0.30} = Ae^{-20.50 \times 10^3/(8.304 \times 340)} \times 5.40$$

解得 $A = 93.13(\text{min}^{-1})$。

2. 求反应时间 已知活化能和某一温度的速率常数,根据式(5-59)即可求算其他温度下的速率常数,进而求出达到一定转化率所需的时间。

【例5-6】 环氧乙烷分解反应为一级反应,在 653 K 时的半衰期为 363 min,反应的活化能为 217.57 kJ·mol^{-1},试求算 723 K 时分解75%环氧乙烷所需的时间。

解: 对于一级反应

$$k_1 = \frac{0.693}{t_{\frac{1}{2}}} = \frac{0.693}{363} = 1.91 \times 10^{-3}(\text{min}^{-1})$$

$$\ln \frac{k_2}{k_1} = \frac{E}{R} \frac{T_2 - T_1}{T_2 T_1} = \frac{217.57 \times 10^3}{8.314} \times \frac{723 - 653}{723 \times 653} = 3.88$$

解得

$$k_2 = 9.25 \times 10^{-2}(\text{min}^{-1})$$

$$t = \frac{1}{k_2}\ln \frac{1}{1 - 0.75} = \frac{1}{9.25 \times 10^{-2}}\ln 4 = 15(\text{min})$$

3. 求反应的适宜温度 要使反应在一定的速率进行,在一定时间内达到应有的转化率,需选择适宜的温度。

【例5-7】 溴乙烷分解反应的活化能为229.3 kJ·mol^{-1},为一级反应,在650 K时的速率常数 $k = 2.14 \times 10^{-4}$ s^{-1}。要使该反应在 10 min 内完成90%,反应温度应控制在多少?

解: 先求指前因子 A

解得

$$A = ke^{E/RT} = 2.14 \times 10^{-4} \times e^{229.3 \times 10^3/(8.314 \times 650)} = 5.73 \times 10^{14}(\text{s}^{-1})$$

将已知数值代入式(5-60),得

$$\ln \frac{1}{1 - 0.90} = 5.73 \times 10^{14} \times e^{-229.3 \times 10^3/(8.304 \times T)} \times 600$$

解得

$$T = 697(\text{K})$$

阿伦尼乌斯公式的适用范围很广,不仅适用于气相反应,也能适用于液相反应和复相催化反应。

三、活 化 能

阿伦尼乌斯在解释式(5-56)时,提出了活化能的概念。阿伦尼乌斯公式和活化能概念的提出,大大促进了反应速率理论的发展。但也应指出,关于活化能的定义,目前尚未完全统一,随着反应速率理论的发展,人们对活化能的理解也在逐步深入。

1. 活化分子和活化能的概念 为什么不同的反应其速率常数 k 的值相差那么大?为什么反应速率常数随温度的变化呈指数关系?究竟是什么内在因素决定着 k 值的大小及其随温度变化的大小?为了解释这些问题,阿伦尼乌斯提出了一个设想,即不是反应物分子之间的任何一次直接作用都能发生反应,只有那些能量相当高的分子之间的直接作用才能发生反应。**在直接作用中能发生反应的、能量较高的分子称为活化分子。** 活化分子的平均能量比普通分子的平均能量高。后来,托尔曼曾用统计力学证明:对基元反应来说,活化能是活化分子的平均能量与所有分子平均能量之差,可表示为

$$E = \overline{E}^* - \overline{E} \qquad (5\text{-}62)$$

式中，$\overline{E}^*$ 表示活化分子的平均能量；$\overline{E}$ 表示反应物分子的平均能量。

活化能也可看成是化学反应所必须克服的能峰，形成新键、断裂旧键克服的作用力越大，需要消耗的能量也越大，能峰也就越高。活化能的大小代表了能峰的高低。在一定温度下，活化能越小，达到活化状态所克服的能峰就越低，反应阻力就越小，反应速率就越快，如图5-6所示。

一些药物失效反应的活化能见表5-2。

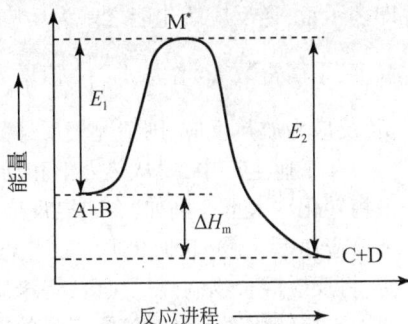

图 5-6　活化能与反应热的关系示意图

表 5-2　一些药物失效反应的活化能

药物名称	反应类型	活化能 $E/(\text{kJ}\cdot\text{mol}^{-1})$
抗坏血酸	氧化	96
阿司匹林	水解	58
阿托品	水解	58
苯佐卡因	水解	79
氯霉素	水解	84
肾上腺素	氧化	96
普鲁卡因	水解	58
硫胺素	水解	84

一般认为，活化能的大小与温度无关。反应体系温度升高时，活化分子的数量增多，浓度加大，故反应速率加快。实际上当实验温度变化很大时，尤其是分子结构复杂时，活化能是与温度有关的。

活化能的大小可以通过实验测定。对于基元反应，活化能具有比较明确的物理意义，而对于复杂反应，其意义不甚明确，因此复杂反应的活化能是一个表观活化能。

2. 活化能和反应热的关系　对于一个可逆反应

$$A + B \underset{k_2}{\overset{k_1}{\rightleftharpoons}} C + D$$

如图5-6所示，反应物 A+B 只有越过 E_1 的能峰才能达到活化状态，变成产物 C+D，E_1 为正反应活化能。如果产物 C+D 要变成反应物 A+B，就必须越过 E_2 的能峰，E_2 称为逆反应活化能。

由阿伦尼乌斯公式可知

$$\frac{\text{d}\ln k_1}{\text{d}T} - \frac{\text{d}\ln k_2}{\text{d}T} = \frac{E_1}{RT^2} - \frac{E_2}{RT^2} \qquad (5\text{-}63)$$

即

$$\frac{\text{d}\ln \dfrac{k_1}{k_2}}{\text{d}T} = \frac{E_1 - E_2}{RT^2} \qquad (5\text{-}64)$$

反应平衡时，平衡常数 $K_c = \dfrac{k_1}{k_2}$，上式写成

$$\frac{\text{d}\ln K_c}{\text{d}T} = \frac{E_1 - E_2}{RT^2} \qquad (5\text{-}65)$$

而化学平衡的定压方程式为

$$\frac{\text{d}\ln K_c}{\text{d}T} = \frac{\Delta H_{\text{m}}}{RT^2}$$

比较两式得

$$\Delta H_{\text{m}} = E_1 - E_2 \qquad (5\text{-}66)$$

即表示正、逆反应活化能之差为反应的定压反应热。如 $E_1 > E_2$，则 ΔH_m 为正，反应为吸热反应，升高温度，平衡常数 K_c 增大，即 $\dfrac{k_1}{k_2}$ 值增大，说明升高温度有利于正向反应的进行；如 $E_1 < E_2$，则 ΔH_m 为负，反应为放热反应，则情况相反，降低温度才有利于正向反应进行。

在工业生产中，要从热力学和动力学两个角度进行综合考虑，既要保证高的反应速率，又不能使平衡转化率太低。例如，合成氨反应是放热反应，升高温度会使平衡常数变小，产率降低，但在常温下反应速率太慢，工业上还是适当升高温度，以保证单位时间的产量。同时在反应还没有达到平衡时，将反应混合物调离反应区，将未反应的原料气和产物分离后循环使用，以减小由于升高温度所造成的平衡转化率下降对实际产量的影响。

知识延伸

活化能的计算方法如下。

(1) 理论上求 E 的步骤：

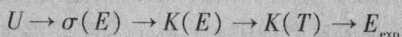

$$U \to \sigma(E) \to K(E) \to K(T) \to E_{exp}$$

势能面　　激发函数　指定能级上的 K　指定温度下的 K　活化能

由以上步骤可知，理论上求活化能必须要知道物质的势能面，而要知道势能面就必须先知道物质的结构。这在通常情况下是较困难的，这也是化学动力学面临的任务和努力方向。

(2) 由化学反应涉及的键能估算。

(3) 由阿伦尼乌斯公式求算。

四、药物储存期预测

药物在储存过程中常因发生分解、水解、氧化等反应而使药物有效成分含量降低，乃至失效。预测药物储存期是应用化学动力学的原理，在较高的温度下进行试验，使药物降解反应加速进行，经数学处理后外推出药物在室温下的储存期。加速试验的方法可分为恒温法和变温法两大类。

1. 恒温法　在经典的恒温法中，根据不同药物的稳定程度选取几个较高的试验温度，测定各温度下药物浓度随时间的变化，求得药物降解反应级数及在各试验温度下的反应速率常数 k，然后依据阿伦尼乌斯公式，以 $\ln k$ 对 $\dfrac{1}{T}$ 作图（或作直线回归），外推求得药物在室温下的速率常数 k_{298}，并由此计算出在室温下药物含量降低至合格限所需的时间，即储存期。

【例 5-8】 乙酰磺胺的失效反应为一级反应，在 pH5 ~ 11 范围内，速率常数与 pH 无关。在 120℃ 时失效反应速率常数为 9×10^{-6} s^{-1}，pH 为 7.4 时该药物失效反应的活化能为 95.7×10^3 J · mol^{-1}，已知该药物的成分失去 10% 即为失效，求该药物在 25℃ 时的有效期。

解：根据阿伦尼乌斯公式可得

$$\ln \frac{k_{25}}{k_{120}} = \frac{E}{R} \frac{T_2 - T_1}{T_2 T_1} = \frac{95.7 \times 10^3}{8.314} \times \frac{298 - 393}{393 \times 298} = -9.337$$

$$\frac{k_{25}}{k_{120}} = 8.81 \times 10^{-5}$$

$$k_{25} = 8.81 \times 10^{-5} \times 9 \times 10^{-6} = 7.93 \times 10^{-10} (s^{-1})$$

一级反应的 $t_{0.9}$ 为

$$t_{0.9} = \frac{0.105}{k_{25}} = \frac{0.105}{7.93 \times 10^{-10}} = 1.32 \times 10^8 (s) = 4.20 (a)$$

即该药物在25℃时的有效期为4.2年。

　　经典恒温法的优点是结果准确,但试验工作量和药品消耗量大,试验周期长,计算也较麻烦。为了克服这些缺点,恒温法又衍生出一些简化方法,如$\tau_{0.9}$法、初均数法等。

　　2. 变温法　变温法是在一定温度范围内,连续改变温度,通过一次试验即可获得所需的动力学参数(活化能、速率常数及储存期等)的方法。与经典恒温法相比,变温法可节省时间和样品,减少试验工作时间。变温法又分为程序升温法和自由升温法两大类。前者按一定的升温程序连续改变温度,采用的升温规律有倒数升温、线性升温和对数升温;后者则没有固定的升温规律,而是用计算机自动记录试验温度代替恒温法和程序升温法的控制温度。

　　初期的变温法存在着一些缺点和局限,其预测结果的准确度与恒温法相比有较大的差距。90年代以来,变温法的控温装置、计算方法及升温规律都得到了改进,采用更为科学的指数程度升温法及程序升降温法,大大提高了预测结果的准确度,并将程序升温法和自由升温法相结合,即在控制温度的同时也自动记录温度,使变温法的优点得到了更充分的发挥。由于篇幅有限,此处对这些方法不做具体介绍。

第六节　反应速率理论

　　由于化学反应的实际过程受温度、浓度、溶剂以及催化剂等多种因素的影响,很难归纳出一个普遍适用的理论。此外,动力学理论的发展在很大程度上还依赖于计算技术、微观反应动力学实验技术的发展,因此,与热力学基本定律的严密性和完整性不同,动力学的速率理论还处于不断发展和完善中。本节只简要介绍比较有代表性的碰撞理论和过渡态理论。

一、碰撞理论

　　1918年,路易斯(Lewis)在气体分子运动论和阿伦尼乌斯活化能概念基础上提出了碰撞理论(collision theory)。

　　碰撞理论基本假设如下:

　　(1)分子必须经过碰撞才能发生反应,但却不是每一次碰撞都能发生反应。

　　(2)相互碰撞的一对分子所具有的平动能必须足够高,并超过某一临界值,才能发生反应。这样的分子称为活化分子,活化分子的碰撞称为有效碰撞。

　　(3)单位时间单位体积内发生的有效碰撞次数就是化学反应的速率。

　　为了简化计算,碰撞理论还假设:分子为简单的刚性球体;在碰撞的瞬间,两个分子的中心距离为它们的半径之和;除了在碰撞的瞬间以外,分子之间没有其他作用力。所以称为硬球分子模型(molecular model of hard sphere)。

　　以双分子基元反应A+B ——→产物为例,碰撞理论可概括为:反应分子A和B必须经过碰撞才能发生反应。因此,反应速率即单位时间单位体积内发生反应的分子数,正比于单位时间单位体积内分子A与B的碰撞次数。

　　1. 碰撞频率　单位时间单位体积内分子A和B的碰撞次数称为碰撞频率。根据分子运动论可知,假设分子为刚性球体,两种不同物质分子AB之间的碰撞频率Z_{AB}为

$$Z_{AB} = (r_A + r_B)^2 \left(\frac{8\pi RT}{\mu}\right)^{1/2} n_A n_B \tag{5-67}$$

式中,r_A、r_B为A、B分子的半径;μ为A、B分子的折合摩尔质量,$\mu = \dfrac{M_A M_B}{M_A + M_B}$,其中$M_A$、$M_B$分别表示

A、B 分子的摩尔质量;n_A、n_B 分别表示单位体积中 A、B 分子的个数。

如果是同一种物质分子,则 $M_A = M_B$。同一种物质分子之间的碰撞频率为

$$Z_{AB} = 16r_A^2 \left(\frac{\pi RT}{M_A}\right)^{1/2} n_A^2 \qquad (5\text{-}68)$$

2. 有效碰撞分数 碰撞动能 ε 大于某临界能 ε_0(也称阈能)并能翻越能峰的分子称为活化分子,活化分子彼此碰撞称为有效碰撞,分子之间进行有效碰撞才能发生反应。有效碰撞次数与总碰撞次数之比称为有效碰撞分数,用 q 表示。根据玻尔兹曼(Boltzmann)能量分布定律可知,有效碰撞分数为

$$q = e^{-E_c/RT} \qquad (5\text{-}69)$$

式中,$E_C = N_A \varepsilon_0$ 称为临界(活化)能。

3. 碰撞理论基本公式 碰撞理论认为:反应速率就是有效碰撞频率。

$$-\frac{dn}{dt} = Zq \qquad (5\text{-}70)$$

将式(5-67)和式(5-69)代入式(5-70)得到异种双分子反应的速率方程

$$-\frac{dn}{dt} = (r_A + r_B)^2 \left(\frac{8\pi RT}{\mu}\right)^{1/2} n_A n_B e^{-E_c/RT} \qquad (5\text{-}71)$$

式(5-71)就是由碰撞理论推导出的双分子反应速率方程。

令

$$k' = (r_A + r_B)^2 \left(\frac{8\pi RT}{\mu}\right)^{1/2} e^{-E_c/RT} \qquad (5\text{-}72)$$

则式(5-71)可简化为

$$-\frac{dn}{dt} = k' n_A n_B \qquad (5\text{-}73)$$

式(5-73)和质量作用定律 $-\dfrac{dc}{dt} = kc_A c_B$ 相似。当上述公式中体积为单位体积时,则 $c = \dfrac{n}{N_A}$,$k = N_A k'$,

$-\dfrac{dn}{N_A dt} = k \dfrac{n_A}{N_A} \dfrac{n_B}{N_A}$;$-\dfrac{dn}{dt} = \dfrac{k}{N_A} n_A n_B$,令

$$A = N_A (r_A + r_B)^2 \left(\frac{8\pi RT}{\mu}\right)^{1/2} \qquad (5\text{-}74)$$

则

$$k = Ae^{-E_c/RT} \qquad (5\text{-}75)$$

该式与阿伦尼乌斯公式相似,称为碰撞理论基本公式。

碰撞理论简明而直观,突出了反应过程必须经分子碰撞和需要足够能量以克服能峰的主要特点,因而能解释基元反应的速率方程和阿伦尼乌斯公式成立的原因,对于一些分子结构简单的反应,理论上求算的 k 值与实验测得的 k 值较为符合。此外,令

$$k_0 = N_A (r_A + r_B)^2 \left(\frac{8\pi R}{\mu}\right)^{1/2} \qquad (5\text{-}76)$$

则有

$$A = k_0 T^{1/2} \qquad (5\text{-}77)$$

式(5-75)可改写成

$$k = k_0 T^{1/2} e^{-E_c/RT} \qquad (5\text{-}78)$$

将式(5-78)两边取对数后,得

$$\ln k = \ln k_0 + \frac{1}{2}\ln T - \frac{E_C}{RT}$$

$$\ln \frac{k}{T^{1/2}} = \ln k_0 - \frac{E_C}{RT} \tag{5-79}$$

再对 T 求导,得

$$\frac{\mathrm{d}\ln k}{\mathrm{d}T} = \frac{E_C + \dfrac{RT}{2}}{RT^2} \tag{5-80}$$

与式(5-75)对照,得

$$E = E_C + \frac{1}{2}RT \tag{5-81}$$

式中,E_C 为临界能。活化能 E 与 T 有关,但大多数反应的温度不太高时 $E_C \geqslant \frac{1}{2}RT$,故 $\frac{1}{2}RT$ 项可忽略,则

$$E = E_C$$

所以,一般认为 E 与 T 无关。碰撞理论不但成功解释了 $\ln k$ 对 $\frac{1}{T}$ 作图的直线关系,同时也指出了较高温度时可能出现偏差的原因。

碰撞理论的不足之处在于:

(1)欲求反应速率常数,必须知道活化能,而活化能还需通过实验求得,碰撞理论本身不能算出来,这就使该理论失去了从理论上预示 k 的意义,成为半经验性的理论。

(2)碰撞理论假设分子是刚性球碰撞,不考虑分子结构。这种设想对于反应物分子结构比较简单的反应来说,指前因子的计算值与实验值较为符合,但大多数反应却偏差较大。因此有人提出在碰撞理论的速率方程前面乘以校正因子 P,即

$$k = PAe^{-E_C/RT} \tag{5-82}$$

式中,P 称为方位因子或概率因子,P 的数值可从 1 变到 10^{-9},表示碰撞理论与实验值的差异程度。另外,碰撞理论本身不能求算 P 值的大小,只能从实验得到,所以 P 只是一个经验性的校正系数。

二、过渡状态理论

过渡状态理论(transition state theory, TST)又称活化络合物理论,是 1935 年由艾林(Eyring)和波拉尼(Polanyi)等提出来的。该理论建立在统计力学和量子力学的理论基础上,采用势能面作为理论的计算模型,认为化学反应不是只通过分子之间的简单碰撞就可完成的,而是要经过一个由反应物分子以一定的构型存在的过渡状态,形成这个过渡状态需要一定的活化能,过渡态又称活化络合物,然后再生成产物。

过渡态理论的基本假定如下:

(1)反应系统的势能是原子间相对位置的函数。

(2)在由反应物生成产物的过程中,分子要经历一个价键重排的过渡阶段。处于这一过渡阶段的分子称为活化络合物(activated complex)或过渡态(transition state)。

(3)活化络合物的势能高于反应物或产物的势能。此势能是反应进行时必须克服的势垒,但它又较其他任何可能的中间态的势能低。

(4)活化络合物与反应物分子处于某种平衡状态。总反应速率取决于活化络合物的分解速率。

1. 活化络合物 下面以双分子基元反应为例加以说明,对于 $A + B - C \longrightarrow A - B + C$,则有

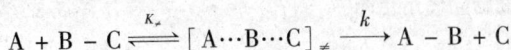

$$A + B - C \underset{}{\overset{K_\neq}{\rightleftharpoons}} [A\cdots B\cdots C]_\neq \overset{k}{\longrightarrow} A - B + C$$

当原子 A 接近 B–C 分子时,B–C 键拉长而减弱;当 A 与 B 逐渐靠近,将成键而未成键,B–C 键变得更长,将断裂而未断裂,这样就形成了中间过渡状态 $[A\cdots B\cdots C]^{\neq}$,称为活化络合物。这种活化络合物极不稳定,一方面它可能分解为反应物 A 和 B–C,另一方面又可能分解为产物 A–B 和 C。相对来说,活化络合物分解为产物的过程为慢步骤,反应物 A 和 B–C 与活化络合物之间存在快速平衡。根据热力学理论,则有

$$K_{\neq} = \frac{c_{\neq}}{c_A c_{BC}} \tag{5-83}$$

式中,$K_{\neq}$ 表示反应物和活化络合物之间反应的平衡常数;$c_{\neq}$、c_A 和 c_{BC} 分别表示活化络合物、反应物 A 和 B–C 的浓度。

2. 势能面与过渡状态理论活化能　过渡状态理论的物理模型是势能面。对于由 A、B、C 三个原子组成的反应体系,其势能 E 是三个原子间距离的函数

$$E = f(r_{AB}, r_{BC}, r_{AC}) \tag{5-84}$$

或者说 E 是 r_{AB}、r_{BC} 和 A–B、B–C 之间的夹角 θ 的函数。

$$E = f(r_{AB}, r_{BC}, \theta) \tag{5-85}$$

如果以 E 对 r_{AB}、r_{BC}、θ 作图,则要制成四维图形,这是不易画出的。因此,一般规定 θ 为常数,即规定出原子 A 与分子 B–C 趋近的方向。

$$E = f(r_{AB}, r_{BC}) \tag{5-86}$$

这样 E 与 r_{AB}、r_{BC} 之间的关系就可以用一个三维立体图来表达。

对于上述双分子反应,A 原子沿双原子分子 B–C 连心线方向从 B 原子侧(即 $\theta = \pi$)与 B–C 分子碰撞时,对反应最为有利。图 5-7 为此过程中体系的势能 E 与原子间距离 r_{AB}、r_{BC} 之间的关系。体系处于 r_{AB}、r_{BC} 平面上的某一位置时所具有的势能,由这一点的高度表示。r_{AB}、r_{BC} 平面上所有各点的高度汇集成一个马鞍形的曲面,称为势能面,作势能的等高线图(图 5-8),此图也称为势能面图。图中相同的势能用曲线连接起来称为等势能线,曲线上的数字代表势能,数字越大,表示势能越高。图中 a 表示反应体系始态(A+B–C)的势能,c 表示活化络合物的势能,b 表示反应体系终态(A–B+C)的势能,a、b、c 还表示三原子 A、B、C 之间的距离。c 点称为马鞍点,因为 c 点周围的势能面看起来就像是一个马鞍。从图 5-7 和图 5-8 均可看出,反应体系沿 $a \to c \to b$ 途径是所需翻过的势能峰最低的,说明它是可能性最大的途径。因此 $a \to c \to b$ 称反应坐标或反应途径。以反应体系的势能对反应进度作图,由该图我们会很容易得出结论,过渡状态理论活化能的物理意义为活化络合物的势能与普通的反应物分子的势能之差。多于三个原子的反应体系的势能图非常复杂,不易画出。但上面得出的反应坐标、马鞍点、活化能的概念对它们仍是适用的。

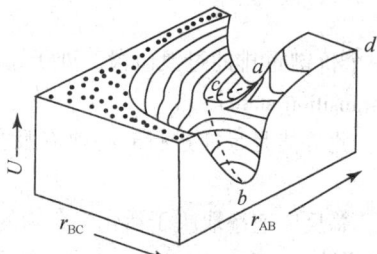

图 5-7　势能面的立体示意图

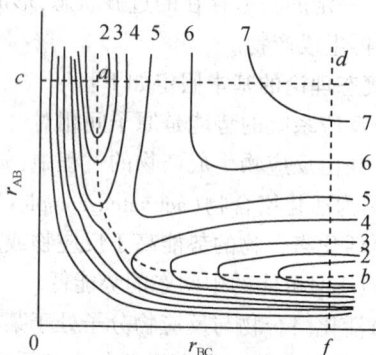

图 5-8　势能等高线图

3. 过渡状态理论基本公式 活化络合物分子沿反应坐标方向上振动一次,就有一个活化络合物分子分解成为产物分子。反应总速率决定于慢步骤的速率,即

$$-\frac{dc}{dt}=k_1 c_{\neq} \tag{5-87}$$

式中,$c_{\neq}$为活化络合物的浓度。假定活化络合物沿反应途径方向每振动一次有一个活化络合物分子分解,每秒振动 ν 次,则

$$k_1=\nu$$

上式变为

$$-\frac{dc}{dt}=\nu c_{\neq} \tag{5-88}$$

因反应物与活化络合物之间存在快速平衡,即 $c_{\neq}=K_{\neq}c_A c_{B-C}$ 代入式(5-88),得

$$-\frac{dc}{dt}=\nu K_{\neq} c_A c_{B-C} \tag{5-89}$$

根据量子理论,一个振动自由度的能量为 $h\nu$,h 为普朗克常量;再根据能量均分原理,一个振动自由度的能量为 $\left(\frac{R}{N_A}\right)T$,因此

$$h\nu=\frac{R}{N_A}T$$

$$\nu=\frac{RT}{hN_A}$$

将此式代入式(5-89)得

$$-\frac{dc}{dt}=\frac{RT}{hN_A}K_{\neq} c_A c_{B-C} \tag{5-90}$$

根据质量作用定律,上述双分子反应的速率方程为

$$-\frac{dc}{dt}=kc_A c_{B-C} \tag{5-91}$$

式(5-90)与式(5-91)对照,得

$$k=\frac{RT}{hN_A}K_{\neq} \tag{5-92}$$

这就是过渡状态理论的基本公式。其中 $\frac{RT}{hN_A}$ 在一定温度下为一常数。根据统计力学和量子力学的结果可以计算出 $K_{\neq}$。原则上,只要知道有关分子的结构,就可求得 $K_{\neq}$,算出速率常数 k,而不必做动力学实验测定。所以过渡状态理论又称为绝对反应速率理论。

为了将过渡状态理论与碰撞理论加以比较,令 $\Delta G_{\neq}$、$\Delta H_{\neq}$ 和 $\Delta S_{\neq}$ 分别代表活化络合物的标准吉布斯自由能变、标准焓变和标准熵变,分别简称为活化吉布斯自由能、活化焓和活化熵。根据热力学的结论可知

$$\Delta G_{\neq}=\Delta H_{\neq}-T\Delta S_{\neq}=-RT\ln K_{\neq}$$

或

$$K_{\neq}=e^{-\Delta G_{\neq}/RT}=e^{-\Delta H_{\neq}/RT}e^{\Delta S_{\neq}/R}$$

对于一般化学反应,$\Delta H_{\neq}=E$,上式可改写为

$$k=\frac{RT}{N_A h}e^{\Delta S/R}e^{-E/RT} \tag{5-93}$$

与碰撞理论中的式(5-82)比较得

$$PA=\frac{RT}{N_A h}e^{\Delta S_{\neq}/R} \tag{5-94}$$

式中,由于 $\frac{RT}{N_A h}$ 与 A 在数量级上相近,约为 10^{12},因此 P 与 $\exp\left(\frac{\Delta S_{\neq}}{R}\right)$ 相当。这样,碰撞理论中发生偏差的方位因子 P 可用活化熵 $\Delta S_{\neq}$ 来解释。在反应物形成活化络合物时,由几个分子合成一个分子,混乱程度减少,$\Delta S_{\neq}$ 应为负值,$e^{\Delta S_{\neq}/R}$ 应小于 1。由于速率常数 k 与 $\Delta S_{\neq}$ 呈指数关系,所以活化熵的数值只要有较小的改变,对 k 就会有显著的影响。这样,过渡状态理论比较合理地解释了方位因子的意义。另外,过渡状态理论原则上可以根据统计力学来计算 $\Delta S_{\neq}$,从而能大致预示方位因子 P 的大小。从原则上讲,只要知道活化络合物的结构,就可由统计学原理或热力学公式近似地计算 $\Delta S_{\neq}$,从键能资料计算 $\Delta H_{\neq}$,由此可计算速率常数。然而活化络合物的测定很困难,受实验技术的限制,在很大程度上具有猜测性。因此,对反应速率的进一步认识还有待深入探讨和研究。

过渡状态理论在有机化学的学习中得到广泛的应用,如脂肪烃的亲核取代反应有 SN1 历程和 SN2 历程,前者称单分子亲核取代反应,后者称双分子亲核取代反应。在 SN1 历程有碳正离子的中间体形成;在 SN2 机理反应则是通过一个过渡态进行的。在这个过渡态中碳原子有部分正电荷,这类反应很少依赖于影响碳正离子性质的许多因素。这两种机理的单分子和双分子标志可由速度决定步骤的分子性得到,SN1 是单分子的,则速率表现为一级反应;SN2 是双分子的,则速率表现为二级反应。应用这两种机理可对取代反应的许多性质作出合理的解释。

知识延伸

快反应和现代化学动力学研究技术

链反应、自由基反应的发现促进了快速反应的研究和分子反应动力学的建立。

1. 快反应 一般认为,半衰期小于 1 s 的反应属于快反应。例如,很多离子反应、质子转移反应、自由基反应都是快反应,某些涉及蛋白质、核酸的反应和某些酶催化反应也都属于快反应。

对于快反应不可能用常规的方法和手段进行动力学研究。近代新技术可测量反应的半衰期已达到 $10^{-7} \sim 10^{-9}$ s,运用现代技术能研究 $t_{\frac{1}{2}}$ 为 10^{-15} s 数量级的反应。快反应测定技术的进步,使动力学研究进入了分子反应的微观层次。处于某一量子状态的反应物分子变成另一量子状态的产物分子,这种反应变化规律的研究就是分子反应动态学。

2. 弛豫方法 弛豫方法是快反应动力学研究中的一种常用方法。一级已达到平衡的反应体系,在受到外界的扰动后偏离平衡状态,再趋向新的平衡态的过程称为弛豫过程。对于可逆反应,$A \underset{k_{-1}}{\overset{k_1}{\rightleftharpoons}} P$,规定弛豫速率常数 $k_R = k_1 + k_{-1}$。弛豫速率常数 k_R 的倒数为弛豫时间 τ_R。

$$\tau_R = k_R^{-1} = (k_1 + k_{-1})^{-1}$$

弛豫时间即反应体系从偏离平衡为初始状态的 $\frac{1}{e}$ 处到达平衡所需的时间。

例如,使一个已达到平衡的可逆反应体系在极短的时间内($1 \sim 5$ μs)温度升高 5℃。由于升温极快,浓度来不及改变,在这样的扰动下,体系偏离了平衡。以 c_{A_e} 为温度升高后 A 的平衡浓度,则扰动开始时($t = 0$)A 的浓度与 c_{A_e} 的偏差 $\Delta_0 = c_{A_0} - c_{A_e}$。在弛豫过程中某一时刻 t,A 的浓度与 c_{A_e} 的偏差 $\Delta = c_A - c_{A_e}$。根据可逆反应的动力学方程式(5-38)可得

$$\ln\Delta = \ln\Delta_0 - (k_1 + k_{-1})t$$

即

知识延伸

$$\Delta = \Delta_0 e^{-t/\tau_R}$$

测得 Δ 与 t 的关系就可求出弛豫时间 τ_R，再测定体系的平衡常数 K，则可求出 k_1 和 k_{-1}。这种方法称为弛豫方法。

扰动体系的方法很多，有温度扰动，称为温度跳跃；有压力扰动，称为压力跳跃；有稀释扰动，称为浓度跳跃；还有声波吸收、电场脉冲等多种扰动的方法。弛豫方法中所使用的扰动通常很小，体系偏离平衡不远，所以无论可逆反应的级数是多少，向平衡态的弛豫都可认为是一级的，Δ 仍呈指数性衰减，这在很大程度上简化了复杂反应机理的阐述。

3. 快速混合法 使反应物以一定流速通过一特定反应区域，从流进与流出的流体组成和浓度的变化求出反应的级数和速率。不同的溶液可在特殊设计的反应器中，在 10^{-3} s 内完全混合，配以适当的流动方式(连续流动或间歇流动)以及灵敏的仪器检测方法(常用吸光光度法或量热法)，可以测量 ms 数量级的反应。

4. 闪光光解技术 用一支能瞬间产生高能量、强闪光的石英闪光管，对反应体系发出骤发的强光照射，产生一种极强的扰动，这种研究反应动力学的方法称为闪光光解技术。

反应体系在极短的时间($10^{-6} \sim 10^{-4}$ s)内吸收很高的能量($10^2 \sim 10^5$ J)引起电子激发和化学反应，产生相当高浓度的激发态物质，如自由基、自由原子等。用核磁共振、紫外光谱等技术可以检测体系随时间的动态，也可以鉴定寿命极短的自由基。

闪光光解技术对于研究快反应是一个非常有效的手段。对于反应速率常数大到 10^5 s^{-1} 的一级反应和大到 10^{11} dm^3 · mol^{-1} · s^{-1} 的二级反应，用此方法都能测量。现在用超短脉冲激光器代替石英闪光管，可以检测出半衰期为 $10^{-9} \sim 10^{-2}$ s 的自由基。

5. 交叉分子束技术 在一般动力学研究中，反应物和生成物分子在容器中相互频繁碰撞，能量重新分配。各种物质在测定过程中已经发生了变化，不再是其在反应时所处的状态。若从单个分子对单个分子的角度去进行实验，研究反应分子的动态，就必须把分子间的碰撞限制为简单的一次碰撞，反应以后不再发生分子碰撞。

交叉分子束技术就是研究一次碰撞过程中反应速率、反应历程和能量分布等的方法。美籍华人李远哲博士在此领域做出了杰出的贡献，并为此获得了 1986 年诺贝尔化学奖。

分子束是指分子间无碰撞的定向定速分子流。必须在平均自由程大于 1 m，即压力小于 10^{-6} kPa 时才能近似地实现分子束中无分子间相互碰撞。实验时需将反应物分子激发，处于特定的能态，并使两股分子束在高真空的反应室内交叉，以期望分子间发生一次性碰撞。通过高度灵敏的监测仪器跟踪反应碰撞散射的各种粒子，以获得反应速率、活性复合物的寿命、产物分子的能态、反应机理等各种信息。这种方法要求能测出 10^{-6} s 内的化学变化。

第七节 溶剂对反应速率的影响

溶液中的反应与气相反应相比，最大的不同是溶剂分子的存在。在均相反应中，溶液的反应远比气相反应多得多(有人粗略估计约占 90%)。但研究溶液中反应的动力学要考虑溶剂分子所引起的物理或化学的影响，另外，在溶液中有离子参加的反应常常是瞬间完成的，这也造成了观测动力学数据的困难。最简单的情况是溶剂仅起介质作用的情况。

在溶液中起反应的分子要通过扩散穿过周围的溶剂分子之后，才能彼此接近而发生接触，反应后生成物分子也要穿过周围的溶剂分子通过扩散而离开。这里扩散，就是对周围溶剂分子的反复挤撞,从微观的角度,可以把周围溶剂分子看成是形成了一个笼,而反应分子则处于笼中。分子在笼中持续时间比气体分子互相碰撞的持续时间大 10~100 倍,这相当于它在笼中可以经过反复的多次碰撞。所谓笼效应(cage effect)就是指反应分子在溶剂分子形成的笼中多次碰撞(或振动)。这种连续重复碰撞一直持续到反应分子从笼中挤出,这种在笼中连续的反复碰撞则称为一次遭遇,所以溶剂分子的存在虽然限制了反应分子做长距离的移动,减少了与远距离分子的碰撞机会,但却增加了近距离的反应分子的重复碰撞。总的碰撞频率并未减少。据粗略估计,在水溶液中,对于一对无相互作用的分子,在一次遭遇或它们在笼中的时间约为 $10^{-12} \sim 10^{-11}$ s,在这段时间内要进行 100~1000 次的碰撞。然后偶尔有机会跃出这个笼子,扩散到别处,又进入另一个笼中。可见溶液中分子的碰撞与气体中分子的碰撞不同,后者的碰撞是连续进行的,而前者则是分批进行的,一次遭遇相当于一批碰撞,它包含着多次的碰撞。而就单位时间内的总碰撞次数而论,大致相同,不会有数量级上的变化。如果溶剂分子与反应分子没有显著的作用,则一般来讲碰撞理论对溶液中的反应也是适用的,并且对于同一反应无论在气相中或在溶液中进行,反应速率大致相同。但也有一些反应,溶剂对反应有显著的影响。例如,某些平行反应,常可借助于溶剂先把其中一种反应的速率变得较快,使某种产品的数量增多。

溶剂对反应速率影响的原因比较复杂,至今尚不清楚,下面进行一些定性介绍。

一、溶剂的极性和溶剂化对反应速率的影响

溶剂的极性对反应速率的影响因反应而异。如果反应物的极性比生成物极性大,则在极性溶剂中的反应速率变小;反之,如果生成物的极性比反应物的大,则在极性溶剂中反应速率比较大。例如,下列反应

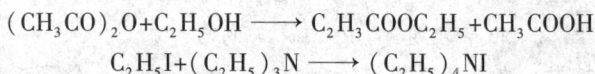

$$(CH_3CO)_2O + C_2H_5OH \longrightarrow C_2H_5COOC_2H_5 + CH_3COOH$$

$$C_2H_5I + (C_2H_5)_3N \longrightarrow (C_2H_5)_4NI$$

表 5-3 溶剂极性对反应速率的影响

溶剂	乙酸酐和乙醇反应 速率常数 k(323 K)	三乙基胺和碘化乙烷 反应速率常数 k(373 K)
正己烷	0.011 9	0.000 18
苯	0.004 62	0.005 8
氯苯	0.004 33	0.023
对甲氧基苯	0.002 93	0.04
硝基苯	0.002 45	70.1

前一反应两种产物的极性比反应物的极性小,所以随着溶剂极性增加,反应速率减慢;后一反应产物为季铵盐,极性大于反应物,所以随着溶剂极性增加,反应速率加快。结果见表 5-3。

这种影响可以通过溶剂化作用来解释。一般说来,反应物与生成物在溶液中都能或多或少地形成溶剂化物。如果溶剂分子与反应物生成比较稳定的溶剂化物,则使活化能增高,而减慢反应速率,如图 5-9 所示,第一个反应即属于这种情况。如果溶剂分子与任意一种反应分子生成不稳定的中间络合物而使活化能降低,则可以使反应速率加快。如图 5-10 所示,因为活化络合物溶剂化后的能量降低,因而降低了活化能,使反应速率加快,即第二个反应的情况。

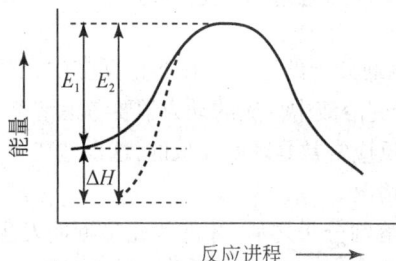

图 5-9 反应物溶剂化使反应活化能升高

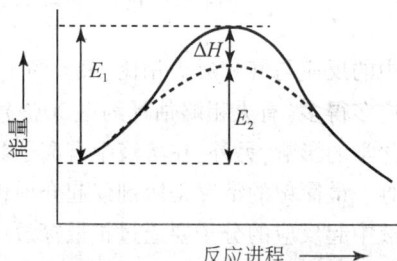

图 5-10 活化络合物溶剂化使活化能降低

二、溶剂的介电常数对反应速率的影响

介电常数(dielectric constant)是物质相对于真空而言增加电容器电容能力的度量,用 ε 表示。介电常数随分子偶极矩和可极化性的增大而增大。在化学中,介电常数是溶剂的一个重要性质,它表征溶剂对溶质分子溶剂化以及隔开相反电荷离子的能力。介电常数越大,溶剂的极性越大。对于离子或极性分子之间的反应,溶剂介电常数的不同将影响离子或极性分子之间的引力或斥力,从而影响反应的速率。溶剂介电常数越大,异号离子间的作用力越小,因此,对异种电荷离子之间、离子与极性分子之间的反应,溶剂的介电常数越大反应速率越小。对同种电荷离子之间的反应,溶剂的介电常数越大反应速率也越大,因异种电荷作用力小,同种电荷相遇机会增大。

例如,对于苄基溴的水解,OH^- 离子有催化作用,这是一个正负离子间的反应。

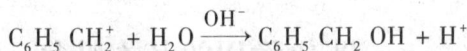

$$C_6H_5CH_2^+ + H_2O \xrightarrow{OH^-} C_6H_5CH_2OH + H^+$$

该反应在介电常数较小的溶剂中,异号离子容易相互吸引,故反应速率较大。加入介电常数比水小的物质如甘油、乙醇、丙二醇等,能加快该反应的进行。

又如,OH^- 离子催化巴比妥类药物在水溶液中的水解反应,是同种电荷离子间的反应,加入甘油、乙醇等,将使反应速率减小。

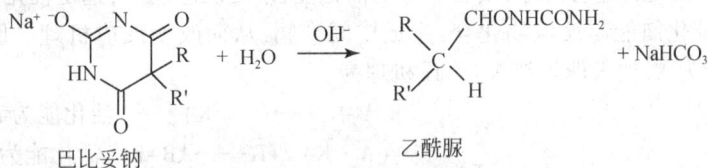

巴比妥钠　　　　　　　　　　　　乙酰脲

三、离子强度的影响(原盐效应)

离子之间的反应速率受溶液离子强度的影响。在稀溶液中,离子反应的速率与溶液离子强度之间的关系如下

$$\lg k = \lg k_0 + 2Z_A Z_B A\sqrt{I}$$

或

$$\lg \frac{k}{k_0} = 2Z_A Z_B A\sqrt{I} \tag{5-95}$$

式中,Z_A、Z_B 分别为反应物 A、B 的离子电荷数;I 为离子强度;k_0 为离子强度为零时(无限稀释时)的速率常数;A 为与溶剂和温度有关的常数,对 25℃ 的水溶液而言,$A = 0.509$。

由式(5-95)可知,对同种电荷离子之间的反应,溶液的离子强度越大反应速率也越大;对异种电荷离子之间的反应,溶液的离子强度越大反应速率越小。当有一个反应物不带电荷时,反应速率不受离子强度的影响。

第八节　催化作用

加入反应体系能显著改变反应速率而本身在反应前后数量和化学性质均不变的物质称为催化剂(catalyst),有催化剂参加的反应称为催化反应,因催化剂的存在而明显改变反应速率的现象称为催化作用(catalysis)。

催化剂广泛应用于化工、医药、农药、染料等行业,80%以上的化工、制药产品在生产过程中都用

到催化剂,如氨、尿素、橡胶的合成和高分子的聚合反应等。生命现象中也存在着大量的催化作用,如植物的光合作用,有机体内的新陈代谢,蛋白质、碳水化合物和脂肪的分解作用等都需要酶催化。

能加快反应速率的物质称正催化剂,能减慢反应速率的物质称负催化剂(或阻化剂)。通常由于正催化剂用得比较多,所以如不加特别说明,均指正催化剂。催化剂可以是加入反应体系的,也可以是在反应过程中自动产生的。后者是一种(或几种)反应产物或中间产物,称为自催化剂,这种现象称自动催化作用。例如,高锰酸钾和草酸反应时生成的 Mn^{2+} 就是该反应的自催化剂。按反应物与催化剂所处的相态来分,催化反应可分为两类:①单相催化或称均相催化。催化剂与反应物处在同一个相中。例如,酸或碱使酯水解速率加快,属于单相催化。②多相催化或称非均相催化。催化剂在反应体系中自成一相,尤其以固相催化应用最广。例如,将石油裂解为汽油和煤油等反应加入具有一定粒度的固体分子筛催化剂,就是典型的多相催化反应。比较特殊的是酶催化作用,可因酶所处的状态不同而属于单相催化或多相催化。

一、催化作用的基本特征

(1)催化剂参与了化学反应,但在反应前后的组成、数量和化学性质均不变。催化剂的物理性质在反应前后可发生变化,如外观、晶形等。

(2)催化剂能改变反应的机理,改变反应的活化能,改变反应速率,这是催化剂发生作用的根本原因。一般认为催化剂能与反应物化合,生成中间产物,从而改变反应机理。例如,某一反应 A+B ——→AB,活化能为 E,加入催化剂 K 后,设机理为

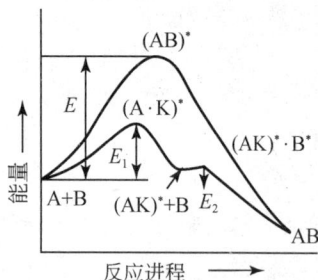

图 5-11 活化能与反应途径
示意图

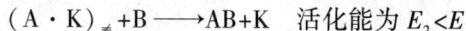

A+K ——→ $(A \cdot K)_{\neq}$ 活化能为 $E_1 < E$

$(A \cdot K)_{\neq}$ +B ——→AB+K   活化能为 $E_2 < E$

催化剂 K 与反应物有一定亲和力,使之形成不稳定的中间化合物 $(A \cdot K)_{\neq}$,由于 $E_1 < E$ 及 $E_2 < E$,并且 $E_1 + E_2 < E$,降低了反应活化能,加快了反应速率。图 5-11 表示了上述反应机理中活化能的改变示意图。

以碘化氢分解为碘和氢的反应为例,未使用催化剂时活化能为 184.1 kJ $\cdot$ mol^{-1},用 Au 作为催化剂,活化能降到 104.6 kJ $\cdot$ mol^{-1},若反应在 503 K 进行,由于活化能下降使反应速率增加的倍数可计算如下

$$\frac{e^{-104600/RT}}{e^{-184100/RT}} = 1.8 \times 10^8 (倍)$$

可见活化能下降的作用比温度升高作用大的多。

(3)催化剂不能改变平衡状态。催化剂不改变体系的状态函数,故不能改变反应的 ΔG_m,它不能使热力学中不可能发生的反应发生,也不能改变化学平衡状态。从热力学可知,一个反应的平衡常数取决于该反应的标准摩尔吉布斯自由能变 $\Delta_r G_m^\ominus$,即

$$\Delta_r G_m^\ominus = - RT \ln K^\ominus$$

由于催化剂这一特征,还可得出一个重要推论:对于一个可逆反应,催化剂在使正反应加速的同时,也使逆反应加速,且倍数相同。这就为寻找催化剂的实验提供了很大的方便。例如,合成氨的反应需要在高温高压条件下,而寻找合成氨反应催化剂的实验可利用氨的分解反应在常压下进行,找到合适的催化剂后再以合成氨反应验证即可。

(4)催化剂具有选择性。同一反应选择不同的催化剂,可得到不同的产品,选择适当的催化剂可使反应朝着需要的方向进行。例如,乙醇的分解有以下几种情况

$$C_2H_5OH\begin{cases}\xrightarrow[200\sim250\text{℃}]{Cu}CH_3CHO+H_2\\\xrightarrow[350\sim360\text{℃}]{Al_2O_3\text{或}ThO_2}C_2H_4+H_2O\\\xrightarrow[250\text{℃}]{Al_2O_3}(C_2H_5)_2O+H_2O\\\xrightarrow[400\sim450\text{℃}]{ZnO\cdot Cr_2O_3}CH_2=CH-CH=CH_2+H_2O+H_2\\\xrightarrow{Na}C_4H_9OH+H_2O\\\cdots\end{cases}$$

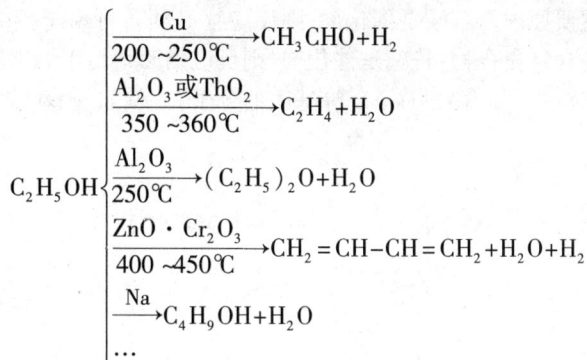

不同类型的反应需要选用不同的催化剂。例如,乙烯直接氧化制取环氧乙烷用银作为催化剂;丁烯氧化脱氢制取丁二烯用磷、钼、铋作为催化剂。

此外,催化剂对杂质很敏感,有时少量的杂质就能显著影响催化剂的效能。有些物质能使催化剂的活性、选择性、稳定性增强,这种物质称为助催化剂或促进剂。有些物质少量加入就能严重阻碍催化反应的进行,这些物质称为催化剂的毒物,这种现象称催化剂中毒。

二、酸 碱 催 化

酸碱催化是液相催化中研究最多、应用最广的一类催化反应。酸碱催化反应通常是离子型反应,其本质在于质子的转移。许多离子型有机反应,如酯的水解、醇醛缩合、脱水、聚合、烷基化等反应,大多可被酸或碱所催化。

酸碱催化中将 H^+ 和 OH^- 离子的催化作用称为专属酸碱催化。例如,蔗糖的水解是以 H^+ 离子为催化剂,葡萄糖的变旋、酯类的水解既可被 H^+ 离子催化,也可被 OH^- 离子催化。而将布朗斯台(Bronsted)质子酸碱的催化称为广义酸碱催化。

下面介绍质子酸碱催化。

1. 质子酸碱理论 凡能给出质子的分子或离子都是酸,也称为质子酸,凡能与质子结合的分子或离子都是碱,也称为质子碱。例如

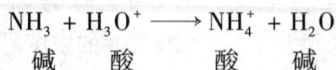

$$NH_3 + H_3O^+ \longrightarrow NH_4^+ + H_2O$$
$$\text{碱}\qquad\text{酸}\qquad\quad\text{酸}\qquad\text{碱}$$

正反应中,H_3O^+ 称为酸,NH_3 称为碱。逆反应中,NH_4^+ 称为酸,H_2O 称为碱,NH_4^+ 和 NH_3 是一对共轭酸碱。

2. 质子酸碱催化的一般特点 质子酸碱催化是以离子型机理进行的,反应速率很快,不需要很长的活化时间,以"质子转移"为特征。酸催化反应是反应物 S 与酸中的质子 H^+ 作用,生成质子化物 SH^+,然后质子从质子化物 SH 转移,最后得到产物,同时酸复原。例如,以 HA 代表酸,其反应机理为

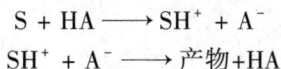

$$S + HA \longrightarrow SH^+ + A^-$$
$$SH^+ + A^- \longrightarrow 产物+HA$$

碱催化反应是反应物 HS 将质子给碱(催化剂),生成中间产物 S^-,然后进一步反应得产物,同时使碱复原。如以 B 表示碱,其反应机理为

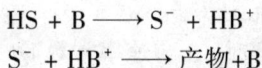

$$HS + B \longrightarrow S^- + HB^+$$
$$S^- + HB^+ \longrightarrow 产物+B$$

质子转移很快,其一方面是由于质子不带电子,只有一个正电荷,容易接近其他极性分子中带负电的一端形成化学键。另一方面,因质子半径特别小,故呈现很强的电场强度,易极化接近它的分子,有利于新键的形成,使质子化物成为不稳定的中间络合物,显示较大的活性,这可能是质子酸碱

催化加速反应进行的主要原因。若酸是催化剂,则反应物必须含有易于接受质子的原子或基团,如醇、醚、酮、酯、醛及一些含氮化合物;若碱是催化剂,则反应物必须易于给出质子而形成活化络合物,如含有酸性氢原子的化合物(如含 C=O、NO 等基团的分子)。例如,硝基胺的水解可被 OH^- 催化,也可被 Ac^- 催化。

OH^- 催化反应为

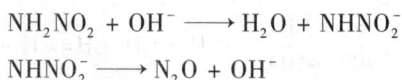

$$NH_2NO_2 + OH^- \longrightarrow H_2O + NHNO_2^-$$

$$NHNO_2^- \longrightarrow N_2O + OH^-$$

Ac^- 离子催化反应为

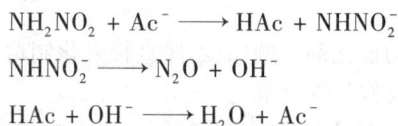

$$NH_2NO_2 + Ac^- \longrightarrow HAc + NHNO_2^-$$

$$NHNO_2^- \longrightarrow N_2O + OH^-$$

$$HAc + OH^- \longrightarrow H_2O + Ac^-$$

这两种碱催化作用结果相同,产物都是 N_2O 和 H_2O,催化剂 OH^- 或 Ac^- 复原。

3. 酸碱催化常数 k 与 pH 的关系 若反应既可被酸催化,又可被碱催化,并且反应在分子或除 H^+ 和 OH^- 以外的其他离子参与下也能进行,甚至自发进行时,它的总速率可表示为

$$\nu = k_0 c_S + k_{H^+} c_{H^+} c_S + k_{OH^-} c_{OH^-} c_S$$

式中,k_0 为在分子或除 H^+ 和 OH^- 以外的其他离子参与下,或自发进行的反应速率常数;k_{H^+} 和 k_{OH^-} 分别为氢离子和氢氧根离子催化常数;c_S 为反应物的浓度;c_{H^+} 和 c_{OH^-} 分别为氢离子和氢氧根离子的浓度。将上式改写为 $\dfrac{\nu}{c_S}$,以反应速率常数 k 表示,则

$$k = \frac{\nu}{c_S} = k_0 + k_{H^+} c_{H^+} + k_{OH^-} c_{OH^-} \tag{5-96}$$

因 $k_W = c_{H^+} c_{OH^-}$,即将 $c_{OH^-} = \dfrac{k_W}{c_{H^+}}$ 代入式(5-96)得

$$k = k_0 + k_{H^+} c_{H^+} + \frac{k_{OH^-} K_W}{c_{H^+}} \tag{5-97}$$

如果在 $0.1\ mol \cdot dm^{-3}$ 的酸性溶液中,式(5-97)右方第二项为 $k_{H^+} \times 10^{-1}$,第三项为 $k_{OH^-} \times 10^{-13}$,两相比较可略去第三项(除非 k_{OH^-} 比 k_{H^+} 大很多倍)。当酸溶液的浓度足够高时,第一项也可略去,故上式可简化为

$$k = k_{H^+} c_{H^+} \tag{5-98}$$

两边取对数

$$\lg k = \lg k_{H^+} + \lg c_{H^+} = \lg k_{H^+} - pH \tag{5-99}$$

即 $\lg k$ 与 pH 呈线性关系,且斜率为 -1,即表示速率常数的对数随 pH 增加而直线下降。如图 5-12 中 a、b、d 线左半部。同样,在碱溶液中,可忽略第一、二项,得

$$\lg k = \lg k_{OH^-} + \lg k_W + pH \tag{5-100}$$

$\lg k$ 与 pH 仍有线性关系,但斜率为 $+1$,$\lg k$ 随 pH 增加而直线增加,如图 5-12 中 a、b、d 线右半部。此外,还可以存在这样一个区域,即图 5-12 中 a、c、d 线的水平段,在这段区域内,H^+ 和 OH^- 对反应速率影响都很小,k_0 相对较大,则 k 与 pH 无关。

图 5-13 中的曲线表示阿托品水解时 pH 与速率常数 $\lg k$ 的关系。在 pH 3.7 时,k 最小,此时为阿托品最稳定的 pH,以 $(pH)_{st}$ 表示。寻找药物溶液最稳定的 pH,即 $(pH)_{st}$ 方法有两种:(1)实验测定法,即配制不同 pH 的药物溶液,测定其 k 值,以 k(或 $\lg k$)对 pH 作图,从图中找出 k 最小时的 pH,如图 5-13 曲线的最低点。(2)计算法,将式(5-97)对 c_{H^+} 微分,得

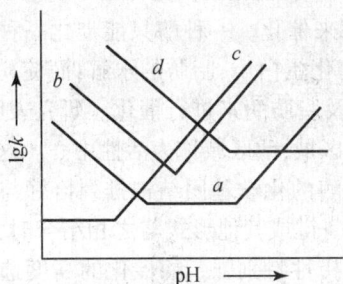

图 5-12 pH 与反应速率常数的关系

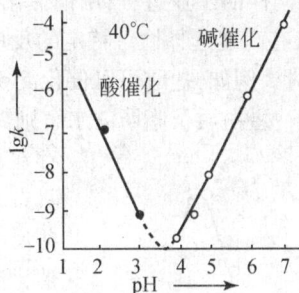

图 5-13 300K 时阿托品水解反应 k 与 pH 的关系

$$\frac{dk}{dc_{H^+}} = k_{H^+} - \frac{k_{OH^-} \cdot K_W}{c_{H^+}^2} \qquad (5\text{-}101)$$

在 $(pH)_{st}$ 时,即曲线的最低点,$\dfrac{dk}{dc_{H^+}} = 0$

得

$$k_{H^+} = \frac{k_{OH^-} \cdot K_W}{c_{H^+}^2}$$

$$c_{H^+} = \left(\frac{k_{OH^-} \cdot K_W}{k_{H^+}} \right)^{1/2} \qquad (5\text{-}102)$$

两边取负对数,得

$$(pH)_{st} = -\frac{1}{2} \left[\lg k_{OH^-} + \lg K_W - \lg k_{H^+} \right] \qquad (5\text{-}103)$$

若已知某药物溶液的酸催化常数和碱催化常数,便可计算出该药物的 $(pH)_{st}$。

4. 酸碱催化常数与电离常数的关系 在均相酸碱催化反应中,酸、碱催化常数的大小是催化剂活性的度量,催化常数的大小主要取决于催化剂本身的性质,故与酸或碱的电离常数有关。从实验得知,酸催化常数与酸在水中的电离常数 k_a 有关,碱催化反应也有类似的规律。总结出下列经验规则

$$k(H^+) = G_a K_a^\alpha \qquad (5\text{-}104)$$

$$k(OH^-) = G_b K_b^\beta \qquad (5\text{-}105)$$

式中,G_a、G_b、α 和 β 是与反应种类、溶剂种类、反应温度有关的经验常数,α 与 β 的值为 $0 \sim 1$。

三、酶 催 化

酶是由动植物或微生物产生的具有催化能力的蛋白质,以酶为催化剂的反应称为酶催化反应。生物体内进行的化学反应几乎都是在酶的催化下进行的,可以说,没有酶的催化作用就没有生命现象。酶催化反应在日常生活中和工业生产中都有广泛的应用,如用淀粉发酵酿酒、用微生物发酵法生产抗生素等。目前,约有 150 种类型的酶已经以晶体的形式分离出来,还有许多酶有待鉴定。

酶是一种蛋白质,酶的摩尔质量一般在 $10 \sim 10^3$ kg·mol^{-1} 之间,其分子大小在 $10 \sim 100$ nm 范围内,因此酶催化反应可以认为是介于单相和多相催化反应之间。

1. 酶催化特点

(1) 酶催化效率(或活性)非常高。例如,1 mol 醇脱氢酶在室温下 1 s 内,可以使 720 mol 醇变

为乙醛,而同样的工业过程,用铜催化,在 200℃ 下 1s 内 1 mol 催化剂仅能转变 0.1 ~ 1 mol 的醇。

(2)具有高度选择性。特定的反应必须由特定的酶来催化。一种酶只能催化一种或一类物质的化学反应。例如,盐酸可以催化淀粉的消解,也可以催化蛋白质、脂肪的水解;而淀粉酶只能催化淀粉的水解;蛋白质及脂肪的水解则需由相应的蛋白酶及脂肪酶来进行催化。研究表明,酶的活性存在于酶分子中的较小区域,此区域称为活性中心。这种活性中心具有较复杂的结构。当酶的化学基团结构排列恰好与反应物的某些反应部位适应并能以氢键或其他形式与之相结合时,酶才表现出催化活性。所以酶的选择性特别强。酶催化的高度选择性在工业生产、核酸及蛋白质的研究、分析化学中都有广泛的应用。

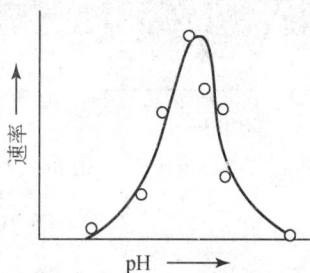

图 5-14 pH 对酶促反应
速率的影响

(3)反应条件温和,不像其他人工催化剂,不需要高温、高压及耐腐蚀设备等,酶催化反应一般在常温常压下进行。

(4)pH 对酶促反应的影响和温度的影响很相似。随着 pH 的改变,绝大多数酶反应的速率都会通过一个最高点(图 5-14),相应的最大反应速率 pH 称为最适 pH。由图可知,酶的催化作用只能在一个窄小的 pH 范围内表现出来,超出这个范围,溶液太酸或太碱,都能使酶发生不可逆失活。

此外,其合成过程简单,反应产物无毒性,因此对食品工业及医药工业最为合适。

2. 酶促反应的速率方程式——米凯利斯-门吞(Michaelis- Menten)定律 酶催化反应机理为:酶 E 与底物 S(即被催化的反应物)先生成不稳定中间络合物 ES,它再进一步分解生成产物 P,并使酶复原。即

$$E + S \underset{k_2}{\overset{k_1}{\rightleftharpoons}} ES$$

$$ES \overset{k_3}{\longrightarrow} E + P$$

反应速率为

$$\frac{dc_P}{dt} = k_3 c_{ES} \tag{5-106}$$

中间络合物 ES 的浓度变化率为

$$\frac{dc_{ES}}{dt} = k_1 c_E c_S - k_2 c_{ES} - k_3 c_{ES} \tag{5-107}$$

按稳态近似法处理,可得

$$\frac{dc_{ES}}{dt} = 0$$

即

$$k_1 c_E c_S - k_2 c c_{ES} - k_3 c_{ES} = 0$$

若 c_{E_0} 为 E 的初始浓度,则 $c_E = c_{E_0} - c_{ES}$,代入上式得

$$k_1 (c_{E_0} - c_{ES}) c_S = (k_2 + k_3) c_{ES} \tag{5-108}$$

展开整理后,得

$$c_{ES} = \frac{k_1 c_{E_0} c_S}{k_1 c_S + k_2 + k_3} = \frac{c_{E_0} c_S}{c_S + \dfrac{k_2 + k_3}{k_1}} \tag{5-109}$$

将式(5-109)代入式(5-106),得

$$\frac{dc_P}{dt} = \frac{k_3 c_{E_0} c_S}{c_S + \frac{k_2 + k_3}{k_1}} \tag{5-110a}$$

式中，$\dfrac{k_2 + k_3}{k_1} = K_M$ 称为米凯利斯常数（又称米氏常数），则

$$\frac{dc_P}{dt} = \frac{k_3 c_{E_0} c_S}{c_S + K_M} \tag{5-110b}$$

当 $k_2 \gg k_3$ 时，K_M 为 ES 的解离常数。将初速率对底物初浓度作图可得如图 5-14 所示的典型曲线。当底物浓度足够高时，$c_S \gg \dfrac{k_2 + k_3}{k_1}$，按式(5-110a)则

$$\frac{dc_P}{dt} = k_3 c_{E_0} \tag{5-110c}$$

即图 5-15 中接近曲线水平部分时，初速率接近最大酶催化速率 $k_3 c_{E_0}$。表示底物浓度足够大时，酶促反应速率与底物浓度无关，呈零级反应。当 $\dfrac{k_2 + k_3}{k_1} \gg c_S$ 时，式(5-110a)可简化为

$$\frac{dc_P}{dt} = \frac{k_3}{K_M} c_{E_0} c_S \tag{5-110d}$$

表示底物浓度足够小时，酶促反应速率与底物浓度一次方成正比，表现为一级反应。

对式(5-110a)两边取倒数，得

$$\frac{dt}{dc_P} = \frac{1}{k_3 c_{E_0}} + \frac{K_M}{k_3 c_{E_0} c_S} \tag{5-111}$$

由 $\dfrac{dt}{dc_P}$ 对 $\dfrac{1}{c_S}$ 作图，可得一直线，如图 5-16 所示。由直线斜率可求得 K_M。

由式(5-110b)可推知，当 $\dfrac{dc_P}{dt} = \dfrac{1}{2} k_3 c_{E_0}$ 时，

$$\frac{1}{2} c_{E_0} k_3 = \frac{k_3 c_{E_0} c_S}{c_S + K_M} \tag{5-112}$$

整理后，得

$$K_M = c_S \tag{5-113}$$

由此可知，米氏常数的物理意义是使反应速率达到酶最大催化速率一半时所需反应物的浓度。K_M 是酶催化反应的特性常数，不同的酶 K_M 不同，同一种酶催化不同的反应时 K_M 也不同。大多数纯酶的 K_M 值在 $10^{-1} \sim 10^{-4}$ mol·dm^{-3} 之间，其大小与酶的浓度无关。

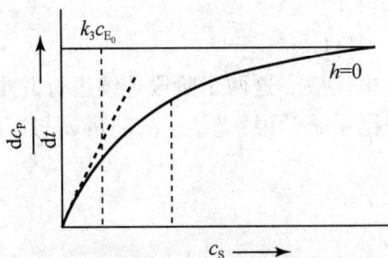

图 5-15　酶催化速率的典型曲线

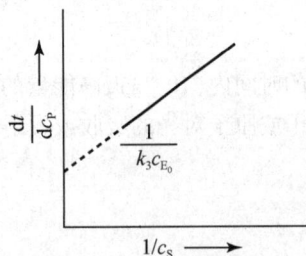

图 5-16　$\dfrac{dt}{dc_P}$ 与 $\dfrac{1}{c_S}$ 的关系

第九节　光化学反应

由光照射引起的化学反应称为光化学反应,简称光化反应(photochemical reaction)。此处所说的光包括紫外线、可见光和近红外线,波长在 100 ~ 1000 nm 之间。由波长更短的电磁辐射或其他高能离子辐射所引起的化学反应称为辐射化学反应,广义的辐射化学反应也包括光化反应。光化反应与辐射反应的区别在于前者辐射能量较小,后者辐射能量相对较大。

一般化学反应又称热反应,热反应的活化能来源于分子间的热运动引起的碰撞,而光化反应的活化能来源于光的辐射。光化反应的现象早已为人们所熟悉,植物的光合作用把 CO_2 和 H_2O 变成糖类化合物和氧气,这种叶绿素参与的光化反应是人类赖以生存的基础。化妆品变色变质,染料在阳光下褪色,药物在光照下分解变质等都是光化学反应。光化反应也是自然界中普遍存在的一类反应。

一、光化反应的特点

光化学反应与热反应有许多不同的地方。热反应在定温定压和不做非体积功的条件下,化学反应总是向着体系的吉布斯自由能降低的方向进行。而在光化反应中,环境以光的形式对体系做了非体积功,因而光化反应的方向与体系的吉布斯自由能增减没有必然联系。光作用下往往能使一些反应沿着吉布斯自由能增大的方向进行。例如,在光的作用下氧转变为臭氧、氨分解、光合作用等。热反应的活化能来源于分子的热运动,因而反应速率受温度的影响大;而光化学反应的能量来源于光量子,反应速率取决于光的照度而受温度影响较小。热反应的反应速率大多数与反应物浓度有关,而光反应的反应速率与反应物浓度无关,仅取决于辐射能的强度,因此光化学反应为零级反应。此外,光化反应通常比热反应有更高的选择性。

二、光化学定律

光化学反应一般分两个阶段进行,第一阶段称为初级反应,第二阶段称为次级反应。反应物吸收光量子直接引起的反应称为初级反应。例如,HI 在波长为 250 nm 的光照下吸收了光能,分解形成自由基等高能量的质点。

$$HI+光子\longrightarrow H\cdot +I\cdot$$

由初级反应中产生的活性中间体引发的其他反应称为次级反应。次级反应不需要光能,而是很快的热反应(也称黑暗反应)。

$$H\cdot +HI\longrightarrow H_2+I\cdot$$
$$M+I\cdot +I\cdot \longrightarrow M+I_2$$

在极短的时间内(10^{-8} s),高能量的质点与一般分子发生反应。这两个阶段连续进行并难以区分。

分子或原子对光的吸收或发射都是量子化的。根据量子学说,光量子的能量 ε 与光的频率 ν 成正比:

$$\varepsilon = h\nu = \frac{hc}{\lambda}$$

式中,h 为普朗克常量,$h=6.626\times10^{-34}$ J·s;c 为真空中的光速;λ 为真空中光的波长。分子或原子吸收一个具有特定能量的光量子后,就由低能级跃迁到高能级而成为活化分子。这一过程称为光化反应的初级过程。初级过程必须在光的照射下才能进行。

爱因斯坦(Einstein)提出了光化学定律:在初级反应中,物质的分子每吸收一个光子,能变成一个活化分子。换言之,被活化的分子或原子数等于吸收的光量子数。这就是光化学第二定律。活化 1mol 分子或原子需要吸收 1mol 光量子,1mol 光量子所具有的能量称为 1 爱因斯坦(E),其值与光的频率或波长有关。

$$E = N_A h\nu = N_A h \frac{c}{\lambda} = 6.022 \times 10^{23}\ \text{mol}^{-1} \times 6.626 \times 10^{-34}\ \text{J} \cdot \text{s} \times \frac{2.998 \times 10^8}{\lambda} = \frac{0.1196}{\lambda}(\text{J} \cdot \text{mol}^{-1})$$

式中,N_A 为阿伏伽德罗常量;λ 的单位为 m;h 为普朗克常量。

三、量子效率

当光照射入物体时,一部分透射,一部分反射,一部分被物体吸收。格罗杜斯(Grotthuss)和德拉波(Draper)提出:只有被物体吸收的光才能引起光化学反应。这就是光化学第一定律,它只适用于光化反应的初级过程。

没有被吸收的光固然不会引起化学反应,但被吸收的光也并非都会引起化学反应。有时原子、分子吸收光子后,不久又以光的形式将能量释放,而不发生化学反应。吸收一个光子,能使一个分子活化,但并不一定能使这个分子发生反应。有时分子吸收了光子却不能发生反应,而有时吸收一个光子又可引起一个或多个分子发生反应。在光化反应中,发生反应的分子数与被吸收的光子数之比称为量子效率(quantum yield),用符号 Φ 表示。

$$\Phi = \frac{\text{发生反应的分子数}}{\text{被吸收的光子数}} \tag{5-114}$$

根据光化学定律,对初级反应,吸收一个光子就活化一个分子,所以 $\Phi = 1$,但若考虑到整个光化学反应,则还包括次级反应,Φ 很少等于 1,见表 5-4。

表 5-4　一些光化学反应的量子效率

反应	波长($\overset{\circ}{\text{A}}$)	量子效率
$2NH_3 \longrightarrow N_2 + 3H_2$	~2100	0.25
$SO_2 + Cl_2 \longrightarrow SO_2Cl_2$	4200	1
$2HI \longrightarrow H_2 + I_2$	2700~2800	2
$H_2 + Cl_2 \longrightarrow 2HCl$	4000~4360	10^5

量子效率小于 1 的反应大致由下列几种情况所致:①活化分子分解或与其他分子相化合之前,活化分子发生较低频率的辐射或与一个普通分子碰撞,把一部分能量转移给普通分子,因而变成非活化分子;②分子吸收光量子后虽然形成了自由原子或自由基,但由于下一步反应不易立即进行,使自由原子或自由基又化合为原来的分子。相反,量子效率大于 1 的反应大致是由于次级反应进行得很快,使初级反应中的活化分子有机会立即又与反应物分子发生反应;或者是分子吸收光量子后,解离成自由原子或自由基,后者又与其他分子作用,又产生自由原子或自由基,这样连续下去,就是光化链反应。

四、光化学反应动力学方程

1. 光化学反应的速率方程　光化学反应的初级过程速率与入射光的强度成正比,与反应物的浓度无关。次级过程的速率方程与热反应的表达式相同。故在导出光化学反应速率方程时必须综合考虑初级过程和次级过程。

例如,$CHCl_3$ 在光照下的氯化反应

$$CHCl_3 + Cl_2 \xrightarrow{h\nu} CCl_4 + HCl$$

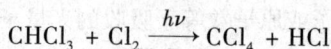

该反应的机理为

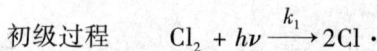

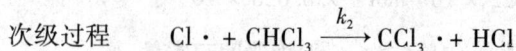

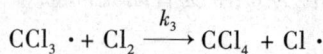

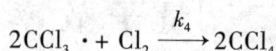

初级过程 $\quad Cl_2 + h\nu \xrightarrow{k_1} 2Cl \cdot$

次级过程 $\quad Cl \cdot + CHCl_3 \xrightarrow{k_2} CCl_3 \cdot + HCl$

$$CCl_3 \cdot + Cl_2 \xrightarrow{k_3} CCl_4 + Cl \cdot$$

$$2CCl_3 \cdot + Cl_2 \xrightarrow{k_4} 2CCl_4$$

初级过程的速率 $\nu_1 = k_1 I_0$，I_0 为入射光的强度。对中间产物 $CCl_3 \cdot$ 和 $Cl \cdot$，采用稳态近似处理可得

$$c_{CCl_3 \cdot} = \left(\frac{k_1 I_0}{k_4 c_{Cl_2}} \right)^{1/2} \tag{5-115}$$

在光化学反应速率方程中，浓度的量纲为 $mol \cdot m^{-3}$，时间为 s，则 I_0 为 1 $s \cdot m^3$ 所吸收的爱因斯坦数。

光化学反应进行的情况通常用量子效率 Φ 表示，将上述结果代入式(5-114)得

$$\Phi = \frac{dc_{Cl_2}}{I_0 dt} = k I_0^{-1/2} c_{Cl_2}^{1/2} + k_1 \tag{5-116}$$

从式(5-116)可看出，该化学反应的量子效率与入射光的强度和反应物的浓度均无关。

2. 光化学反应的机理　由于光化学反应的激发态物质寿命很短，研究其反应机理相当困难。目前对光化学反应机理研究的方法一般是淬灭法。淬灭是指激发态原子或分子与体系中其他物质相互作用而失去活性。在光化学反应体系中，加入适当的淬灭剂，观察淬灭剂对反应的抑制情况和对反应量子效率的影响，从而推测反应机理。

例如，设某光化学反应

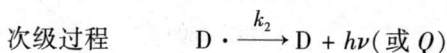

$$D \xrightarrow{h\nu} P$$

初级过程 $\quad D + h\nu \xrightarrow{k_1} D \cdot$

次级过程 $\quad D \cdot \xrightarrow{k_2} D + h\nu(\text{或 } Q)$

$$D \cdot \xrightarrow{k_3} P$$

对反应的中间产物 $D \cdot$ 采用稳态近似处理得

$$c_{D \cdot} = \frac{k_1 I_0}{k_2 + k_3} \tag{5-117}$$

故反应的速率方程为

$$\frac{dc_P}{dt} = k_3 c_{D \cdot} = \frac{k_1 k_3 I_0}{k_2 + k_3} \tag{5-118}$$

故此反应在无淬灭剂时的量子效率为 Φ_0。

$$\Phi_0 = \frac{\dfrac{dc_P}{dt}}{I_0} = \frac{k_1 k_3}{k_2 + k_3} \tag{5-119}$$

若在反应体系中加入适当的淬灭剂 A，则次级过程中会增加以下反应

$$A + D \cdot \xrightarrow{k_4} D + A \cdot$$

$$A \cdot \xrightarrow{k_5} A$$

对此反应体系再用稳态近似处理可得

$$c_{D\cdot} = \frac{k_1 I_0}{k_2 + k_3 + k_4 c_A} \tag{5-120}$$

代入速率方程得

$$\frac{dc_P}{dt} = k_3 c_{D\cdot} = \frac{k_1 k_3 I_0}{k_2 + k_3 + k_4 c_A} \tag{5-121}$$

则此方程在有淬灭剂 A 存在时的量子效率

$$\Phi = \frac{dc_P}{dt I_0} = \frac{k_1 k_3}{k_2 + k_3 + k_4 c_A} \tag{5-122}$$

将式(5-119)与式(5-122)相比得

$$\frac{\Phi_0}{\Phi} = \frac{k_2 + k_3 + k_4 c_A}{k_2 + k_3} = 1 + \frac{k_4}{k_2 + k_3} c_A \tag{5-123}$$

式(5-123)称为斯特恩–福尔默(Stern-Volmer)方程。以 $\frac{\Phi_0}{\Phi}$ 对淬灭剂的浓度 c_A 作图,若是一条直线,则说明上述反应机理的假设是正确的,反应由单一激发态引起;若不是直线则表明反应机理更复杂,反应的淬灭是由多种不同寿命的激发态引起的。

五、光对药物稳定性的影响

许多药物经光照会分解、变质,药物效价降低甚至失效,有的还会分解成为对人体有剧毒的物质。因此,新原料药和新药制剂要进行光稳定性考察,研究光对药物内在质量的影响,探究光引起的降解程度与途径,从而指定处方选择、生产工艺,包装储藏的策略。同时,考察药物的光解速率,以确定药物是否需要避光,并结合其他稳定性研究,最终确定药物的储存期。

在光源一定时,药物在光照射下的含量下降的程度与入射光的照度 E 和时间 t 的乘积 Et(累积光量)有关。研究药物在光照射下的稳定性和预测其储存期,就需要在较高的照度下测定药物含量的变化,找出药物含量 c 与累积光量 Et 的关系,由此算得在自然储存条件的较低照度下,药物含量下降至合格限度所需的时间,即储存期。由于药物在光照射下的降解速率除了与光的照度有关外,还与光源的波长密切相关,要预测药物在室内自然光照射下的储存期,就应以自然光为光源。但自然光因照度不稳定,其累积光量需用照度时间积分值 $\int_0^t E dt$ 表达。测定这一积分值的方法目前有化学法和脉冲计数法。前者操作较繁且持续测定的时间很短。后者采用仪器将光转换成频率与照度成正比的电脉冲,再对这些脉冲进行累加计数并直接显示出累积光量,避免了前一方法的缺点。

知识延伸

环境中的光化学反应

1. 光合作用 是自然界中最重要的基本过程之一,绿色植物通过光合作用将 CO_2 和 H_2O 转化为碳水化合物和氧气。

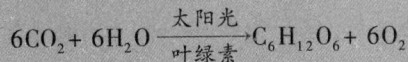

$$6CO_2 + 6H_2O \xrightarrow[\text{叶绿素}]{\text{太阳光}} C_6H_{12}O_6 + 6O_2$$

这是一个典型的光敏反应。CO_2 和 H_2O 都不能直接吸收太阳光完成此反应,植物的叶绿体可以吸收太阳光,并将能量传递到反应中心,使 H_2O 氧化成 O_3,然后在次级过程中将 CO_2 还原成

知识延伸

碳水化合物。光合作用利用的是能量较低的红光(680 nm),1 U 红光的能量约为 176 kJ · mol^{-1},1 mol CO_2 还原成碳水化合物约需能量 470 kJ,故还原 1 mol CO_2 约需 2.6 U。光合作用的实际量子效率只有 0.125,需平均吸收 8 个光子才能还原一个 CO_2 分子。

光合作用是地球上规模最大的生产有机化合物的过程,也是规模最大的储存太阳能、产生氧气的过程,其机理十分复杂。研究光合作用机理,对于提高植物光合作用效率,寻找高光合作用的新品种及化学模拟人工固氮、光解水制氢等方面有深远意义。

2. 大气中的臭氧层 从大气的对流层到平流层,臭氧(O_3)浓度从约 0.05 mg · kg^{-1} 增大到 10 mg · kg^{-1},因此平流层又称臭氧层。

大气圈中的臭氧层对地球上的生命有重要意义,它吸收太阳的紫外光,为地球上的一切生物起着屏蔽作用,使它们免受高能紫外辐射。紫外光对 C—H 键有破坏作用,而一切生命体和有机物中均有无数 C—H 键,由此可知臭氧层的保护作用是不容忽视的。强烈的紫外光照还可能引发人体的皮肤癌。

在平流层中,O_2 吸收光子,形成 O_3。

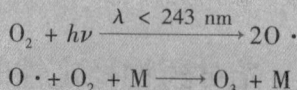

$$O_2 + h\nu \xrightarrow{\lambda < 243 \text{ nm}} 2O \cdot$$
$$O \cdot + O_2 + M \longrightarrow O_3 + M$$

O_3 也会发生光解

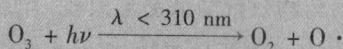

$$O_3 + h\nu \xrightarrow{\lambda < 310 \text{ nm}} O_2 + O \cdot$$

O_3 光解反应的速率较慢,使平流层中的 O_3 能维持稳定的浓度。

大气中的污染物,如氮氧化物、HO · 自由基、氟氯烃等对臭氧有破坏作用。据估计,目前已有 3% ~ 5% 的臭氧层遭到破坏,1985 年发现南极上空的臭氧层出现了"空洞",其面积与美国大陆相近,1989 年又发现北极上空正在形成另一个空洞,近年还有报道青藏高原上空也出现臭氧洞。臭氧层变薄及出现空洞,使之对紫外辐射的屏蔽作用减弱,可能造成严重后果,已引起科学界的重视。

3. 光化学烟雾 大气中的氮氧化物、碳氢化合物等污染物质在一定条件下发生光化学反应,形成光化学烟雾。这种现象于 1944 年首次在美国洛杉矶出现,故光化学烟雾又称洛杉矶型烟雾。该地区三面环山,一面临海,容易形成逆温层,使低空近地面的大气难以扩散,而且日照强烈,这是发生光化学烟雾的合适气象地理条件。加上该地区工业、交通发达,大气污染严重,是光化学烟雾频发的地区。近年来,我国也有在兰州等地多次发生光化学烟雾的报道。

光化学烟雾发生在夏秋无风晴朗的日子,从上午九十点钟开始,到中午前后最为严重,下午四五点钟后逐渐消退。发生光化学烟雾时,烟雾弥漫,能见度降低,人的眼睛有不适感觉,呼吸道受刺激,严重时造成人员死亡。一些材料如橡胶、塑料、纤维等加速老化,染料、油漆褪色,动植物也会受到伤害。

形成光化学烟雾的主要初级反应是 NO_2 的光解离,即

$$NO_2 + h\nu \longrightarrow NO + O \cdot$$

然后引起一系列复杂的次级反应,与大气中的一次污染物 NO_2、CO、烃类物质等作用,生成 NO_2、O_3、醛类、自由基、过氧硝酸乙酰酯(PAN)等多种二次污染物,他们与一次污染物混合,共同形成光化学烟雾。

科学家介绍

范特霍夫(J. H. van't Hoff)1852 年生于荷兰鹿特丹一个医生家庭。上中学时就迷上了化学,经常从事小实验,22 岁获博士学位。1877 年起在阿姆斯特丹大学任教,先后任化学、矿物学和地质学教授,1896 年迁居柏林。1885 年被选为荷兰皇家学会会员、是柏林科学院院士及许多国家的化学学会会员,1911 年在柏林逝世。

范特霍夫首次提出碳原子具有正四面体构型的立体思想,弄清了有机化合物旋光异构的原因,开创了立体化学的新领域。在物理化学方面,他研究过质量作用定律,发展了近代溶液理论,包括渗透压、凝固点、沸点及蒸气压理论,并用相律研究盐的结晶过程。他将热力学应用于化学平衡,提出了近代化学中亲和力的概念。范特霍夫主要著作有《空间化学引论》、《数量、质量和时间方面的化学原理》、《化学动力学研究》等。与奥斯特瓦尔德(Ostwald)一起创办了第一本《物理化学杂志》。

J. H. van't Hoff(1852 ~ 1911)
荷兰化学家范特霍夫

1901 年,范特霍夫因溶液渗透压和化学动力学的研究成果荣获首届诺贝尔化学奖。

S. A. Arrhenius(1859 ~ 1927)
瑞典物理化学家斯万特·奥古斯特·阿伦尼乌斯

斯万特·奥古斯特·阿伦尼乌斯(S. A. Arrhenius),1859 年 2 月 19 日生于瑞乌普萨拉附近的维克城堡。电离理论的创立者,首次提出了酸碱的定义;研究温度对化学反应速率的影响,解释了反应速率与温度的关系,提出了活化能的概念及其反应热的关系等,得出了著名的阿伦尼乌斯公式。还提出了等氢离子现象理论、分子活化理论和盐的水解理论。对宇宙化学、天体物理学和生物化学等也有研究。

阿伦尼乌斯从小聪慧无比,6 岁就能协助父亲算账。他最喜欢选读数学、物理、化学等理科课程,只用两年就通过了学士学位的考试,有神童之称。1884 年获乌普萨拉大学博士学位,"电离学说"就是他的博士学位论文,当时颇有争议,但得到了奥斯特瓦尔德(Ostwald)和范特霍夫的大力支持,后来终于被科学界所承认。1885 年被聘为物理化学副教授,1896 年出任斯德哥尔摩大学校长,1901 年当选为瑞典皇家科学院院士,1911 年当选为英国皇家学会外国会员,1927 年卒于斯德哥尔摩,终年 68 岁。

阿伦尼乌斯由于在化学领域的卓越成就,荣获 1903 年诺贝尔化学奖,成为瑞典第一位获此科学大奖的科学家。

习　题

1. 298 K 时 $N_2O_5(g)$ 分解反应的半衰期 $t_{\frac{1}{2}}$ 为 5.70 h,此值与 N_2O_5 的起始浓度无关,试求:①该反应的速率常数;②分解反应完成 60% 时所需的时间。 (0.122 h^{-1},7.5 h)

2. 已知 800℃ 时,乙烷裂解制取乙烯 $C_2H_6 \longrightarrow C_2H_4 + H_2$ 的速率常数为 3.43 s^{-1},求该反应的半衰期及反应 85% 时所需要的时间。 (0.202 s; 0.553 s)

3. 在 100 mL 水溶液中含有 0.03 mol 蔗糖和 0.1 mol HCl,用旋光计测得在 28℃ 经 20 min 有 30% 的蔗糖发生水解。已知其水解为一级反应,求:①反应速率常数;②反应开始时和反应至 20 min 时的反应速率;③50 min 时蔗糖的转化率。

$(1.78 \times 10^{-2}\ \text{min}^{-1};5.34 \times 10^{-3}\ \text{mol} \cdot \text{dm}^{-3} \cdot \text{min}^{-1},3.74 \times 10^{-3}\ \text{mol} \cdot \text{dm}^{-3} \cdot \text{min}^{-1};58.9\%)$

4. 273 K,在铂溶胶催化作用下,H_2O_2 分解为 O_2 和 H_2O。在不同时刻各取 5 mL 样品液用 $KMnO_4$ 溶液滴定,所消耗的 $KMnO_4$ 溶液的体积 V 数据如下:

t/min	124	127	130	133	136	139	142
V/mL	10.60	9.40	8.25	7.00	6.05	5.25	4.50

试求:①反应级数;②速率常数;③半衰期。 (一级反应;$4.78 \times 10^{-2}\ \text{min}^{-1}$;14.5 min)

5. 某化学反应 $A+B \longrightarrow C$,若初始体系只有 A 和 B,且初始浓度和体积相同,反应 1 h 后,检测到 A 已作用 45%,试问 2 h 后 A 还剩余多少未反应?假设该反应级数为:①对 A 为 1 级,对 B 为 0 级;②对 A、B 均为 1 级;③对 A、B 均为 0 级。 (30.12%;61.1%;90%)

6. 某抗生素在人体血液中呈现简单级数的反应,如果给病人在上午 8 点注射一针抗菌素,然后在不同时刻 t 测定抗生素在血液中的浓度 c(以 mg·100 cm^{-3} 表示),得到如下数据。

t/h	4	8	12	16
c/(mg·100 mL^{-1})	0.480	0.326	0.222	0.151

试求:①推算反应级数;②求反应的速率常数 k 和半衰期 $t_{\frac{1}{2}}$;③若抗生素在血液中的浓度不低于 0.37 mg·100 cm^{-3} 才为有效,问约何时该注射第二针? (一级反应;$0.0962\ \text{h}^{-1}$,7.20 h;6.7 h)

7. 设某反应速率常数在 25℃ 时为 15 $dm^3 \cdot \text{mol}^{-1} \cdot \text{min}^{-1}$,35℃ 时为 37 $dm^3 \cdot \text{mol}^{-1} \cdot \text{min}^{-1}$,求反应的活化能及 15℃ 时的速率常数。 (68 897 J·mol^{-1},5.7 $dm^3 \cdot \text{mol}^{-1} \cdot \text{min}^{-1}$)

8. 高温时,乙酸的分解反应如下

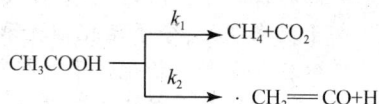

$$CH_3COOH \begin{cases} \xrightarrow{k_1} CH_4 + CO_2 \\ \xrightarrow{k_2} \cdot CH_2 \!=\! CO + H \end{cases}$$

在 1189 K 时,$k_1 = 3.74\ \text{s}^{-1}$,$k_2 = 4.65\ \text{s}^{-1}$,试计算:①乙酸分解掉 40% 所需时间;②此时 $CH_2 = CO$ 的产量(以乙酸分解的百分数表示)。 (0.061 s;54.9%)

9. 某对峙反应 $A \underset{k_{-1}}{\overset{k_1}{\rightleftharpoons}} B$,其中 $k_1 = 0.006\ \text{min}^{-1}$,$k_{-1} = 0.002\ \text{min}^{-1}$,如果反应开始时为纯 A,试问:①达到 A 和 B 的浓度相等需多少时间?②80 min 时,A 和 B 的浓度比为多少?

(137 min;1.17)

10. 某连串反应 $A \xrightarrow{k_1} B \xrightarrow{k_2} C$,其中 $k_1 = 0.10\ \text{min}^{-1}$,$k_2 = 0.20\ \text{min}^{-1}$,初始 A 浓度为 1.0 mol·$dm^{-3}$ 时,无 B、C 物质,试求:①B 的浓度达到最大的时间为多少?②该时刻 A、B、C 的浓度各为多少? (6.93 min; 0.5 mol·dm^{-3},0.25 mol·dm^{-3},0.25 mol·dm^{-3})

11. 邻硝基氯苯的氨化反应的活化能 $E_1 = 86\ 500$ J·mol^{-1},频率因子 $A_{0(1)} = 1.59 \times 10^7$;对硝基氯苯的氨化反应的活化能 $E_2 = 89\ 600$ J·mol^{-1},频率因子 $A_{0(2)} = 1.74 \times 10^7$。若反应都在 600 K 进行,试比较两个反应的速率。 (1.70)

12. $CH_3CH_2NO_2 + OH^- \longrightarrow H_2O + CH_3CHNO_2^-$ 是二级反应。0℃ 时 $k = 39.1$ $dm^3 \cdot \text{mol}^{-1} \cdot \text{min}^{-1}$,现有硝基乙烷 4.0×10^{-3} mol·dm^{-3} 及 NaOH 5.0×10^{-3} mol·dm^{-3} 的水溶液,求反应掉 90% 硝基乙烷所需的时间。 (26.33 min)

13. 溴乙烷的分解反应为一级反应,活化能 E 为 230.12 kJ·mol^{-1},频率因子 A 为 $33.58 \times 10^{13}\ \text{s}^{-1}$。求反应以每分钟分解 $\dfrac{1}{1000}$ 的速率进行时的温度,以及反应以每小时分解 85% 的速率进行时的温度。

(622.59 K,682.64 K)

14. 若增加下列各反应体系的离子强度,试根据理论判断各个反应速率常数应如何变化? ① $NH_4^+ + CNO^- \longrightarrow CO(NH_2)_2$;②酯的皂化;③ $S_2O_8^{2-} + I^- \longrightarrow$ 产物。

解:①该反应是异号离子反应,离子强度增加能引起反应速率常数减小;②该反应中酯分子不带电荷,离子强度增加不会引起反应速率常数的改变;③该反应是同号离子反应,离子强度增加能引起反应速率常数增大。

15. 在 H_2 和 Cl_2 的光化学反应中,波长为 480 nm 时的量子效率为 10^6,试估计每吸收 5.274 J 辐射能将产生多少摩尔 $HCl(g)$? 　　　　　　　　　　　　　　　(42.4 mol)

16. 2530 K 时,反应 $H_2 + Ar \longrightarrow H\cdot + H\cdot + Ar$ 的速率常数 $k = 1.13 \times 10^3$ $dm^3 \cdot mol^{-1} \cdot s^{-1}$,活化能为 4.015×10^5 $J \cdot mol^{-1}$,已知 H_2 分子和 Ar 原子的半径分别为 1.24×10^{-10} m 和 1.43×10^{-10} m。试用碰撞理论公式计算出速率常数(理论值)将理论值与实验值加以比较。

[(理论值 $k = 3.6 \times 10^3$ $dm^3 \cdot mol^{-1} \cdot s^{-1}$) 可以看出,速率常数的理论值和实验值 $(1.13 \times 10^3 \cdot dm^3 \cdot mol^{-1} \cdot s^{-1})$ 比较接近]

17. 普鲁卡因水溶液在 pH 为 2.3~9.0 范围内,主要以离子型存在,它既发生酸催化,又发生碱催化。在 50℃时 $k_{H^+} = 3.1 \times 10^{-6}$ $dm^3 \cdot mol^{-1} \cdot s^{-1}$;$k_{OH^-} = 2.78$ $dm^3 \cdot mol^{-1} \cdot s^{-1}$;$K_W = 5.5 \times 10^{-14}$。求普鲁卡因水溶液最稳定的 pH。 　　　　　　　(3.65)

18. 草酸双氧铀光化线强度计用紫外光照射了 3 h,在此时间内每秒吸收 8.41×10^{17} 个光子,如果在所使用的波长下反应的量子效率是 0.56,则在光解作用中有多少草酸双氧铀被分解? 　　　　　　　　　　(5.0863×10^{21},8.44×10^{-3} mol)

19. 农药的水解速率系数及半衰期是考察其杀虫效果的重要指标。常用农药敌敌畏的水解为一级反应,当20℃时它在酸性介质中的半衰期为61.5 d,试求20℃时敌敌畏在酸性介质中的速率系数。若在60℃时,水解速率系数为 0.173 h^{-1},求水解反应的活化能。 　　(119.776 $kJ \cdot mol^{-1}$)

20. 298.2 K 时,乙酸乙酯的皂化反应为
$$NaOH + CH_3COOC_2H_5 \longrightarrow CH_3COONa + C_2H_5OH$$
已知该反应的表观活化能为 48.931 $kJ \cdot mol^{-1}$,开始时,NaOH 与 $CH_3COOC_2H_5$ 浓度均为 0.0100 mol·dm^{-3},600 s 后,有39.0%的 $CH_3COOC_2H_5$ 转化。求:①估计在 288.2 K 时,600 s 后有多少 $CH_3COOC_2H_5$ 转化;②在288.2 K 时,若有60%的 $CH_3COOC_2H_5$ 转化,需多少时间? 　　(24.5%;2778 s)

21. 设将 100 个细菌放入 1 dm^3 的烧杯中,瓶中有适宜细菌生长的介质,温度为40℃,得到下列结果:

时间 t/min	0	30	60	90	120
细菌数目/个	100	200	400	800	1600

试求:①预计 3 h 后细菌的数目;②此动力学过程的级数;③经过多少时间可得到 10^{-6} 个细菌;④细菌繁殖的速率系数。 　　(6400 个;1;399 min;0.0231 min^{-1})

22. 糜蛋白酶催化 3-苯丙酸甲酯的水解反应,实验测得在25℃、pH 7.6、糜蛋白酶浓度恒定的情况下,水解的初速率 ν_0 与底物初浓度 $c_{S,0}$ 的关系如下表:

$c_{S,0} \times 10^{-3}$/(mol·dm^{-3})	30.8	14.6	8.57	4.60	2.24	1.28	0.32
$\nu_0 \times 10^8$/(mol·$dm^{-3} \cdot s^{-1}$)	20.0	17.5	15.0	11.5	7.5	5.0	1.5

求米歇尔斯(米氏)常数 K_M 和反应最大速率 ν_{max}。
　　(4.5×10^{-3} mol·dm^{-3},2.3×10^{-7} mol·$dm^{-3} \cdot s^{-1}$)

第六章　表面现象

本节提要

　　本章讨论了表面现象的物理本质,包括比表面吉布斯自由能和表面张力两个重要概念及研究表面现象的热力学准则、高分散度对物理性质的影响、铺展、润湿、毛细现象、拉普拉斯方程、开尔文公式、朗格缪尔吸附等温式、弗罗因德利希(Freundlich)经验式、BET吸附等温式的意义和适用条件、物理吸附和化学吸附的特点、分子吸附、离子吸附及其应用、表面活性剂,包括分类、作用、临界胶束浓度(CMC)和亲水亲油平衡值(HLB)值等。

　　相与相之间存在着约有几个分子厚度的薄层,这个薄层就是通常说的相界面(phase interface)。自然界中存在着五种相界面,即气-液、气-固、液-固、液-液、固-固相界面,习惯上把气-液、气-固相界面称为表面(surface)。表面现象(surface phenomena)就是发生在表面上的一切物理化学现象。表面现象是自然界中普遍存在的基本现象。例如,水在毛细管中会自动上升;固体表面能自动吸附其他物质;荷叶上水珠自动呈球形;微小液滴易于蒸发等。

　　表面现象的研究涉及制药、催化、涂料、造纸、陶瓷、皮革、建材、环保、石油开发、生命科学等诸多领域。例如,生命科学中的生物膜模拟;材料科学中的纳米材料制备;药物制剂中的微胶囊技术;能源科学中的三次采油和水煤浆技术;膜科学中的 L-B 膜、BLM 和自组装膜等。对于药学类专业而言,表面现象的研究及相关知识显得尤为重要,从药物的合成、中药有效成分的提取和分离、制剂及其在体内的吸收和分布等均与表面现象有关。通过本章学习,要求学生能利用表面现象的本质和规律解决药学领域中的相关问题。

第一节　表面现象及其本质

　　任意两相之间的界面,并非数学上的几何平面,而是约有几个分子厚度的一个薄层。从物理化学的角度来看,界面是从一个相到另一个相的过渡区,是一个三维空间的相界面。它的性质与相邻的两个系统的性质都不同,其性质由两个相邻相的性质所决定,因此将表面称为界面层更为准确。

　　界面层中的分子与系统内部分子所处环境不同,受力不同。内部分子由于所处四周环境相同,各个方向的作用力是对称的,彼此抵消。但是,界面层的分子则不同,水平方向受到的力可以相互抵消,但对垂直方向而言,一方面受到所处相内物质分子的作用,另一方面又受到相邻相的物质分子的作用。图 6-1 表示的是某液态纯物质及其蒸气所组成的系统,在气-液界面上的分子受到的合力指向液体内部,所以液体表面有自动缩小的趋势,如自然界中,水滴、汞滴会自动呈球形。在任何两相界面上的表面层都具有某些特殊性质,对于单组分系统,这种特性主要来自于该物质在不同相中的密度不同;对于多组分系统,这种特性来自于表面层的组成和任一相的组成均不同。物质表面层的特性对于物质其他方面的性质也

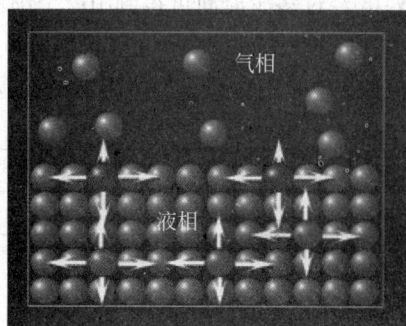

图 6-1　气-液两相界面示意图

会有所影响,并且随着系统分散程度的增加,表面积增加,其影响也会更为显著。因此,当研究在表面层上发生的行为或者研究多相的高分散系统的性质时,就必须考虑到表面的特性。表面现象与表面性质在现代科学技术研究中有重要地位。

知识延伸

　　由美国物理化学家朗格缪尔(Langmuir)与其学生布洛杰特(Blodgett)首创的有一定排列次序的多层单分子膜(称为L-B膜),其特点是分子排列比较规整,是各向异性的层状结构,并且可以人为控制和组装,膜的厚度可以控制在纳米级,将这种不溶性单分子膜覆盖在干旱地区的湖泊或水库表面,可以抑制水分的蒸发,能使水的蒸发量减少40%左右;也可以覆盖在地表,减少土壤中的水分蒸发;还可以将不溶性的单分子膜覆盖在稻田中,既减少水分蒸发,又可以提高水温,提早插秧时间,提高水稻产量。同时,L-B膜在化学模拟生物膜、仿生生物分子材料、光电转化器件、非线性的光学器件、生物和化学传感器等的制备中都有应用;在医学中可以用于病理、药理和临床诊断及制备抗癌药物等。

　　表面现象的知识和技术在中药研究及其制剂开发领域同样非常重要。例如,现代医学和中医学研究均证明,中药"莪术"和"狼毒"具有抗肿瘤作用,临床应用中一般制备成油包水型乳剂,亦可以应用表面现象技术,将其制备成水包油型乳剂并可制备成微乳液,这种微乳液不仅服用方便、吸收好、提高了疗效,而且极大地减少毒副作用。

第二节　比表面和比表面吉布斯自由能

一、比　表　面

对一定量的物质而言,分散度越高,其表面积就越大。通常用比表面(specific surface area)来表示物质的分散程度,所以比表面也被称为分散度(degree of dispersion)。其定义为:单位体积(或单位质量)的物质具有的表面积,以符号 a 表示。例如,将一个边长为 10^{-2} m(1cm)的立方体分割为边长为 10^{-9} m(1nm)的小立方体时,可以得到 10^{21} 个小立方体,其表面积增加为原来的 10^7 倍,见表6-1。

$$a = \frac{A}{V} \quad 或 \quad a = \frac{A}{m} \qquad (6-1)$$

表6-1　粒子总表面积与比表面随粒子大小的变化

立方体的边长/m	分割后立方体数	总表面积/m^2	比表面/m^{-1}
10^{-2}	1	6×10^{-4}	6×10^2
10^{-3}	10^3	6×10^{-3}	6×10^3
10^{-4}	10^6	6×10^{-2}	6×10^4
10^{-5}	10^9	6×10^{-1}	6×10^5
10^{-6}	10^{12}	6×10^0	6×10^6
10^{-7}	10^{15}	6×10^1	6×10^7
10^{-8}	10^{18}	6×10^2	6×10^8
10^{-9}	10^{21}	6×10^3	6×10^9

对于边长为 l 的立方体颗粒,比表面为

$$a = \frac{A}{V} = \frac{6l^2}{l^3} = \frac{6}{l} (m^{-1}) \qquad (6-2a)$$

$$a = \frac{A}{m} = \frac{6l^2}{\rho l^3} = \frac{6}{\rho l} (m^2 \cdot kg^{-1}) \qquad (6-2b)$$

表明分散度与边长 l 成反比。式中,ρ 为物质的松密度,其单位为 $kg \cdot m^{-3}$。对于球形粒子,比表面的计算式为

$$a = \frac{A}{V} = \frac{4\pi r^2}{\frac{4}{3}\pi r^3} = \frac{6}{d}(\text{m}^{-1}) \tag{6-3}$$

对于松散的聚集体或多孔性物质,其分散度常用单位质量的物质所具有的表面积 a 来表示。

对于一定量的物质,颗粒分割得越小,总表面积就越大,系统分散度也越高。分散度越高,表面现象越明显。

二、比表面吉布斯自由能

如图 6-1 所示,处于液体表面层的分子受到一个指向液体内部并垂直于表面的引力,使表面分子自发地向液体内部运动,这就使液体有自动缩小表面积的趋势。若要增大液体的表面积,必须把内部分子拉到表面上来,即环境必须对内部分子做功(称为表面功 W')。内部分子到达表面后,表面功就转变为表面层分子的表面能,显然,表面能与增加的表面积成正比。通过热力学的学习可知:在定温定压、定组成的条件下,可逆地增加表面积 $\mathrm{d}A$ 所做的表面功,应等于吉布斯自由能的增量,即 $\mathrm{d}G = \delta W'_\mathrm{R}$。这种起因于形成新表面的吉布斯自由能,称为表面吉布斯自由能。

考虑了表面积的变化后,对组成为 n_1、n_2、$\cdots$ 的体系,吉布斯自由能可表示为下式

$$G = f(T, p, n_1, n_2, \cdots, A) \tag{6-4}$$

$$\mathrm{d}G = \left(\frac{\partial G}{\partial T}\right)_{p, n_1, n_2, \cdots, A} dT + \left(\frac{\partial G}{\partial p}\right)_{T, n_1, n_2, \cdots, A} dp + \sum_\mathrm{B} \mu_\mathrm{B} \mathrm{d}n_\mathrm{B} + \left(\frac{\partial G}{\partial A}\right)_{T, p, n_1, n_2, \cdots} \mathrm{d}A \tag{6-5}$$

令

$$\sigma = \left(\frac{\partial G}{\partial A}\right)_{T, p, n_1, n_2 \cdots} \tag{6-6}$$

则

$$\mathrm{d}G = -S\mathrm{d}T + V\mathrm{d}p + \sum_\mathrm{B} \mu_\mathrm{B} \mathrm{d}n_\mathrm{B} + \sigma \mathrm{d}A \tag{6-7}$$

式中,σ 称为比表面吉布斯自由能,其物理意义是:在定温定压和定组成的条件下,每增大单位表面积所增加的表面吉布斯自由能,其 SI 单位为 $\mathrm{J} \cdot \mathrm{m}^{-2}$。

在定温定压和定组成的条件下,上式可简化为

$$\mathrm{d}G = \sigma \mathrm{d}A \tag{6-8}$$

如果体系在定温定压及 σ 为定值的条件下,有下式

$$G(\text{表面}) = \sigma A$$

$$\mathrm{d}G_{T,p}(\text{表面}) = \mathrm{d}(\sigma A) = \sigma \mathrm{d}A + A\mathrm{d}\sigma \tag{6-9}$$

在定温定压条件下,自发过程进行的条件是 $\mathrm{d}G < 0$。对于单组分系统,由于 σ 不能改变,故体系自发变化会向 $\mathrm{d}A < 0$ 的方向进行,即只有缩小表面积的过程才能自发进行,如常见的水滴、汞滴总是呈球形;对于多组分系统,若表面积不变,则过程只能朝着 σ 减小的方向进行,如溶液表面的吸附,就是通过表面层的浓度变化来降低 σ。式(6-9)称为处理表面现象的热力学准则。

三、表 面 张 力

在两相界面上,处处存在着一种收缩力,它沿物质表面与表面相切,垂直作用于单位长度的边界,物理学上称为表面张力(surface tension),用 σ 表示,单位是 $\mathrm{N} \cdot \mathrm{m}^{-1}$。表面张力又称为界面张力(interfacial tension),是相界面上普遍存在的一种力。例如,微小液滴呈球形,肥皂泡要用力吹才能变大,这些现象的发生都是由于表面张力的作用。对于平液面来说,表面张力的方向沿着液体表面;

对于曲液面来说,表面张力的方向与界面的切线方向一致。如图 6-2 所示的金属框,有一个边框是可以移动的。框内是液膜,l 是金属框液膜的宽度。由于表面的收缩作用,液膜会自动移动 dx 位移,以减小表面积,若欲使液膜再向右移动 dx 距离,就必须施加外力 F,对体系做功 $\delta W' = Fdx$,这个表面功即为表面能 σdA,即 $\sigma dA = Fdx$。

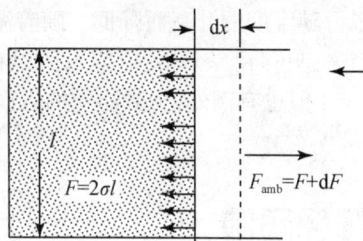

图 6-2 表面张力示意图

由于金属框中的液膜有正反两个面,$dA = 2ldx$
则

$$Fdx = \sigma \cdot 2ldx$$

$$\sigma = \frac{F}{2l} \tag{6-10}$$

因此,σ 也可理解为沿液体表面垂直作用于单位长度边界的紧缩力,即表面张力。

表 6-2 某些液态物质的表面张力 σ

物 质	$t/℃$	$\sigma/(\text{N} \cdot \text{m}^{-1})$
Cl_2	-30	2.556×10^{-2}
$(C_2H_5)_2O$	25	2.643×10^{-2}
棉籽油	20	3.54×10^{-2}
橄榄油	20	3.58×10^{-2}
蓖麻油	20	3.98×10^{-2}
甘 油	20	6.3×10^{-2}
H_2O	20	7.288×10^{-2}
NaCl	803	1.138×10^{-1}
LiCl	614	1.378×10^{-1}
Na_2SiO_3(水玻璃)	1000	2.50×10^{-1}
汞	20	4.76×10^{-1}
FeO	1427	5.82×10^{-1}
Al_2O_3	2080	7.00×10^{-1}
Ag	1100	8.785×10^{-1}
Cu	1083	1.300
Pt	1773.5	1.800

比表面吉布斯自由能与表面张力数值相等、量纲相同,但物理意义不同,这是对同一现象从两个不同角度看问题的结果。考虑界面性质的热力学问题时,通常说成比表面吉布斯自由能(或比表面能),而在考虑各种界面相互作用的时候,采用表面张力较方便,这两个概念常交替使用,如降低比表面吉布斯自由能,通常说成降低表面张力;自发过程向着比表面吉布斯自由能减小的方向进行说成向着降低表面张力的方向进行。

四、影响表面张力的因素

某物质的表面张力通常是指该物质与含该物质饱和蒸气的空气相接触而言。凡能影响物质性质的因素,对表面张力均有影响,分别阐述如下。

1. 表面张力与物质本性有关 表面张力 σ 是一个强度量,其值与物质的本性有关,是分子之间相互作用的结果,故分子间作用力越大,σ 也越大。一般来说,极性大的液体,σ 较大,见表 6-2。

2. 表面张力与接触相的物质有关 在一定的条件下,同一种物质与不同的物质接触时,由于表面层的分子所处的环境不同,表面张力也就不同,见表 6-3。

3. 表面张力受温度的影响 当温度升高时,液相分子间的距离增大,液相的密度减小,表面层分子受液体内部的吸引力减小,而与其共存的气相蒸气的密度反而增大,从而增加了气相分子对表面分子的引力,两种作用的结果都导致表面

表 6-3 20℃时水与不同液体接触时表面张力 σ

与水接界的液体	水的表面张力 $\sigma/(\text{N} \cdot \text{m}^{-1})$
辛醇	8.5×10^{-3}
乙醚	1.07×10^{-2}
苯	3.5×10^{-2}
CCl_4	4.5×10^{-2}
正辛烷	5.08×10^{-2}
汞	3.75×10^{-1}

张力随温度的升高而降低。随着温度的升高,两相密度越来越接近,直到临界温度 T_c 时,气-液界面消失,只存在一个相(流体),所以在 T_c 时,σ 为零。通常情况下,表面张力随温度升高而降低,见表6-4。但也有例外,少数物质的表面张力随温度升高而增大,对这种"反常"现象,目前尚无统一解释。

知识延伸

　　对于多数有机液体,Katayama 和 Guggenheim 提出了以下经验式,描述这些液体的表面张力随温度的变化 $\sigma(T)$:

$$\sigma = \sigma_0(1 - T/T_c)^{11/9} \qquad (6-11)$$

式中,σ_0 是表征给定液体的经验参数。因为 11/9 接近于 1,所以 $\sigma \approx \sigma_0 - \sigma_0 T/T_c$,故当温度上升时,$\sigma$ 近似线性地下降。例如,CCl$_4$ 在 0～270℃ 范围内,表面张力与温度的关系几乎是一条直线。

　　不仅液体具有表面张力,固体也有表面张力,构成固体的物质粒子间的作用力远大于液体的,所以固体物质的表面张力一般比液体物质大得多,见表6-5。

表6-4 不同温度时液体的表面张力 $\sigma/(\times 10^{-3} \text{N} \cdot \text{m}^{-1})$

液体	0℃	20℃	40℃	60℃	80℃	100℃
水	75.64	72.75	69.56	66.18	62.61	58.85
乙醇	24.05	22.27	20.60	19.01		
甲醇	24.5	2.6	20.9			15.7
丙酮	26.2	23.7	21.2	18.6	16.2	
甲苯	30.74	28.43	26.13	23.81	21.53	19.39
苯	31.6	28.9	26.3	23.7	21.3	

表6-5 一些固体物质的表面张力 σ

物质	t/℃	$\sigma/(\times 10^{-3} \text{N} \cdot \text{m}^{-1})$	气氛
铜	1050	1670	铜蒸气
银	750	1140	
锡	215	685	真空
苯	5.5	52±7	
冰	0	120±10	
氧化镁	25	1000	真空
氧化铝	1850	905	
云母	20	4500	真空

　　一般而言,在温度、表面积一定时,高压下液体的表面张力比常压下要小,但压力对表面张力的影响很小,一般情况下可忽略这种影响。例如,在 293.15 K,100 kPa 时水的 σ 为 7.288×10^{-2} N·m^{-1};当压力增加到 1000 kPa 时,水的 σ 变为 7.188×10^{-2} N·m^{-1}。

五、表面张力的测定方法

　　1. 最大气泡压力法　精确度可达千分之几,并且不依赖于接触角的大小(所用毛细管的半径或内半径已限定的情况除外)。又因此法只需知道液体密度的约略值,并且测定速度很快,适当的出泡速度约每秒钟一个,故此法是一种涉及刚刚形成的空气-液体界面的准静态法。原理公式为 $\sigma = K\Delta h$,式中 K 为毛细管常数,可用已知表面张力的液体如水进行标定;Δh 为气泡刚好脱离毛细管口时的最大压力差。

　　2. 滴重法　是一种很精确的方法,同时可能是实验室中测定气-液或液-液界面张力最方便的一种方法。在实验中实际得到的重量 W' 比理想的 W 值要低些。在使用此法时,重要的是毛细管尖端必须磨平,而且不能有任何缺口。原理公式为 $\sigma = mg/2\pi rf$。式中,mg 为液滴质量;r 为毛细管口半径;f 为校正因子。

3. 环法　精密度很高。可采用链码天平测定最大拉力,也可用普通简化了的所谓张力计进行测定。所用金属环一般是铂制成的,实验前应将环在火焰中烧过,并需知干环的重量。实验时环应保持水平,并且要求接触角为零或接近于零,否则结果偏低。原理公式为 $W_总 = W_环 + 4\pi r\sigma$。

4. 吊片法　操作简便,其准确度可达 0.1%,所以在数据处理中不需引入校正因子。基本的观测是:用一个显微镜盖片支持一个弯月面,此弯月面的重量可用静法或脱离法测定。原理公式为 $W_总 = W_片 + \sigma p$,式中 p 为周长。

知识延伸

　　表面张力的测定方法除了最大气泡压力法、滴重法、环法及吊片法之外,还包括基于静态的方法如悬滴法、躺滴法和基于动态的方法如流动法、毛细管法等。

　　悬滴法是一种应用很广的方法,只需要少量的液体,而且适用于实验较困难的场合,如高温测定或原料有反应活性,若采用好的光学设备,则精确度可达千分之几。躺滴法可以测定低的液-液界面张力,对于测定熔融金属的表面张力也是有用的。若研究极短时间内的表面老化和松弛效应则需采用动态法。各种脱离法在临界点时发生的表面扩张是动态的,但很难确定正确的表面老化时间,而流动法和毛细管法可以解决此问题。

六、表面热力学的基本公式

在考虑到体系做非体积功——表面功时,多组分体系的热力学函数基本关系式可以表示为

$$dU = TdS - pdV + \sigma dA + \sum_B \mu_B dn_B \tag{6-12}$$

$$dH = TdS + Vdp + \sigma dA + \sum_B \mu_B dn_B \tag{6-13}$$

$$dF = -SdT - pdV + \sigma dA + \sum_B \mu_B dn_B \tag{6-14}$$

$$dG = -SdT + Vdp + \sigma dA + \sum_B \mu_B dn_B \tag{6-15}$$

则

$$\sigma = \left(\frac{\partial U}{\partial A}\right)_{S,V,n_B} = \left(\frac{\partial H}{\partial A}\right)_{S,p,n_B} = \left(\frac{\partial F}{\partial A}\right)_{T,V,n_B} = \left(\frac{\partial G}{\partial A}\right)_{T,p,n_B} \tag{6-16}$$

从式(6-16)可以看出:比表面吉布斯自由能是在指定变量和组分不变的条件下,增加单位表面积时的热力学能、焓、亥姆霍兹自由能、吉布斯自由能的增量。

对于组成不变的定容、定压系统,式(6-12)和式(6-13)可分别表示为

$$dU_{V,n_B} = TdS + \sigma dA \tag{6-17}$$

$$dH_{p,n_B} = TdS + \sigma dA \tag{6-18}$$

由式(6-17),利用全微分的性质可知 T 和 σ 也分别是 S 和 A 的函数,将 T 和 σ 分别对 S 和 A 再偏微分一次可得到

$$\left(\frac{\partial S}{\partial A}\right)_{T,V,n_B} = \frac{\partial^2 U}{\partial S\partial A} \text{ 和 } -\left(\frac{\partial \sigma}{\partial T}\right)_{A,V,n_B} = \frac{\partial^2 U}{\partial S\partial A}$$

而这两式的右边相等,所以得麦克斯韦关系式(6-19)。式(6-18)按同样的方法处理可得式(6-20),即

$$\left(\frac{\partial S}{\partial A}\right)_{T,V,n_{\mathrm{B}}} = -\left(\frac{\partial \sigma}{\partial T}\right)_{A,V,n_{\mathrm{B}}} \tag{6-19}$$

$$\left(\frac{\partial S}{\partial A}\right)_{T,p,n_{\mathrm{B}}} = -\left(\frac{\partial \sigma}{\partial T}\right)_{A,p,n_{\mathrm{B}}} \tag{6-20}$$

对于组成不变的定容系统,式(6-19)代入式(6-17)可得

$$\left(\frac{\partial U}{\partial A}\right)_{T,V,n_{\mathrm{B}}} = \sigma - T\left(\frac{\partial \sigma}{\partial T}\right)_{A,V,n_{\mathrm{B}}} \tag{6-21}$$

对于组成不变的定压系统,式(6-20)代入式(6-18)可得

$$\left(\frac{\partial H}{\partial A}\right)_{T,p,n_{\mathrm{B}}} = \sigma - T\left(\frac{\partial \sigma}{\partial T}\right)_{A,p,n_{\mathrm{B}}} \tag{6-22}$$

式(6-21)和式(6-22)称为表面吉布斯-亥姆霍兹公式。$\left(\frac{\partial U}{\partial A}\right)_{T,V,n_{\mathrm{B}}}$ 为系统的表面热力学能,系统在形成单位表面积时所具有的表面热力学能包括两个部分,见式(6-21):

(1)在形成单位表面积时,环境对系统所做的功,即 σ。

(2)在形成单位表面积时,系统从环境所吸收的热 $-T\left(\frac{\partial \sigma}{\partial T}\right)_{A,V,n_{\mathrm{B}}}$ 或 $T\left(\frac{\partial S}{\partial A}\right)_{T,V,n_{\mathrm{B}}}$。由于表面积增加表面熵也增加,即 $\left(\frac{\partial S}{\partial A}\right)_{T,V,n_{\mathrm{B}}}$ 总是正值,所以在定温、定容的条件下形成新的表面时,系统从环境吸热。

第三节   铺展与润湿

一、铺 展

一种液体在另一种互不相溶的液体表面上自动形成一层薄膜的现象称为铺展(spreading)。

将一滴油滴在水面上,水-气界面消失,同时产生了一个新的油-水界面和一个油-气界面,若铺展后界面面积为 A,原来油滴的表面很小忽略不计,则过程的吉布斯自由能的变化为

$$\Delta G = (\sigma_{油-水}+\sigma_{油-气}-\sigma_{水-气})A$$

$$\Delta G / A = (\sigma_{油-水}+\sigma_{油-气}-\sigma_{水-气})$$

由吉布斯自由能判据可知,在定温、定压条件下只有当 $\Delta G<0$ 时,即 $(\sigma_{油-水}+\sigma_{油-气}-\sigma_{水-气})<0$ 或 $(\sigma_{水-气}-\sigma_{油-水}-\sigma_{油-气})>0$ 时,此过程才能发生,油滴才能在水面铺展。

哈金斯(Huggins)从做功角度来考虑铺展问题。如图6-3所示,设想将截面积为 1 cm² 的纯液体(油)液柱沿某一高度切割成两段,产生两个新界面,则所做的功为

$$W_{\mathrm{c}} = 2\sigma_{油} \tag{6-23}$$

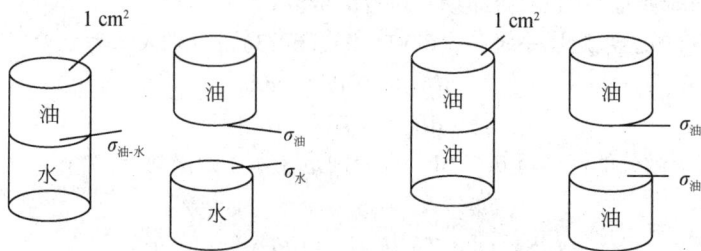

图6-3 内聚功、黏附功示意图

W_c 称为内聚功,指克服同种液体分子间吸引力所做的可逆功。如果将油-水液柱从界面处将其切割成两段,即消失了一个油-水界面,而产生了一个新的油界面和一个水界面,所做的功为

$$W_a = \sigma_油 + \sigma_水 - \sigma_{油-水} \tag{6-24}$$

W_a 称为黏附功,指克服异种液体分子间吸引力所做的可逆功。显然,当 $W_a>W_c$ 时,表明油本身分子间引力小于油-水分子间的引力,结果油滴就能在水面上铺展;反之,当 $W_a<W_c$,则油滴就不能在水面上铺展。

一般用铺展系数(spreading coefficient)判断液体的铺展情况,以符号 S 表示,定义如下

$$S_{油-水} = W_a - W_c = \sigma_水 - \sigma_油 - \sigma_{油-水} \tag{6-25}$$

显然,只有当 S 为正值,相应的 $\Delta G<0$,铺展才可以发生。且 S 越大,铺展性能越好。

以上讨论的是两种液体开始接触时的情况,经过一段时间后,两种液体因相互作用,自发部分互溶,最后两个液层彼此成为共轭溶液,相互饱和,引起表面张力的变化,$\sigma_{油-气}$、$\sigma_{水-气}$ 变成了 $\sigma'_{油-气}$、$\sigma'_{水-气}$,相应的,铺展系数 $S_{油-水}$ 变成了终铺展系数 $S'_{油-水}$,可能由刚开始时的铺展变为不铺展。

【例6-1】 已知:298 K 时,$\sigma_水 = 0.0728$ N·m^{-1},$\sigma_苯 = 0.0289$ N·m^{-1},$\sigma_{苯-水} = 0.0350$ N·m^{-1};相互饱和后,$\sigma'_水 = 0.0624$ N·m^{-1},$\sigma'_苯 = 0.0288$ N·m^{-1}。请通过计算说明:苯滴在水面上的铺展情况如何?把水滴在苯的表面上情况又如何?

解: 把苯滴在水面上:

苯刚刚滴在水面上的铺展系数为

$$S_{苯-水} = \sigma_水 - \sigma_{苯-水} - \sigma_苯 = 0.0728 - 0.0350 - 0.0289 = 0.0089(\text{N·m}^{-1})$$

相互饱和后,苯在水面上的铺展系数为

$$S'_{苯-水} = \sigma'_水 - \sigma_{苯-水} - \sigma'_苯 = 0.0624 - 0.0350 - 0.0288 = -0.0014(\text{N·m}^{-1})$$

把水滴在苯的表面上:

$$S_{水-苯} = \sigma_苯 - \sigma_{苯-水} - \sigma_水 = 0.0289 - 0.0350 - 0.0728 = -0.0789(\text{N·m}^{-1})$$

$$S'_{水-苯} = \sigma'_苯 - \sigma_{苯-水} - \sigma'_水 = 0.0288 - 0.0350 - 0.0624 = -0.0686(\text{N·m}^{-1})$$

上述计算结果说明:苯滴在水面上的时候,一开始苯能在水面上铺展,但很快因相互溶解饱和,苯在水面上又缩成液滴状;水滴在苯的表面,始终为液滴,不铺展。

以上讨论可推广至液体在固体表面上的铺展。如果以 $S_{液-固}$ 表示液体在固体表面上的铺展系数,则

$$S_{液-固} = \sigma_{固-气} - \sigma_{液-气} - \sigma_{固-液} = \sigma_固 - \sigma_液 - \sigma_{固-液} \tag{6-26}$$

当 $S_{液-固}>0$ 时,表示液滴在固体表面上能铺展;当 $S_{液-固}<0$ 时,表示液滴在固体表面上不能铺展,收缩成球形。

二、润 湿

润湿(wetting)是固体(或液体)表面上气体被液体取代的过程。凡液、固两相接触后可使表面张力降低者即能润湿,表面张力降低得越多,则润湿效果越好。

润湿程度可通过测定固体与液体的接触角(contact angel)来衡量。在一个水平放置的光滑固体表面上,滴上一滴液体,并达到平衡,如图6-4所示。此图为经过液滴中心,且垂直于固体表面的剖面图,图中 O 点为气、液、固三相交汇点,过此交汇点,作液面的切线,则此切线和固-液界面之间的夹角 θ 称为接触角(或润湿角)。有三种力同时作用于 O 点处的液体分子上:σ_{g-s}、σ_{g-1} 和 σ_{s-1}。当这三种力达平衡时,有下列关系式

$$\sigma_{g-s} = \sigma_{s-1} + \sigma_{g-1}\cos\theta \tag{6-27}$$

或

$$\cos\theta = \frac{\sigma_{g-s} - \sigma_{s-1}}{\sigma_{g-1}} \tag{6-28}$$

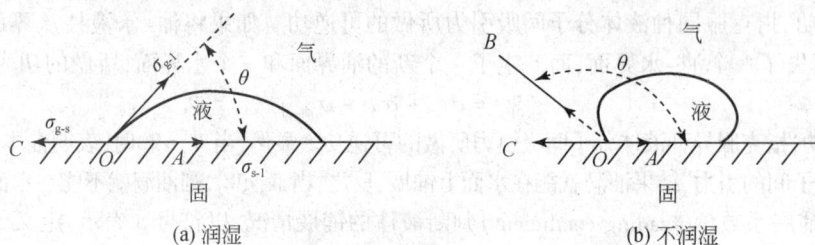

(a) 润湿　　　　　　　　　　　　(b) 不润湿

图 6-4　液体在固体表面的润湿情况

1805 年杨氏(T. Young)得出式(6-28),故称其为杨氏方程,也称为润湿公式。由上式可知,在一定温度、压力下:

(1) 当 $\theta=90°$ 时,$\cos\theta=0$,$\sigma_{g\text{-}s}=\sigma_{s\text{-}l}$,液滴处于润湿与否的分界线;

(2) 当 $\theta>90°$ 时,$\cos\theta<0$,$\sigma_{g\text{-}s}<\sigma_{s\text{-}l}$,液滴趋于缩小固–液界面,称为不润湿;

(3) 当 $\theta<90°$ 时,$\cos\theta>0$,$\sigma_{g\text{-}s}>\sigma_{s\text{-}l}$,液滴趋于自动地扩大固–液界面,称为润湿;

(4) 当 θ 角趋近于 0° 时,$\cos\theta$ 趋于 1,$\sigma_{g\text{-}s}\approx\sigma_{s\text{-}l}+\sigma_{g\text{-}l}$,液滴将尽可能覆盖更多的固–气界面,称为完全润湿。

(5) 当 θ 趋于 180° 时,$\cos\theta$ 趋于 –1,$\sigma_{g\text{-}s}+\sigma_{g\text{-}l}\approx\sigma_{s\text{-}l}$,液滴将以球形存在,称为完全不润湿。

接触角 θ 是衡量润湿性能的一个很有用的物理量。

知识延伸

铺展、润湿、去润湿是自然界以及人类在生产和日常生活中经常遇到的现象。要制备一种稳定的乳剂,就需在油滴表面铺展一层合适的表面活性物质薄膜。为了使眼药膏能在眼结膜上均匀铺展,亦需考虑在药膏基质的配方中改善铺展效果。以矿物油为基质的制剂不能在皮肤上均匀铺展,加入一些羊毛脂即可改善其铺展性能,提高药效。一些外用散剂需要有良好的润湿性能才能发挥药效。片剂中的崩解剂要求对水有良好的润湿性。农药喷洒在植物上,若能在叶片上及虫体上润湿,将明显提高杀虫效果。为使安瓿内的注射液较完全地抽出,要在安瓿内涂上一层不润湿的高聚物,即去润湿,以使药物尽可能全部被利用。

蚊子等昆虫腿上有许多不被水润湿的绒毛,在水面上形成的接触角大于 90°,所以它们可以凭借水的表面张力站立在水面上,并能快速在水面上滑行,甚至连虫卵也产在水面上。要消灭这种昆虫很容易,只要在水面上喷洒 0.1% ~ 0.25%(质量分数)的肥皂水即可。因为肥皂水减小了水的表面张力,同时也减小了接触角,使水可以润湿它们的腿,使其无法在水面立足。

水滴在莲叶表面总是呈球珠状,其实除莲叶以外,很多植物都有类似的功能,只是莲叶表现得更为突出而已。近十几年来,随着纳米技术的飞速发展,人们才真正了解植物具有这种自洁能力的原因,并设法模仿,制造出具有自洁能力的人造织物。目前,莲叶效应(lotus effect)的概念主要应用在防水、防污、防尘上,通过人工合成的方式,将特殊的化学成分加入涂料、建材及衣料内等,使其具有一定的自洁功能,以实现疏水、防尘和免洗的目的,减少对环境的污染。

第四节　高分散度对物理性质的影响

一、弯曲液面的附加压力

对于平液面,只有大气压力作用于液面。但对于弯曲液面,如气泡、水滴等,其液面呈弯曲状,液面的弯曲将产生一种压力,称为附加压力(additive pressure),用 p_s 表示。以我们熟悉的毛细现象为例,由于附加压力的存在,将一玻璃毛细管插入不同种类的液体中,将产生不同的现象。将毛细管插入汞中,汞在毛细管中呈凸形的弯曲表面,并下降到低于管外汞液面的位置,如图 6-5 所示。由于表面张力是沿弯曲表面的切线方向作用的,因此产生一个指向液体内部而参与力平衡的附加压力,致使毛细管中的汞液面总是停留在低于管外汞液面之处。将毛细管插入水中时,水在毛细管中呈凹形的弯曲表面,并升高至高于管外水表面的位置,如图 6-6 所示。类似的原因,由于沿弯曲表面的切线方向作用的表面张力合力向上,使水的凹形弯曲表面也受到了一个指向曲面的曲率中心的附加压力,因此毛细管中的水上升到力平衡处。

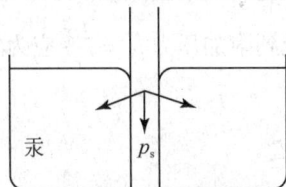

图 6-5 毛细管中汞的液面　　　图 6-6 毛细管中水的液面

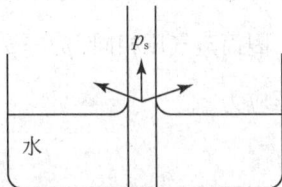

二、拉普拉斯方程

图 6-7 球面 p_s 表示式的推导

附加压力的大小与哪些因素有关呢? 1805 年前后杨(Young)和拉普拉斯(Laplace)分别独立导出了附加压力、表面张力与曲率半径之间的定量关系式,即杨-拉普拉斯方程。以球面为例,如图 6-7 所示,在毛细管的下端悬有一个半径为 R'(以下以 r 表示)的球形液滴,毛细管内充满液体。达到平衡时,外压为 p_0,球面产生的附加压力为 p_s,液滴所受的总压力为 p_0+p_s。对毛细管中的活塞稍加压力(这时所要克服的压力仅为 p_s,因为活塞上也有 p_0 存在),将毛细管中的液滴稍挤出一点,使液滴半径增大 dr,相应体积增加 dV,这样所做体积功为 $p_s dV$,这个功就转化成液滴的表面能。因液滴体积增加了 dV,其表面积则增加了 dA,表面能增加了 σdA。设想这个过程是在定温定压下可逆地进行,则

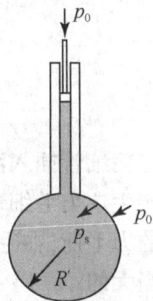

$$p_s dV = \sigma dA \tag{6-29}$$

对于球面

$$dV = 4\pi r^2 dr$$
$$dA = 8\pi r dr$$

代入式(6-29)整理得

$$p_s = \frac{2\sigma}{r} \tag{6-30}$$

式(6-30)就是著名的拉普拉斯(Laplace)方程,但其只适用于曲率半径处处相等的球形液面。由式(6-30)可见,附加压力的数值与液体的表面张力成正比,与曲面的曲率半径成反比,曲率半径越小,附加压力越大。同时对于凹液面曲率半径取负值,凸液面的曲率半径取正值。

通常,描述一个曲面需要两个曲率半径。对于曲率半径为 r_1 和 r_2 的弯曲液面而言,液面的附加压力与曲率半径的关系是

$$p_s = \sigma\left(\frac{1}{r_1} + \frac{1}{r_2}\right) \tag{6-31}$$

这就是拉普拉斯方程的一般形式。

（1）对于球面，$r_1 = r_2 = r$，即得式(6-30)；

（2）对于平液面，曲率半径趋于无限大，$p_s = 0$；

（3）对于空气中的气泡，如肥皂泡，由于液膜与内外气相有两个界面，而这两个曲面的曲率半径近似相等，都使 p_s 指向气泡中心，可以认为其表面积为液体中气泡的 2 倍，所以气泡内外的压力差 $p_s = \dfrac{4\sigma}{r}$；

（4）对于液体中的气泡，设与蒸气达平衡的平面液体中有一个半径为 r 的气泡，平面上液体的饱和蒸气压是 p^*，气泡的液面虽为凹面，但气泡离平面很近，凹面处液体的压力与平面液体实际上相同，化学势不变，因而蒸气压相同，$p_r^* = p^* = p_1$。气泡受到附加压力 $p_s = \dfrac{2\sigma}{r}$ 应为气液两相压力之差，故气泡内的总压应为

$$p_g = p_1 + \frac{2\sigma}{r}$$

而气泡中除饱和蒸气的压力 p^* 外，应有其他气体的压力 $\dfrac{2\sigma}{r}$，如无其他气体，则气泡不能稳定存在。

三、毛 细 现 象

将毛细管插入液体中，管中的液面会上升或下降，这种现象称为毛细现象，如图 6-5 和图 6-6 所示。产生这类毛细现象的原因是弯曲液面上有附加压力存在，使毛细管内的液体自发地流动，以达到新的力平衡，在毛细管中产生的这种附加压力称为毛细压力，当毛细管半径很小时，这种毛细压力是相当大的。

在所用毛细管相同的情况下，管中液体是上升或下降以及上升或下降的高度主要取决于液体的性质。在图 6-5 中，由于汞的表面张力极大，不能润湿玻璃毛细管表面，所以汞在管内呈凸面，在附加压力的作用下，管内液面下降，直到下降的液柱所对应的净压力等于附加压力为止；在图 6-6 中，因为水能润湿玻璃毛细管表面，所以在毛细管内形成凹面，在附加压力的作用下，管内液面上升，直到上升的液柱所对应的净压力等于附加压力为止。

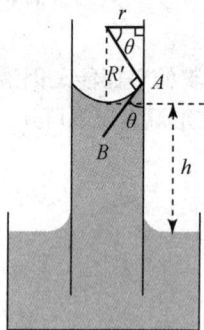

图 6-8　曲率半径与毛细管半径的关系

在毛细管中形成曲面时，最简单的情况是凸面或凹面都呈半个球面，则曲率半径就等于毛细管半径。但一般情况下，所形成的曲面不一定是球面，则其曲率半径 R' 与毛细管半径 r 之间的关系如图 6-8 所示。

以凹液面为例，液面上升至平衡时，有

$$\cos\theta = \frac{r}{R}, R' = \frac{r}{\cos\theta}$$

$\theta = 0°$ 或 $\theta = 180°$ 时，$R' = r$。

由于接触角 θ 可以在 $0° \sim 180°$ 之间变动，为了体现附加压力的方向，则 R' 与 r 之间的一般关系为

$$R' = -\frac{r}{\cos\theta}$$

$$p_s = 2\sigma/r_1 = \rho gh$$

式中,液面曲率半径 R' 与毛细管产径 r 及接触角 θ 间的关系为

$$\cos\theta = r/R'$$

$$hr = \frac{2\sigma\cos\theta}{\rho g}$$

式中,σ 为液体表面张力;ρ 为液体密度;g 为重力加速度;hr 为毛细常数。毛细常数是表面化学中常用的参数,其值的大小取决于毛细管中液体的性质。利用在毛细管中附加压力的计算公式,可以用实验测定毛细管中液面上升(或下降)的高度,从而计算液体的表面张力,或者在已知表面张力的情况下,根据毛细管半径的大小来预测液面可能上升(或下降)的高度。

知识延伸

毛细现象与人类的科学研究、生产和生活有密切的联系。大树依靠树皮中的无数个毛细管将土壤中的水分和营养源源不断地输送到树冠(在这个过程中,渗透压也起了很重要的作用,由于树中有盐分,地下水会因渗透压进入树内,并通过毛细管上升)。人们也可以通过树皮用加压的方法给珍稀树木打点滴,将营养液或药物输入树木内部,以达到保护古树或杀灭大树树冠上害虫的目的。地下水能通过土壤中的毛细管源源不断地供给植物的根须吸收。如果大雨后,土壤被压实了,使毛细管与地表相通,地下水分会白白地蒸发掉,不久植物就会因缺水而枯萎。所以,雨后必须锄松地表的土壤,切断地表的毛细管,以使地下水不被大量蒸发。而处于地表松土中的毛细管又可以使大气中的水汽在管中凝聚,增加土壤水分,这就是锄地保墒的原理。

除了毛细管中存在这种压力外,石油在地层中流动、血液在血管中流动、粉尘之间的黏附和泡沫之间都有毛细现象存在。当两片玻璃板之间存在很小缝隙,纤维之间、土壤的团粒结构之间或洁净沙子之间存在细缝时,都会产生很大的毛细压力,所以,受潮的平板玻璃很难被分开,新的布料会缩水,疏松的泥土雨后会下陷。当多孔材料的毛细孔道在吸附液体的蒸气时则会有毛细凝聚等现象。

四、高分散度对蒸气压的影响

(一)开尔文公式

在一定温度和压力下,纯液态物质有一定的饱和蒸气压,这只是对平液面而言,它没有考虑到液体的分散度对饱和蒸气压的影响,实验表明微小液滴的蒸气压,不仅与物质的本性、温度及外压有关,而且还与液滴的大小有关。如将水喷成微小液滴,洒在玻璃板上,水滴有大有小。用玻璃罩罩上,并维持恒温,经过一段时间后,发现小液滴变得更小,而大液滴则逐渐长大。此现象说明小液滴的蒸气压大于大液滴的蒸气压,小液滴的水蒸发成蒸气而凝结在大液滴表面上。

对于弯曲液面,由于液体曲面两边存在压力差(附加压力),根据热力学气、液平衡原理,物质的饱和蒸气压与液滴曲率半径的关系推导如下。

设在一定温度下,纯液体与其蒸气达平衡

$$\mu_1(T,p) = \mu_g(T,p^*) \tag{6-32}$$

式中,p 为液体所受的压力,p^* 为纯液体在温度 T 时的饱和蒸气压。则

$$\mu_1(T,p) = \mu_g(T,p^*) = \mu_g^\circ(T) + RT\ln\frac{p^*}{p^\circ}$$

在定温、定压下,如果液体由平液面分散成半径为 r 的微小液滴,弯曲液面产生附加压力 p_s,相应的小液滴饱和蒸气压 p^* 也将发生变化,当重新建立平衡时,化学势的变化为

$$d\mu_l(T,p) = d\mu_g(T,p^*)$$

定温下由于压力改变而引起的液相化学势的改变,因为是纯液体

$$d\mu_l(T,p) = dG_{l,m}^* = -S_{l,m}^* dT + V_{l,m}^* dp = V_{l,m}^* dp$$

定温下气相化学势的变化

$$d\mu_g(T,p^*) = RTdln p^*$$

则

$$V_{l,m}^* dp = RTdln p^*$$

当液体由平液面分散成半径为 r 的微小液滴,液滴所受的压力由 p 变为 $p+p_s$,与其成平衡的饱和蒸气压由 p_0^* 变为 p_r^*,积分上式

$$V_{l,m}^* \int_p^{p+p_s} dp = \int_{p_0^*}^{p_r^*} RTdln p^*$$

$$V_{l,m}^* p_s = RT\ln \frac{p_r^*}{p_0^*} \tag{6-33}$$

式中,$V_{l,m}^*$ 代表纯液体的摩尔体积,$V_{l,m}^* = \dfrac{M}{\rho}$,$M$ 为液体的摩尔质量,ρ 为液体的密度,p_s 为液滴的附加压力

$$p_s = \frac{2\sigma}{r}$$

代入式(6-33)得

$$\frac{M}{\rho}\frac{2\sigma}{r} = RT\ln \frac{p_r^*}{p_0^*} \tag{6-34}$$

或

$$\ln \frac{p_r^*}{p_0^*} = \frac{2\sigma M}{RT\rho r} \tag{6-35}$$

这就是著名的开尔文(Kelvin)公式。该公式不仅适用于小液滴,也适用于凹液面,如气泡等。式中 r 为凹液面的曲率半径,对于小液滴来说,$r > 0$;对于水中的气泡来说,$r < 0$。从公式可以看出,小液滴的饱和蒸气压大于平面液体,且液滴半径越小,蒸气压就越大;而水中气泡的饱和蒸气压小于平面液体,气泡半径越小,蒸气压则越小。

【例 6-2】 298.15 K 时,水的饱和蒸气压 $p_0^* = 2337.8$ Pa,密度 $\rho = 998.2$ kg·m^{-3},表面张力 $\sigma = 7.275 \times 10^{-2}$ N·m^{-1}。当半径为 $10^{-5} \sim 10^{-9}$ m 时,试分别计算圆球形小水滴、水中的小气泡 p_r^* / p_0^* 各为多少?

解:水的摩尔质量 $M(H_2O) = 1.8015 \times 10^{-2}$ kg·mol^{-1},小水滴的半径取正值,当 $r = 10^{-5}$ m 时

$$\ln \frac{p_r^*}{p_0^*} = \frac{2\sigma M}{RT\rho r} = \frac{2 \times 7.275 \times 10^{-2} \times 1.8015 \times 10^{-2}}{8.314 \times 298.15 \times 998.2 \times 10^{-5}} = 1.059 \times 10^{-4}$$

所以

$$\frac{p_r^*}{p_0^*} = 1.0001$$

对于水中的小气泡,半径取负值,当 $r = -10^{-5}$ m 时

$$\ln \frac{p_r^*}{p_0^*} = \frac{2\sigma M}{RT\rho r} = \frac{2 \times 7.275 \times 10^{-2} \times 1.8015 \times 10^{-2}}{8.314 \times 298.15 \times 998.2 \times (-10^{-5})} = -1.059 \times 10^{-4}$$

所以

$$\frac{p_r^*}{p_0^*} = 0.9999$$

同理可求得不同半径下的小水滴、水中的小气泡 $\frac{p_r^*}{p_0^*}$ 之比,计算结果见表6-6。

表6-6　298.15 K 时,小水滴、小气泡 $\frac{p_r^*}{p_0^*}$ 的值

r/m	10^{-5}	10^{-6}	10^{-7}	10^{-8}	10^{-9}
小水滴	1.000 1	1.001	1.011	1.114	2.937
小气泡	0.999 9	0.998 9	0.989 7	0.897 7	0.340 5

上列数据表明,在一定温度下,液滴越小,饱和蒸气压越大,当半径减小到 1 nm(10^{-9} m)时,其饱和蒸气压几乎为平液面的 3 倍,这时相应蒸发速度也越快,这就是制药工业常用的喷雾干燥法的理论基础。在不考虑液体静压力的情况下,水中半径为 1 nm 的小气泡内,水的饱和蒸气压却仅为平液面的 1/3。

(二)过饱和蒸气

如果没有灰尘,高空中的水蒸气可达到相当高的过饱和度而不凝结成水,此时高空中的水蒸气压力对平液面的水来说已经是过饱和状态,但对将要形成的微小水滴来说则尚未饱和,小水滴难以形成。过饱和蒸气(super-saturated vapor)的化学势虽比同温度的平面液体的高,但比欲生成的半径很小的小液滴的化学势低,故能稳定存在,处于亚稳(介稳)状态。当蒸气中有灰尘等存在时,这些物质可以成为蒸气的凝结中心,使液滴核心易于生成及长大,所以在蒸气的过饱和度较小的情况下,蒸气就可开始凝结成水,此即为人工增雨依据的物理化学原理。当云层中的水蒸气达到饱和或过饱和状态时,在云层中喷撒微小的 AgI 颗粒或其他固体颗粒,此时固体小颗粒就成为水的凝结中心,使新相(水滴)生成时所需的过饱和程度大大降低,云层中的水蒸气就较容易凝结成水滴而落向大地。

(三)过热液体

在表面光洁的容器中加热纯净的液体,如果在液体中没有可提供新相种子(气泡)的物质存在时,即使温度升高至沸点液体仍难以沸腾。这主要是因为液体在沸腾时,不仅在液体表面上进行汽化,而且在液体内部要自动地生成极微小的气泡(新相)。但由于弯曲液面的附加压力,使气泡难以生成。如图6-9所示,在101.325 kPa,100℃纯水中,在离液面0.02 m 的深处,假设存在一个半径为 10 nm 的小气泡。在上述条件下,纯水的表面张力为 5.885×10^{-2} N·m^{-1},密度为

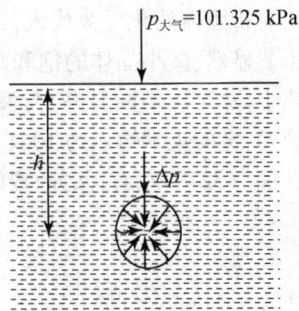

$p_{大气} = 101.325$ kPa

图6-9　产生过热液体示意图

958.1 kg·m^{-3},由 $p_s = \frac{2\sigma}{r}$ 可以算出:

(1)弯曲液面对小气泡的附加压力为 $p_s = \frac{2\sigma}{r} = \frac{2 \times 5.885 \times 10^{-2}}{10 \times 10^{-9}} = 1.177 \times 10^4$ kPa ;

(2)小气泡所受的静压力为 $p_{静} = \rho gh = 958.1 \times 9.8 \times 0.02 = 0.188$ kPa;

(3)小气泡存在时内部气体的压力为 $p_g = p_{大气} + p_{静} + p_s = 101.325 + 0.188 + 1.177 \times 10^4 = 1.187 \times 10^4$ kPa。

通过以上计算可知,小气泡内气体的压力远大于100℃时水的饱和蒸气压,所以小气泡不可能存在。若要使小气泡存在,必须继续加热,使小气泡内水蒸气的压力达到气泡存在所需要的压力时,小气泡才可能产生,并不断长大,直至液体开始沸腾,此时液体的温度必然高于该液体的正常沸点,从而发生暴沸。这种按照相平衡条件,达到沸点而不沸腾的液体,称为过热液体(super-heated liquid)。

弯曲液面的附加压力是造成液体过热的主要原因,实际中应尽量避免暴沸。例如,实验中进行蒸馏时,常在液体中加入沸石防止暴沸;在中药制剂的生产过程中,常在液体中投入一些干净的新的素烧瓷片或一端封口的毛细管等物质,因为这些多孔物质的孔中有气体,加热时这些气体成为新相种子,因而跳过了产生极微小气泡的困难阶段,使液体的过热程度大大降低。

(四) 过冷液体

在恒定的外压下冷却液体,若温度低于该压力下的凝固点 T_f 仍不发生凝结,这种液体就称为过冷液体(super-cooling liquid)。产生过冷现象是因为液体凝固时刚出现的固体必然是微小晶体,新相微小晶体的熔点低于普通晶体的熔点。在正常凝固点 T_f 时,液体的饱和蒸气压或化学势等于大块晶体的饱和蒸气压或化学势,但小于微小晶体的饱和蒸气压或化学势,故微小晶体不可能存在,凝固不能发生。温度下降时,液体与固体的蒸气压都减小,但固体减小的更多。在温度降低到 T_f' 时,微小晶体与液体的蒸气压相等,微小晶体就能够产生,凝固才能发生,温度为 $T_f \sim T_f'$ 之间的过冷液体处于亚稳状态,一旦发生凝固整个系统都将凝固。液体过冷也是一种很常见的现象,很纯的水温度降低到-40℃仍可呈液态而不结冰。

在中药有效成分的分离提取中,常用重结晶方法提纯物料,为避免过冷现象发生,常加入这种物质的小晶体作为"晶种"使其成为凝结的核心,使液体在过冷程度很小时即能结晶或凝固。这对易挥发、凝固点低的成分提取特别有效。在重结晶的过程中,应当尽量避免搅动溶液,因为剧烈的搅拌或用玻璃棒摩擦器壁常可破坏过冷状态,可能是因为搅拌时把空气中的灰尘带入或摩擦时产生的玻璃微粒成了结晶的核心。

五、高分散度对熔点的影响

将固体的化学势代入,开尔文公式同样成立,因此,式(6-35)也可用于计算微小晶体的饱和蒸气压。显然,微小晶体的饱和蒸气压大于同温度下一般晶体的饱和蒸气压。对于微小晶粒,随粒径的减小,蒸气压不断升高,与液态蒸气压相等(液-固平衡)的温度也相应下降,即微小晶粒熔点下降。例如,金的正常熔点为1064℃,而直径为4 nm时,金的熔点降至727℃,当直径减小到2 nm时,金熔点仅为327℃左右;又如,银的正常熔点是960.5℃,超微银颗粒的熔点小于100℃。

六、高分散度对溶解度的影响

在一定温度下,正常溶解度为一常数,而在沉淀的陈化过程中,可看到大小不同的晶体经过一段时向后,小晶粒溶解,大晶粒逐渐长大,说明小粒子具有较大的溶解度,当大粒子的溶解度已达到饱和时,小粒子尚未饱和,还能继续溶解。其定量关系可由开尔文公式变化得到。

根据亨利定律,溶液中溶质的分压与溶解度的关系为

$$p_r = kx_r \quad \text{或} \quad p_0 = kx_0 \tag{6-36}$$

式中,x_r 为小粒子的溶解度,x_0 为普通粒子的溶解度;p_r 为小粒子的饱和蒸气压,p_0 为普通粒子的饱和蒸气压。由于微小晶体的饱和蒸气压大于同温度下一般晶体的饱和蒸气压,因而小粒子具有较大的

溶解度,代入开尔文公式(6-35)得到溶解度与小粒子半径的定量关系

$$\ln \frac{x_r}{x_0} = \frac{2\sigma M}{RT\rho r} \tag{6-37}$$

将某固体的不饱和溶液不断加热蒸发溶剂或降低温度,当达到饱和溶液浓度时,仍未结晶,这就是过饱和(super-saturated solution)现象。例如,有一杯热溶液,任其自然冷却,当温度降到凝固点时,本应有晶体开始析出,但因刚结晶得到的晶粒十分微细,普通晶体已达饱和的溶液,微小晶体的溶解度较大还远未饱和,此时,微小晶粒即使出现,也会立即消失,导致溶液出现过饱和状态。过饱和溶液处于亚稳状态,只要稍受外界干扰,如加入晶种、搅拌或摩擦容器壁等都能促进新相种子的生成,使晶体尽快析出。在结晶操作中,如过饱和程度太大,生成的晶体就很细小,不利于过滤和洗涤。为获得大颗粒晶体,可在过饱和程度不太大时投入晶种。从溶液中结晶出来的晶体往往大小不均,此时溶液对小晶体是不饱和的,对大晶体是过饱和的。采用延长时间的方法可使微小晶体不断溶解而消失,大晶体则不断长大,晶粒逐渐趋向均匀,这个过程就是通常说的"陈化"。

在重量分析中,得到的新鲜沉淀不要急于过滤,要有一个"陈化"的过程,即微微加热,使溶解度大的小颗粒不断溶解直至消失,然后静置、冷却,使大的颗粒变得更大,这样既易于过滤,结果也更准确。

由以上讨论可知,亚稳状态或称为介稳状态(metastable state)存在的原因是由于新相生成的困难,即"新相难成"。因系统的比表面增大,所引起液体的饱和蒸气压加大、晶体的溶解度增加、熔点降低等一系列的表面现象,只有在颗粒半径很小时,才能达到可以觉察的程度。在通常情况下,这些表面效应是完全可以忽略不计的。但在蒸气的冷凝、液体的凝固和溶液的结晶等过程中,由于最初生成新相的颗粒是极其微小的,其比表面和比表面能都很大,物系处于不稳定状态,在系统中要产生一个新相是比较困难的。

第五节　溶液表面的吸附

一、溶液表面的吸附现象

溶液的表面层可以因吸附溶质而使其表面张力发生变化。例如,在某温度时,在纯水中分别加入不同种类的溶质,不同种类的溶质对表面张力的影响如图 6-10 所示。

不同种类的溶质对溶液表面张力的影响大致可分为三种类型:①曲线Ⅰ,随着溶液浓度的增加,溶液的表面张力会增大,这类物质称为表面惰性物质。对于水溶液而言,属于此类的溶质有无机盐类(如 NaCl)、非挥发性酸(如 H_2SO_4)、碱(如 KOH)和含有多个—OH 基团的有机化合物(如蔗糖、甘油)等物质。②曲线Ⅱ,随着溶质浓度的增加,水溶液的表面张力下降不是很快。大部分的低级脂肪酸、醇、醛等可溶性有机物质的水溶液属于此类。③曲线Ⅲ,在水中加入少量即可使表面张力急剧下降,至某一浓度之后,溶液的表面张力几乎不再随溶质的加入而变化。属于此类的化合物可以表示为 RX,其中 R 代表含有 10 个或 10 个以上碳原子的烷基,X 则代表极性基团,一般可以是—OH、—COOH、—CN、—CONH₂、—COOR,也可以是离子基团,如—SO₃⁻、—NH₃⁺、—COO⁻等。这类曲线有时会出现如图 6-10 所示的虚线部分,这可能是由杂质的存在引起的。产生曲线Ⅱ和曲线Ⅲ的物质,随着溶液浓度的

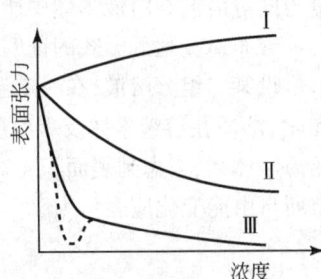

图 6-10　不同种类的溶质对表面张力的影响

增加,溶液的表面张力会减小,这类物质称为表面活性物质。

　　实验表明,能够引起溶液表面张力改变的溶质在溶液表面层的浓度和溶液内部不同,这种现象称为溶液表面的吸附(surface adsorption)。若溶质在表面层中的浓度大于它在溶液本体(内部)中的浓度,称为正吸附,表面活性物质即产生正吸附。反之,则为负吸附,产生此类吸附的是表面惰性物质。

　　溶液表面的吸附现象可用定温定压下溶液的表面吉布斯自由能自动减小的趋势来说明。根据处理表面现象的热力学准则,在定温定压下,一定量的溶液,当其表面积一定时,降低表面吉布斯自由能的唯一途径是尽可能减小溶液的表面张力。如果加入能降低表面张力的溶质,则溶质会从溶液本体自动富集到溶液表面,增大表面浓度,这样溶液的表面张力降低得更多,形成的更稳定,从而就发生了正吸附。但表面与本体之间的浓度差又必然引起溶质分子由表面向本体扩散,促使浓度趋于均匀一致,当两种趋势达到平衡时,溶质浓度达到平衡。相反,加入表面惰性物质会使表面张力增加,则表面上的溶质会自动地离开表面层而进入溶液本体之中,这样就发生了负吸附。显然,由于扩散作用,表面层中溶质的分子不可能完全进入溶液本体,达到平衡时,溶质在表面层也会达到一个平衡浓度。

　　一般说来,凡是能使溶液表面张力增加的物质,都称为表面惰性物质,反之,凡是能使溶液表面张力降低的物质,从广义上讲,都称为表面活性物质。但习惯上,只把那些加入少量就能显著降低溶液表面张力的物质(如图 6-10 中曲线 Ⅲ)称为表面活性剂。表面活性的大小可用 $-\left(\dfrac{\partial \sigma}{\partial c}\right)_T$ 来表示,其值越大,表示溶质的浓度对溶液表面张力的影响越大。溶质吸附量的大小,可用吉布斯吸附等温式来计算。

二、吉布斯吸附等温式及其应用

　　可以用吉布斯(Gibbs)吸附等温式描述在一定温度下,溶液的浓度、表面张力和吸附量之间的定量关系式

$$\Gamma = -\frac{c}{RT}\left(\frac{\mathrm{d}\sigma}{\mathrm{d}c}\right)_T \tag{6-38}$$

式中,c 为溶质在溶液本体中达到吸附平衡时的浓度,单位为 $\mathrm{mol \cdot L^{-1}}$;$\sigma$ 为溶液的表面张力,单位为 $\mathrm{N \cdot m^{-1}}$;Γ 为溶质的表面吸附量或表面超量(surface excess),指在单位面积的表面层中,所含溶质的量与同量溶剂在溶液本体中所含溶质的量的差值,单位为 $\mathrm{mol \cdot m^{-2}}$。

　　吉布斯吸附等温式的证明如下:

　　设某二组分溶液,在一定温度下,达到吸附平衡后,溶剂在溶液本体及表面层中的量分别为 n_1 和 n_1^s,溶质在溶液本体及表面层中的量分别为 n_2 和 n_2^s,溶液的表面积为 A,表面张力为 σ。对于一个热力学体系,考虑到表面积 A 对体系性质的影响,若体系发生了微小变化,按式(6-7)可知,体系的吉布斯自由能变化应表示为

$$\mathrm{d}G = -S\mathrm{d}T + V\mathrm{d}p + \sum_B \mu_B \mathrm{d}n_B + \sigma \mathrm{d}A$$

在定温定压下,将上式用于二组分溶液的表面层,则

$$\mathrm{d}G_s = \sigma \mathrm{d}A + \mu_1^s \mathrm{d}n_1^s + \mu_2^s \mathrm{d}n_2^s \tag{6-39}$$

式中,μ_1^s 及 μ_2^s 分别为表面层中溶剂及溶质的化学势,在各强度性质(即 T、p、σ 及 μ 恒定的情况下,对式(6-39)进行积分,可得

$$G_s = \sigma A + \mu_1^s n_1^s + \mu_2^s n_2^s$$

　　表面吉布斯自由能是状态函数,它具有全微分的性质。所以

$$\mathrm{d}G_s = \sigma \mathrm{d}A + A\mathrm{d}\sigma + \mu_1^s \mathrm{d}n_1^s + n_1^s \mathrm{d}\mu_1^s + \mu_2^s \mathrm{d}n_2^s + n_2^s \mathrm{d}\mu_2^s \tag{6-40}$$

式(6-39)与式(6-40)相比较,可得吉布斯-杜亥姆方程,即

$$A\mathrm{d}\sigma = -(n_1^s\mathrm{d}\mu_1^s + n_2^s\mathrm{d}\mu_2^s) \tag{6-41}$$

该式适用于表面层。溶液本体的吉布斯-杜亥姆方程为

$$n_1\mathrm{d}\mu_1 + n_2\mathrm{d}\mu_2 = 0 \tag{6-42}$$

也可写成

$$\mathrm{d}\mu_1 = -\left(\frac{n_2}{n_1}\right)\mathrm{d}\mu_2 \tag{6-43}$$

当吸附达到平衡后,同一种物质在表面层及溶液本体中的化学势应相等,所以

$$\mathrm{d}\mu_1^s = \mathrm{d}\mu_1 = -\left(\frac{n_2}{n_1}\right)\mathrm{d}\mu_2$$

$$\mathrm{d}\mu_2^s = \mathrm{d}\mu_2$$

将这两个等式代入式(6-41),整理可得

$$A\mathrm{d}\sigma = -\left(n_2^s - \frac{n_1^s}{n_1}n_2\right)\mathrm{d}\mu_2 \tag{6-44}$$

按溶质吸附量的定义,令 $\Gamma_2 = \left(n_2^s - \frac{n_1^s}{n_1}n_2\right)A$,将其代入式(6-44)可得

$$\Gamma_2 = -\frac{\mathrm{d}\sigma}{\mathrm{d}\mu_2} \tag{6-45}$$

因为 $\mathrm{d}\mu_2 = RT\mathrm{d}\ln a_2 = \left(\frac{RT}{a_2}\right)\mathrm{d}a_2$,所以

$$\Gamma_2 = -\left(\frac{a_2}{RT}\right)\left(\frac{\mathrm{d}\sigma}{\mathrm{d}a_2}\right) \tag{6-46}$$

这就是吉布斯吸附等温式。对于理想溶液或稀溶液,可用溶质的浓度 c_2 代替其活度 a_2,并略去代表溶质的下标2,上式变为

$$\Gamma = -\left(\frac{c}{RT}\right)\left(\frac{\mathrm{d}\sigma}{\mathrm{d}c}\right) \tag{6-47}$$

在一定温度下,当溶液的表面张力随溶质浓度的增加而减小时,即 $\frac{\mathrm{d}\sigma}{\mathrm{d}c}<0$,则 $\Gamma>0$,表明能使溶液表面张力减小的溶质,在表面层发生正吸附;当 $\frac{\mathrm{d}\sigma}{\mathrm{d}c}>0$ 时,$\Gamma<0$,表明使溶液表面张力增大的溶质,在溶液的表面层发生负吸附。

若用吉布斯吸附等温式计算某溶质的吸附量,必须预先知道 $\frac{\mathrm{d}\sigma}{\mathrm{d}c}$ 的大小。为求得 $\frac{\mathrm{d}\sigma}{\mathrm{d}c}$ 的值,在一定温度下,可先测出不同浓度 c 时的表面张力,以 σ 对 c 作图,再求出 σ-c 曲线上各指定浓度 c 对应的斜率,即为浓度 c 时 $\frac{\mathrm{d}\sigma}{\mathrm{d}c}$ 的值。

【例6-3】 291.15 K 时,丁酸水溶液的表面张力可表示为 $\sigma = \sigma_0 - a\ln(1+bc)$,式中 σ_0 为纯水的表面张力,a、b 为常数,c 为丁酸在水中的平衡浓度。

(1)试求该溶液中丁酸的表面吸附量(Γ)和浓度(c)之间的关系;

(2)若已知 $a=0.0131$ N·m^{-1},$b=19.62$ dm^3·mol^{-1},试计算当 $c=0.20$ mol·dm^{-3} 时 Γ 为多少?

(3)当浓度达到 $bc\geq1$ 时,饱和吸附量 Γ_∞ 为多少?设此时表面层上丁酸呈单分子层吸附,计算在液面上丁酸分子的截面积为多大?

解:(1) $\sigma = \sigma_0 - a\ln(1+bc)$

微分上式得

$$\frac{d\sigma}{dc} = -\frac{ab}{1+bc}$$

将其代入吉布斯吸附等温式,得 $\varGamma = \dfrac{abc}{RT(1+bc)}$。

(2)将已知数据代入上式,得

$$\varGamma = \frac{0.0131 \times 19.62 \times 0.20}{8.314 \times 291.15 \times (1 + 19.62 \times 0.20)} = 4.31 \times 10^{-6}(\text{mol} \cdot \text{m}^{-2})$$

(3)若 $bc \gg 1$ 时,则 $1+bc \approx bc$

$$\varGamma_{\infty} = \frac{abc}{RT(1+bc)} = \frac{a}{RT} = \frac{0.0131}{8.314 \times 291.5} = 5.411 \times 10^{-6}(\text{mol} \cdot \text{m}^{-2})$$

$\varGamma_{\infty}$ 为以单分子层吸附达饱和时,单位面积上的丁酸的物质的量,则 1 m² 表面上吸附的丁酸分子数为 $\varGamma_{\infty} N_{A}$(N_{A} 为阿伏伽德罗常量),设每个丁酸分子的截面积为 S,则

$$S = \frac{1}{\varGamma_{\infty} N_{A}} = \frac{1}{5.411 \times 10^{-6} \times 6.022 \times 10^{23}} = 3.07 \times 10^{-19}(\text{m}^2)$$

在一定温度下,由实验测得不同浓度溶液的表面张力,绘制 σ-c 曲线,由曲线上不同点的斜率得出 $\left(\dfrac{d\sigma}{dc}\right)_{T}$,求出不同浓度的吸附量 $\varGamma$,进而可绘制 $\dfrac{c}{\varGamma}$-c 关系曲线。此关系曲线有两个重要的应用:①可由曲线求出 $\varGamma_{\infty}$,从而计算出溶质分子的横截面积 $S = \dfrac{1}{\varGamma_{\infty} N_{A}}$,这在固体催化剂的研制中很有意义;②由 $\dfrac{c}{\varGamma}$-c 关系曲线是否平滑,可以判断所用表面活性剂的纯度。如果出现拐点表示有杂质存在,拐点越多杂质越多。

第六节　表面活性剂

一、表面活性剂的分类

凡溶解少量就能显著降低溶液表面张力的物质,称为表面活性剂(surfactant)。表面活性剂分子的结构特点是由极性的亲水基和非极性的亲油基两部分组成,即具有"双亲结构"。通常用"○"表示亲水基,用"□"表示亲油基(憎水基),如图 6-11 所示。以肥皂 $C_{17}H_{35}COONa$(硬脂酸钠)为例,它的分子中有十七个碳的长链憎水(亲油)基团,也含有亲水的羧基,具有"双亲结构"。

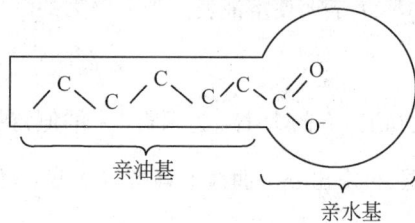

图 6-11　表面活性剂示意图

表面活性剂亲油基部分结构的变化主要是源于长链结构的不同,对表面活性剂性质影响不大;而它的极性部分变化较大,分类主要据此进行。根据表面活性剂分子溶于水后是否电离,可将其分为离子型表面活性剂和非离子型表面活性剂两类。

(一)离子型表面活性剂

能在水中电离为大小不同、电性相反的两部分离子的表面活性剂称为离子型表面活性剂。根据电离后大离子所带电荷不同,又可分为阴离子型、阳离子型和两性型表面活性剂。

1. 阴离子型表面活性剂　大离子中亲水基部分为亲水性的阴离子。主要有羧酸盐、磺酸盐、硫

酸酯盐、磷酸酯盐等,如肥皂(硬脂酸钠 $C_{17}H_{35}COO^-Na^+$)、洗涤剂(十二烷基磺酸钠 $C_{12}H_{25}SO_3^-Na^+$)。

2. 阳离子型表面活性剂　大离子中亲水基部分为亲水性的阳离子。主要为胺盐,又因伯、仲、叔胺盐溶解度太小,不适宜作表面活性剂,故以季铵盐为主,如新洁尔灭、杜米芬等。其作用不受溶液 pH 影响,但不宜与阴离子型表面活性剂混合使用,因可发生相互结合而失效。此类表面活性剂对细胞膜有特殊吸附能力,能杀菌,常作为杀菌剂使用。

$$\left[\text{〇}-CH_2-\overset{\overset{\displaystyle CH_3}{|}}{\underset{\underset{\displaystyle CH_3}{|}}{N}}-C_{12}H_{35}\right]^+ Br^- \qquad \left[\text{〇}-OCH_2CH_2-\overset{\overset{\displaystyle CH_3}{|}}{\underset{\underset{\displaystyle CH_3}{|}}{N}}-C_{12}H_{35}\right]^+ Br^-$$

新洁尔灭　　　　　　　　　　　　　杜米芬

3. 两性型表面活性剂　亲水基由电性相反的两个基团构成,这样的表面活性剂为两性型表面活性剂,如氨基酸型

$$R—NHCH_2—CH_2COOH \text{ 和甜菜碱型 } R—N^+(CH_3)_2—CH_2COO^-。$$

(二) 非离子型表面活性剂

在水中不能电离为离子的表面活性剂,称为非离子型表面活性剂。因在溶液中以分子状态存在,故稳定性高,不怕硬水,也不受 pH、无机盐、酸和碱的影响,并可和离子型表面活性剂同时使用,也不易在一般固体上强烈吸附,所以非离子型表面活性剂在某些方面比离子型表面活性剂性能优越,也能与各种药物混合使用,故在药剂学上应用广泛。

非离子型表面活性剂主要分为两大类:含有在水中不电离的羟基—OH 和醚键—O—,并以它们作为亲水基。由于—OH 基和—O—键的亲水性弱,只靠一个羟基或醚键这样的弱亲水基团不能将很大的憎水基溶于水中,必须有若干个这样的亲水基才能发挥出亲水性。这与只有一个亲水基就能发挥亲水性的阳离子和阴离子表面活性剂是大不相同的。

非离子型表面活性剂按亲水基分类,包括聚氧乙烯型和多元醇型,两者性能和用途有较大的差异。如前者易溶于水,后者大多不溶于水。

1. 聚氧乙烯型非离子表面活性剂　聚氧乙烯型非离子表面活性剂是以含活泼氢原子的憎水性基团同环氧乙烷进行加成反应制成的。所谓含活泼氢原子的化合物,可以是含羟基(—OH)、羧基(—COOH)、氨基(—NH₂)和酰胺基(—CONH₂)等基团的化合物,这些基团中氢原子有很强的化学活性,容易与环氧乙烷发生反应,生成聚氧乙烯型表面活性剂,即有易溶于水的聚氧乙烯基—$(CH_2CH_2O)_n$—长链(聚氧乙烯基链),如吐温类表面活性剂就属于此类。

(1)高级脂肪醇与环氧乙烷加成

$$ROH + n CH_2\!\!-\!\!CH_2 \xrightarrow{\quad} RO(CH_2CH_2O)_nH$$

所用高级脂肪醇主要有月桂醇、十六醇、油醇、鲸腊醇等。

(2)烷基酚和环氧乙烷的加成物

$$R—\text{〇}—OH + n CH_2\!\!-\!\!CH_2 \xrightarrow{\quad} R—\text{〇}—O(CH_2CH_2O)_nH$$

所用烷基酚主要有壬基酚、辛基酚和辛基甲酚等。

(3)脂肪酸与环氧乙烷的加成物

$$RCOOH + n CH_2\!\!-\!\!CH_2 \xrightarrow{\quad} RCOO(CH_2CH_2O)_nH$$

所用脂肪酸可为硬脂酸、月桂酸、油酸等。

(4) 高级脂肪胺和脂肪酰胺的环氧乙烷加成

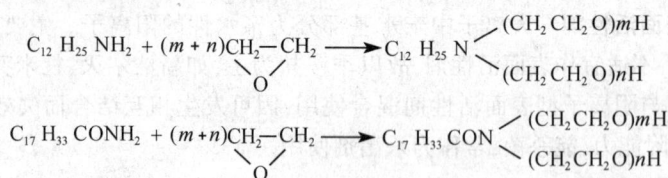

$$C_{12}H_{25}NH_2 + (m+n)CH_2-CH_2 \xrightarrow{\quad\quad} C_{12}H_{25}N \begin{cases} (CH_2CH_2O)mH \\ (CH_2CH_2O)nH \end{cases}$$

$$C_{17}H_{33}CONH_2 + (m+n)CH_2-CH_2 \xrightarrow{\quad\quad} C_{17}H_{33}CON \begin{cases} (CH_2CH_2O)mH \\ (CH_2CH_2O)nH \end{cases}$$

2. 多元醇型非离子表面活性剂 多元醇型非离子表面活性剂的主要亲水基是多元醇类、氨基醇类、糖类等。常用的亲水基原料列于表6-7中,所用的憎水基原料主要是脂肪酸。

表 6-7 多元醇型非离子表面活性剂的亲水基原料

类型	名称	化学式	脂肪酸酯或酰胺的水溶性
多元醇类	甘油 —OH 数 = 3	$\begin{array}{l}CH_2-OH \\ CH-OH \\ CH_2-OH\end{array}$	不溶,有自乳化性
	季戊四醇 —OH 数 = 4	$\begin{array}{l}CH_2OH \\ HOCH_2-C-CH_2OH \\ CH_2OH\end{array}$	不溶,有自乳化性
	山梨醇* —OH 数 = 6	$\begin{array}{l}CH_2OH \\ CH-OH \\ HO-CH \\ CH-OH \\ CH-OH \\ CH_2-OH\end{array}$	不溶~难溶,有自乳化性
多元醇类	失水山梨醇 —OH 数 = 4	等的混合物	不溶,有自乳化性
氨基醇类	一乙醇胺 二乙醇胺	$H_2NCH_2CH_2OH$ $HN\begin{cases}CH_2CH_2OH \\ CH_2CH_2OH\end{cases}$	不溶 1 : 2 摩尔型可溶** 1 : 1 摩尔型难溶***

续表

类型	名称	化学式	脂肪酸酯或酰胺的水溶性
糖类	蔗糖 —OH 数 = 8	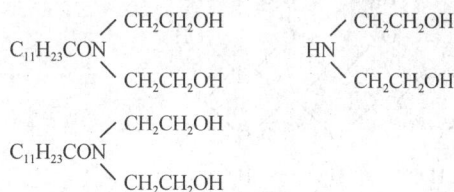	可溶～难溶

* 从旋光异构体来看,有左旋和右旋,市场上出售的山梨醇是由左旋葡萄糖还原而得,故都是左旋体的。

** 1:2 摩尔型

$$C_{11}H_{23}CON \underset{CH_2CH_2OH}{\overset{CH_2CH_2OH}{\diagdown}} \qquad HN \underset{CH_2CH_2OH}{\overset{CH_2CH_2OH}{\diagdown}}$$

$$C_{11}H_{23}CON \underset{CH_2CH_2OH}{\overset{CH_2CH_2OH}{\diagdown}}$$

*** 1:1 摩尔型

甘油和季戊四醇是最常用的多元醇,与脂肪酸和月桂酸或棕榈酸酯化,可生成非离子型表面活性剂,用作乳化剂或纤维油剂。因对人体无害,可用于食品和化妆品。

蔗糖有八个羟基,是理想的亲水基原料。由于蔗糖和天然油脂中的脂肪酸为天然产物,安全、无毒、无刺激、无污染并可生物分解,因此是非常理想的非离子型表面活性剂,在轻工、食品、医药等领域有广泛应用。

山梨醇是葡萄糖加氢制得的六元醇,有六个羟基,在适当的条件下,分子内脱去一分子水,成为去水山梨醇。去水山梨醇是各种异构体的混合物,去水山梨醇再脱一分子水则成为二去水山梨醇。

去水山梨醇与高级脂肪酸酯化(先 1,5 失水,然后酯化)得到的非离子型表面活性剂商品名为"司盘"(Span),其结构式如图 6-12 所示。根据酯化所用的脂肪酸不同,有不同型号,见表 6-8。

表 6-8　去水山梨醇与聚氧乙烯去水山梨醇的酯类

酯化用酸	月桂酸 $R = C_{11}H_{23}$	棕榈酸 $R = C_{15}H_{31}$	硬脂酸 $R = C_{17}H_{35}$	油酸 $R = C_{17}H_{33}$
去水山梨醇	司盘 20	司盘 40	司盘 60	司盘 80
聚氧乙烯去水山梨醇	吐温 20	吐温 40	吐温 60	吐温 80

司盘类主要用作乳化剂,但因自身不溶于水,很少单独使用。如与其他水溶性表面活性剂混合使用,可发挥其良好的乳化力。吐温(Tween)类是司盘的二级醇基通过醚键与亲水基团——聚氧乙烯基($CH_2CH_2O)_n CH_2CH_2OH$ 相连的一类化合物(司盘与环氧乙烷加成制得),和司盘类似,也有不同型号,见表 6-8。

吐温类化合物属于聚氧乙烯型非离子表面活性剂,其亲水性强于司盘类,并随聚氧乙烯基的增多而增大。这一方面是由于醚键的氧原子与水中的氢结合形成氢键,增大了在水中的溶解度;另一方面,当它溶于水后,亲水基由锯齿型变为曲折型,亲水性的氧原子处于链的外侧,憎水性的—CH_2—位于里面,因而链周围就变得易与水结合。

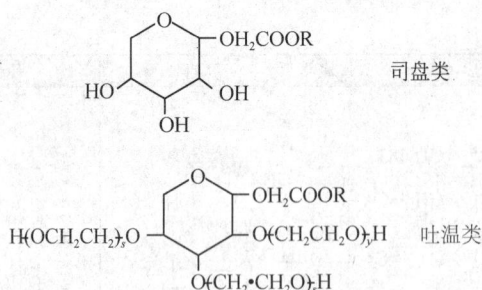

图 6-12 司盘与吐温类表面活性剂的结构式

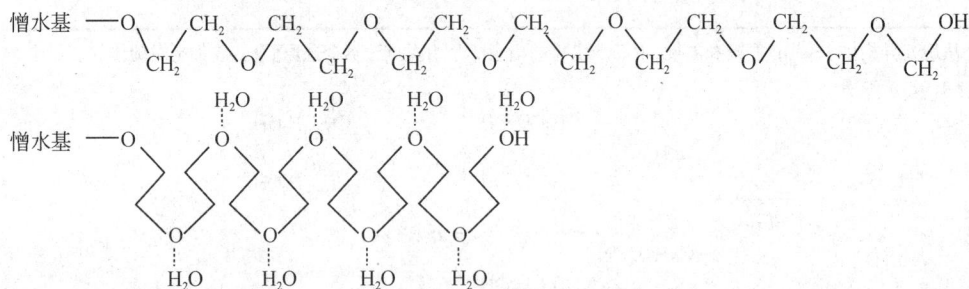

这种结合力对温度极为敏感,温度升高氢键断裂,起脱水作用。非水合物溶解度比水合物的溶解度要小,故当温度升高时,非离子型表面活性剂即出现混浊或沉淀。这种由澄清变混浊的现象称为"起昙现象",出现混浊时的温度称为昙点(浊点)。例如,吐温 80 的昙点为 93℃。起昙现象一般来说是可逆的,当温度降低后,仍可恢复澄清。这种现象普遍存在于聚氧乙烯型非离子表面活性剂。

知识延伸

有一类物质虽然不一定能降低水的表面张力,但能明显改变两种物质的界面性质,如润湿剂、乳化剂、破乳剂、气泡剂、消泡剂和洗涤剂等,这些物质也都称为表面活性剂。例如,润湿剂可以用来进行矿物浮选和石油的三次开采;在制糖或熬制中药的过程中如果泡沫太多会使液体溢出,轻则浪费原料,重则引发事故,必须及时将多余的泡沫消除,加入消泡剂能够降低气泡膜的强度,使膜内的液体流失,造成气泡膜变薄或破裂,达到消泡的目的;为了达到好的洗涤效果,在合成洗涤剂时要加入起泡剂和磷酸盐类作助溶剂,但后者的加入会破坏环境,目前采用硅铝酸盐等替代品,同样可以达到较好的洗涤效果。

二、亲水-亲油平衡值

表面活性剂具有双亲结构,既含有亲水基又含有亲油基,即既有亲水性又有亲油性,表面活性剂的亲水性和亲油性的相对强弱对表面活性剂的性能有很大影响。格里芬(Griffin)提出了用亲水-亲油平衡值 HLB 值(hydrophile lipophile balance)来表示表面活性剂的亲水性强弱。HLB 值越大表示该表面活性剂的亲水性越强,HLB 值越小表示该表面活性剂的亲水性越差或亲油性越强。亲油性与亲油基的摩尔质量有关,亲油基越长,摩尔质量越大,亲油性越强而水溶性越差。例如,含十八烷基的化合物就比含十二烷基的同类化合物难溶于水,因此亲油性的强弱可用亲油基的摩尔质量来表示。而亲水性,只有非离子型表面活性剂的亲水性可用亲水基的摩尔质量来表示。例如,聚氧乙烯

型非离子表面活性剂,摩尔质量越大,亲水性也越强。非离子型表面活性剂的 HLB 值可用下式计算

$$非离子型表面活性剂的 HLB 值 = \frac{亲水基质量}{亲水基质量 + 亲油基质量} \times \frac{100}{5} \tag{6-48}$$

石蜡完全没有亲水基,所以 HLB 值为零;完全是亲水基的聚乙二醇 HLB 值为 20。这样,非离子型表面活性剂的 HLB 值就可用 0~20 之间的数值来表示。

对于大多数多元醇脂肪酸酯的 HLB 值可按下式计算

$$HLB = 20\left(1 - \frac{S}{A}\right) \tag{6-49}$$

式中,S 为酯的皂化价,指 1×10^{-3} kg 油脂完全皂化时所需 KOH 的毫克数;A 为脂肪酸的酸价,指中和 1×10^{-3} kg 有机物的酸性成分所需 KOH 的毫克数。例如,单硬脂酸甘油酯,$S = 161$,$A = 198$,$HLB = 20\left(1 - \frac{161}{198}\right) = 3.74$。

离子型表面活性剂的 HLB 值不能用上述方法计算,因为这些物质单位质量亲水基的亲水性比起非离子型表面活性剂要大得多,而且随着种类不同而不同。戴维斯(Davies)提出用官能团 HLB 法来确定,把表面活性剂看成是由不同基团(官能团)组成的,各官能团的 HLB 值是确定的,见表 6-9。

某一表面活性剂的 HLB 值等于该化合物中各官能团的 HLB 值的代数和加上 7。例如,十二烷基硫酸钠的 HLB 值为 $38.7 + 12 \times (-0.475) + 7 = 40.0$,官能团 HLB 法的优点是它有加和性。

表 6-9 各官能团 HLB 值

亲水官能团	HLB 值	憎水官能团	HLB 值
—SO₄Na	38.7		
—COOK	21.1	—CH—	
—COONa	19.1	—CH₂—	−0.475
磺酸盐	约 11.0	—CH₃	
—N(叔胺 R₃N)	9.4	—CH=	
酯(山梨糖醇酐环)	6.8		
酯(自由的)	2.4		
—COOH	2.1		
—OH(自由的)	1.9		−0.15
—O—	1.3	—(CH₂—CH₂—CH₂—O)—	
—OH(山梨糖醇酐环)	0.5		

实际中常常是几种表面活性剂混合使用,混合表面活性剂的 HLB 值可根据下式求得

$$[HLB]_{AB} = \frac{[HLB]_A m_A + [HLB]_B m_B}{m_A + m_B} \tag{6-50}$$

式中,$[HLB]_A$ 和 $[HLB]_B$ 分别为 A、B 表面活性剂的 HLB 值;m_A 和 m_B 分别为 A、B 表面活性剂的质量。例如,以 40% 的司盘 20(HLB = 8.6)和 60% 的吐温 60(HLB = 14.9)相混合,混合后的 HLB = $8.6 \times 0.4 + 14.9 \times 0.6 = 12.3$。但是,并不是所有表

表 6-10 不同 HLB 值表面活性剂与其在水中的分散性

HLB 值	在水中的分散情况
1~3	不分散
3~6	分散不好
6~8	不稳定乳状分散
8~10	稳定乳状分散
10~13	半透明至透明分散
>13	透明溶液

面活性剂都能用此式计算,必须用实验方法验证。

不同 HLB 值的表面活性剂性能与用途不同,不同 HLB 值表面活性剂在水中的溶解性及作用的关系见表 6-10 及表 6-11。

表 6-11　不同 HLB 值表面活性剂及其用途

HLB 值	应用	实例
1 ~ 3	消泡剂	石蜡(0)、油酸(1)、司盘65(2.1)
3 ~ 6	W/O 乳化剂	司盘80(4.7)、司盘40(6.7)、司盘20(8.6)
7 ~ 9	润湿剂	阿拉伯胶(8.0)、明胶(9.8)
8 ~ 18	O/W 乳化剂	阿拉伯胶(8.0)、明胶(9.8)、吐温80(15)、吐温20(16.7)
13 ~ 15	洗涤剂	油酸三乙醇胺(12)
15 ~ 18	增溶剂	吐温20(16.7)、油酸钠(18)、油酸钾(20)

三、亲水-亲油平衡值的测定方法

(1)溶度法。在一玻璃试管中装入适量的水,用玻棒蘸取少量待测的表面活性剂放入其中,观察溶解情况,以表 6-10 所示判断。

(2)分布系数法。将水和油(通常为辛烷)加入到待测 HLB 值的表面活性剂中,使其在水油两相之间达到平衡,然后分别测定表面活性剂在水相和油相中的浓度 c_w 和 c_o,由式(6-52)计算该表面活性剂的 HLB 值

$$HLB = 0.36\ln(c_w/c_o) + 7 \tag{6-51}$$

(3)色谱法。此法特别适用于非离子型表面活性剂 HLB 值的测定。将表面活性剂作为基质固定在载体上,向色谱柱中注入等体积的乙醇和乙烷的混合物,测定各自在色谱柱上的保留时间,由式(6-52)计算该表面活性剂的 HLB 值

$$HLB = 8.55t_e/t_n - 6.36 \tag{6-52}$$

式中,t_e、t_n 分别为乙醇、乙烷的保留时间。

四、表面活性剂的作用

在工业生产、科学研究和日常生活中,表面活性剂得到广泛使用,被誉为"工业味精"。概括地说,表面活性剂具有增溶、乳化、破乳、润湿、助磨、助悬(分散)、发泡和消泡,以及匀染、防锈、杀菌、消除静电等作用。

(一)增溶作用

当水中的表面活性剂浓度达到或超过临界胶束浓度后,能使不溶或溶解度很小的有机化合物溶于水中,这种作用称为增溶作用(solubilization)。

1. 胶束的形成　将表面活性剂加入水中时,由于其双亲结构,在界面上发生定向排列,这样可极大地降低水的表面张力,而且在溶液中发生定向排列而形成一种聚集体——胶束,又称胶团(micelle)。这是因为表面活性剂为使其成为溶液中的稳定成分,而不得不采取的两种方法导致的:一是尽可能将亲水基留在水中,憎水基伸向空气,这样,表面活性剂分子便吸附在液-气界面上,降低了表面张力,形成定向排列在表面上的单分子膜,如图 6-13 所示;二是使表面活性剂分子的憎水

基互相靠在一起,以减小憎水基与水的接触面积,这样就形成了胶束,如图 6-14 所示。

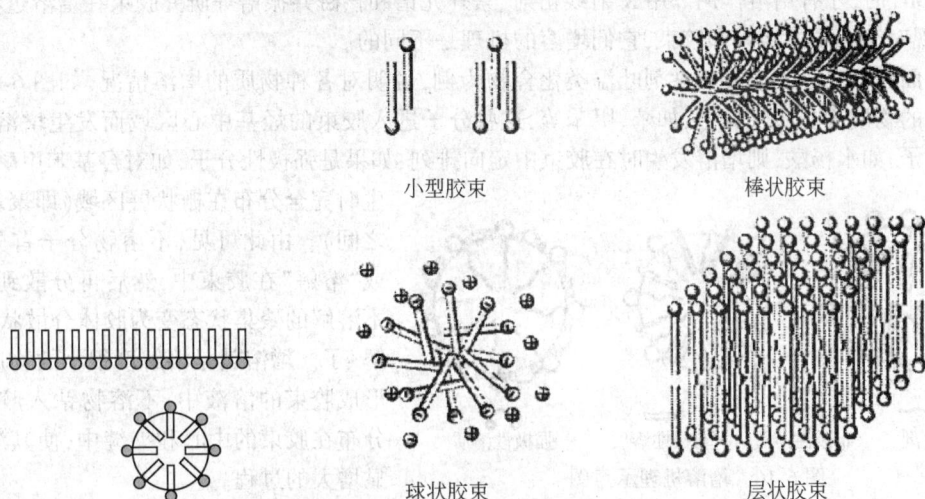

小型胶束   棒状胶束

球状胶束   层状胶束

图 6-13 胶束的形成   图 6-14 胶束的各种形状

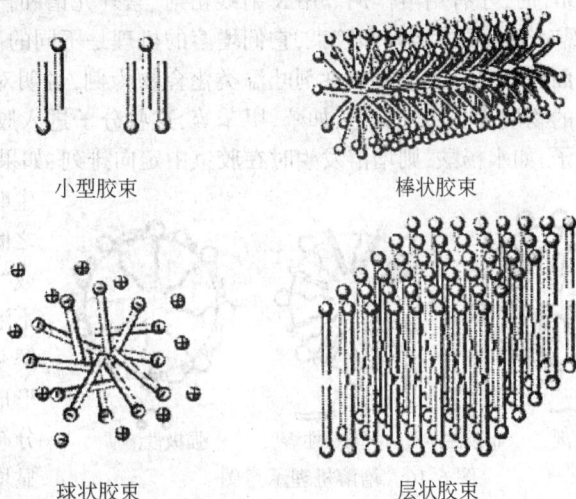

一般而言,胶束大约由几十个到几百个双亲分子组成,平均半径大约为几个纳米,形成胶束所需的表面活性剂的最低浓度称为临界胶束浓度(critical micelle concentration,CMC)。CMC 一般有一个极窄的范围,在 CMC 以下,一般不能形成胶束,但也可有少数(10 个以下)的表面活性剂的分子聚集成缔合体,称为小型胶束。随着浓度增大,胶束的尺寸增大,当达到 CMC 时,形成球状胶束。浓度再继续增大时,依据 X 射线的衍射实验结果,胶束为层状结构,亲水基向外,而非极性的亲油基则定向地向内排列。浓度更大时,根据光散射实验结果,胶束是棒状结构。

CMC 值随表面活性剂的种类和外部条件的不同而异,若亲油基的碳氢链长而直,分子间引力就大,有利于胶束形成,临界胶束浓度就较低;相反,碳氢链短而支链多,则分子间的几何障碍大,不利于形成胶束,临界胶束浓度就高。一般 CMC 为 $0.001 \sim 0.02 \; mol \cdot dm^{-3}$,相当于 $0.02\% \sim 0.4\%$。例如,在 298 K 的水溶液中,用电导法测得的十二烷基苯磺酸钠的 CMC 为 $1.2 \times 10^{-3} \; mol \cdot dm^{-3}$。

在临界胶束浓度附近,由于胶束形成前后水中的双亲分子排列情况以及总粒子数目发生了剧烈变化,反映在宏观上表现为表面活性剂溶液的理化性质如表面张力、渗透压、电导率、摩尔电导及去污能力等性质都发生极大改变,如图 6-15 所示。

利用临界胶束浓度附近表面活性剂溶液某些理化性质的突变,可测定临界胶束浓度。在实际的操作中,核磁共振法、表面张力法、染料吸附法、紫外吸收光谱法、电导法、溶解度法、光散射法、蒸气压法及膜渗透法等均可用来测定临界胶束浓度。在中药制剂的生产过程中,考虑到实用效果和仪器设备的普及率,使用较多的是表面张力法、紫外吸收光谱法、电导法及溶解度法等。

2. 增溶机理 溶解度很小的药物,加入到形成胶团的有表面活性剂的溶液中,药物分子可以钻进胶团内部,分布在胶团的中心和夹缝中,使药物溶解度明显提高,这种现象

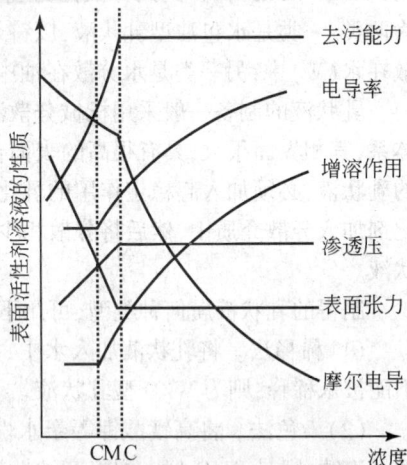

去污能力
电导率
增溶作用
渗透压
表面张力
摩尔电导

CMC   浓度

图 6-15 表面活性剂浓度对体系
性质的影响

称为增溶作用。增溶作用与表面活性剂在水溶液中形成胶束有关,只有当表面活性剂的浓度达到或超过 CMC 时,才有增溶作用。用 X 射线衍射、紫外光谱和核磁共振谱等研究胶束在增溶过程中的变化,发现对于不同的溶质和胶束,它们增溶的机理是不同的。

下面以非离子型表面活性剂吐温类化合物为例,说明对各种物质的增溶情况,如图 6-16 所示。若加入的物质为非极性分子,如苯、甲苯等,这些分子进入胶束的烃基中心区域而发生增溶;若为弱极性分子,如水杨酸,则增溶发生时在胶束中定向排列;如果是强极性分子,如对羟基苯甲酸,增溶发生时完全分布在栅状层区域(即聚氧乙烯链之间)。由此可见,不溶物分子首先被吸附或"溶解"在胶束中,然后再分散到水中,从不溶解的聚集状态变为胶体分散状态而"溶解"了。增溶就是溶解度很小的物质加入到形成胶束的溶液中,不溶物钻入胶束内部,分布在胶束的中心和夹缝中,使其溶解度明显增大的过程。

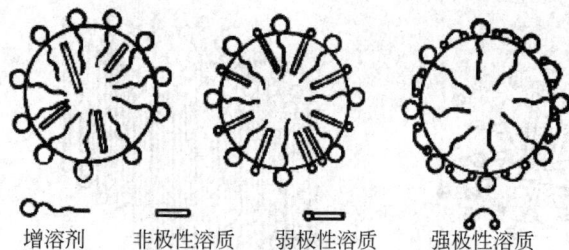

增溶剂　　非极性溶质　　弱极性溶质　　　强极性溶质

图 6-16　增溶机理示意图

由上述增溶机理可以看出,增溶作用与通常所说的溶解作用是不同的。溶解过程是溶质以分子或离子状态分散在溶液中,因而溶液的依数性有明显的变化。而增溶过程是很多溶质分子一起进入胶团中,因而溶液的依数性变化不明显。增溶与乳化也不相同,增溶过程体系的吉布斯自由能降低,形成稳定的体系,而乳状液是多相不稳定体系。

增溶作用的应用非常广泛,很多药物的制备需要加入增溶剂,如氯霉素在水中只能溶解 0.25% 左右,加入 20% 的吐温 80 后,溶解度可增大到 5%。其他如维生素、挥发油、磺胺类及激素类药物也可用吐温来增溶。此外,增溶作用可用于生物工程中蛋白质的提纯,并在人的消化过程中起到重要作用。

(二) 乳化作用

一种液体分散在另一种不互溶(或部分互溶)的液体中,形成高度分散系统的过程称为乳化作用(emulsification),得到的分散称为乳状液(emulsifier),分散相液滴大小为 1 ~ 50 μm。乳状液可分为两类:一类是水包油型乳状液,以符号 O/W 表示,指油(O)(泛指不溶于水的液态有机化合物)分散在水(W)中;另一类是水分散在油中,称为油包水型乳状液,以符号 W/O 表示。

乳状液的制备一般采用机械分散法,如机械搅拌、超声波分散等方法。乳状液是一种高度分散体系,其相界面很大,具有很高的表面吉布斯自由能,属热力学不稳定体系。因此,要想制得较稳定的乳状液,必须加入起稳定作用的乳化剂,乳化剂是一些表面活性剂。制备乳状液时先将适量的乳化剂加入分散介质中,然后将分散相少量而缓慢地加入到介质中,同时不断地强烈搅拌,即可得到乳状液。

制得的乳状液属何种类型,可用下列方法鉴别:

(1)稀释法。将乳状液加入水中,如不分层,说明可被水稀释,为 O/W 型乳状液;如分层,说明不能被水稀释,则为 W/O 型乳状液。

(2)染色法。将高锰酸钾等亲水性染料加到乳状液中,如果色素分布是连续的,则为 O/W 型;如不连续,则是 W/O 型。如将亲油性染料(如珠红或苏丹Ⅲ)加入到乳状液中,则结果和上面相反。

(3)电导法。在乳状液中插入两根电极,导电性大的为 O/W 型,导电性小的为 W/O 型。

乳化剂可分成两类:一类是亲水性乳化剂,它易溶于水而难溶于油,可使 O/W 型乳状液稳定,如水溶性皂类(一价皂,钠、钾、锂皂,银皂除外)、合成皂类($ROSO_3Na$、RSO_3Na 等)、蛋黄、酪蛋白、植物胶、淀粉、硅胶、碱式碳酸镁、陶土等都能使 O/W 型乳状液稳定;另一类是亲油性乳化剂,易溶于油而难溶于水,可使 W/O 型乳状液稳定,如二价、三价金属皂类(钙、铝皂)、高级醇、高级酯类、石墨、碳黑、松香、羊毛脂等均可稳定 W/O 型乳状液。

为什么加入亲水性乳化剂可制得 O/W 型乳状液,加入亲油性乳化剂可制得 W/O 型乳状液呢?

一个界面膜有两个界面,存在 $\sigma_\text{水}$ 和 $\sigma_\text{油}$ 两个界面张力,这两个界面张力大小不同,膜总是向界面张力大的那面弯曲,这样可减少这个面的面积,使体系趋于稳定,结果在界面张力大的一边的液体就被包围起来,成了分散相。亲水性的乳化剂能较大地降低水的表面张力,使水相的表面张力小于油相的表面张力,结果膜就向油相这面弯曲,把油包围起来,油相就成了分散相,因而成了 O/W 型乳状液。而亲油性的乳化剂使油的表面张力降低更多,使油相的表面张力小于水相的表面张力,结果膜就向水相这面弯曲,把水包围,成为 W/O 型乳状液,如图 6-17 所示。

乳化剂使乳状液稳定的原因主要有以下三个方面。

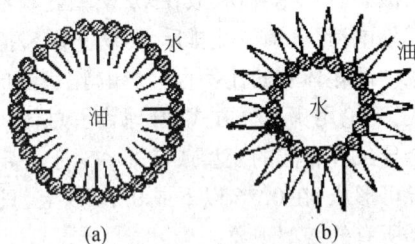

图 6-17 一价金属皂膜(a)和高价金属皂膜(b)图

1. 降低界面张力 乳化剂大多是表面活性物质,能吸附在两相的界面上,降低分散相和分散介质的表面张力,减少聚结倾向而使体系稳定。但是只降低界面张力还不足以使乳状液长期保持稳定,也不能解释为何一些非表面活性的物质如固体粉末等也能使乳状液稳定。

2. 生成坚固的保护膜 保护膜能阻碍液滴的聚集,大大提高乳状液的稳定性,这是使乳状液稳定的最重要原因。保护膜有表面膜、固体粉末粒子膜和定向楔薄膜三种。

(1)表面膜:乳化剂的极性端总是与水相接触,非极性端总是与油相接触,故能定向地排列在油水界面上形成单分子吸附膜。乳化剂足够时,排列紧密,形成的表面膜也较牢固。表面膜可分为以下两种。

不溶性单分子膜:难溶于水的表面活性剂的双亲分子在溶液表面紧密排列成单分子层,亲水基团向下,疏水基团向上,表面层中疏水基团的密度几乎与液态烃类似,这种膜称为不溶性的单分子膜。将这种不溶性的单分子膜从溶液的表面转移到固体基质表面,并进行不同类型的叠加,可形成各种多分子层的膜,称为 L-B 膜。这种膜排列规整,具有各向异性的层状结构。有可能制备成纳米级有实用功能的分子电子器件。

生物双分子层膜:生物膜是由含双亲基团的类脂分子定向排列形成的双分子层膜,亲水基团一面对着细胞外,另一面对着细胞内,分别插在含有电解质的溶液中。双分子层的中间是由两排碳氢链组成的疏水区,双分子膜上有镶嵌的蛋白质,对通过膜层的物质加以选择,调控离子与小分子的运送,使离子在膜内外浓度保持一定的梯度,从而保持一定的电势差,确保细胞的正常功能。研究生物膜的结构与功能不但对生命科学有意义,还对合成具有各种功能的人工膜有指导意义。

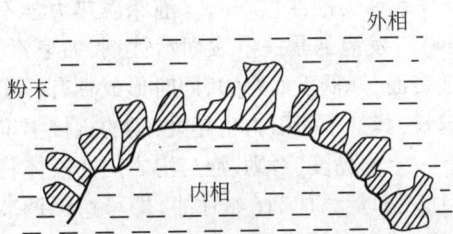

图 6-18 固体粉末粒子膜

(2)固体粉末粒子膜:对于非表面活性物质,如各种粉末及各种胶所生成的薄膜,如图 6-18 所示,稳定性主要取决于膜的机械强度,能稳定何种乳状液则取决于固体粉末的润湿作用,如能被水润湿就能稳定 O/W 型乳状液,如能被油润湿则能稳定 W/O 型乳状液。

(3)定向楔薄膜:Cs、K、Na 等一价金属皂,朝向水的是金属离子,朝向油的是碳氢链,金属离子亲水性强,易水化生成水化层,增大了这一端占有的空间,这样,极性基部分的横切面积比非极性基部分的横切面积大,较大的极性基被拉入水层将油滴包住,形成了 O/W 型乳状液,这类分子的外形像楔子,故称定向楔薄膜。如图 6-17 所示而 Ca、Mg、Al、Zn 等高价金属皂,分子形状呈"V"形,两个碳氢链同在一侧,互相排斥形成空间角,占有的空间较大,分子大部分进入油层将水滴包住,形成了 W/O 型乳状液。

3. 液滴带有电荷 对于 O/W 型乳状液,如用皂类乳化(如钠皂 RCOONa),亲水一端的羧基会解离成 RCOO⁻,所以液滴界面被负电荷所包围,异号离子 Na⁺ 分布在其周围;在 W/O 型乳状液中,液滴带电是由于液滴与介质之间的摩擦,犹如玻璃棒与毛皮摩擦生电一样。带电符号可用柯恩(Coehn)经验规则确定,即当两物体接触时,介电常数较大的物质带正电。水的介电常数大于常见的液态有机化合物,故在 O/W 型乳状液中,油滴带负电,而在 W/O 型乳状液中,水滴带正电。由于膜外电荷、液滴彼此排斥,可防止因碰撞而发生聚结,从而增加了乳状液的稳定性。

两相体积的比例也会影响乳状液的类型。同一半径的圆球,有六方和立方两种最紧密堆积方式,无论用哪一种方式,圆球皆占总体积的 74.02%,孔隙率是 25.98%。若分散相的体积超过 74%,会导致乳状液的变型或破坏。对于一定系统,相体积占总体积的 0.26 ~ 0.74 时,O/W 型与 W/O 型皆可形成,在 0.26 以下或 0.74 以上,只能有一种类型存在。这一理论有一定的实验基础,但不能解释所有的变型现象。

破乳(emulsion breaking):在药物生产过程中往往会因形成乳状液而引起操作不便,所以要加以破坏。破坏乳状液主要是破坏乳化剂的保护作用,最终使水、油两相分离。常用的有物理法和化学法:物理法包括加温、加压、离心、电破乳等;化学法是加入破坏乳化剂的试剂,或加入起相反作用的乳化剂破乳。

知识延伸

乳化的用途十分广泛。例如,在高分子材料制备中的乳化聚合、感光材料的乳化分散、纺织印染及食品工业都要用到乳化技术。如果分散相液滴的半径小到 100 nm 以下,则乳状液呈透明或半透明状态,称为微乳液,已广泛用于农业、化妆品、机械切削液、润滑油、印染、上光蜡、制备纳米材料等。在药物制剂中,由于微乳液既有水相又有油相,所以兼具增溶水和增溶油的能力。若将微乳液制成 W/O 型的,则可以将油溶性药物溶解在连续相(介质)中,将水溶性药物溶解在其中的分散相(内相)中,这样将两类药物集于同一制剂,不仅服用方便,有的还可以提高疗效。尤为突出的是燃油中的乳化掺水技术,在油相中掺水既不均匀又不稳定,如果加入乳化剂则可得到均匀的 W/O 型乳状液。例如,在柴油中加入聚乙二醇十二烷基醚作为乳化剂,可制备含水量高达 25% 左右的稳定 W/O 型微乳液,不但可以提高油的燃烧热值,而且可以减少氮氧化物废气的排放,既节能又环保。

(三) 发泡与消沫

1. 发泡 不溶性气体高度分散在液体中所形成的分散系称为泡沫(foam)。泡沫属热力学不稳定体系,要得到稳定的泡沫必须加入发泡剂(foaming agent)。发泡剂是一些表面活性剂,如皂素类、蛋白质类、合成洗涤剂等。发泡剂分子定向地吸附在液膜表面,降低表面张力,同时形成具有一定机械强度的膜,保护泡沫不因碰撞而破灭。发泡剂分子链越长,其分子间引力也越大,膜的机械强度就越高,泡沫就越稳定。使泡沫稳定的另一因素是液膜要有一定的黏度,否则,泡与泡之间的液体将因流失太快而使液壁迅速变薄,以致气泡容易破裂。通常,加入少量添加剂(如甘油)即可达到调节液膜黏度的目的。固体粉末如石墨也可以起稳定泡沫的作用,其稳定原因和稳定乳状液的原因类似。

发泡剂一般需满足下列条件:必须是表面活性物质,能够降低表面张力,且碳氢链宜长;能够形成具有适当表面黏度和机械强度的膜;发泡剂分子的疏水基与亲水基比例大致相当;非离子型发泡剂的 HLB 值一般在 8~18 之间。

2. 消沫 在医药工业生产中,常常需要消沫,特别是发酵、中草药提取、蒸发等过程中大量泡沫存在带来很大危害,故需加入消泡剂(antifoaming agent)破坏泡沫,常用消泡剂有:

(1)天然油脂类。玉米油、豆油、米糠油、棉籽油等,亲水性差,在水中难以铺展,可以用作消泡剂。但消泡活性较低,由于无毒性,仍广为应用。

(2)醇、醚、酯类。一般指含有 5~8 个碳原子碳链的醇、醚、酯类(如辛醇、磷酸三丁酯等),因其表面活性较大,能顶替原起泡剂,但本身碳氢链较短,无法形成牢固薄膜,致使泡沫破裂,适用于小规模快速破沫。

(3)聚醚类(泡敌)。如聚氧乙烯氧丙烯丙二醇(Pluronic L61L81),这类新型高效消泡剂的分子结构为

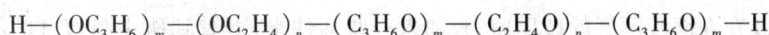

$$H—(OC_3H_6)_m—(OC_2H_4)_n—(C_3H_6O)_m—(C_2H_4O)_n—(C_3H_6O)_m—H$$

疏水基聚氧丙烯链与亲水基聚氧乙烯链间隔重复出现,消沫作用是靠分子中的疏水链,而亲水作用是靠亲水链与水形成氢键。

对化学消沫剂的要求:必须是表面活性物质,能够降低表面张力,碳氢链宜短;消沫剂分子之间的内聚力必须足够小,在气-液界面的铺展系数足够大,即 $S = \sigma_F - (\sigma_A + \sigma_{F-A})$ 应达到一定的值,式中,σ_F 为发泡剂的表面张力,σ_A 为消泡剂的表面张力,σ_{F-A} 为二者之间的表面张力;消泡剂在水中的溶解度要小,以保持其持久的消泡和抑泡能力;非离子型消沫剂的 HLB 值一般在 1~3 为宜。

(四)助磨作用

在固体物料的粉碎过程中,当磨细到颗粒度达几十微米以下时,颗粒很小,比表面很大,体系具有很大的表面吉布斯自由能,处于高度不稳定状态。在没有表面活性物质存在的情况下,只能靠自动缩小表面积,即颗粒度变大来降低体系的表面吉布斯自由能。因此,若想提高粉碎效率,得到更小的颗粒,必须加入适量的助磨剂。助磨剂是一些表面活性剂,其作用是定向排列在固体颗粒表面上,使固体颗粒的界面张力明显降低,而且还可自动地渗入到微细裂缝中去并能向深处扩展,如同在裂缝中打入一个"楔子",起着一种劈裂作用,如图 6-19(a)所示,在外力的作用下加大裂缝或分裂成更小的颗粒。多余的表面活性物质的分子很快地吸附在这些新产生的表面上,以防止新裂缝的愈合或颗粒相互间的黏聚。另外,由于表面活性物质定向排列在颗粒的表面上,而非极性的疏水基团朝外,如图 6-19(b)所示,使颗粒不易接触、表面光滑、易于滚动,这些因素都有利于粉碎效率的提高。

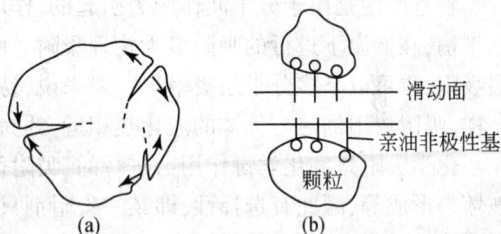

图 6-19 表面活性剂的助磨作用

(五)助悬作用

由不溶性的固体粒子(半径>100 nm)分散在液体中所形成的分散系称为混悬液,混悬液属于热力学不稳定体系,固体粒子有自动合并聚结及由于粒子自身重力作用而迅速下沉的倾向。要得到较稳定的混悬液必须加入稳定剂,稳定剂主要是表面活性剂和一些大分子化合物,表面活性剂主要是通过降低界面张力形成水化膜,使混悬液稳定。一般磺胺类药物、硫粉等疏水性物质,接触角 θ 大于 90°,不易被水润湿,且 θ 角越大,疏水性越强,加入表面活性剂后,可使疏水性物质转变为亲水性物质,从而增加混悬液的稳定性。大分子化合物(如蛋白质、琼脂、淀粉等)加入混悬液后,大分子粒子吸附在悬浮粒子的周围,形成水化膜而妨碍它们的相互聚结。

(六) 去污作用

许多油类能润湿织物,造成油垢弄脏衣物。油类不溶于水,洗涤的时候,肥皂($C_{17}H_{35}COONa$)等表面活性剂能减小水与衣物的界面张力,增大衣物与油污之间的接触角而使衣物变为憎油。这样,油污经机械摩擦和水流带动而很容易脱落,并被肥皂液乳化而分散在水中。

第七节 固–气表面上的吸附

当气体与固体表面相接触时,该气体能自动富集停留在固体表面的现象,称为吸附(adsorption),被吸附的气体称为吸附质(adsorbate),具有吸附作用的固体物质称为吸附剂(adsorbent)。如在充满溴蒸气的玻璃瓶中,加入一些活性炭,可看到瓶中溴蒸气的红棕色越来越淡直至消失,这就是溴的气体分子被活性炭吸附的结果。

由于固体吸附剂表面的分子处于力的不平衡状态,具有很大的比表面吉布斯自由能,又由于固体没有流动性,不能自动减小表面积来降低体系的比表面吉布斯自由能,因而只能以固体表面分子的剩余力场对气体进行吸附,使气体分子在固体表面上发生相对聚集,从而降低固体的比表面吉布斯自由能,使体系变得比较稳定。显然,在一定的温度和压力下,当吸附剂和吸附质的种类一定时,被吸附气体的量将随吸附剂表面积的增加而加大。因此,为提高吸附剂的吸附能力,必须尽可能增大吸附剂的表面积,只有那些比表面很大的物质,才是良好的吸附剂。按吸附剂与吸附质之间的吸附作用力的性质,吸附可分为物理吸附(physical adsorption)和化学吸附(chemical adsorption)。

一、物理吸附和化学吸附

物理吸附是由于分子间作用力引起的,作用力较弱,无选择性,吸附速率和解吸速率都较快,易达平衡,在低温下进行的吸附多为物理吸附。由于分子间作用力普遍存在,物理吸附可以是单分子层吸附,也可以是多分子层吸附。一般来说,易液化的气体容易被吸附,如同气体被冷凝于固体表面一样,吸附放出的热与气体的液化热相近,约为 $20 \sim 40$ kJ·mol^{-1}。

化学吸附是靠化学键作用力进行的,吸附剂和吸附质之间有电子的转移、原子的重排、化学键的破坏与形成等,因此有选择性,即某一吸附剂只对某些吸附质发生化学吸附。例如,氢能在钨或镍的表面上进行化学吸附,但与铝或铜则不能发生化学吸附。由于化学吸附生成化学键,所以只能是单分子层吸附,且不易吸附和解吸,要达到平衡较慢,如生成表面化合物,就不可能解吸,化学吸附常在较高温度下进行。化学吸附放出的热较多,约为 $40 \sim 400$ kJ·mol^{-1},接近于化学反应热。

实际中,物理吸附和化学吸附常常不能严格区分,有时可同时发生。例如,O_2 在金属钨上的吸附有三种情况:有些以原子状态被吸附;有些以分子状态被吸附;还有一些氧分子被吸附在已被吸附的氧原子上面,形成多分子层吸附。

二、固–气表面吸附等温线

一定温度下,以吸附量对压力作图,得到吸附等温线。吸附量是指在吸附达平衡时,单位质量固体吸附剂所吸附气体的物质的量(mol)或体积(STP)来表示。例如,质量为 m kg 的吸附剂,吸附气体 x mol,则吸附量为

$$\Gamma = \frac{x}{m} \quad 或 \quad \Gamma = \frac{V}{m}$$

对于一定量的固体吸附剂,吸附达平衡时,其吸附量与温度及气体的压力有关,即

$$\frac{x}{m} = f(T,p)$$

实际上,往往固定一个变量,求出其他两个变量之间的关系。在一定压力下,测定不同温度下的吸附量,得到的曲线称为吸附等压线;在一定温度下,测定不同压力下的吸附量就得到吸附等温线。图 6-20 所示为氨在木炭上的吸附等温线,由图可知,在低压部分,压力的影响很显著,吸附量与气体压力呈直线关系;当压力升高时,吸附量的增加渐趋缓慢;当压力足够高时,曲线接近于一条平行于横轴的直线(−23.5℃ 最为明显)。由图还可知,当压力一定时,温度升高吸附量下降。从实验测定的大量吸附等温线中,可归纳出五种类型的吸附等温线,如图 6-21 所示,图中(Ⅰ)类为单分子层吸附,(Ⅱ)~(Ⅴ)类为多分子层吸附。

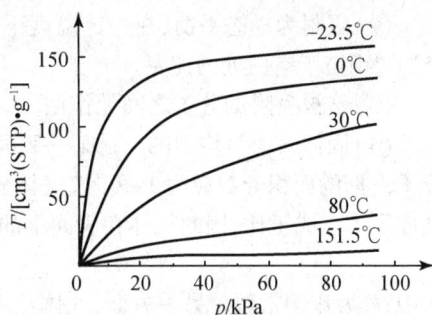

图 6-20 氨在木炭上的吸附等温线

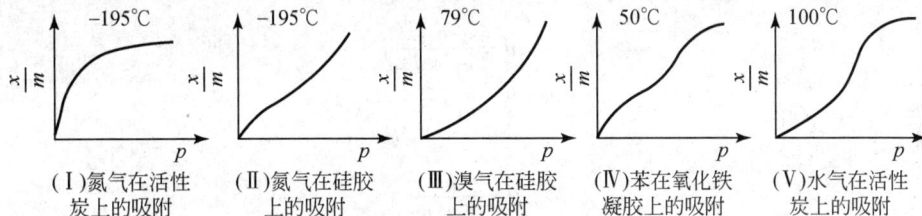

图 6-21 五种类型的吸附等温线

(Ⅰ)氮气在活性炭上的吸附 (Ⅱ)氮气在硅胶上的吸附 (Ⅲ)溴气在硅胶上的吸附 (Ⅳ)苯在氧化铁凝胶上的吸附 (Ⅴ)水气在活性炭上的吸附

三、弗罗因德利希经验式

由于固体表面情况的复杂性,在处理固体表面吸附时,较多的使用经验公式。比较常用的弗罗因德利希(Freundlich)经验式如下

$$\frac{x}{m} = kp^{1/n} \tag{6-53}$$

式中,p 是吸附平衡时气体的压力(以 Pa 为单位);k 和 n 是与吸附剂、吸附质种类以及温度等有关的经验常数,k 值可看成是单位压力($p=101325$ Pa)时的吸附量,k 值随温度升高而减小。

将式(6-53)取对数,得

$$\lg \frac{x}{m} = \lg k + \frac{1}{n}\lg p \tag{6-54}$$

以 $\lg \frac{x}{m}$ 对 $\lg p$ 作图应得一直线,由直线的截距与斜率可求出 k 和 n 的值。斜率 $\frac{1}{n}$ 的值为 0~1,其值越大,吸附量随压力变化也越大。

弗罗因德利希经验式只适用于中等压力范围,应用于高压或低压范围时,则存在较大的偏差。

四、单分子层吸附理论——朗格缪尔吸附等温式

朗格缪尔(Langmuir)在研究低压下气体在金属上的吸附时,根据实验数据发现了一些规律,然后又从动力学的观点提出了一个吸附等温式,总结出了朗格缪尔单分子层吸附理论。这一理论的基本假设是:

（1）固体的吸附能力是由于吸附剂表面的分子存在剩余力场产生的,因此,气体分子只有碰撞到尚未被吸附的空白表面才能发生吸附作用。当固体表面上已被吸附满一层气体分子之后,固体表面的剩余力场达到饱和,不再发生吸附,吸附是单分子层的。

（2）吸附为动态平衡,在一定温度下,吸附质在吸附剂表面上的"蒸发"（解吸）速率等于它"凝结"（吸附）于空白处的速率。

（3）已被吸附的分子之间无作用力。

（4）固体表面是均匀的。设某一瞬间,固体表面已被吸附分子占据的面积分数为 θ,则未被吸附分子占据的面积分数应为 $1-\theta$。按气体分子运动论,单位时间内碰撞在单位面积上的气体分子数与气体压力 p 成正比,因此气体在表面上的"凝结"（吸附）速率 v_2 为

$$\nu_2 = k_2 p (1 - \theta) \tag{6-55}$$

式中,k_2 为比例常数。另一方面,气体从表面上"蒸发"（解吸）速率 ν_1 应为

$$\nu_1 = k_1 \theta \tag{6-56}$$

式中,k_1 为另一比例常数。当吸附达动态平衡时,

$$k_2 p (1 - \theta) = k_1 \theta \tag{6-57}$$

$$\theta = \frac{k_2 p}{k_1 + k_2 p} \tag{6-58}$$

令 $b = \dfrac{k_2}{k_1}$,上式变为

$$\theta = \frac{bp}{1 + bp} \tag{6-59}$$

式中,b 称为吸附系数,也就是吸附作用的平衡常数,其大小与吸附剂、吸附质的本性及温度有关,b 值越大,表示吸附能力越强。一般高温不利于吸附,有利于解吸,b 值较小。

设 Γ 表示在压力 p 时,一定量吸附剂的吸附量,显然在较低的压力下,θ 应随平衡压力的上升而增加,在压力足够大后,θ 应趋于 1,这时吸附量不再随压力的增大而增加。以 Γ_∞ 表示最大吸附量,即当吸附剂表面全部被一层吸附质分子覆盖满时的饱和吸附量,对任意时刻 θ 应满足

$$\theta = \frac{\Gamma}{\Gamma_\infty} \tag{6-60}$$

$$\frac{\Gamma}{\Gamma_\infty} = \frac{bp}{1 + bp} \tag{6-61}$$

此式即为朗格缪尔吸附等温式,它能较好地说明图 6-22 所示的吸附等温线。在低压、高温情况下,$bp \ll 1$,$1 + bp \approx 1$,$\Gamma = \Gamma_\infty bp$,因 $\Gamma_\infty b$ 为常数,故 Γ 与 p 成正比;在高压、低温情况下,$bp \gg 1$,$1 + bp \approx bp$,则 $\Gamma = \Gamma_\infty$,相当于吸附剂表面已全部被单分子层的吸附质分子覆盖,所以压力增加,吸附量不再增加;在中压范围即为曲线形式。

式（6-61）两边除以 Γb,整理后得

$$\frac{p}{\Gamma} = \frac{1}{\Gamma_\infty b} + \frac{p}{\Gamma_\infty} \tag{6-62}$$

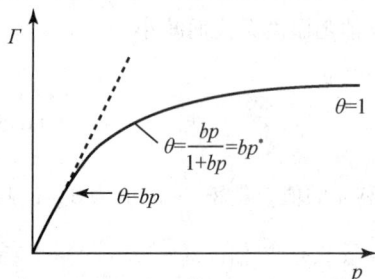

图 6-22　朗格缪尔吸附等温式示意图

以 $\dfrac{p}{\Gamma}$ 对 p 作图应得一条直线,斜率为 $\dfrac{1}{\Gamma_\infty}$,截距为 $\dfrac{1}{\Gamma_\infty b}$,故可由斜率及截距求得 Γ_∞ 及 b。根据在中压范围内的大量实验数据,朗格缪尔吸附等温式符合单分子层吸附情况,并能较好地解释图 6-21 中（Ⅰ）类吸附等温线,对多分子层吸附的（Ⅱ）～（Ⅴ）类吸附等温线则不能解释,但它仍不失为吸附理论中一个重要的基本公式。

五、多分子层吸附理论——BET吸附等温式

1938年布鲁瑙尔(Brunauer)、埃米特(Emmett)和特勒(Teller)三人提出了多分子层吸附理论(BET吸附理论),该理论认为分子吸附主要靠范德华力,不仅是吸附剂与气体分子之间,而且气体分子之间均有范德华力,因此气体中分子在一个已被吸附的分子上也有被吸附的可能,也就是说,吸附是多分子层的。各相邻吸附层之间存在着动态平衡,并不一定等一层完全吸附满后才开始吸附下一层,吸附平衡在各层分别建立。第一层吸附是靠固体表面分子与吸附质分子之间的分子间引力,第二层以上的吸附则靠吸附质分子间的引力,由于两者作用力不同,所以吸附热也不同。如图6-23所示的BET模型,设裸露的固体表面积为S_0,吸附了单分子层的表面积为S_1,第二层面积为S_2……。S_0吸附了气体分子则成为单分子层,S_1吸附的气体分子脱附则又成为裸露表面,平衡时裸露表面的吸附速率和单分子层的脱附速率相等,同样,单分子层再吸附气体分子形成二分子层,二分子层脱附形

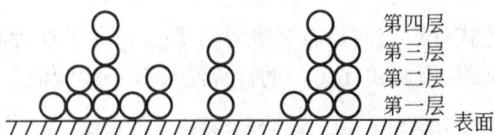

图6-23　BET多分子层吸附模型

成单分子层,平衡时单分子层的吸附速率与二分子层的脱附速率相等,依此类推……。假定吸附层为无限层,经数学处理后可得到如下的BET吸附等温式

$$\frac{p}{\Gamma(p_0-p)} = \frac{1}{\Gamma_\infty c} + \frac{c-1}{\Gamma_\infty c} \cdot \frac{p}{p_0} \tag{6-63}$$

式(6-63)称为BET二常数(Γ_∞和c)公式。式中,p为被吸附气体的气相平衡分压;p_0为被吸附气体在该温度下的饱和蒸气压;c为与温度及性质有关的常数;Γ_∞为每kg固体吸附剂表面全部被单分子层吸附质分子覆盖满时的吸附量。

由式(6-63)可知,以$\frac{p}{\Gamma(p_0-p)}$对$\frac{p}{p_0}$作图,可得一直线,其斜率为$\frac{c-1}{\Gamma_\infty c}$,截距为$\frac{1}{\Gamma_\infty c}$。从斜率和截距的值可得出$\Gamma_\infty = \frac{1}{斜率+截距}$。

BET式只适合于相对压力($\frac{p}{p_0}$)在0.05~0.35范围内的情况,超出此范围则误差较大,其原因主要是没有考虑表面的不均匀性,以及同一层上被吸附分子之间的相互作用力;还有人认为,误差主要是未考虑毛细管凝结作用等。所谓毛细管凝结现象,是指被吸附的气体在多孔性吸附剂的孔隙中凝结为液体的现象。这样,吸附量将随压力增加而迅速增加,这就是图6-21中(Ⅱ)类吸附等温线在$\frac{p}{p_0}$达0.4以上时曲线向上弯曲的原因。用BET吸附等温式可以对各类吸附等温线做出解释。

有了Γ_∞的值,若吸附剂的质量和吸附质分子截面积已知,就可以计算固体吸附剂的比表面。测定吸附剂或固体催化剂比表面的方法很多,用BET低温氮吸附测定比表面和孔径分布的方法应用很普遍。固体催化剂的比表面是衡量催化剂质量的重要参数之一,所以在多相催化研究中,比表面的测定是很重要的。

第八节　固-液界面上的吸附

固体在溶液中的吸附是最常见的吸附现象之一。固-液界面上的吸附作用不同于气-固吸附:①吸附剂既可吸附溶质也可吸附溶剂,也就是说,在固体表面上溶质分子和溶剂分子互相制约;②固体吸附剂大多数是多孔性物质,孔洞有大小,表面结构较复杂,溶质分子进入较难,速度慢,故达平衡

所需时间较长;③被吸附的物质可以是中性分子,也可以是离子,故固-液界面上的吸附,可以是分子吸附,也可以是离子吸附。

一、分子吸附

分子吸附就是非电解质及弱电解质溶液中的吸附。将一定量的吸附剂 $m(\text{kg})$ 与一定体积 V（dm^3）、质量浓度 $\rho_{B1}(\text{kg} \cdot \text{dm}^{-3})$ 的溶液放在锥形瓶内充分振摇,建成吸附平衡后,过滤,分析滤液的浓度 ρ_{B2},即可计算得到表观吸附量 $\Gamma_{表观}$（1 kg 吸附剂所吸附溶质 B 的质量）。

$$\Gamma_{表观} = V \frac{\rho_{B1} - \rho_{B2}}{m} \tag{6-64}$$

此式计算出的是表观吸附量 $\Gamma_{表观}$。由于在计算中未考虑溶剂的吸附,而实际中确有一部分溶剂被吸附,因此式(6-64)的计算结果低于实验值。

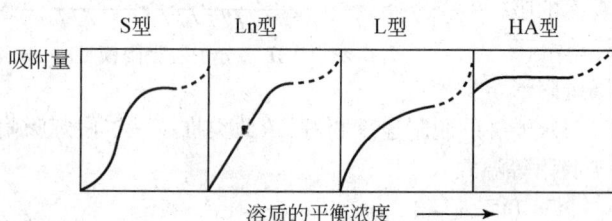

图 6-24　固体在稀溶液中的吸附等温线

固体在稀溶液中的吸附等温线主要有四种类型,如图 6-24 所示,最常见的是 L 型（即朗格缪尔型）和 S 型,Ln 型（直线型）和 HA 型（强吸附型）则比较少见。S 型等温线表示溶质在低浓度时不易吸附,到一定浓度后就明显地易于进行。L 型吸附等温线表明溶质被吸附的能力较强,并易于取代吸附剂表面上所吸附的溶剂。如对溶质的吸附能力很强而对溶剂的吸附能力很弱,即便在稀溶液中溶质也能被完全吸附,则为 HA 型吸附。当溶质进入吸附剂内部结构,并使之溶胀时发生的吸附属于 Ln 型。

固-液界面吸附也可分别用弗罗因德利希经验式、朗格缪尔吸附等温式及 BET 吸附等温式来表示,只要将压力 p 用溶液的浓度 c 代替即可

$$\frac{x}{m} = kc^{1/n} \tag{6-65}$$

$$\Gamma = \Gamma_{\infty} \frac{bc}{1 + bc} \tag{6-66}$$

但应指出,这是纯经验性的,各项常数并无明确的含义。

由于固-液吸附比较复杂,影响固-液吸附的因素较多,其理论尚未能完全阐明,只是由实践总结出一些经验规律:

(1)使固体表面吉布斯自由能降低最多的溶质吸附量最大。

(2)极性吸附剂容易吸附极性的溶质,非极性吸附剂容易吸附非极性的溶质。例如,活性炭是非极性的,硅胶是极性的,前者吸水能力差,后者吸水能力强。故在水溶液中活性炭是吸附有机物的良好吸附剂,而硅胶适宜于吸附有机溶剂中的极性溶质。

(3)溶解度越小的溶质越易被吸附。

(4)吸附为放热反应,温度越高,吸附量越低。

二、离子吸附

离子吸附是指强电解质溶液中的吸附,包括专属吸附和离子交换吸附。

(1)专属吸附。离子吸附有选择性,吸附剂往往能优先吸附其中某种正离子或负离子,被吸附的离子因静电引力的作用,吸引一部分带异性电荷的离子,形成了紧密层,这部分带异性电荷的离子以扩散的形式包围在紧密层的周围,形成了扩散层,这种吸附现象称为专属吸附。

(2)离子交换吸附。如果吸附剂吸附一种离子的同时,吸附剂本身又释放出另一种带相同符号电荷的离子到溶液中去,进行了同号离子的交换,这种现象称为离子交换吸附。进行离子交换的吸附剂称为离子交换剂,常用的离子交换剂是离子交换树脂,因为它们在合成树脂的母体中引进了极性基团,如—SO_3H、—COOH、—$CH_2N(CH_3)_2OH$、—$CH_2N(CH_3)_2$ 等,成为离子交换树脂结构的一部分作为带极性基团的固体骨架(如 R—SO_3),另一部分是可活动的带有相反电荷的一般离子(如 H^+)。

一般来说,强碱性溶质应选用弱酸性树脂,若用强酸性树脂,则解吸困难;弱碱性溶质应选用强酸性树脂,若用弱酸性树脂,则不易吸附。

三、固体吸附剂

在药物制备和中药制剂研究中,经常要用到吸附剂。下面简要介绍几种常用的固体吸附剂。

1. 活性炭 在药物生产中常用于脱色、精制、吸附、提取某些药理活性成分。例如,提取硫酸阿托品及辅酶 A 等就用到活性炭。

活性炭是一种具有多孔结构并对气体等有很强吸附能力的炭,几乎所有含碳物质都可制成活性炭,其中有植物炭、动物炭和矿物炭三类。药用以植物炭为主,一般以木屑、竹屑或稻壳在 600℃ 左右高温碳化,即可制得活性炭,必要时在碳化之前加入少量氧化硅或氧化锌等无机物作为炭粉沉积的多孔骨架。无论何种碳,都需经过活化才能成为活性炭,活化的目的是净化表面,去除杂质,畅通孔隙,增加比表面积,使固体表面晶格发生缺陷、错位,以增加晶格不完整性。活化的最常用方法是加热活化,温度一般控制在 500~1000℃。1 kg 木炭经活化后,297.15 K 吸附 CCl_4 的量可从 0.011 kg 增加到 1.48 kg。

活性炭是非极性吸附剂,它能优先从水溶液中吸附非极性溶质,一般来说,溶解度小的溶质容易被吸附。如果活性炭的含水量增加,则吸附能力下降。

2. 硅胶 又称硅胶凝胶,是透明或乳白色固体。分子式为 $xSiO_2 \cdot yH_2O$,含水分约 3%~7%。吸湿量可达 40% 左右,硅胶是多孔性极性吸附剂,表面上有很多硅羟基,将适当的水玻璃(Na_2SiO_3)溶液与硫酸溶液混合,经喷嘴喷出成小球状,凝固成型后进行老化(使网状结构坚固),并洗去所含的盐,升温加热至 300℃ 经 4 h 干燥,即得小球状的硅胶。使用时,再在 120℃ 加热 24 h 进行活化。

硅胶的吸附能力随含水量的增加而下降。硅胶按含水量的多少分为五级,即含水 0% 为 Ⅰ 级,5% 为 Ⅱ 级,15% 为 Ⅲ 级,25% 为 Ⅳ 级,35% 为 Ⅴ 级。

通常硅胶主要用作干燥剂,在色谱分析中用作吸附剂,在制备催化剂时常用作载体。在中药研究中,硅胶常用来提取强心甙、生物碱及甾体类药物。

3. 氧化铝 也称活性矾土,是多孔性、吸附能力较强的吸附剂。制备时先制得氢氧化铝,再将氢氧化铝直接加热至 400℃ 脱水即可得碱性氧化铝。用 2 倍量 5% HCl 处理碱性氧化铝,煮沸,用水洗至中性,加热活化可得中性氧化铝。中性氧化铝用乙酸处理后,加热活化即得酸性氧化铝。

氧化铝和硅胶一样是极性吸附剂,随着含水量增加,吸附活性不断下降。按含水量的不同可将氧化铝的活性分为五级。含水 0% 为 Ⅰ 级,3% 为 Ⅱ 级,6% 为 Ⅲ 级,10% 为 Ⅳ 级,15% 为 Ⅴ 级。吸附饱和后,可经 275~315℃ 加热去水复活。氧化铝常用作干燥剂、催化剂或催化剂的载体、色谱分析中的吸附剂,适用于层析分离中药的某些有效成分。

4. 分子筛 是以 SiO_2 和 Al_2O_3 为主要成分的结晶硅铝酸盐,有天然和合成两种,其化学组成的经验式为：$M_{2/n} \cdot Al_2O_3 \cdot x\, SiO_2 \cdot y H_2O$（M 为金属）。分子筛中 SiO_2 和 Al_2O_3 的物质的量的比称为硅铝比，其数值越大，耐酸性和热稳定性就越好。分子筛的种类很多，其基本结构单元为硅原子与 4 个氧原子形成的硅氧四面体和铝与氧原子形成的铝氧四面体，根据硅、铝的含量以及合成条件的不同，两种四面体按不同的方式排列，形成分布均匀但大小、形状不同的孔穴和孔道，从而得到不同型号的分子筛。因为在铝氧四面体中铝与氧的价态不平衡，于是在结构中又存在平衡价态的阳离子，如 Na^+、K^+、Ca^{2+} 等，这样同一型号的分子筛又可以细分出若干不同的种类。对于同一型号的分子筛，其孔腔大小是均匀的，可以吸附与孔径匹配的或更小的分子，而直径大于孔径的分子不可能被该分子筛吸附，从而起到筛分分子的作用，故称为分子筛。人工合成的分子筛常用的有 A 型、X 型、Y 型、M 型和 ZSM 型等。A 型（分为 3A、4A、5A）的孔径最小，而 ZSM-5 型的硅铝比大于 40，是目前分子筛热稳定性最高、应用前景最好的分子筛催化剂之一。此外，天然的泡沸石就是铝硅酸盐的多水化合物，具有蜂窝状结构，孔穴占总体积 50% 以上。

分子筛和其他吸附剂比较，有下面几个显著的优点：

（1）选择性好。分子筛能使比筛孔小的分子通过，吸附到空穴内部，从而使分子大小不同的混合物分开，起到筛分各种分子的作用。例如，用型号 5A 的分子筛（孔径约 0.5 nm）来分离正丁烷、异丁烷和苯的混合液，其中正丁烷分子的直径小于 0.5 nm，而异丁烷和苯分子的直径都大于 0.5 nm，故用此分子筛只能吸附正丁烷而不能吸附异丁烷和苯。由于分子筛具有按分子大小选择吸附的优点，所以常用它来分离混合物。

（2）在低浓度下仍然保持较高的吸附能力。普通的吸附剂在吸附质浓度很低时，吸附能力显著下降。而分子筛不同，只要吸附质分子的直径小于分子筛的孔径，仍然具有较高吸附能力。

（3）在高温下仍具有较高的吸附能力。普通吸附剂随着温度的升高，吸附量迅速下降，而分子筛在较高温度下仍然保持较高的吸附能力，在 800℃ 高温下仍很稳定。

5. 大孔吸附树脂　是一类不含交换基团的大孔结构的高分子吸附剂，主要是以苯乙烯、二乙烯苯为原料，在 0.5% 的明胶水混悬液中，加入一定比例的致孔剂聚合而成。一般为白色球形颗粒，粒度多为 20 ~ 60 目，孔径为 5 ~ 300 nm，具有良好的网状结构和很高的比表面积，可以通过物理吸附从水溶液中有选择地吸附有机物质，从而达到分离提纯的目的，是继离子交换树脂之后发展起来的一类新型的树脂类分离介质。大孔吸附树脂结构多为苯乙烯型、2-甲基丙烯酸酯型、丙烯腈及二乙烯苯等，由于其骨架不同，且有含功能基团的，也有不含功能基团的，可以分为非极性、弱极性与极性吸附树脂三类。其孔径可在制备时根据需要加以控制。

大孔吸附树脂理化性质稳定，不溶于酸、碱及有机溶剂。大孔吸附树脂本身具有吸附性和筛选性，其吸附性是范德华力作用或产生氢键的结果，筛选性是由于树脂本身具有多孔性结构所决定的。大孔吸附树脂分离技术具有快速、高效、方便、灵敏及选择性好等优点。对于那些分子质量比较大的天然化合物，不能用经典方法分离，大孔吸附树脂的特性，使得这些有机化合物尤其是水溶性化合物的提纯得以大大简化。近几年来由于大孔吸附树脂新技术的引进，使中草药有效单体成分或复方中某一单体成分的指标得到提高，因而发展速度很快，应用面很广。

由于大孔吸附树脂的孔度、孔径、比表面积及构成类型不同而被分为许多型号，故其性质各异，在应用时必须根据具体情况加以选择。

按孔径的大小来分类，分子筛可以粗分为三类：①微孔分子筛，孔径在 2 nm 以下；②介孔材料，如 M41S 系列，孔径为 2 ~ 50 nm；③大孔材料，如大孔的 TiO_2、SiO_2 和 ZrO_2 等，孔径为 50 ~ 2000 nm。

除了以上五种吸附剂外，还有活性白土和葡聚糖凝胶等，也常用于制药和生物制品中的除杂和提纯。

第九节 粉体的性质

一、粉体的比表面

以粉末状微粒形式存在的物质称为粉体。粉体中,微粒的大小和形状不一,粒径可小到 10^{-7} m,比表面很大,故有很高的表面吉布斯自由能,表现出很强的吸附作用。

粉体的表面积常用吸附法测定。根据朗格缪尔或 BET 吸附等温式,以粉体为吸附剂,先求出单分子层饱和吸附量,然后按下式算出粉体的比表面(A)

$$A = \frac{\Gamma_\infty N_A}{22.4} \cdot S \tag{6-67}$$

式中,A 为粉体的比表面;S 为每个吸附物分子的横切面积;N_A 为阿伏伽德罗常量。

【例6-4】 某粉体表面上吸附了氮气,已知饱和吸附量为 129 dm³·kg⁻¹,每个氮分子的横切面积为 16.2×10^{-20} m²,求此粉体的比表面。

解:$A = \dfrac{129 \times 6.022 \times 10^{23}}{22.4} \times 16.2 \times 10^{-20} = 5.62 \times 10^{5} (\text{m}^2 \cdot \text{kg}^{-1})$

二、粉体的微粒数

所谓微粒数是指 1 kg 粉体的微粒数。设微粒是球形,其直径为 d,每个微粒体积为 $\dfrac{\pi d^3}{6}$,粉体的密度为 ρ,则每一个微粒的质量为 $\dfrac{\pi d^3 \rho}{6}$ kg,每千克粉体中的微粒数 n 为

$$n = \frac{6}{\pi d^3 \rho} \tag{6-68}$$

三、粉体的密度

由于粒子的表面是粗糙的,粒子与粒子之间必然存在着空隙。另外,粒子本身内部还有裂缝、空隙。因此,粉体的总体积是由微粒间空隙体积(V_e)、微粒本身内部的空隙体积(V_g)和微粒本身的体积(V_t)三者加和而成。根据这三种不同的体积可求得粉体的三种不同的密度,即真密度、粒密度和松密度。

真密度:粉体的质量 m 除以微粒本身体积 V_t 而得的密度

$$\rho_t = \frac{m}{V_t} \tag{6-69}$$

粒密度:粉体的质量 m 除以粉体微粒本身体积 V_t 与微粒本身内部体积 V_g 的和所得的密度

$$\rho_g = \frac{m}{V_t + V_g} \tag{6-70}$$

松密度:粉体的质量 m 除以粉体的总体积所得的密度

$$\rho_b = \frac{m}{V_t + V_g + V_e} \tag{6-71}$$

四、粉体的空隙率

粉体的总体积又称松容积(V_h),微粒间空隙体积(V_e)和微粒本身内部的空隙体积(V_g)之和与

松容积之比称为粉体的空隙率(e)。

$$e = \frac{V_e + V_g}{V_b} = \frac{V_b - V_t}{V_b} = 1 - \frac{V_t}{V_b} = 1 - \frac{\rho_b}{\rho_t} \qquad (6\text{-}72)$$

【例 6-5】 氧化钙粉体样品重 0.1313 kg,真密度为 3203 kg·m⁻¹,将它放在 100 mL 量筒中,测得其松容积为 82.0 mL,试计算其空隙率。

解: 氧化钙微粒本身的体积为

$$V_t = \frac{0.131\ 3}{3\ 203} = 0.000\ 041\text{m}^3 = 41\text{mL}$$

则粒子间空隙率为

$$V_b - V_t = 82 - 41 = 41\text{mL}$$

$$e = \frac{41}{82} = 0.5 \text{ 或 } 50\%$$

粉体的空隙率与颗粒的形状和大小有关,颗粒一致性较差的粉体空隙率较小。因此在粉体压制过程中,为得到密实的整体,必须掺和一定比例大小不同的各种颗粒。施加压力可促进不规则颗粒间的整合。例如,使一个颗粒的凸面嵌入另一个颗粒的凹面;较小颗粒填充入较大颗粒间的空隙。实验证明,结晶性粉末经过 7038 kg·cm⁻² 的压力压缩以后,其空隙率可能小于 1%。

五、粉体的吸湿性

粉体药物在保存过程中常因吸湿而降低其流动性,甚至使药物受潮、结块而变质。在一定温度下,药物表面吸收水分和水分蒸发达到平衡时称为吸湿平衡。如果测定药物在不同湿度吸收水分的增加量或减少量,将所得实验数据作图,可得到药物的吸湿平衡图,如图 6-25 所示。由图可知,水溶性药物如葡萄糖,在某一相对湿度之前几乎不吸湿,而在此以后,即迅速吸收大量水分。这一粉体开始大量吸湿时的空气相对湿度称为临界相对湿度(critical relative humidity,CRH)。CRH 值高的药物表示在较高的相对湿度下才大量吸水,CRH 值低的药物表示在较低的湿度下即大量吸湿,从 CRH 值可衡量药物吸湿的相对难易。

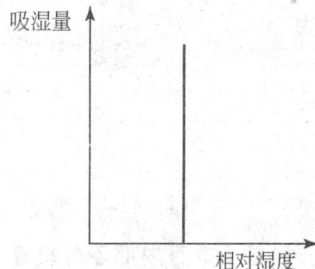

图 6-25　葡萄糖吸湿量示意图

相互不起反应的粉体药品混合物,若其中含有非水溶性成分,如水溶性药品和不溶性防湿性药品的粉体混合物,此混合物的吸湿平衡值(CRH)增大,混合物吸湿性降低。如果混合物中都是水溶性药品,则大多数混合物的 CRH 值低于其中各成分的 CRH 值,混合物的吸湿性增加。

关于水溶性粉体混合物 CRH 值的降低,爱尔特(Elder)提出这样的假说:粉体混合物的 CRH 值等于各组分 CRH 值的乘积,即 $CRH_{AB} = CRH_A \cdot CRH_B$。爱尔特假设成立的条件是混合物中没有相同的离子,而且化合物相互不影响溶解度,否则试验值与理论值会产生较大偏差。

六、粉体的流动性

测定粉体流动性的大小,可将粉体通过如图 6-26 所示的装置,测定休止角的大小来完成。所谓休止角,是指一堆粉体的表面与平

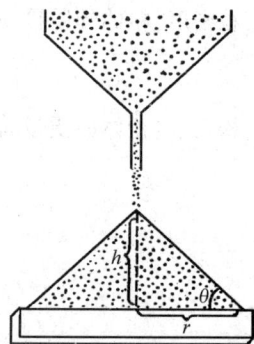

图 6-26　休止角示意图

面之间可能存在的最大角度。如果在一堆粉体上加更多的粉体,粉体将沿侧面滑下来,直到粉体微粒间的相互摩擦力与重力达到平衡为止,这时侧面与平面形成一个 θ 角称为休止角。因为 $\tan\theta = \dfrac{h}{r}$,只要测量出 h 和 r 值,即可求得休止角的数据。休止角大,流动性小;休止角小,则流动性大。粉体中含小于 $10\ \mu m$ 的微粒越多,其流动性越差,必须设法除去小颗粒。水分会使粉体产生一种黏结力,减小流动性,因此将粉体进行干燥可增加流动性。

知识延伸

临界胶束浓度的测定及应用

药物的增溶、乳化、润湿、分散、起泡、消沫及有效成分的提取,是中药制剂生产中常遇到的问题。为解决这些问题常在其工艺过程中用到表面活性剂。根据物理化学原理,表面活性剂能否起到上述作用,与其表面活性大小密切相关。而表面活性大小可用临界胶束浓度(即 CMC)来量度。CMC 越小表示此种表面活性剂形成胶团所需的浓度越低,表面活性就越好,因而,改变系统表面(界面)性质,起到润湿、乳化、增溶、起泡、消沫及分散等作用所需的浓度就越低。例如,在中药制剂的制备中,要用一定量的吐温 80 作增溶剂。但其用量过量时会干扰药液疗效并产生降压和增加心率的副作用。根据测定吐温 80 在水溶液中的 CMC,得知 25℃时其 CMC 为 $1.4 \times 10^{-2}\ g \cdot L^{-1}$。当调整用量在其 CMC 附近时(实际用量可比 CMC 略稍大),这样,既可起到增溶效果又避免了副作用的产生。所以,CMC 的测定为合理选择表面活性剂用量有很大的帮助。

测定 CMC 的方法很多,原则上都是由溶液的物理化学性质随浓度变化出发求得,这就要求待测系统必须是溶液。对中药搽剂等液体制剂测定起来尤为简便,对中药片剂、栓剂、膜剂等非液体制剂则应先在一定条件下使之成为溶液,然后测定。根据中药制剂的特点及要求,下面介绍六种比较简便易行的操作方法。

1. 电导法 这是测定 CMC 的经典方法,所用仪器为电导率仪,并可与计算机配套使测定自动化。一般而言,此法最适用于离子型表面活性剂 CMC 的测定,且对有较高表面活性(即 CMC 较小)的表面活性剂准确度较高,但在一定条件下此法也可用于非离子型表面活性剂 CMC 的测定。此法用于其他中药制剂中表面活性剂的 CMC 测定应注意,待测系统中不能有过量的无机盐或其他导电性较强的"杂质"存在,否则会使测定结果出现较大的偏差。

2. 表面张力法 由于表面活性剂一般是通过改变系统的表面张力来发挥实际作用的,所以测定含有表面活性剂溶液的表面张力 σ,由 σ-c 关系曲线可方便地求得 CMC。具体操作方法可采用最大气泡压力法。该法的特点在于不需要贵重仪器,全套装置均可自己动手装配,且取样少、操作简便、精确度可达几千分之一。该法可用于任何种类表面活性剂的 CMC 测定,不受无机盐存在的干扰,所以它可用于各种中药制剂。应用该法还有一大优点就是在测定 CMC 同时,可得出溶液的表面吸附等温线,并可由此等温线是否出现转折点来鉴定表面活性剂的纯度。实际操作方法是:先配好不同浓度的表面活性剂溶液,在同一温度和同一装置中测定,作出 σ-c 关系曲线,该曲线上出现的最低点所对应的浓度值即为 CMC。例如,十二烷基硫酸钠水溶液的 σ,开始时随浓度增大而急剧下降,达到 CMC 后则变化缓慢或不再变化,其 σ-c 关系曲线上出现的最低点对应的浓度 0.008% 即为此十二烷基硫酸钠的 CMC。

3. 染料吸附法 此法是利用某些染料在水中和胶束中的颜色有明显差别的性质,采用滴定的方法测定 CMC,并根据同性电荷相斥、异性电荷相吸的原理,所用染料(一般为有机离子)

知识延伸

必须要与表面活性离子的电荷相反,故此法的关键是选择合适的染料。例如,常用于阴离子(负离子)表面活性剂的染料有频那氰醇氯化物、碱性蕊香红 G 等;用于阳离子(正离子)表面活性剂的染料有曙红、荧光黄等;用于非离子型表面活性剂的染料有四碘荧光素、苯并红紫 4B 等。具体的操作方法是:先在一确定浓度(>CMC)的表面活性剂溶液中加入少量的染料,此时染料被溶液中的胶束吸附而使溶液呈现某种颜色。再用滴定的办法,溶液直至溶液颜色发生显著变化,由被滴定溶液的总体积可方便求得CMC。例如,氯化频那氰醇在 CMC 以上时为蓝色,CMC 以下为红色。由于此法是以颜色的变化来确定CMC值,所以对中药膏剂等药物溶液本身颜色较深的样品不适用;若药液含盐或醇较多时,会导致颜色变化不明显,则此法也不适用。此外,该法用于非离子型表面活性剂测定效果也不甚理想。遇到这些情况可考虑采用其他方法如表面张力法、紫外吸收光谱法等来测定。

4. 紫外吸收光谱法 前述染料吸附法用于非离子型表面活性剂CMC测定时,效果不很理想。此时,改用微量的碘代替染料,在紫外区适宜的波长下观察光谱的变化可提高测定灵敏度。此法的关键在于不同的药物需选用不同的测定波长,特点是灵敏度高、测定数据精确。除CMC值外,还能得到一些有价值的参数如 λ_{max}、ε_{max} 等。在药物质量的检测中这些参数既可作为定性分析又可作为微量成分含量测定的依据。所以,紫外吸收光谱法已在中草药及其制剂的生产、研究和质量检验中得到广泛的应用。

5. 溶解度法 表面活性剂的加入使得某些不溶或微溶于水的有机化合物的溶解度显著增加。由于被增溶的物质(如碳氢化合物)溶解于胶团内部憎水基团集中的地方,故测定溶液的溶解度S,由 S-c 关系曲线上出现的转折点可方便地求得CMC。例如,2-硝基二苯胺在月桂酸钾水溶液中的溶解度,当月桂酸钾浓度达 0.5% 时会急剧增加。此法在实际测定中可采用不同的操作手段:①直接测定溶解度,如上例;②间接法,即用颜色的变化来求溶解度进而确定 CMC。方法是:在药液中加入不溶于水的固体染料,然后由小到大改变表面活性剂的浓度,当达到CMC时染料的溶解度急剧增加则整个溶液呈现染料的颜色。这种方法非常适用于以水为溶媒的中药制剂中表面活性剂的 CMC 测定。但是要求药物本身颜色较浅。此外,染料的加入会对CMC 较小的表面活性剂的 CMC 测定有影响,遇到这些情况可选用烃类代替染料。因为在稀表面活性剂溶液(<CMC)中,烃类一般不溶或不随浓度改变,但当表面活性剂浓度超过 CMC 后则溶解度急剧增加,一般可由溶液的浊度变化来确定溶解度。

6. 光散射法 光散射现象是溶胶系统特有的光学性质。这就是胶体化学中著名的丁铎尔效应。由于CMC是表面活性剂溶液的物理化学性质发生跃变的"分水岭",所以当表面活性剂在溶液中达到或超过一定浓度时,会从单体(单个离子或分子)缔合成胶态聚集物即形成胶团,其大小符合胶粒大小的范围故有光的散射现象。随着表面活性剂浓度的增大,胶团的聚集数不断增多,光散射强度随之增强,当达到 CMC 时,光散射强度急剧增加,CMC 即可由"光散射强度-浓度"图中的突变点求出。此法的特点在于除获得CMC值外,还可测定胶团的聚集数、胶团的形状和大小及胶团的电荷量等有用的数据,这是上述其他方法不易办到的。此外,该法要求待测溶液非常纯净,任何杂质质点都将影响测定结果,故该法尤其适用于中药注射液、滴眼剂等制剂的CMC测定。

综上所述,在实际应用中,可根据不同剂型的药物及要求,选用适宜的方法来测定CMC。一般而言,上述几种方法较简便且数据准确。应用较多的是电导法、表面张力法及紫外吸收光谱法。其他测定方法如蒸气压法、核磁共振法等由于设备和操作方面的原因应用没有上述方法普及,但我们还是可以从有关著作中看到它们的测定结果。

科学家介绍

开尔文(L. Kelvin)原名汤姆森(W. Thomson),1824年生于爱尔兰,1907年在苏格兰逝世。1866年被封为爵士,并于1892年晋升为Kelvin勋爵,改名为开尔文。

开尔文是热力学的主要奠基人之一,他于1848年创立了热力学温标,并指出这个温标的特点是不依赖于任何物质的物理性质。为了纪念他,国际计量大会将热力学温标称为开尔文(开氏)温标,并以"K"为单位,成为国际单位制中的七个基本单位之一。1851年他提出热力学第二定律的开尔文说法:"不可能从单一热源吸热并使之完全变为有用功而不产生其他影响。"1852年他与焦耳合作对焦耳气体自由膨胀实验做了改进,进行气体膨胀的多孔塞实验,发现了焦耳-汤姆森(Joule-Thomson)效应,被广泛地应用于低温技术。

L. Kelvin(1824~1907)
英国物理学家开尔文

朗格缪尔(I. Langmuir)1881年出生于纽约一个贫民家庭,1957年8月16日在马萨诸塞州的法尔默斯逝世。1903年毕业于哥伦比亚大学矿业学院,1932年因表面化学和热离子发射方面的研究成果获得诺贝尔化学奖。

朗格缪尔的一生成就辉煌,他在电子发射、空间电子现象、气体放电、原子结构及表面化学等方面均做出了很大贡献。1912年研制成功高真空电子管,使电子管进入实用阶段;1913年研制成充氮、充氩白炽灯;他对物质的表面和单分子表面膜进行了研究,1916年提出固体吸附气体分子的单分子层吸附理论;1917年设计出测量水面上不溶物产生的表面压的"表面天平"(朗格缪尔天平);1923年首先提出"等离子体"这个词;1924~1927年发明氢原子焊枪;他还研制出高真空汞泵和探测潜艇用的声学器件;1947年他和助手第一次成功地进行了人工降雨的试验。朗格缪尔与其学生Blodgett首创有一定排列次序的多层单分子膜(称为L-B膜),这种膜具有各向异性,并且可以人为控制和组装,成为高新科技的研究热点。

I. Langmuir(1881~1957)
美国物理化学家朗格缪尔

习 题

1. 某硅胶的表面吸附是单分子层吸附,该硅胶5.0 g达到饱和吸附时需标准状态 N_2 体积为129 cm^3。若 N_2 分子所占面积为 $S = 0.162\ nm^2$,试计算此硅胶的比表面。

$$(A = 562\ m^2, a = 112.4\ m^2 \cdot g^{-1})$$

2. 将一个肥皂泡从半径为 r 吹到半径为 $2r$,计算此过程中所做的功的大小? 设肥皂液的表面张力为 σ。

$$(\Delta G = W' = \sigma \Delta A = 24\sigma\pi r^2)$$

3. 已知293 K时乙醇的表面张力是 $22.0 \times 10^{-3}\ N \cdot m^{-1}$,汞的表面张力是 $471.6 \times 10^{-3}\ N \cdot m^{-1}$,汞与乙醇的界面张力是 $364.3 \times 10^{-3}\ N \cdot m^{-1}$,试问乙醇能否在汞表面铺展?

$$(S = 85.3 \times 10^{-3}\ N \cdot m^{-1} > 0 ,所以,乙醇可以在汞的表面铺展)$$

4. 已知水的表面张力为 $\sigma = 7.3 \times 10^{-2}\ N \cdot m^{-1}$,大气压力为 $p_0 = 1.0 \times 10^5\ Pa$,计算:①空气中直径为 $2.0 \times 10^{-5}\ m$ 的水滴内的压力;②湖面下10 m深处直径为 $2.0 \times 10^{-5}\ m$ 的气泡的压力。

$$(① p = 1.15 \times 10^5\ Pa ;② p = 2.146 \times 10^5\ Pa)$$

5. 将一个半径为 1×10^{-4} m, 长为 0.2 m 的玻璃管一端封闭, 然后将其浸入到水中, 设管中空气完全不溢出, 浸入水中的深度忽略, 水面上的大气压力为 1×10^5 Pa, 水的表面张力为 7.3×10^{-2} N·m^{-1}, 则: ①管中空气的压力为多少? ②水进入管内的长度为多少米?

（① $p = 1.0146 \times 10^5$ Pa; ② $x = 2.9 \times 10^{-3}$ m）

6. 293 K 时, 苯蒸气凝结成雾, 其液滴半径为 1×10^{-6} m, 求液滴界面内外的压力差, 并计算液滴饱和蒸气压比平面液体饱和蒸气压增加的百分率。已知液体苯的密度为 0.879 g·cm^{-3}, 表面张力 $\sigma = 28.9\times10^{-3}$ N·m^{-1}。

（ $p_s = 5.78 \times 10^4$ Pa；$\ln\dfrac{p_r^*}{p_0^*} = 2.11 \times 10^{-3}$, $\dfrac{p_r^*}{p_0^*} = 1.002$, 则 $\dfrac{p_r^* - p_0^*}{p_0^*} = 0.002 = 0.2\%$ ）

7. 在 292 K 时, 有人测得某脂肪酸水溶液浓度 c 与表面张力 σ 的关系如下

$$\sigma = \sigma_0 - a\ln(1 + \beta c)$$

式中, σ_0 为纯水的表面张力, a、β 均为常数, 则

(1) 试导出在一定的温度下, 表面吸附量 Γ 与溶液浓度 c 之间的关系式;

(2) 已知 a 为 1.31×10^{-2} N·m^{-1}, β 为 19.62 dm^{-3}·mol^{-1}, 求当脂肪酸浓度为 0.20 mol·dm^{-3} 时的吸附量;

(3) 求此脂肪酸溶液表面的饱和吸附量 Γ_∞;

(4) 假定吸附达到饱和时表面全部被脂肪酸分子覆盖, 计算每个脂肪酸分子的横截面积 A。

$\Big[(1) \left(\dfrac{\mathrm{d}\sigma}{\mathrm{d}c}\right)_T = -\dfrac{a}{1 + \beta c} \cdot \beta = -\dfrac{a\beta}{1 + \beta c}$,

(2) $\Gamma = -\dfrac{c}{RT}\left(\dfrac{\mathrm{d}\sigma}{\mathrm{d}c}\right)_T = \dfrac{a\beta c}{RT(1 + \beta c)}$, $\Gamma = 4.3\times10^{-6}$ mol·m^{-2},

(3) 当 c 达饱和时, $1 + \beta c \approx \beta c$, $\Gamma_\infty = 5.4 \times 10^{-6}$ mol·m^{-2},

(4) $A = 0.308$ nm^2 $\Big]$

8. 473 K 时研究 O_2 在某催化剂的催化作用, 当 O_2 的平衡压力为 0.1 MPa 及 1 MPa 时, 测得每克催化剂吸附的 O_2 的量在标准状态下分别为 2.5×10^{-6} m^3 及 4.2×10^{-6} m^3。设吸附服从朗格缪尔吸附等温式, 计算当 O_2 的吸附量达到饱和吸附量的一半时, 相应的 O_2 的平衡压力。

解: 据公式 $\Gamma = \Gamma_\infty \dfrac{bp}{1 + bp}$, $\dfrac{\Gamma_1}{\Gamma_2} = \dfrac{p_1}{p_2}\dfrac{1 + bp_2}{1 + bp_1}$ 得 $b = 12.2$ MPa^{-1}, 则

$$\dfrac{\Gamma}{\Gamma_\infty} = \dfrac{bp}{1 + bp} = \dfrac{1}{2}$$

$$p = 82 \text{ kPa}$$

9. 气体 A 在某固体表面上的吸附符合朗格缪尔吸附等温式。在 0℃ 时, 其饱和吸附量为 93.8 dm^3·kg^{-1}, 若 A 的分压为 13375 Pa 时, 吸附量为 82.5 dm^3·kg^{-1}。试求 A 的分压为 7093 Pa 时的吸附量。

（首先利用朗格缪尔吸附等温式求出吸附常数 b

$$\Gamma = \Gamma_\infty \dfrac{bp}{1 + bp} = 93.8 \times \dfrac{b \times 133\,75}{1 + b \times 133\,75} = 82.5, \quad b = 5.46\times10^{-4}$$

所以 $\Gamma = 74.54$ dm^3·kg^{-1} ）

10. 某铁粉样品的真密度为 7800 kg·m^{-3}, 将 1.0590 kg 本品倾入量筒, 测得其松容积为 180 mL, 计算其空隙率。

（ $V_t = \dfrac{m}{\rho_t} = 0.000\,136$ $m^3 = 136$ mL; $e = 1 - \dfrac{V_t}{V_b} = 0.25$ 或 25% ）

第七章 溶 胶

本节提要

胶体化学在食品、医药生物学等领域有着重要的应用。通过本章学习,学生应当了解溶胶的制备、净化,掌握溶胶的基本特征,重点掌握溶胶的光学性质、动力学性质以及电学性质,如丁铎尔效应、布朗运动、电泳等。掌握胶粒带电的原因和胶团结构,了解双电层理论,掌握溶胶的稳定性和聚沉作用。会利用本章的基础知识解释生产、生活中和胶体相关的自然现象等。

"胶体"一词是由英国化学家格雷厄姆(T. Graham)在1861年首次提出。他在研究物质在水中的扩散速度时发现,有些物质如蔗糖、食盐等在水中扩散很快,能透过半透膜;而另一类物质如明胶、蛋白质和氢氧化铝等在水中扩散很慢,不能透过半透膜。前者在溶剂蒸发后形成晶体析出,后者形成黏稠的胶状物质。格雷厄姆根据这些现象,将物质分成两类,前者称为晶体(crystal),后者称为胶体(colloid)。随着科学的发展,人们发现把物质分为晶体和胶体是不科学的,任何典型的晶体物质都可以通过降低其溶解度或选用适当分散介质而制成胶体。例如,NaCl可以形成晶体,但在乙醇中却能形成胶体。所以"胶体"这个名词的含义并不确切,现在是指具有高度分散的分散系。

胶体化学真正获得较大发展始于1903年。随着超显微镜的应用,溶胶的多相性得以确定下来。1907年,奥斯特瓦尔德(W. Ostwald)创办了第一个胶体化学刊物——《胶体化学和工业杂志》,自此,胶体化学成为一门独立学科,近年来,随着超离心机、光散射以及各类电子显微镜的出现,使胶体化学获得了迅速发展。德国科学家席格蒙迪(R. A. Zsigmondy)和瑞典科学家斯韦德贝里(T. Svedberg)因对胶体化学的独特贡献先后被授予1925年和1926年诺贝尔化学奖。

胶体分散系表现出与其他类型分散系不同的动力学性质、光学性质、电学性质、流变性质和稳定性等,其基本原理已广泛应用于石油、冶金、塑料、电子、食品等工业区领域,以及生物学、医学、地质学、气象学等其他学科。

在药物制剂领域,从胶体化学的观点看,不同的剂型就是不同的分散系。纳米制剂、脂质体微米制剂等新一代剂型的开发应用以及蛋白、多肽类制剂的研究、生产都离不开胶体化学的基础知识。

第一节 分 散 系

一种或几种物质分散在另一种物质中所形成的系统称为**分散系**(dispersion system)。在分散系中,以非连续形式存在的被分散的物质称为**分散相**(disperse phase),承载分散相的连续物质称为**分散介质**(disperse medium)。根据分散相粒子的大小,常把分散系分成三类:分子分散系、胶体分散系和粗分散系,其性质、特征见表7-1。

1. 分子分散系 分散相粒子小于1nm,该类分散系亦称真溶液,如NaCl水溶液、乙醇的水溶液等。真溶液分散相(溶质)和分散介质(溶液)之间不存在界面,故属于单相均匀系统。

表 7-1　分散系的分类和主要特征

主要特征	分散系分类		
	分子分散系	胶体分散系	粗分散系
分散相粒子大小	< 1nm	1 ~ 100nm	> 100nm
扩散速度	快	慢	极慢
能否透过滤纸	能	能	否
能否透过半透膜	能	否	否
普通显微镜下是否可见	否	否	是
超显微镜下是否可见	否	是	否

2. 胶体分散系　胶体分散相粒子介于 1 ~ 100 nm 之间,分散相颗粒很小,介于宏观世界和微观世界之间,属于介观系统。胶体可以分为三大类:

(1)溶胶由难溶物以 1 ~ 100 nm 大小分散在液体介质中所形成,如金溶胶、三硫化二砷溶胶等。它是热力学不稳定的多相系统,无稳定剂时易聚集沉淀,一旦析出沉淀将不能重新分散得到溶胶,因此又称为不可逆胶体,亦称"憎液胶体"(lyophobic colloid)。本章主要讨论溶胶。

(2)大分子溶液,如琼脂、明胶等。大分子化合物是以分子形式自发溶解在溶剂中,与溶剂有很好的亲和力,没有相界面,属于热力学稳定系统,因此又称为"亲液胶体"(lyophilic colloid)。大分子化合物因其固有的特点,已经逐渐形成一个独立的学科,因此大分子溶液将在下一章单独介绍。

(3)缔合胶体。由表面活性物质缔合形成的胶束分散在介质中得到的外观均匀的溶液,或由缔合表面活性物质保护的微乳状液。胶束或微液滴的大小也为 1 ~ 100 nm,但它们在热力学上属于稳定系统。

3. 粗分散系　粗分散相粒子大于 100 nm,如悬浊液、乳浊液等。粗分散系的分散相颗粒大,在重力下迅速下沉,故无动力学稳定性、无扩散作用、不能产生渗透压、分散相和分散介质之间有明显的界面,属于多相系统。

第二节　溶胶的分类和基本特征

表 7-2　按分散相和分散介质的聚集状态对分散系的分类

分散介质	分散相	名称	实例
气	液	气溶胶	雾
气	固		霾、烟
液	气	液溶胶	泡沫
液	液		牛奶
液	固		泥浆、溶胶
固	气	固溶胶	沸石、泡沫玻璃
固	液		珍珠
固	固		合金、有色玻璃

根据分散相与分散介质的聚集状态,可以把溶胶分为八类,见表 7-2。该分类是一种广义的胶体概念,并不反映胶体的基本特征。

溶胶与小分子溶液、大分子溶液及粗分散系统相比,具有高度分散性、多相性及聚结不稳定性三个基本特征。

(1)高度分散性。溶胶分散相粒子大小在 1 ~ 100 nm 之间,具有高度的分散性,这是溶胶的根本特征。溶胶的许多性质,如不能透过半透膜、渗透压低等都与其高度分散性有关。

(2)多相性。形成溶胶的先决条件是分散相难溶于分散介质,每个分散相粒子自成一相,分散相粒子与分散介质之间存在明显的相界面,是多相系统。与溶胶相比,小分子溶液中的分散相粒子是单个的小分子和小离子,分散相和分散介质之间具有很好的亲和性,属均相系统。大分子溶液的分散相粒子与溶胶的分散相粒子大小相当,因而具有一些相同的性质,如扩散慢、不能透过半透膜,但大分子溶液仍属均相系统。

(3)聚结不稳定性。溶胶的高度分散性和多相不均匀性使其具有很大的比表面积(例如,粒径为 5 nm 的物质其比表面积达到 180 $m^2 \cdot g^{-1}$)和巨大的表面吉布斯能,属于热力学不稳定系统,分散相粒子能自发聚集减小表面积以使系统能量降低,因此溶胶又具有聚结不稳定性。为防止溶胶聚结,在制备时常需一定的稳定剂(stabilizing agent),通常是一定量的电解质。

第三节 溶胶的制备和净化

一、溶胶的制备

溶胶的分散相粒子大小处于 1 ~ 100 nm,介于宏观和微观之间,因此制备溶胶可有两种途径:一是将大块固体粉碎到粒度为 1~ 100 nm,提高分散度,称为分散法(dispersion method);二是设法将溶液中小分子或离子凝聚成 1~ 100 nm 的溶胶粒子,降低分散度,称为凝聚法(condensation method)。

应注意溶胶是高度分散的多相系统,是热力学的不稳定系统,因此制备时必须加入适当的稳定剂,如电解质或表面活性剂,使胶体粒子在短时间内得以稳定存在而不发生沉淀。下面具体介绍制备方法。

(一)分散法

分散法制备溶胶即采用机械设备将大块固体物质或粗分散物质在有稳定剂存在的情况下分散成溶胶。通常采用以下几种方法:

1. 机械法

(1)球磨法。球型研磨体在随旋转筒体转动时,因重力作用而下落,利用其下落的冲击动能使被研磨的物质破碎,如图 7-1(a)所示。球磨机仅能使粒子粉碎至 2 μm,且有可能使研磨球体的碎屑也混入成品中,而利用高能球磨机可以把粒子粉碎至纳米级。

(2)胶体磨法。用胶体磨将固体物质研磨成胶体大小的粒度制备溶胶。胶体磨的形式多样,其分散能力因构造和转速的差别而不同。图 7-1(b)是盘式胶体磨的示意图。胶体磨适用于脆性物质的粉碎。例如,对活性炭进行研磨,物料从上端加入后流入两个磨盘之间的缝隙,通过磨盘沿相反方向旋转产生的强大内切力,使活性炭被粉碎成粒径在 1μm 以下的细微颗粒。

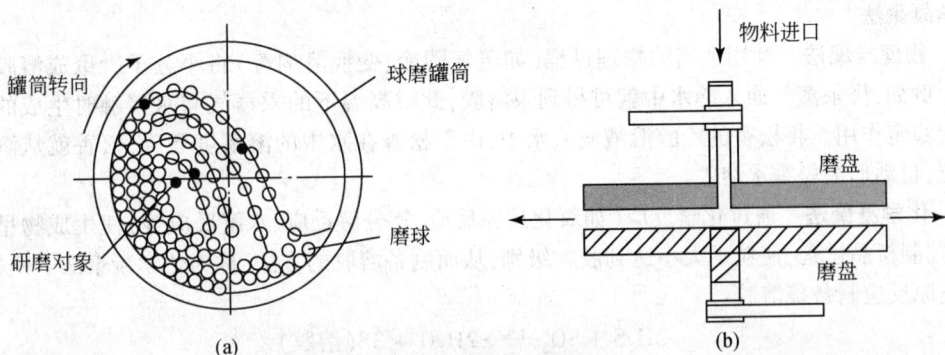

图 7-1 球磨机和盘式胶体磨示意图

(3)气流磨法。利用压缩空气流将物料以接近或超过音速的速率喷入气流磨粉碎室,形成强旋转气流,在气流作用下,物料因物料间以及物料与器壁间的碰撞和摩擦作用被粉碎成超微颗粒。用该法制备胶体几乎无污染,且产品细度均匀,特别适合药品的要求。

2. 电弧法 主要用于制备金属溶胶。如图7-2所示,将欲制备溶胶的金属(如金、银、铂、钯等)作为电极,浸入不断冷却的水中,通以直流电,两电极在介质中接近使形成电弧。在电弧的高温作用下金属汽化,遇水冷却而凝聚成金属溶胶。

3. 超声波法 高频超声波对分散相产生很大的撕碎力,从而达到分散的效果。超声波分散法也广泛用于乳状液的制备。利用超声波法可以制备硫、石膏等的水溶胶。如图7-3所示为一种探头式超声波粉碎机。

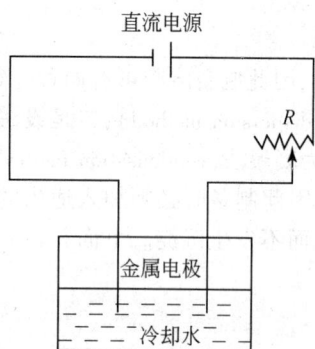

图7-2 电弧法制备溶胶示意图

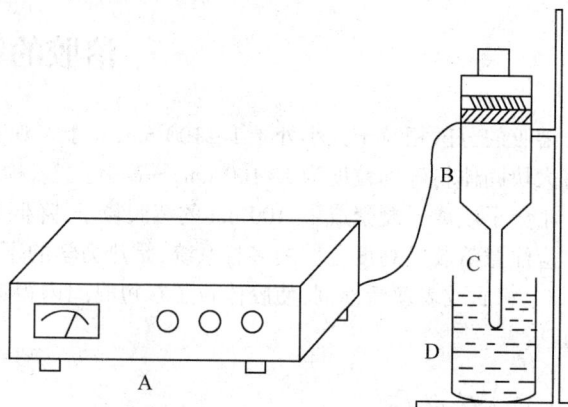

图7-3 探头式超声波粉碎机示意图
A. 超声波发生器;B. 压电换能器;C. 振幅杆;D. 样品

4. 胶溶法 是把暂时聚集在一起的胶粒重新分散成溶胶。许多新鲜沉淀皆因制备时缺少稳定剂,从而导致胶粒聚集,因此若加入少量电解质,胶粒因吸附带电离子后相互排斥而变得稳定,在搅拌下沉淀会重新分散形成溶胶。有时因制备过程中电解质过多也会形成沉淀,若设法除去过量电解质也可促使沉淀转成溶胶。例如,新鲜的氢氧化铝沉淀洗涤后加适量蒸馏水煮沸,然后加数滴稀盐酸即可形成氢氧化铝溶胶。

(二)凝聚法

凝聚法是使分子、原子或离子分散状态相互凝聚成溶胶粒子的一种方法。一般分为物理凝聚法和化学凝聚法。

1. 物理凝聚法 利用适当的物理过程(如蒸气骤冷、变换溶剂等)将小分子凝聚成溶胶粒子的大小。例如,将汞蒸气通入冷水中就可得到汞溶胶,此时高温下的汞蒸气与水接触时生成的少量氧化物起稳定作用。将松香的乙醇溶液滴入水中,由于松香在水中的溶解度骤降,松香就从溶液中析出胶粒,自动形成松香水溶胶。

2. 化学凝聚法 通过化学反应(如氧化还原反应、复分解反应、水解反应等)使生成物呈过饱和状态,控制析晶过程,使粒子大小达到胶粒级别,从而制备溶胶的方法,称为化学凝聚法。例如,氧化还原反应制备硫溶胶:

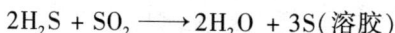

$$2H_2S + SO_2 \longrightarrow 2H_2O + 3S(溶胶)$$

复分解反应制备硫化砷溶胶:

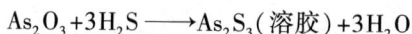

$$As_2O_3 + 3H_2S \longrightarrow As_2S_3(溶胶) + 3H_2O$$

复分解反应制备氯化银溶胶:

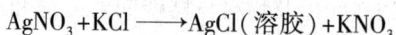

$$AgNO_3 + KCl \longrightarrow AgCl(溶胶) + KNO_3$$

水解反应制备氢氧化铁溶胶：
$$FeCl_3+3H_2O(热)\longrightarrow Fe(OH)_3(溶胶)+3HCl$$

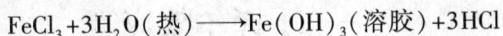

（三）均分散胶体的制备

通常条件下制备的溶胶粒子，其形状和尺寸都是不均匀的，尺寸分布范围较广，是多级分散系统。若严格控制条件，则有可能制备出形状相同、尺寸相差不大的溶胶粒子，由此形成的胶体称为均分散胶体（monodispersed colloid）。制备均分散胶体的方法多种多样，如沉淀法、相转变法、微乳液法等。无论采用何种方法，均需控制晶核的形成及晶粒的生长，即短时间内迅速形成大量晶核，然后控制所有晶核同步生长。例如，1906年席格蒙迪利用晶种技术制得近乎单分散体的金的水溶胶。

二、溶胶的净化

由化学反应制得的溶胶中常含有多余的电解质，如水合氧化铁溶胶中留有盐酸，电解质的浓度过高会破坏溶胶的稳定性，因此溶胶需要净化。通采常用渗析法和超过滤法净化溶胶。

1. 渗析法（dialysis method） 半透膜允许小分子和小离子通过，而不允许溶胶粒子和大分子通过，因此可利用半透膜对溶胶进行净化，这种方法称为渗析法。渗析时，通常把溶胶放到半透膜内，膜外放置纯溶剂，因膜内外浓度的差异，膜内的小分子和小离子会向半透膜外迁移，只要循环不断更换膜外溶剂，就可以使溶胶净化。为加快渗析速度，可在渗析器两侧加上电场，使被渗析离子迅速透过膜向两极移动，此法称电渗析（electrodialysis），如图7-4所示。治疗肾病的血液透析仪，也称人工肾，也是基于此原理进行工作，从而除去血液中的有害小分子代谢物，如尿素、尿酸等。

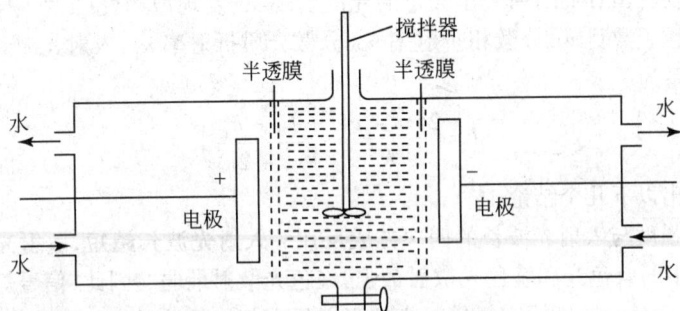

图7-4 电渗析装置示意图

2. 超过滤法（ultrafiltration method） 用不同孔径的半透膜粘贴在布氏漏斗支架上，在加压或抽吸的情况下将胶粒和分散介质分开，这种方法称为超过滤法。可溶性杂质能透过滤膜而被除去，经超过滤得到的胶粒重新分散到合适的介质中，就得到净化的溶胶。

渗析和超过滤均是膜分离技术，具有简单、高效、绿色、节能等优点，在生物化学和医药学等方面得到广泛的应用。

第四节 溶胶的光学性质

普通显微镜的分辨率在200 nm以上，而胶粒的粒径在1~100 nm之间，所以普通显微镜无法观察到胶粒。但由于溶胶的高分散性，其粒径远小于可见光波长（可见光的波长一般为400~800 nm），故显现出一系列特有的光学性质。通过光学性质的研究，不仅可以解释溶胶的一些光学现象，而且通过光学性质的研究进而观察胶体粒子的运动，同时可以研究胶粒的大小、形状等性质。

一、丁铎尔效应

在暗室里将一束强光通过溶胶,在与光束的垂直方向上观察,可以看到明显的光径,这种现象是1896 年由英国物理学家丁铎尔首次发现,称为丁铎尔效应(Tyndall phenomenon),如图7-5 所示。

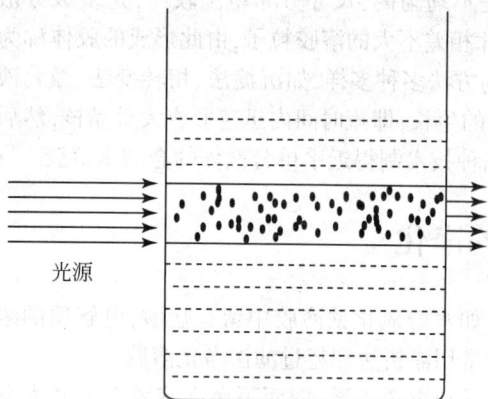

当光线射入分散系统时,只有一部分光线能通过,其余部分则被吸收、反射或散射。光的吸收主要决定于系统的化学组成,而光的反射和散射的强度则与分散系统的分散度有关。若分散相粒径大于入射光的波长,则主要发生光的反射;若分散相的粒径小于入射光的波长,则主要发生光的散射,此时光波绕过粒子而向各个方向散射出去(波长不发生变化),散射出来的光称为散射光或乳光。可见光的波长为 400 ~ 750 nm,而溶胶粒子的粒径一般为 1 ~ 100 nm,小于可见光的波长,因此溶胶丁铎尔效应的光是散射光。

图 7-5 丁铎尔现象示意图

光源

二、瑞利散射公式

英国科学家瑞利(Rayleigh)研究了大量的光散射现象,发现散射光强度 I 与单个溶胶粒子的体积 V、单位体积中粒子数目 ν、分散相折射率 n_2、分散介质折射率 n_1、入射光波长 λ 及入射光振幅 A 等因素有关,其关系为

$$I = \frac{24\pi^2 A^2 \nu V^2}{\lambda^4} \left(\frac{n_2^2 - n_1^2}{n_2^2 + 2n_1^2} \right)^2 \tag{7-1}$$

从式(7-1)可以得出以下几个结论。

(1)散射光的强度与入射光波长的四次方成反比。**入射光波长越短,散射光越强。**若入射光为复合的白光,则其中的蓝色光和紫色光散射最强,红色光散射最弱。因此,信号灯多采用不易散射的红色,而非蓝、紫等颜色。晴朗无雾霾等污染的天空呈蓝色也是散射光的贡献;朝霞和落日的余晖呈橙红色,则是观察到的透射光;月全食发生时人们看到的"红月亮"也是由于大气层把大部分蓝紫光散射掉的缘故。

知识延伸

月全食时"红月亮"的形成主要是因为照射到月面上的暗红色太阳光。如果地球没有大气层,我们看到的就是一个"黑月亮",换句话说,看不到月亮。但是地球的大气层成为一个折射体,让"擦肩而过"的太阳光方向发生了偏折,这部分阳光投向原本的"黑月亮",于是月亮变得漂亮和梦幻了许多。当阳光从地球侧面的大气中穿行时,先从空间进入大气层,然后,又由大气层进入空间,期间产生了两次折射,如同光线透过凸透镜的原理,向地心方向偏折的聚合光线照到月亮上去。在两次折射的过程中,太阳光都受到大气层中极微小的大气分子的散射和吸收,其中黄、绿、蓝、靛、紫等色的光波比较短,很容易在大气中向四面八方散射掉,而红色光波长比较长,不易发生散射,可以透过大气层,折射到地球影子后面的月亮上。所以,在月全食

知识延伸

时,我们看到的月亮是暗红色的,即所谓的"红月亮"。

(2)分散相和分散介质的折射率相差越大,散射光越强。因此散射光是系统光学不均匀性的体现。折射率的差异也是产生散射的必要条件,当均相系统由于浓度的局部涨落而产生折射率的局部变化时,也会产生散射,这是用光散射法测定大分子摩尔质量的主要原理。海洋呈蔚蓝色,也是由于这种局部涨落引起的。

(3)散射光的强度与粒子体积的平方成正比,即与分散度有关。真溶液的溶质分子体积很小,散射光很微弱。粗分散系的粒径大于可见光波长,不产生散射光。因此可以用丁铎尔现象区别溶胶、真溶液和粗分散系。由于散射光强度与粒子体积有关,因此也可以通过测定散射光强度求算粒子半径。

(4)散射光强度与粒子浓度成正比,因此可通过散射光强度求算溶胶的浓度。在相同条件下,测量两个不同浓度溶胶的散射光强度,若已知其中一个的浓度,即可计算出另一个的浓度。浊度计就是根据这一原理设计的。

瑞利公式对非金属溶胶比较适用,而对于金属溶胶,由于它不仅有散射作用,还有光的吸收作用,因此关系较复杂。

三、超显微镜的原理

溶胶粒子直径为 1～100 nm,用普通的光学显微镜无法分辨,对其观察则要用超显微镜或扫描电子显微镜。

如图 7-6 所示,超显微镜是在普通显微镜的基础上,采用特殊的聚光器制成的,其原理是用普通显微镜观察丁铎尔现象(超显微镜的目镜看到的是胶粒的散射光,如果溶液中没有胶粒,视野将是一片黑暗)。在黑暗的背景下沿与入射光垂直的方向上用普通显微镜观察,避免了光直接照射物镜,也消除了光的干涉,因此超显微镜观察到的是粒子散射的光点,而不是粒子的像。在超显微镜下看整个系统,犹如夜空中的星

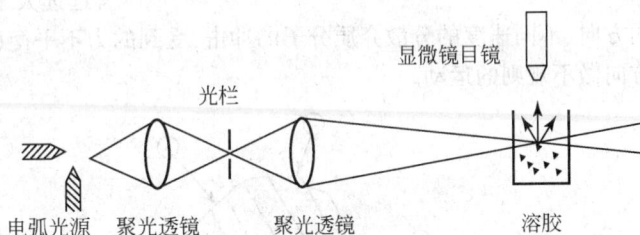

图 7-6　超显微镜(狭缝式)示意图

光。超显微镜与普通显微镜的分辨率相当,但由于胶粒发出强烈的散射光信号,所以即使小至 5～10 nm 的胶粒也能被观察到。

利用超显微镜对发光点计数,结合其他数据仍可计算溶胶粒子的平均大小。若测得的粒子数目为 n,粒子总质量为 m,密度为 ρ,则对于体积为 V 的球形粒子的半径 r,其关系式为

$$m = n\rho V = \frac{4}{3}\pi r^3 \rho n \tag{7-2}$$

利用超显微镜观察发光点的不同表现可推断出溶胶粒子的形状。例如,根据超显微镜视野中光点亮度的强弱差别估计溶胶粒子的大小是否均匀;根据光点闪烁的特点,推测粒子的形状。若粒子形状不对称(如棒状、片状等),当大的一面向光时,光点就亮,当小的一面向光时,光点变暗,这就是闪光现象(flash phenomenon);若粒子形状是对称的(如球形、正四面体等),闪光现象不明显。

超显微镜在胶体化学的发展史上具有重要的作用,在研究胶体分散系统的性质方面是十分有用的工具。

第五节　溶胶的动力学性质

溶胶粒子大小介于宏观和微观之间,因此同时具有宏观和微观的多种运动形式。在无外力场作用时只有热运动,其微观表现为布朗运动,宏观表现为扩散和渗透。在外力场作用下则做定向移动,如在重力场和离心力场中的沉降。溶胶的动力性质主要指胶粒的不规则的热运动以及由此产生的扩散、渗透压,在重力场中的沉降以及粒子数随高度的分布平衡等性质。

一、布朗运动

1827 年,英国植物学家布朗(Brownian)用显微镜观察到悬浮在液面上的花粉不停地处于不规则

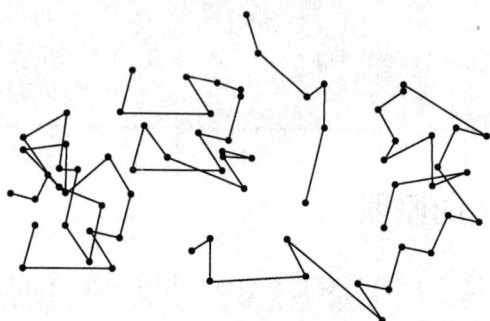

图 7-7　布朗运动轨迹示意图

的折线运动,后来又发现其他物质如煤、金属、矿石等的粉末也有类似的现象,微粒的这种运动称为布朗运动(Brownian motion)。1903 年,随着超显微镜的问世,粒子布朗运动的轨迹可以被直观观测到,图 7-7 是超显微镜下每隔相同时间观测到的粒子位置在平面上的投影。席格蒙迪通过观察发现,粒子越小,温度越高,布朗运动越激烈。

1905 年爱因斯坦(Einstein)阐明了布朗运动的本质。认为布朗运动是周围介质分子热运动对微粒不均匀冲击的结果。在分散系统中,对于很小但又远远大于介质分子的微粒来说,由于不断受到不同方向、不同速度的分散介质分子的冲击,受到的力不平衡(图 7-8),所以时刻以不同速率朝不同的方向做不规则的运动。

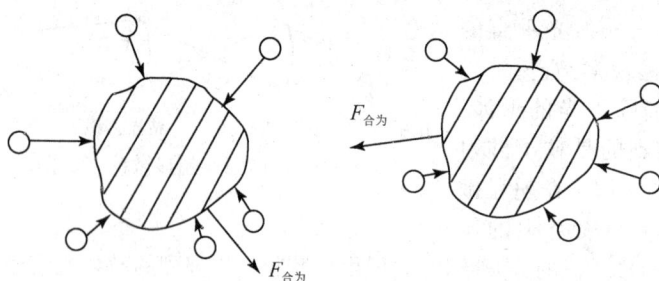

图 7-8　胶粒受介质冲击示意图

爱因斯坦运用分子运动论的基本观点,以球形粒子为模型推导出布朗运动的公式

$$\bar{x} = \sqrt{\frac{RT}{N_A} \frac{t}{3\pi\eta r}} \tag{7-3}$$

式中,$\bar{x}$ 是在观察时间 t 内粒子沿 x 轴方向的平均位移;r 为微粒半径;η 为介质的黏度;N_A 为阿伏伽德罗常量。

许多科学家用不同大小的胶粒进行实验,结果都证实了式(7-3)的正确性,使分子运动论得到直接的实验证据。由此分子运动论从假说上升为理论,这在科学发展史上具有重大的意义。

二、扩散与渗透压

1. 扩散(diffusion) 溶胶粒子在介质中自动从高浓度区向低浓度区迁移的现象称为扩散。扩散是分散相粒子布朗运动的必然结果和分子热运动的宏观体现。扩散是自发过程,物质自动从化学势高的区域向化学势低的区域转移,系统的吉布斯能降低;扩散的结果,系统趋于均态,无序性增加,熵值增大。

1885 年,费克(Fick)根据实验结果发现,粒子沿 x 轴方向扩散时,其扩散速率 dn/dt(单位时间内粒子的扩散量)与粒子通过的截面积 A 及浓度梯度 dc/dx 成正比,其关系式为

$$\frac{dn}{dt} = -DA\frac{dc}{dx} \tag{7-4}$$

这就是费克第一定律(Fick's first law),它表明浓度梯度的存在是扩散发生的内在推动力。比例系数 D 称为扩散系数(diffusion coefficient),其物理意义是在单位浓度梯度、单位时间内通过单位截面积的粒子的量,单位为 $m^2 \cdot s^{-1}$,它表示粒子在介质中的扩散能力。式中负号表示扩散方向与浓度梯度方向相反,即扩散向着浓度降低的方向进行。

1905 年爱因斯坦假设分散相的粒子为球形,推导出扩散系数 D 的表达式

$$D = \frac{RT}{N_A}\frac{1}{6\pi\eta r} \tag{7-5}$$

从布朗运动的实验值 $\bar{x}$,结合式(7-3)、式(7-5)可求得 D,并可计算出胶粒半径 γ。

费克第一定律适用于浓度梯度不变的情况,此时的扩散称为稳态扩散,如某些控释制剂可以很好地维持浓差恒定。通常情况下,随着扩散的进行,浓度梯度不断减小,这是非稳态扩散。处理非稳态扩散要用费克第二定律,其关系式为

$$\frac{dn}{dt} = D\frac{d^2c}{dx^2} \tag{7-6}$$

2. 渗透压(osmotic pressure) 渗透与扩散密切相关,渗透压是胶粒扩散作用的结果。由于胶粒不能透过半透膜,而介质分子及其他离子可以透过半透膜,在半透膜两边,胶粒和离子浓度存在差异,产生渗透压。渗透压的计算可借用稀溶液依数性中的渗透压计算公式,即

$$\Pi = \frac{n}{V}RT \quad 或 \quad \Pi = cRT \tag{7-7}$$

应该注意的是,对于溶胶而言,溶胶粒子虽然是多个分子的聚集体,但一个溶胶粒子产生的渗透压大小只相当于一个普通分子,因此溶胶的渗透压只是原来溶液的几千分之一。例如,一恒温度下 $0.001\ g \cdot dm^{-3}$ 金溶胶的渗透压只有 $4.9\ Pa$,而相同浓度蔗糖溶液在同一温度下的渗透压为 $6862\ Pa$。

三、沉降与沉降平衡

在外力场作用下,分散相粒子下沉的现象称为沉降(sedimentation)。沉降是扩散的逆过程,沉降使粒子富集,扩散则使粒子均匀分布。两者作用呈现三种结果:当粒子较小、力场较弱时,主要表现为扩散;粒子较大、力场较强时,主要表现为沉降;两种作用相当,粒子的分布会达到平衡,形成一定的浓度梯度,则构成沉降平衡(sedimentation equilibrium)。

1. 重力场中的沉降作用 对于高度分散的溶胶系统,在重力场中,沉降力 $F_{沉}$ 是粒子的重力 $F_{重}$ 和它在介质中浮力 $F_{浮}$ 之差。假设粒子为球体,半径为 r,密度为 ρ,介质密度为 ρ_0,重力加速度为 g,则

$$F_{沉} = F_{重} - F_{浮} = \frac{4}{3}\pi r^3(\rho - \rho_0)g$$

粒子在介质中移动,就会有阻力,且移动速率越快,阻力越大。假设粒子位移速率为 ν,介质黏度为 η,则阻力 $F_{阻}$ 为

$$F_{阻} = 6\pi\eta r\nu$$

当 $F_{沉} = F_{阻}$ 时,粒子匀速沉降,因此重力沉降速率为

$$\nu = \frac{2r^2(\rho - \rho_0)g}{9\eta} \tag{7-8}$$

当沉降速率与扩散速率相等时,溶胶粒子的分布达到平衡,即达沉降平衡,如图7-9所示。此时,一定高度上的粒子浓度不再随时间而变化,其浓度随高度分布的情况遵守高度分度定律

$$\ln \frac{n_1}{n_2} = \frac{N_A}{RT} \cdot \frac{4}{3}\pi r^3(\rho - \rho_0)(x_2 - x_1)g \tag{7-9}$$

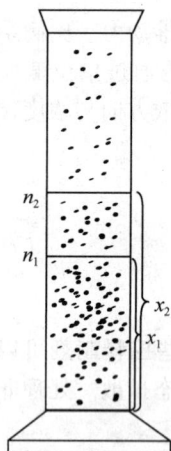

图7-9 沉降平衡

式中,n_1、n_2 分别为高度 x_1、x_2 处相同体积溶胶的粒子浓度;ρ、ρ_0 分别为胶粒和分散介质的密度;r 为粒子半径;N_A 为阿伏伽德罗常量;T 为绝对温度;g 为重力加速度常数。由上式可见,粒子越大,质量越大,其浓度梯度也越明显。此式也适用于空气中不同高度处微粒的分布。

溶胶系统达到沉降平衡时,溶胶粒子始终保持着分散状态而不下沉的稳定性,称为动力稳定性,它是溶胶粒子的扩散作用和重力作用相互抗衡的结果。分散相粒子大小是分散系统动力稳定性的决定性因素,粒子越小,建立沉降平衡所需的时间越长,动力稳定性越强。粗分散系统,沉降作用强烈,扩散完全不起作用,是动力不稳定系统。分子分散系统,沉降完全消失,系统是均匀的。

2. 离心力场中的沉降作用 依靠惯性离心力的作用而实现的沉降过程称为离心力场中的沉降。重力场中的沉降只能用来研究粒子较大的粗分散系统,对于溶胶或大分子溶液因分散相的粒径较小,在重力场中沉降的速率极为缓慢,实际上难以观测其沉降速率,但在离心力场的作用下,这些系统仍能发生沉降现象。1923年斯韦德贝里发明了离心机,把离心力提高到地心引力的5000倍。现在的高速离心机离心力已可达地心引力的 10^6 倍,这样就大大扩大了所能测定的范围,应用超离心机不仅可以测定溶胶胶团的摩尔质量或大分子物质的摩尔质量,还可以研究相对分子质量的分布。

第六节　溶胶的电学性质

溶胶具有较高的表面能,属于热力学不稳定系统,溶胶粒子有自动聚结变大而沉淀的趋势。但很多溶胶系统实际上可以在相当长的时间内稳定存在而不沉淀,溶胶粒子带电是最主要的原因。胶粒带电不仅影响溶胶的稳定性,同时影响着溶胶的动力学性质、光学性质和流变性质等。

一、电动现象

电动现象(electrokinetic phenomena)是指溶胶粒子因带电而在外电场作用下而发生运动,或者通过胶粒或分散介质定向移动而产生电动势的现象。电动现象包括电泳、电渗、流动电势和沉降电势四种情况。电动现象是溶胶粒子带电的最好证明。

1. 电泳(electrophoresis) 是指在外加电场作用下分散相粒子在分散介质中的定向迁移现象。如图7-10所示,将 $Fe(OH)_3$ 溶胶置入电泳仪中并通电一段时间,发现在负极 $Fe(OH)_3$ 溶胶液面升高,说明 $Fe(OH)_3$ 胶粒带正电。不仅 $Fe(OH)_3$ 溶胶粒子,其他悬浮粒子也有类似现象,如金、银、铝、

As_2S_3、硅酸等溶胶粒子向正极移动,而$Al(OH)_3$溶胶粒子向负极方向移动等。

实验进一步证实,外加电场的电势梯度越大,胶粒所带电量越多,胶粒越小,分散介质的黏度越小,电泳速率越大。若在溶胶中加入电解质,则会对电泳产生显著影响。随溶胶中外加电解质的增加,电泳速率会降低至零,甚至改变电泳方向。

在科学研究中,电泳已经成为常用的分析鉴定及分离方法,是研究溶胶、大分子溶液及生命科学的必备手段。对于溶胶常根据溶胶的量和性质的不同采用不同的电泳仪;对于生物胶体常采用区带电泳,包括纸上电泳、平板电泳和凝胶电泳等。凝胶电泳是指用聚丙烯酰胺凝胶、淀粉凝胶或醋酸纤维等代替滤纸进行电泳实验,其分离能力远强于滤纸。如用聚丙烯酰胺凝胶做血清电泳实验,可以将血清分成 25 个不同组分。

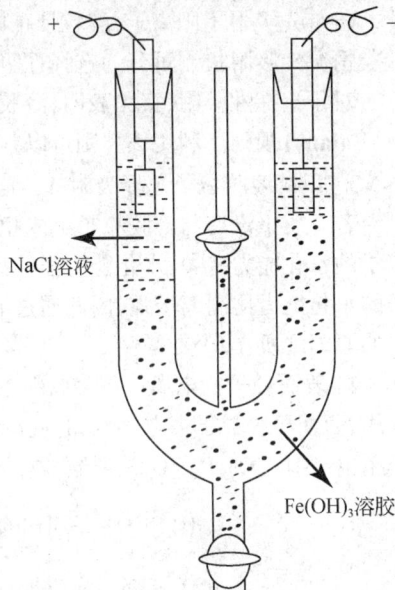

图 7-10 电泳现象

2. 电渗(electroosmosis) 是指在外加电场作用下分散介质通过多孔膜或极细的毛细管而移动的现象,如图 7-11 所示,电渗时带电的固相不动。随电解质浓度的增加,电渗速率降低,液体流动的方向甚至会改变。电渗现象在工业上也有应用,如在电沉积法涂漆操作中,使漆膜内所含水分排到膜外以形成致密的漆膜,工业及工程中泥土或泥炭的脱水,都可借助电渗来实现。

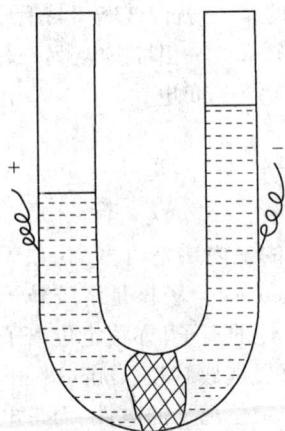

图 7-11 电渗现象示意图

3. 流动电势(streaming potential) 是指在外力作用下使液体流经毛细管或多孔膜时,在膜的两侧产生的电势差,它是电渗作用的逆过程。流动电势的大小随着介质的电导率增大而减小。在实际生产中要考虑到流动电势的存在。例如,当用油箱或输油管道运送液体燃料时,燃料沿管壁流动会产生很大的流动电势,这常常是引起火灾或爆炸的原因。为此,常使油箱或输油管道接地以消除之,人们熟悉的运油车常带一条接地铁链就是为此目的而设计。加入少量油溶性电解质,增加介质的电导,也可消除流动电势的危害。

4. 沉降电势(sedimentation potential) 是指在外力(主要是重力)作用下分散相粒子在分散介质中迅速沉降,液体的表面层与底层之间产生的电势差,它是电泳作用的逆过程。储油罐中的油内常含有部分呈分散状态的水滴,这种水滴的表面带一定的电荷,在重力场作用下,水滴发生沉降会产生很高的沉降电势,带来安全隐患。所以常在储油罐中加入有机电解质,增加其导电性能加以防范。天空中雷电现象也与沉降电势有关。

二、胶粒带电的原因

电动现象证实胶粒是带电的,其表面电荷的来源主要有四种情况,即胶核界面的吸附、表面分子的电离、晶格取代和摩擦带电。

1. 胶核界面的吸附 胶核是多分子聚集体,有很大的比表面和表面能,极易吸附溶胶中的离子。若首先吸附了阳离子,胶粒带正电;若首先吸附了阴离子,胶粒则带负电,大多数胶粒带电属于这类情况。吸附机制可分为选择性吸附和非选择性吸附。

对于选择性吸附,实验表明,溶胶粒子会优先吸附和其组成相同或类似的离子,该规律称为**法金斯(Fajans)规则**。利用该规则可以判断胶粒所带的电性。例如,由 $AgNO_3$ 和 KCl 制备 AgCl 溶胶,若 $AgNO_3$ 过量,溶胶粒子选择吸附 Ag^+ 而带正电;若 KCl 过量,溶胶粒子选择吸附 Cl^- 而带负电。

若介质中没有与溶胶粒子组成相同或类似的离子存在,则吸附是非选择性的。非选择性吸附与离子的水化能力有关,水化能力强的离子往往留在溶液中,水化能力弱的离子易被吸附。通常阳离子的水化能力比阴离子强,因此通过非选择性吸附带电的溶胶一般带负电,这也是带负电的溶胶居多的原因之所在。

2. 表面分子的电离 部分胶粒本身含有可电离基团,表面分子会发生电离,其中一种离子进入液相,而使溶胶粒子带电。例如,硅溶胶为 SiO_2 的多分子聚集体,表面的 SiO_2 分子与水(分散介质)作用生成 H_2SiO_3,H_2SiO_3 是弱酸,电离可使硅溶胶粒子带电。

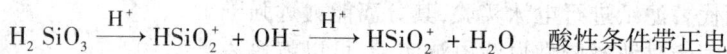

$$H_2SiO_3 \xrightarrow{H^+} HSiO_2^+ + OH^- \xrightarrow{H^+} HSiO_2^+ + H_2O \quad 酸性条件带正电$$

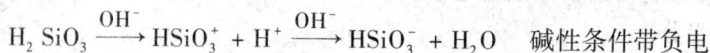

$$H_2SiO_3 \xrightarrow{OH^-} HSiO_3^+ + H^+ \xrightarrow{OH^-} HSiO_3^- + H_2O \quad 碱性条件带负电$$

3. 晶格取代 天然黏土中 Al^{3+}(或 Si^{4+})的晶格点往往被一部分 Mg^{2+} 或 Ca^{2+} 取代,为了维持电中性,黏土表面吸附一些 H^+ 或 Na^+,而这些正离子在水中因水化而部分离开表面,于是黏土颗粒带负电。

4. 摩擦带电 在非水介质中,溶胶粒子电荷来源于粒子与介质间的摩擦,就像玻璃棒与毛皮摩擦可以带电一样。一般来说,在两种非导体构成的分散系统中,介电常数较大的一相带正电,另一相带负电。例如,玻璃小球($\varepsilon = 5 \sim 6$)在苯($\varepsilon = 2$)中带正电,在水($\varepsilon = 81$)中带负电。

三、胶团的结构

溶胶的电动现象证明胶体粒子是带电的。实验表明,溶胶粒子的最内层是由多个(数千个左右)分子、原子或离子构成的聚集体,该聚集体称为胶核(colloidal nucleus)。胶核是溶胶粒子的核心,通常具有晶体的结构。胶核周围是由吸附在胶核表面上的决定电性的离子(亦称定位离子)、部分反离子及溶剂化的介质分子构成的吸附层(紧密层)。胶核和吸附层组成胶粒(colloid particle),通常所说溶胶粒子带电是指胶粒带电,其所带电性取决于胶核吸附的定位离子的电性,而带电量的多少等于定位离子与吸附层中部分反离子所带电量之差。在外加电场作用下胶粒进行定向移动。吸附层以外的剩余反离子称为扩散层,扩散层外缘的电势为零。胶核、吸附层和扩散层构成的整体称为胶团(micelle),它呈电中性。以 $AgNO_3$ 和 KI 溶液混合制备 AgI 溶胶为例,在 KI 过量的情况下,其胶团结构式如图 7-12 所示,示意图如图 7-13 所示。其中,m 为胶核中 AgI 的分子数;n 为胶核吸

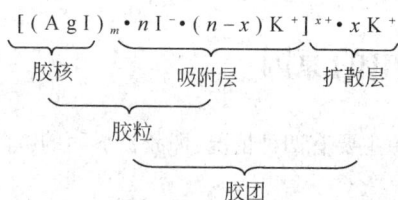

图 7-12 AgI 溶胶的胶团结构式

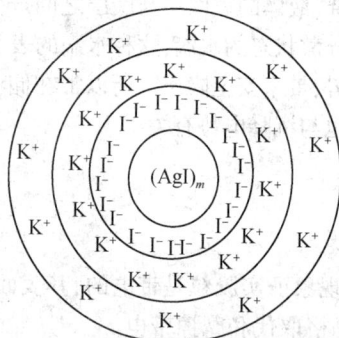

图 7-13 AgI 溶胶胶团结构示意图

附的决定电性离子 I⁻ 的数目（$n<m$），m 和 n 对各个胶粒来说是不同的；x 为扩散层中反离子 K^+ 的数目；（$n-x$）为吸附层中反离子的数目。胶团结构式只是对胶团结构的近似描述。

四、双电层理论

直到双电层理论提出以后，人们才真正了解了溶胶电动现象的原因。溶胶是电中性的，当胶粒表面带有电荷时，分散介质必然带电性相反的电荷。与电极-溶液界面相似，在胶粒界面上必将形成双电层结构。对于双电层结构的认识，曾提出过不少模型，以下简要介绍亥姆霍兹平板双电层模型、古埃-查普曼扩散双电层模型和斯特恩吸附扩散双电层模型。

1. 亥姆霍兹平板双电层模型　亥姆霍兹（Helmholtz）于 1879 年首先提出平板双电层模型。他认为粒子表面因吸附等原因带有一定的电荷，与溶液中带有相反电荷的反离子（counter ions）因静电吸引平行而整齐排列在相界面上，构成双电层结构，形状与平板电容器相似，如图 7-14 所示。两平板间的电势差称为表面电势 φ_0（surface potential）或热力学电势（thermodynamic potential），在双电层内电势从 φ_0 直线下降至零。平板间的距离 δ 约等于一个离子的大小。在电场作用下，带电质点和溶液中的反离子分别向相反的方向运动。平板双电层模型对于早期的电动现象给予了一定的解释，但该模型忽略了介质中反离子由于热运动而产生的扩散，与溶胶真实情况相差较大。

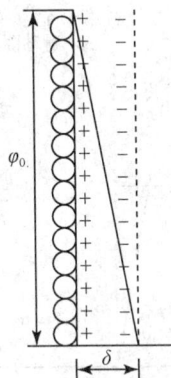

图 7-14　亥姆霍兹平板
双电层模型

2. 古埃-查普曼扩散双电层模型　为了克服平板双电层模型的不足，古埃（Gouy，于 1910 年）和查普曼（Chapmen，于 1913 年）在平板双电层模型基础上进行了修正，提出了扩散双电层模型，如图 7-15 所示。设胶粒表面吸附正离子，则介质中就有相同数量的负离子，他们认为，由于静电引力和热运动两种相反作用的结果，只有部分负离子紧密排列在固体表面（距离为 1~2 个离子厚度），称为紧密层，另一部分则距粒子表面较远，从紧密层直到离子浓度均匀的介质本体中，按玻尔兹曼（Boltzmann）分布方式建立起内多外少的扩散状分布平衡，称为扩散层，即 AB 线以右。电泳发生时，当胶粒移动时，紧密层中的负离子跟随粒子一起移动，扩散层中的负离子滞留在原处，两者之间的分界面称为切动面或滑动面（即 AB 面），切动面与介质本体之间的电势差称为电动电势（electrokinetic potential）或称为 ζ 电势（Zeta-potential）。理解电动电势很重要，溶胶粒子在静态时，不显现切动面，只有在它运动时，才出现粒子与介质之间的电学界面，因此体现粒子有效电荷的是电动电势 ζ，而不是热力学电势 φ_0，ζ 电势的大小是溶胶稳定性的主要因素。

扩散双电层模型说明了相反电荷离子呈扩散分布状态，区分了热力学电势 φ_0 和 ζ 电势。热力学电势往往是个定值，与介质中电解质浓度无关，ζ 电势则随电解质浓度增加而减小，从而导致溶胶稳定性减弱。

扩散双电层模型未能给出 ζ 电势更为明确的物理意义。根据古埃-查普曼扩散双电层模型，ζ 电势则随电解质浓度增加而减小，但永远和表面电势 φ_0 同号，但实验发现，有时 ζ 电势会随外加电解质浓度增加反而增加，甚至有时超过热力学电势或与热力学电势 φ_0 反号的现象，古埃-查普曼扩散双电层模型对此均无法解释。

3. 斯特恩吸附扩散双电层模型　1924 年，斯特恩（Stern）在亥姆霍兹平板双电层模型和古埃-查普曼扩散双电层模型的基础上进一步提出了吸附扩散双电层模型。他认为整个双电层也分为紧密层和扩散层两部分，如图 7-16 所示。紧密层厚度为 1~2 个分子厚，紧密吸附在粒子表面，这种吸附为特性吸附，相当于 Langmuir 单分子吸附层，这部分反离子的中心位置称为斯特恩平面（此处电势称为斯特恩

电势 φ_δ）。从斯特恩平面到粒子表面之间的区域称为斯特恩层，在此区域内电势由 φ_0 直线下降至 φ_δ，形状如同亥姆霍兹平板双电层结构。斯特恩面往外有一切动面，切动面处的电势即为 ζ 电势。因离子的溶剂化作用，紧密层结合了一定数量的溶剂分子，切动面内包含了这些溶剂分子，在电场作用下它们将与粒子作为一个整体一起移动。切动面的位置略在斯特恩层的外侧，呈不规则的曲面，ζ 电势就是这个不规则切动面与介质本体部分之间的电势差，ζ 电势的值略低于 φ_δ（若离子浓度不太高，则可以认为两者是相等的）。扩散层中反离子分布随距离而呈指数关系下降，服从玻尔兹曼分布公式。

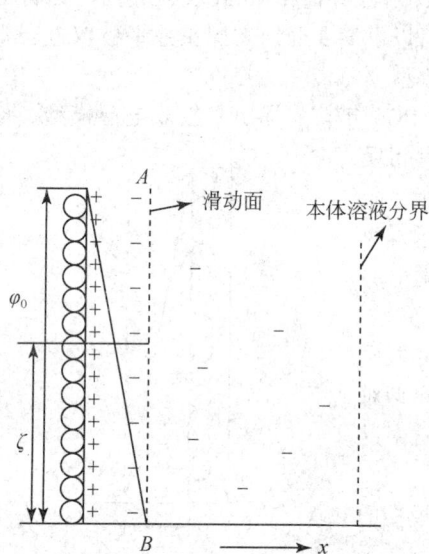

图 7-15　古埃–查普曼扩散双电层模型

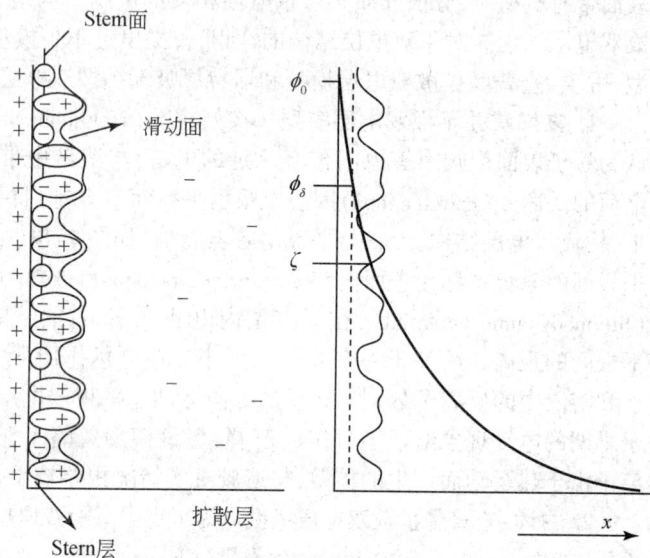

图 7-16　斯特恩吸附扩散双电层模型

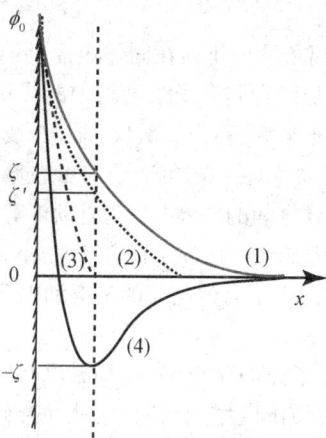

图 7-17　外加电解质对 ζ 电势的影响

斯特恩吸附扩散双电层模型明确了 ζ 电势的物理意义。从溶胶粒子表面到介质本体溶液间存在着热力学电势 φ_0、斯特恩电势 φ_δ 和电动电势 ζ 三种电势。φ_0 电势往往是个定值，与介质中电解质浓度无关，主要取决于溶胶粒子吸附决定电荷离子的量；而 ζ 电势是切动面与介质本体部分之间的电势差，仅为 φ_δ 电势的一部分。ζ 电势随着溶剂化层中离子的浓度而改变，少量外加电解质度 ζ 电势的数值会有显著的影响。如图 7-17 所示，若溶胶中电解质的量较适当，则扩散层分布较宽，ζ 电势较高，表明胶粒带电较多，其稳定性也较好（曲线（1））；随着电解质浓度的增加，有更多反号离子进入溶剂化层，同时双电层厚度变薄，ζ 电势下降至 ζ'（曲线（2）），若继续加入足够多的电解质，扩散层厚度趋于零，ζ 电势则等于零（曲线 3），溶胶的稳定性最差。如果外加电解质中反离子的价数较高，或溶胶粒子对它的吸附能力较强，则紧密层中反离子过剩，ζ 电势将改变符号（曲线（4））。

斯特恩模型由于计算上十分困难，因此其理论处理仍可以采用古埃–查普曼扩散双电层模型，只是将 φ_0 换成 φ_δ 而已。

4. 电动电势的计算　ζ 电势的大小是衡量溶胶稳定性的尺度，其值可通过测定溶胶粒子的电泳速率进行计算。溶胶粒子在电场中受到电场力和泳动阻力的作用，根据静电学相关知识可导出 ζ

电势的计算公式

$$\zeta = \frac{K\pi\eta\nu}{\varepsilon_r E} \times (9 \times 10^9) \tag{7-10}$$

式中，ν 为电泳的速率；E 为电场强度；ε_r 为介质的介电常数；η 为介质的黏度；K 为形状常数（球形粒子 $K=6$，棒状粒子 $K=4$）。各量的单位均为 SI 单位。实验测定表明，大多溶胶的电动电势在 30~60 mV 之间。

知识延伸

胶体金法

胶体金是由氯金酸（$HAuCl_4$）在还原剂如白磷、抗坏血酸、枸橼酸钠、鞣酸等作用下，可聚合成一定大小（0.8~500 nm）的金颗粒，并由于静电作用成为一种稳定的胶体状态，形成带负电的疏水溶胶，故称胶体金。

胶体金在弱碱环境下带负电荷，可与蛋白质分子的正电荷基团形成牢固的结合，由于这种结合是静电结合，所以不影响蛋白质的生物特性。胶体金除了与蛋白质结合以外，还可以与许多其他生物大分子结合，如 SPA、PHA、ConA 等。根据胶体金的一些物理性状，如高电子密度、颗粒大小、形状及颜色反应，加上结合物的免疫和生物学特性，因而使胶体金广泛地应用于免疫学、组织学、病理学和细胞生物学等领域。胶体金标记，实质上是蛋白质等高分子被吸附到胶体金颗粒表面的包被过程。吸附机理可能是胶体金颗粒表面负电荷，与蛋白质的正电荷基团因静电吸附而形成牢固结合。这种球形的粒子对蛋白质有很强的吸附功能，可以与葡萄球菌 A 蛋白、免疫球蛋白、毒素、糖蛋白、酶、抗生素、激素、牛血清白蛋白多肽缀合物等非共价结合，因而在基础研究和临床实验中成为非常有用的工具。免疫金标记技术主要利用了金颗粒具有高电子密度的特性，在金标蛋白结合处，在显微镜下可见黑褐色颗粒，当这些标记物在相应的配体处大量聚集时，肉眼可见红色或粉红色斑点，因而用于定性或半定量的快速免疫检测方法中。胶体金技术具有方便快捷、特异敏感、稳定性强、不需要特殊设备和试剂、结果判断直观等优点。在大批量疾病、病毒检测等方面具有巨大的发展潜力和广阔的应用前景。

第七节 溶胶的稳定性和聚沉作用

一、溶胶的稳定性

溶胶是高度分散的多相系统，具有巨大的表面积和表面能，是热力学不稳定系统，因此粒子间有相互聚结而降低自身表面能的自发倾向。但是在有稳定剂存在的条件下，经过净化后的合格溶胶一定条件下能在相当长的时间内保持不聚结而稳定存在，其主要原因为：

（1）**布朗运动**。布朗运动越剧烈，在重力场中不易沉降，因此溶胶具有一定的动力学稳定性。也正由于剧烈的布朗运动增加了粒子相互碰撞的机会，粒子一旦合并变大，就会抵抗不了重力作用而下沉，因此单一的布朗运动不足以维持溶胶的稳定性。

（2）**ζ 电势**。由于胶粒带电，产生 ζ 电势，当两个胶粒相互靠近到一定程度致使双电层部分重叠时，产生静电斥力，阻碍了胶粒间的聚集，保持了溶胶的稳定性。ζ 电势越大，溶胶的稳定性越强。因此，胶粒带电，并具有一定的 ζ 电势是溶胶稳定的主要因素。

（3）**溶剂化作用**。胶团中的离子与溶剂分子产生溶剂化（若溶剂为水，则称为水化），类似于在胶粒周围形成了一个溶剂化膜，一方面降低了胶核的表面能，另一方面溶剂化的水膜比"自由水"黏度更大，成为胶粒接近时的机械阻力，防止了溶胶的聚结。

二、电解质对溶胶的聚沉作用

溶胶是热力学的不稳定系统，胶粒间会相互聚结变大，最终从介质中沉降析出。溶胶的这种聚结沉降现象称为聚沉（coagulation）。外加电解质是引起溶胶聚沉的主要因素。

1. DLVO 理论　20 世纪 40 年代原苏联科学家捷亚金（Deijaguin）、朗道（Landau）和荷兰科学家维韦（Verwey）、欧弗比克（Overbeek）分别提出了相似的关于带电胶粒在不同情况下的相互吸引能和排斥能的计算方法，从理论上阐明了溶胶的稳定性及外加电解质的影响。后人各取四人名字首字母，称此理论为 DLVO 理论。

他们认为，两个带电胶粒之间同时存在相互聚结的引力和阻碍其聚结的斥力两种作用力，相距较远时以范德华引力为主，相距较近时，当双电层发生重叠，因电性相同则以斥力为主，粒子之间引力势能 V_a、斥力势能 V_r 及总势能 $V(V=V_a+V_r)$ 与距离 d 的关系如图 7-18 所示。

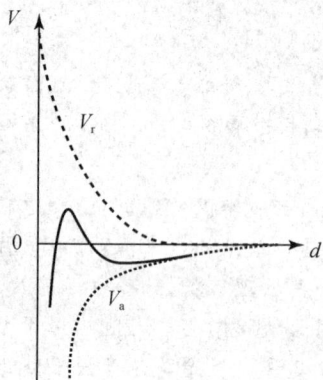

图 7-18　粒子之间势能 V 与距离 d 的关系

其中，引力势能 V_a 和距离 d 的关系为

$$V_a \propto -\frac{1}{d} \tag{7-11}$$

斥力势能 V_r 和距离 d 的关系为

$$V_r \propto \varphi_0^2 e^{-kd} \tag{7-12}$$

式中，φ_0 为粒子的表面电势；k 为双电层厚度的倒数。

DLVO 理论可以对溶胶稳定性进行合理解释。

（1）溶胶稳定性原因。由图 7-18 可知，要使粒子相互靠近聚结，必须克服一个势垒。计算表明，一般情况下溶胶粒子间势垒为 $15 \sim 20 \ kJ \cdot mol^{-1}$，而布朗运动的平均动能常温下约为 $3.7 \ kJ \cdot mol^{-1}$，不足以跨越势垒，因而溶胶在一定时间内稳定存在。

（2）表面电势对溶胶稳定性的影响。由式（7-12）可知，增加表面电势 φ_0，会增加斥力势能的贡献，导致势垒提高，有利于溶胶稳定。反之，若减小表面电势，会降低势垒高度，甚至无势垒，易导致溶胶聚沉。

（3）电解质对溶胶稳定性的影响。过量电解质的加入会压缩双电层，式（7-12）中的 k 值增大，斥力势能降低。当过量达到一定浓度，势垒降为零，溶胶聚沉。

（4）电解质中和胶粒带相反电荷的离子所带电荷对稳定性的影响。DLVO 理论可以导出总势能 $V=0$ 时电解质离子浓度 c 和其价态 z 的关系式，即 $c \propto \dfrac{1}{z^6}$，从而验证了舒尔茨-哈代规则。

2. 电解质对溶胶稳定性的影响　电解质对溶胶稳定性的影响具有两重性。少量电解质是溶胶稳定的必要条件，它是溶胶带电、形成足够大的 ζ 电势的物质基础；过量电解质则是引起溶胶不稳定的主要原因，它可以压缩胶粒周围的扩散层，使双电层变薄，ζ 电势降低，稳定性变差。当 ζ 电势小于某一数值时，溶胶开始聚沉。ζ 电势越小，聚沉速率越快，ζ 电势等于零时，胶粒呈电中性，聚沉速率达到最大。在电解质作用下，溶胶开始聚沉时的 ζ 电势称为临界电势。多数溶胶的临界电势为 $25 \sim 30 \ mV$。

电解质是溶胶聚沉的主要因素,常用聚沉值(coagulation value)衡量不同电解质对溶胶的聚沉能力。使一定量溶胶在一定时间内完全聚沉所需外加电解质的最小浓度称为聚沉值,又称临界聚沉浓度。电解质的聚沉值越小,其聚沉能力越强。不同电解质对某些溶胶的聚沉值见表7-3。

表7-3　不同电解质对溶胶的聚沉值

As_2S_3(负溶胶)		AgI(负溶胶)		Al_2O_3(正溶胶)	
电解质	聚沉值/$(mol \cdot m^{-3})$	电解质	聚沉值/$(mol \cdot m^{-3})$	电解质	聚沉值/$(mol \cdot m^{-3})$
LiCl	58	$LiNO_3$	165	NaCl	43.5
NaCl	51	$NaNO_3$	140	KCl	46
KCl	49.5	KNO_3	136	KNO_3	60
KNO_3	50	$RbNO_3$	126	KSCN	67
KAc	110	$AgNO_3$	0.01		
$CaCl_2$	0.65	$Ca(NO_3)_2$	2.4	K_2SO_4	0.30
$MgCl_2$	0.72	$Mg(NO_3)_2$	2.6	$K_2Cr_2O_7$	0.63
$MgSO_4$	0.81	$Pb(NO_3)_2$	2.3	$K_2C_2O_4$	0.69
$AlCl_3$	0.093	$La(NO_3)_3$	0.069	$K_3[Fe(CN)_6]$	0.08
$Al(NO_3)_3$	0.095	$Al(NO_3)_3$	0.067	$K_4[Fe(CN)_6]$	0.05

不同电解质对溶胶的聚沉能力的一些实验结果总结如下。

(1)聚沉能力主要取决于与胶粒带相反电荷的离子(反号离子)的价数。反离子的价数越高,其聚沉值越小,聚沉能力越强。当反号离子的价数分别为1、2、3价时,它们的聚沉值的比例为100:1.6:0.14,相当于$\left(\frac{1}{1}\right)^6 : \left(\frac{1}{2}\right)^6 : \left(\frac{1}{3}\right)^6$,即聚沉值与反号离子价数的六次方成反比,这一结论称为舒尔茨–哈代(Schulze-Hardy)规则。反号离子的价数对聚沉影响极大,远远超过其他因素的影响,因此在判断电解质聚沉能力时,反号离子价数是首要考虑的因素。

(2)价数相同的反号离子的聚沉能力取决于反号离子的大小。同族阳离子对负电性溶胶的聚沉能力随相对原子质量或离子半径的增大而增强;同族阴离子对正电性溶胶的聚沉能力则随原子量或离子半径的增大而减弱。将同价离子按对溶胶的聚沉能力由大到小排成的序列称为感胶离子序(lyotropic series)。一价阳离子对带负电的溶胶感胶离子序为

$$H^+ > Cs^+ > Rb^+ > K^+ > Na^+ > Li^+$$

一价阴离子对带正电的溶胶感胶离子序为

$$F^- > Cl^- > Br^- > NO_3^- > I^-$$

感胶离子序和离子的水化半径从小到大的顺序相同,原因可以解释为水化半径越小,越容易靠近胶体粒子。

(3)与胶粒具有相同电荷的离子(同号离子)的聚沉能力取决于离子价数。同号离子的价数越低,则聚沉能力越强。例如,对于正溶胶(胶粒带正电)而言,反号离子为SO_4^{2-},则聚沉能力大小为$Na_2SO_4 > MgSO_4$。

(4)不规则聚沉。在逐渐增加电解质浓度的过程中,溶胶发生聚沉、分散、再聚沉的现象称为不规则聚沉(irregular coagulation)。不规则聚沉往往是胶粒对高价反离子强烈吸附的结果。少量电解质使溶胶聚沉,但吸附过多高价反离子后,胶粒带相反电荷,形成新的双电层,溶胶又重新分散。再加入电解质,压缩新的双电层,重新发生聚沉。

三、其他因素对溶胶聚沉能力的影响

影响溶胶聚沉能力的因素很多。除电解质外,溶胶的浓度、温度、外力场、电性相反溶胶的混合、

大分子化合物等也会影响溶胶聚沉。

1. 浓度、温度、外力场等物理因素的影响　增加溶胶的浓度会使胶粒相互碰撞的机会增多;升高溶胶的温度会使每次碰撞的强度增大,这都有可能促使溶胶聚沉。将溶胶置于高速离心机中,由于胶粒与介质的密度不同,产生的离心力有差异,也会使溶胶聚沉。

2. 溶胶间的相互聚沉　带相反电荷的溶胶相互混合也会发生聚沉。相互聚沉的程度与两者的相对量有关。当两种胶粒所带电荷全部中和时才会完全聚沉,否则可能聚沉不完全,甚至不聚沉。溶胶的相互聚沉作用有很多实际应用。自来水厂或污水处理厂用明矾净水即是这个道理,由于水中的悬浮物杂质通常带负电,而明矾的水解产物 $Al(OH)_3$ 溶胶胶粒则带正电,两者相互作用能促使泥沙等悬浮粒子聚沉,并且 $Al(OH)_3$ 絮状物有吸附作用,所以能很快地将水中的杂质除净,达到净水的目的。

3. 大分子化合物的影响　不同大分子化合物溶液的浓度对溶胶聚沉的影响也不同。当在溶胶中加入少量大分子溶液时,会降低溶胶的稳定性,甚至发生聚沉,这种现象称为敏化作用(sensitization)。敏化作用产生的原因可能是在同一个大分子上吸附了许多胶粒,局部密度变大,在重力作用下发生沉降。当在溶胶中加入足够量的较高浓度大分子溶液时,会增加溶胶的稳定性,这种现象称为大分子化合物对溶胶的保护作用。这是由于多个大分子吸附在同一个胶粒的表面,或环绕在粒子的周围,形成溶剂化保护膜,对溶胶起到保护作用。例如,墨汁中加动物胶、颜料中加酪素、照相乳剂中加明胶、杀菌剂蛋白银(银溶胶)中加蛋白质等就是大分子化合物对溶胶保护作用的应用。

科学家介绍

　　里夏德·阿道夫·席格蒙迪(德语:R. A. Zsigmondy),奥地利、德国籍的匈牙利裔化学家,为1925 年诺贝尔化学奖获得者,主要研究领域为胶体化学。月球上有以其名字命名的"席格蒙迪环形山"。席格蒙迪于 1865 年 4 月 1 日出生于奥地利帝国的维也纳。父母爱好音乐,期望自己的孩子都能成为音乐家,可席格蒙迪的弟兄们个个听觉都有严重问题。这使父母非常失望。中学时期席格蒙迪的听力更差了。人们对他说话必须提高声音。这是他生理上的一大缺陷,但席格蒙迪却使这种缺陷变成了促进他学习的有利条件。他用功深思时,不管人们在他旁边如何高声说笑,他一点也不受影响。听力缺陷培养出了他很强的专注能力。席格蒙迪从小就养成了良好的办事认真,从不敷衍的习惯。衣服上稍微有一点污渍,他非脱下来洗掉不可。在学习上他更是刻苦认真,学习成了他生活中唯一重要的事。16 岁时他就考入了维也纳大学,成为当时年龄最小的学生。在高中阶段,席格蒙迪培养了对自然科学,尤其是化学和物理的兴趣,并开始在家中自己做实验。席格蒙迪在维也纳大学医学院开始大学阶段的学习,但为了学习化学很快就转学到维

R. A. Zsigmondy(1865 ~ 1929)
科学家席格蒙迪

也纳工业大学,后来又转到慕尼黑大学。在慕尼黑大学期间,他在威廉·冯·米勒教授的指导下开始科学研究,重点研究茚,并于 1889 年获得博士学位。席格蒙迪后来离开有机化学领域,加入柏林大学奥古斯特·孔特的物理研究组。1897 年,由于他在玻璃及其着色方面的知识,位于耶拿的肖特玻璃制造厂向他提供一份工作。席格蒙迪接受了这一工作,在该厂期间,他对茶色玻璃进行研究,还发明了一种玻璃,命名为"Jenaer Milchglas"。1900 年,席格蒙迪从肖特玻璃制造厂离职,但仍留在耶拿,独立开展研究。他与光学器材厂商蔡司公司合作,研制了狭缝超显微镜。1907 年,他加入格丁根大学,成为无机化学研究所教授和所长。1925 年,席格蒙迪因"证明了胶体溶液的异相性质,以及

确立了现代胶体化学的基础",被授予诺贝尔化学奖,其后几年,他研究胶体金(或称金溶胶)及其在蛋白质标记上的用途。

斯韦德贝里(T. Svedberg)是瑞典著名物理化学家,1908 年获博士学位,发表了《胶体溶液的理论研究》,引起极大反响。由于发明了超离心机并用于高分散胶体物质的研究,于 1926 年获得诺贝尔化学奖。1884 年 8 月 30 日生于耶夫勒,1971 年 2 月 25 日卒于厄勒布鲁。1904 年进入乌普萨拉大学学习,1905 年获理学士学位,1907 年获博士学位。1912 年任乌普萨拉大学物理化学教授,1931 年任该校物理化学研究所所长。1949 ~ 1967 年,任古斯塔夫·维尔纳核化学研究所所长。为了扩大视野,他到德国、荷兰、法国、美国等许多国家进行参观访问,他用席格蒙迪的超显微镜研究了布朗运动,进一步证实了分子的存在。他的主要贡献是发明了超速离心机,实现了胶体粒子的分离和许多大分子物质主要是蛋白质摩尔质量的测定。

T. Svedberg(1884. 8 ~ 1971. 2)
科学家斯韦德贝里

习 题

1. 胶体和溶胶是同一个概念吗?

2. 溶胶是热力学不稳定系统,为什么在一定条件下仍然可以长期保存而不沉淀?

3. 以下哪些自然现象或原理和丁铎尔现象有关? ①旋光仪中使用 Na 灯作为光源;②人工培育的珍珠干燥箱中久置失去光泽;③朝霞呈现红色;④有色玻璃;⑤粒度分析仪工作原理。

[①、③、⑤]

4. 什么是 ζ 电势? 其有何作用?

5. 金溶胶浓度为 2 g·dm^{-3},介质黏度为 0.001 Pa·s。已知胶粒半径为 1.3 nm,金的密度为 19.3 ×10^3 kg·m^{-3}。计算金溶胶在 25℃时:①扩散系数;②布朗运动移动 0.5 mm 所需的时间;③渗透压。

(① $D = 1.680 \times 10^{-10}$ m^2·s^{-1} ;②根据布朗运动位移公式,$t = 744$ s;③将浓度 2 g·dm^{-3}转换为体积摩尔浓度,$c = 0.018\ 70$ mol·m^{-3}, $\Pi = 46.34$ Pa)

6. 现欲制备一在电泳实验中朝正极运动的 AgBr 溶胶,那么在浓度为 0.016 mol·dm^{-3},体积为 0.020 dm^3 的 AgNO$_3$ 溶液中需加入浓度为 0.050 mol·dm^{-3} 的 KBr 溶液的体积为多少?

写出所制得 AgBr 溶胶的胶团结构式,并标出各部分名称。

[$c_1 V_1 = c_2 V_2$ 0.016×0.02 = 0.05x $x = 0.064$ dm^3,需加入浓度为 0.050 mol·dm^{-3} 的 KBr 溶液略多于 0.064 dm^3 AgBr 溶胶的胶团结构式为: [(AgBr)$_m$·nBr$^-$·$(n-x)$K$^+$]$^{x-}$·xK$^+$]

7. 在稀的砷酸溶液中通入 H$_2$S 制备 As$_2$S$_3$ 溶胶,稳定剂是 H$_2$S(其电离为一级电离),则

(1)写出该胶团的结构,并指明胶粒的电泳方向;

(2)电解质 NaCl、MgSO$_4$、MgCl$_2$ 对该胶体聚沉能力何者最大,何者最小?

[(1)[(As$_2$S$_3$)$_m$·nHS$^-$·$(n-x)$H$^+$]$^{x-}$·xH$^+$,电泳方向:正极;

(2)MgCl$_2$聚沉能力最大,NaCl 聚沉能力最小]

8. 将等体积的 0.008 mol·dm^{-3} 的 KI 和 0.01 mol·dm^{-3} 的 AgNO$_3$ 溶液混合制备 AgI 溶胶。

试比较三种电解质 MgSO$_4$、K$_3$[Fe(CN)$_6$]、AlCl$_3$ 的聚沉能力。若将等体积的 0.01 mol·dm^{-3} 的 KI 和 0.008 mol·dm^{-3} 的 AgNO$_3$ 溶液混合制备 AgI 溶胶,上述三种电解质聚沉能力又如何?

[聚沉能力为 K$_3$[Fe(CN)$_6$]>MgSO$_4$>AlCl$_3$;条件改变后聚沉能力 AlCl$_3$>MgSO$_4$>K$_3$[Fe(CN)$_6$]]

第八章 大分子溶液

本节提要

本章首先介绍了大分子化合物的结构特征、大分子化合物的平均摩尔质量及其测定法,重点介绍了大分子溶液溶解规律、黏度特性、渗透压的特性;介绍了大分子电解质溶液特性、唐南平衡,并讨论了大分子溶液的稳定性和絮凝的影响因素,大分子溶液与溶胶的相互作用;最后介绍了凝胶的结构和特性、凝胶与干胶及大分子溶液的相互转化,胶凝作用和影响因素。在本章学习中要掌握大分子溶液、大分子电解质溶液的一般性质、唐南平衡。需熟悉大分子溶液的溶解规律、大分子溶液的黏度特性、渗透压;用渗透压法和黏度法测定大分子化合物平均摩尔质量的方法;凝胶的结构和特性、凝胶与干胶及大分子溶液的相互转化,胶凝作用和影响因素。了解大分子溶液、大分子电解质溶液在医药上的应用价值、大分子溶液与溶胶的相互作用、凝胶的性质。

大分子(macromolecule)化合物也称为高分子化合物,它是指平均摩尔质量约 1×10^4 $g \cdot mol^{-1}$ 以上的化合物,包括天然的淀粉、蛋白质、核酸、纤维素等,也有人工合成的橡胶、纤维聚烯烃和树脂等。许多大分子化合物能够溶解于适当的溶剂中形成大分子溶液,其有一些性质与小分子溶液不同,如不能通过半透膜、扩散速度较慢、具有一定的黏度等。由于分子很大,单个大分子即已达到溶胶颗粒大小的范围($10^{-9} \sim 10^{-7}$ m),因此研究大分子化合物的许多方法也和研究溶胶有相似之处。因为大分子在溶液中是以单分子存在的,与胶粒的多分子聚集结构不同,所以它的性质又与溶胶有截然不同的地方。大分子溶液是真溶液,是热力学稳定系统。

人类的饮食、衣着、生命的维持以及生产的发展离不开大分子化合物,它不仅广泛应用于材料、化工、环境、农业等领域,而且在医药领域的应用也越来越广泛。例如,明胶、葡萄糖聚合物、羟乙基淀粉等形成的大分子溶液可以维持血管内胶体渗透压及血容量,常作为血浆代用品。大分子化合物可以作为药物载体改善药物性质,如作为缓控释制剂材料调节释药速率,作为靶向和定位的制剂材料,增强靶向性和定位性。

第一节 大分子化合物

一、大分子化合物的结构特征

在大分子化合物中,高聚物(习惯上称为聚合物)的数量最多,也是最常见的。聚合物(polymer)是指由多个重复单元以共价键连接而成的链状或网状大分子,其分子链中包含许多重复的结构单元。这种结构单元单独存在时往往是小分子的形式,又称为单体。例如,天然橡胶分子是由异戊二烯单体聚合而成的,其聚合度为2000~20 000,相应的摩尔质量一般为 $10^4 \sim 10^6 g \cdot mol^{-1}$。

大分子化合物中重复出现的结构单元称为链节,链节数"n"即为聚合度。

大分子化合物的形状多种多样,从结构上看,主要分为线型、支链型和体型三种类型。天然橡胶和纤维素属于线型结构,支链淀粉和糖原属于支链型结构,球状的卵白分子和长棒状的肌肮分子属于体型结构。

以线型碳链为例,分子长链由许多个 C—C σ 单键组成,在键角不变的情况下,这些单键时刻都围绕其相邻的单键在空间作不同程度的圆锥形转动,这种转动称为分子的内旋转,如图 8-1 所示。这种内旋转导致大分子在空间的排布方式不断变更而出现许多不同的**构象**(conformation)。由于分子热运动,大分子各种构象之间转换速率极快,呈现出无规线团、折叠链、螺旋链等构象。

由于大分子链中任何一个单键内旋转必然牵扯其毗邻的链节。这些受牵扯的链节可以看成是大分子长链上能够独立运动的最小单元,称为**链段**(segment)。链段是由一定数量相互影响的链节所组成的活动单元,而大分子就是由很多链段组成的活动整体。大分子本身

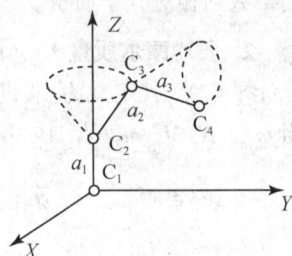

图 8-1 大分子碳链上各个碳原子的内旋转

的整体运动与其中链段的独立运动形成了大分子所特有的运动单元的多重性,并导致了大分子溶液的某些特殊的理化性质。大分子化合物一般不易挥发,而且沸点很高,往往在达到沸点以前已经分解。

链节的内旋转和链段的热运动是大分子链产生**柔顺性**(flexibility)的原因。大分子链的柔顺性可用链段长短来表征,链段长度越短,数目越多,分子的柔顺性越强;反之,大分子的刚性越强。大分子链的柔顺性主要取决于结构因素,包括主链结构和取代基等。由单键或孤立双键组成的大分子有较大的柔顺性。主链若含有苯环、杂环或共轭双键,内旋转困难,这样的分子柔顺性差,刚性较强。取代基的数量和极性影响分子的柔顺性,只含碳氢链结构的大分子的柔顺性强。若主链上的取代基体积较大或极性较强,则链段间相互作用力较大,阻碍内旋转,这时大分子就表现出刚性。

影响大分子链的柔顺性的其他因素还有氢键、温度、溶剂等。氢键使得分子链的内旋转受到限制,降低了内旋转的柔顺性。温度越高,分子热运动越剧烈,分子链的内旋转更容易,柔顺性增加。溶剂的溶剂化能力将对大分子链的柔顺性产生影响。如果溶剂分子对大分子链的溶剂化作用强,则溶剂会使大分子链充分松弛柔顺,这种溶剂称为**良溶剂**(good solvent);反之,若溶剂分子对大分子链的溶剂化作用弱,则大分子链较为紧缩,难以表现出柔顺性,这种溶剂称为**不良溶剂**(poor solvent)。

二、大分子化合物的平均摩尔质量及其测定法

无论是天然的还是人工合成的大分子化合物,每个分子的大小并不一样。大分子是由单体聚合而成,其聚合度 n 是不一定相同的,因而每种大分子化合物的摩尔质量都具有一定的分布。对大分子化合物的摩尔质量而言,实际上指的是平均值。由于平均的方法不同,得到的平均摩尔质量也不同。常用的平均摩尔质量表示方法有以下几种,每种平均摩尔质量可通过各种相应的物理或化学方法进行测定。

(一)大分子化合物的平均摩尔质量

1. 数均摩尔质量 $\overline{M}_n$(number average molar weight, $\overline{M}_n$) 定义为:假设大分子化合物样品中含有摩尔质量为 M_1、M_2、$\cdots$、M_i 的各组分的物质的分子数分别为 N_1、N_2、$\cdots$、N_i,则数均分子质量为

$$\overline{M}_n = \frac{N_1 M_1 + N_2 M_2 + \cdots + N_i M_i}{N_1 + N_2 + \cdots + N_i}$$

$$= \frac{\sum N_i M_i}{\sum N_i} = \frac{\sum c_i M_i}{\sum c_i} = \sum x_i M_i \tag{8-1}$$

式中,c_i 和 x_i 分别为第 i 种物质的物质的量浓度和摩尔分数。利用端基分析法或依数性测定法等可

测得数均相对分子质量。

2. 质均摩尔质量 $\overline{M}_m$（mass average molar weight，$\overline{M}_m$） 是按样品中各种分子所占质量进行统计平均的,其定义为:假设大分子化合物中含有摩尔质量为 M_1、M_2、…、M_i 的分子,其相应质量分别为 $m_1 = N_1 M_1$、$m_2 = N_2 M_2$、…、$m_i = N_i M_i$,则质均摩尔质量为

$$\overline{M}_m = \frac{m_1 M_1 + m_2 M_2 + \cdots + m_i M_i}{m_1 + m_2 + \cdots + m_i} = \frac{\sum m_i M_i}{\sum m_i} = \frac{\sum N_i M_i^2}{\sum N_i M_i} \tag{8-2}$$

利用光散射法可测得质均摩尔质量。

3. Z 均摩尔质量 $\overline{M}_Z$（Z-average molar weight，$\overline{M}_Z$） 是按 $m_i M_i$ 进行统计平均,其定义为

$$\overline{M}_Z = \frac{\sum (m_i M_i) M_i}{\sum (m_i M_i)} = \frac{\sum Z_i M_i}{\sum Z_i} \tag{8-3}$$

式中,$Z_i = m_i M_i$,利用超离心沉降法可测得 Z 均摩尔质量。

4. 黏均摩尔质量 $\overline{M}_\eta$ 利用黏度法测出的平均摩尔质量称为**黏均摩尔质量**（viscosity average molar weight，$\overline{M}_\eta$）,其定义式为

$$\overline{M}_\eta = \left(\frac{\sum N_i M_i^{(\alpha+1)}}{\sum N_i M_i} \right)^{1/\alpha} \tag{8-4}$$

式中,α 为经验常数,一般为 $0.5 \sim 1.0$。黏均摩尔质量没有明确的统计学意义。

现将上述几种摩尔质量汇总列于表8-1。

表 8-1 四种平均摩尔质量

种 类	数学表达式	测定方法
数均摩尔质量 $\overline{M}_n$	$\overline{M}_n = \dfrac{\sum N_i M_i}{\sum N_i} = \sum x_i M_i$	依数性测定法、端基分析法
质均摩尔质量 $\overline{M}_m$	$\overline{M}_m = \dfrac{\sum m_i M_i}{\sum m_i} = \dfrac{\sum N_i M_i^2}{\sum N_i M_i}$	光散射法
Z 均摩尔质量 $\overline{M}_Z$	$\overline{M}_Z = \dfrac{\sum (m_i M_i) M_i}{\sum (m_i M_i)} = \dfrac{\sum Z_i M_i}{\sum Z_i}$	超离心沉降法
黏均摩尔质量 $\overline{M}_\eta$	$\overline{M}_\eta = \left(\dfrac{\sum N_i M_i^{(\alpha+1)}}{\sum N_i M_i} \right)^{1/\alpha}$	黏度法

数均摩尔质量对大分子化合物中摩尔质量较低的部分比较敏感,而质均和 Z 均摩尔质量则对摩尔质量较高的部分比较敏感。

一般情况下,对同一种大分子样品,$\overline{M}_Z > \overline{M}_m > \overline{M}_\eta > \overline{M}_n$,分子越不均匀,这几种平均值的差别就越大,习惯上用 $\overline{M}_m / \overline{M}_n$ 的比值来表示大分子化合物的不均匀情况。假如试样的分子大小是均匀的（单分散系统）,则各种平均方法都一样,$\overline{M}_Z = \overline{M}_m = \overline{M}_\eta = \overline{M}_n$。

大分子的平均摩尔质量是一个重要的物理参数,大分子化合物的平均摩尔质量在一定程度上影响着大分子溶液的理化性质。一般来说,平均摩尔质量在 7×10^4 g·mol^{-1} 以上的大分子药物很难从体内排泄代谢。

(二)大分子化合物平均摩尔质量的测定方法

1. 渗透压法测定大分子化合物的数均摩尔质量 $\overline{M}_n$　利用溶液的一些依数性质如沸点升高、凝固点降低、蒸气压下降和渗透压等都可以测定大分子化合物的数均摩尔质量。大分子溶液的浓度一般很小,其中溶质的分子数不多,所以其依数性也很小。例如,当试样的平均摩尔质量为 5×10^4 g·mol^{-1},溶液中溶质的质量分数为 0.01 时,蒸气压降低约为 0.04 Pa,凝固点降低约为 0.001 K,沸点上升约为 5×10^{-4} K,溶剂渗透压约为 98 Pa。相对来说,渗透压法是比较好的测定数均摩尔质量的方法。由于大分子化合物中的每个链段都能在依数性方面发挥作用,因此在相同浓度条件下,大分子溶液比小分子溶液的渗透压还是要大得多。

非电解质大分子溶液对理想溶液偏差较大,其渗透 π 压要用 Virial 公式来描述:

$$\pi = \frac{RT}{\dfrac{c}{\overline{M}_n} + A_2 c^2 + A_3 c^3 + \cdots} \tag{8-5}$$

式中,A_2、A_3 为维利系数,表示溶液的非理想程度;c 为大分子化合物的质量浓度(g·L^{-1});$\overline{M}_n$ 为数均摩尔质量。

在稀溶液中,上式可简化为

$$\frac{\pi}{c} = \frac{RT}{\overline{M}_n} + A_2 RT c \tag{8-6}$$

式中,A_2 为第二维利系数,其值与溶液中大分子的形态及大分子与溶剂间的相互作用有关。

由式(8-6)可知,通过实验测出不同浓度 c 时溶液的渗透压 π,然后以 $\dfrac{\pi}{c}$ 对 c 作图可得一直线,由直线的截距可求出数均摩尔质量 $\overline{M}_n$。

从式(8-6)我们还可看出,$\overline{M}_n$ 越大,渗透压越小,测定误差就越大,所以只有大分子化合物的摩尔质量小于 10^5 g·mol^{-1} 时,才能采用上述方法进行测定。

2. 黏度法测定大分子化合物的黏均摩尔质量 $\overline{M}_\eta$　黏度法测定大分子化合物的黏均摩尔质量是目前最常用的方法,原因在于仪器简单、操作便利等。大分子溶液的特性黏度 $[\eta]$ 描述的是在浓度极稀时,单个大分子对溶液黏度的贡献,其数值不随浓度而变化。

$$[\eta] = \lim_{c \to 0} \frac{\eta_{sp}}{c} = \lim_{c \to 0} \frac{\ln \eta_r}{c} \tag{8-7}$$

在 $c \to 0$ 时,大分子溶液的黏度与浓度的关系符合哈金斯经验式

$$\frac{\eta_{sp}}{c} = [\eta] + k'[\eta]^2 \cdot c \tag{8-8}$$

和克雷默(Kraemer)经验式

$$\ln \frac{\eta_r}{c} = [\eta] + \beta [\eta]^2 \cdot c \tag{8-9}$$

式中,k' 和 β 均为常数。以上两式表明,测定不同浓度大分子溶液的黏度,作 $\dfrac{\eta_{sp}}{c}$-c 或 $\dfrac{\ln \eta_r}{c}$-c 图,可得两条直线,截距均为特性黏度 $[\eta]$,如图8-2所示。

斯陶丁格(H. Staudinger)等经过研究,提出了大分子溶液的特性黏度与其黏均摩尔质量间的经验关系式

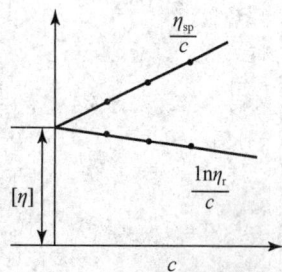

图 8-2　外推法求 $[\eta]$ 示意图

$$[\eta] = K \overline{M}_\eta^\alpha \tag{8-10}$$

式中，K 和 α 为与溶剂、大分子化合物及温度有关的经验常数，α 值一般为 $0.5 \sim 1$。

将式(8-10)改写成对数形式为

$$\ln[\eta] = \alpha\ln K + \ln \overline{M}_\eta \tag{8-11}$$

以 $\ln \overline{M}_\eta$ 为横坐标，$\ln[\eta]$ 为纵坐标作图，可得一直线，其斜率为 α，截距为 $\ln K$。通过测定溶液的黏度，并利用式(8-10)和式(8-11)，可计算出大分子的黏均摩尔质量 $\overline{M}_\eta$。K 和 α 也可以借助其他方法如光散射法测定。

知识延伸

大分子物质平均摩尔质量的测定方法

方法名称	根据原理	实验方法
端基分析	$\overline{M} = \dfrac{W}{N_e}$	测定 N_e 但需已知其结构
沸点升高	$\dfrac{\Delta T_b}{c} = K_b\left(\dfrac{1}{\overline{M}_n} + A_2 c\right)$	测定 ΔT_b 但需标定 K_b
冰点下降	$\dfrac{\Delta T_f}{c} = K_f\left(\dfrac{1}{\overline{M}_n} + A_2 c\right)$	测定 ΔT_f 但需标定 K_f
蒸气压渗透	$\dfrac{\Delta G}{c} = K_s\left(\dfrac{1}{\overline{M}_n} + A_2 c\right)$	测定 ΔG 但需标定 K_s
膜渗透	$\dfrac{\pi}{c} = RT\left(\dfrac{1}{\overline{M}_n} + A_2 c\right)$	测定 π 即可
光散射	$\dfrac{K_c}{R_\theta} = \left(\dfrac{1}{M_w + 2A_2 c}\right)$	标定 $R_\theta = R_{90(苯)} \cdot \dfrac{I_\theta}{I_{90(苯)}}$（$R_\theta$ 为瑞利散射强度）
超速离心沉降速度	$M = RT\dfrac{S}{D(1 - \overline{\nu}\rho)}$	由：$S = K_s M_s^\alpha$，但要标定 K_s、α（S 为沉降系数）
超速离心沉降平衡	$M = \dfrac{2RT\ln\left(\dfrac{c_2}{c_1}\right)}{1 - \overline{\nu}\rho\omega^2(r_2^2 - r_1^1)}$	测定 c 及 r 即可
稀溶液黏度	$[\eta] = KM^\alpha$	测定 $[\eta]$，但要标定 K、α
凝胶渗透色谱(凝胶电泳法)	$\lg M = A - BVe$	测定 V_e 和 H_i，但要进行通用校正（V_e 为电泳淌度）
电子显微镜法	$\overline{M}_n = \dfrac{4}{3}\pi\rho N_A\left(\dfrac{\sum r_i n_i}{\sum n_i}\right)^3$	测定 r_i 及 n_i 即可

第二节　大分子溶液

一、大分子溶液的基本性质

大分子化合物在溶剂中溶解形成的真溶液即为大分子溶液(macromolecular solution)。大分子溶液中溶质分子的大小,恰好是在胶体范围之内,即 $10^{-7} \sim 10^{-9}$ m。因此,在某些方面它们与溶胶有相似的性质,但大分子溶液又不同于溶胶。为了便于比较,现将大分子溶液、溶胶以及小分子溶液在性质上的异同点列于表 8-2 中。

表 8-2　大分子溶液和溶胶性质的比较

特性	大分子溶液	溶胶	小分子溶液
分散相大小	$10^{-7} \sim 10^{-9}$ m	$10^{-7} \sim 10^{-9}$ m	$<10^{-9}$ m
分散相存在的单元	单相	多相	单相
扩散速度	慢	慢	快
稳定性	稳定	不稳定	稳定
热力学性质	热力学稳定系统	热力学不稳定系统	热力学稳定系统
是否遵相律	遵守相律	不遵守相律	遵守相律
能否透过半透膜	不能透过	不能透过	能透过
渗透压	大	小	小
黏度	大	小	小
对外加电解质的敏感程度	不太敏感,加入大量电解质会盐析	敏感,加入少量电解质就会聚沉	不敏感

二、大分子化合物的溶解规律

大分子化合物结构复杂,平均摩尔质量大,形状多样,影响溶解的因素很多,溶解过程较复杂。

大分子化合物在溶解时首先必须要经过**溶胀**(swelling)过程。溶胀是指溶剂分子扩散进入大分子内部并与大分子链段混合的过程。它是大分子化合物特有的现象,其原因在于溶剂分子与大分子尺寸相差悬殊,分子运动速率相差很大,溶剂小分子扩散速率较快,溶剂分子进入大分子内部以后,借助其与分子链间的作用力(溶剂化作用)而使大分子链段逐渐舒展,彼此间的距离逐渐增加,宏观上表现为大分子体积逐渐溶胀。当溶胀过程进行到大分子所有的链段都能够扩散运动的时候,溶胀的大分子化合物逐渐分散成真溶液,如图 8-3 所示。溶胀所形成的系统称为凝胶。若溶胀进行到一定程度就不再继续进行下去,则称之为**有限溶胀**,如明胶在冷水中的溶胀。若溶胀不断地进行下去,大分子链间距离不断增大,直至大分子链在溶剂中自由运动并充分伸展,完全溶解成大分子溶液,这种溶胀称为**无限溶胀**,如明胶在热水中即可发生无限溶胀。溶胀可以看成是溶解的第一阶段,溶解是溶胀的继续,达到完全溶解也就是无限溶胀。大分子化合物先溶胀后溶解的特性使得大分子的溶解过程需要很长时间。

大分子化合物在溶剂中的溶解同样遵从"相似相溶"的规则。首先,是极性相近原则,即大分子和溶剂的极性大小越接近,其溶解性越好。例如,极性的聚乙烯醇能溶于水,不溶于汽油;非极性的天然橡胶能溶于汽油而不溶于极性溶剂中。其次,是溶剂化原则,即溶剂分子通过与大分子链的相互作用即溶剂化作用,使得大分子链逐渐分开,发生溶胀直至溶解。例如,聚氯乙烯不能溶于二氯甲

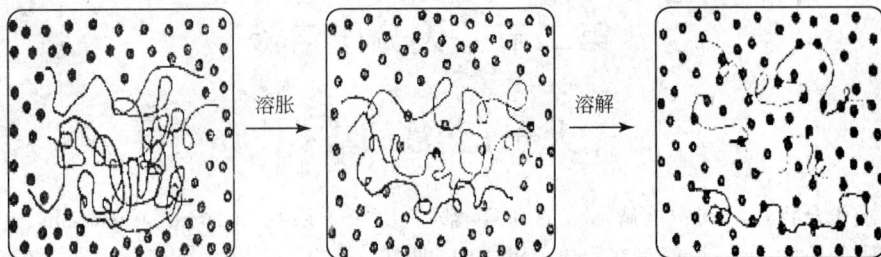

图 8-3　大分子溶解的两个阶段

烷,原因就是二者间的溶剂化作用不足,若溶剂与大分子之间有强偶极作用或有生成氢键的情况时,会有较强的溶剂化作用。

　　大分子化合物的溶解有很强的平均摩尔质量依赖性,即溶解度随平均摩尔质量的增大而减小。在分子大小不同的大分子化合物溶液中,加入沉淀剂,分子质量大的首先沉淀出来,随着沉淀剂用量的增加,各大分子化合物按分子质量由大到小的顺序陆续沉淀出来。另外,如果把聚合物按照一定范围分级,就可能大体知道摩尔质量的分布情况。分级方法的原理包括:大分子的溶解度与分子大小的依赖关系,如沉淀分级;大分子分子大小不同,动力学性质也不同,如超离心沉降法;大分子化合物分子大小不同,如凝胶色谱法。

三、大分子溶液的黏度特性

(一) 流体的黏度

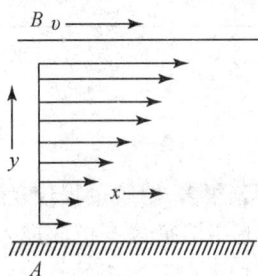

图 8-4　流体在两平行板间的流动

　　流体流动时产生内摩擦力的性质,称为流体的黏性。流体黏性越大,其流动性越小。例如,水容易流动,油则不易流动。它们在流动能力上的差别在于它们内部对流动起阻碍作用的**内摩擦力**大小。

　　一般流体的流动可以看成是层状流动,运动着的流体内部各液层移动速率不同。如图 8-4 所示,若在两平行板间盛以某种液体,A 板是静止的,B 板以速率 v 向 x 方向做匀速运动,则两板之间液体也将随之移动。若将两板间的液体沿 y 方向分成无数平行的液层,则各液层向 x 方向的流速随 y 值的不同而变化,即层与层之间存在着速率差,相邻液层之间存在内摩擦力。为了维持稳定的流动,保持速率梯度不变,就要对上面的 B 板施加恒定的外力 F,称为**切力**(shearing force)。

　　设相距 dy 的两液层的接触面积为 A,速率差为 dv,则有

$$F = \eta A \frac{dv}{dx} \tag{8-12}$$

式中,比例系数 η,称为**黏度系数**(viscosity coefficient),简称黏度,单位为 $N \cdot s \cdot m^{-2}$ 或 $Pa \cdot s$。在物理制(CGS 制)中,黏度的单位是泊,为 $1\ g \cdot cm^{-1} \cdot s^{-1}$,符号为 P,$1\ P = 1/10\ Pa \cdot s$。

　　黏度的物理意义为:单位面积的液层保持速率梯度为 1 时所施加的外力。当温度确定后,流体的黏度不随切力和速率梯度的变化而改变。此式所表示的关系,称为牛顿黏度定律。

　　凡符合牛顿黏度定律的液体均称为**牛顿型流体**(Newtonian fluid)。大多数纯液体(如水、酒精等)以及稀的低分子化合物溶液及正常人的血清或血浆等,都属于牛顿型流体。凡不符合牛顿黏度定律的液体均称为**非牛顿型流体**(non-Newtonian fluid),如浓的大分子化合物溶液等。

（二）大分子溶液的黏度

1. 大分子溶液的黏度特性 大分子溶液的黏度一般比小分子溶液的黏度大很多,而且不遵从牛顿黏度定律,在一定范围内,其黏度随切力的增加而降低。产生这种现象的原因,主要是因为在溶液中形成了大分子长链的网状结构。溶液浓度越大,大分子链越长,则越容易形成网状结构,黏度也就越大。对大分子溶液施加切力,使之网状结构逐步被破坏,黏度也就随之逐渐减小。当切力增加到一定程度,网状结构完全被破坏,黏度不再受切力大小的影响,此时的黏度符合牛顿黏度定律。这种由于在溶液中形成某种结构而产生的黏度称为**结构黏度**(structural viscosity),其数值大小与大分子形状、溶液浓度、所用溶剂及温度等因素有关。

2. 黏度的几种表示方法 将大分子化合物加入到纯溶剂中形成溶液,由于分散相粒子会对流体的流动产生干扰,从而消耗额外的能量,使得大分子溶液的黏度比纯溶剂的黏度大得多,下面是大分子溶液的黏度的几种表示方法。

相对黏度 η_r(relative viscosity):相对黏度用溶液黏度与溶剂黏度的比值表示,无量纲,可表示为

$$\eta_r = \frac{\eta_{溶液}}{\eta_{溶剂}} \tag{8-13}$$

增比黏度 η_{sp}(specific viscosity):增比黏度是溶液黏度比溶剂黏度增加的相对值,无量纲,可表示为

$$\eta_{sp} = \frac{\eta_{溶液} - \eta_{溶剂}}{\eta_{溶剂}} \tag{8-14}$$

比浓黏度 η_c(reduced viscosity):比浓黏度是单位浓度的增比黏度,量纲为[浓度]$^{-1}$,可表示为

$$\eta_c = \frac{\eta_{sp}}{c} \tag{8-15}$$

特性黏度 $[\eta]$(intrinsic viscosity):特性黏度又称结构黏度,用大分子溶液无限稀释时的比浓黏度来表示。其数值与浓度无关,只与大分子化合物在溶液中的结构、形态及摩尔质量大小有关,其定义为

$$[\eta] = \lim_{c \to 0} \frac{\eta_{sp}}{c} = \lim_{c \to 0} \frac{\ln\eta_r}{c} \tag{8-16}$$

黏度的几种表示方法见表 8-3。

表 8-3 黏度的表示方法

名 称	定 义
相对黏度 η_r	$\eta_r = \dfrac{\eta_{溶液}}{\eta_{溶剂}}$
增比黏度 η_{sp}	$\eta_{sp} = \dfrac{\eta_{溶液} - \eta_{溶剂}}{\eta_{溶剂}}$
比浓黏度 η_c	$\eta_c = \dfrac{\eta_{sp}}{c}$
特性黏度 $[\eta]$	$[\eta] = \lim_{c \to 0} \dfrac{\eta_{sp}}{c} = \lim_{c \to 0} \dfrac{\ln\eta_r}{c}$

黏度大是大分子溶液的一个重要特征。黏度法测量大分子化合物的平均摩尔质量是目前最常用的方法,当与其他方法配合,还可以研究大分子化合物在溶液中的形态、尺寸及其与溶剂的相互作用等。

第三节 大分子电解质溶液

一、大分子电解质溶液概述

大分子电解质是指具有可电离的基团,在水溶液中能电离出大离子的大分子物质,大分子电解质电离出来的大分子离子是每个链节都带有荷电基团的聚合体。根据电离后大离子的带电情况,大分子电解质可以分为三种类型:大离子带正电的称为阳离子型、大离子带负电的称为阴离子型、大离

子上既带正电又带负电的称为两性型。一些常见大分子电解质见表8-4。

表8-4 某些常见大分子电解质

阳离子型	阴离子型	两性型
聚乙烯胺	果胶	明胶
聚 4- 乙烯 – 正丁基 – 吡啶溴	阿拉伯胶	乳清蛋白
血红素	羧甲基纤维素钠	卵清蛋白
	肝素	鱼精蛋白
	聚丙烯酸钠	γ-球蛋白
	褐藻糖硫酸酯	胃蛋白酶
	西黄蓍胶	血纤维蛋白原

大分子电解质能溶于适当的溶剂中形成大分子电解质溶液。大分子电解质溶液中除了有大离子外，还有与大离子带相反电荷的普通小离子，如 H^+、OH^-、Br^-、Na^+ 等，称为反离子。这些反离子在溶液中均匀分布在大离子的周围，或被包围于大离子长链的网状结构中。由于大离子及反离子的存在，大分子电解质溶液除具有酸、碱、盐的性质外，还表现出电导和电泳等电学性质。

二、大分子电解质溶液的电学性质

大分子电解质溶液除了具有一般大分子溶液的通性外，还具有自身的特性。

1. 高电荷密度 在溶液中，大分子电解质电离出大离子，其链节上带有相同电荷，而且电荷密度较高，致使分子链上带电基团之间具有相互排斥作用。

2. 高度水化性 大分子电解质在水溶液中，长链上荷电的极性基团通过静电作用吸引水分子，使水分子紧密排列在基团周围，形成特殊的"电缩"水化层，加上部分疏水链结合水形成的疏水基水化层，使其具有高度水化性。

大分子电解质水溶液的高电荷密度和高度水化使大分子电解质在水溶液中分子链相互排斥，易于伸展，稳定性增加。但同时对外加小分子电解质也相当敏感，若加入酸、碱或盐，均可使大分子电解质分子长链上电性相互抵消，显示出非电解质大分子化合物的性质。

三、大分子电解质溶液的黏度特性

大分子电解质溶液的主要黏度特点是存在电黏效应。当大分子电解质溶液的浓度逐渐变稀时，电解质溶质在水中的电离度相应增加，大分子链上电荷密度增大，链段间的斥力增加，分子链更加舒张伸展，使得溶液黏度迅速上升，这种现象称为电黏效应。反之，随着溶液浓度增加，电黏效应减弱，溶液黏度下降。如图 8-5 中 b 线表示的果胶酸钠水溶液的 $\frac{\eta_{sp}}{c}$-c 的关系，就属于这种情况。如果往大分子电解质溶液中加入一定量的无机盐类(如往果胶酸钠溶液中加入大量 NaCl)，使大分子链周围有足够离子强度的小分子电解质存在，大分子的电离度就会降低，使分子链卷曲程度增大，电黏效应消除，黏度迅速下降，最终可使 $\frac{\eta_{sp}}{c}$ 与 c 之间呈线性关系，如图 8-5 中 c 线所示。

pH 对两性蛋白质溶液的黏度影响很明显。图 8-6 表示的是 0.2% 蛋白朊溶液的黏度与 pH 间的关系。在 pH 3 和 pH 11 左右电黏效应最明显,因此出现两个高峰。当 pH 达到 4.8 左右,即接近其等电点时,分子链上正负电荷数目相等,分子链因斥力减小而高度卷曲,溶液黏度出现极小值。

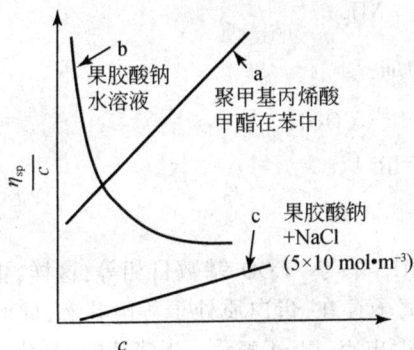

图 8-5　大分子溶液的 $\dfrac{\eta_{sp}}{c}$-c 图　　　图 8-6　pH 对蛋白朊溶液黏度的影响

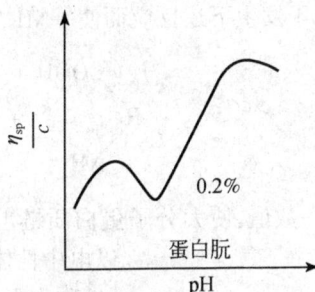

四、蛋白质水溶液的电泳

在电场作用下,大分子电解质溶液将产生电泳现象。大分子电解质溶液的电泳对医药实践具有极重要的指导意义。下面将以蛋白质为例来探讨大分子电解质溶液的电泳现象。

(一) pH 对水溶液中蛋白质荷电的影响

以—COOH 和—NH$_2$ 分别代表蛋白质分子结构式中的全部羧基和氨基,R 代表除羧基和氨基外的其他部分,则蛋白质分子可简单表示为

$$R\begin{matrix} COOH \\ \\ NH_2 \end{matrix}$$

由于蛋白质是两性型大分子电解质,因此,在蛋白质溶液中,羧基可以作为有机弱酸电离,发生下述反应

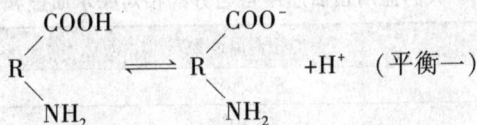

$$R\begin{matrix} COOH \\ \\ NH_2 \end{matrix} \rightleftharpoons R\begin{matrix} COO^- \\ \\ NH_2 \end{matrix} + H^+ \quad （平衡一）$$

平衡一为酸式电离,此时大离子带负电荷,溶液呈酸性。在外加电场的作用下大离子向正极泳动。

同时,氨基可以作为有机弱碱电离,发生下述反应

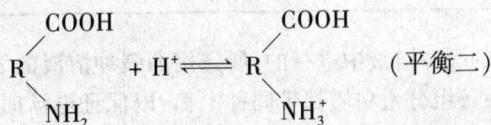

$$R\begin{matrix} COOH \\ \\ NH_2 \end{matrix} + H^+ \rightleftharpoons R\begin{matrix} COOH \\ \\ NH_3^+ \end{matrix} \quad （平衡二）$$

平衡二为碱式电离,此时大离子带正电荷,溶液显碱性。在外加电场的作用下大离子向负极泳动。

蛋白质分子链上—NH$_3^+$ 与—COO$^-$ 数目的多少受溶液 pH 的影响:

当溶液 pH 高时因发生下述反应而使 COO$^-$ 数目增加:

$$R \overset{\text{COOH}}{\underset{\text{NH}_2}{\big|}} + H^- \rightleftharpoons R \overset{\text{COO}^-}{\underset{\text{NH}_2}{\big|}} + H_2O$$

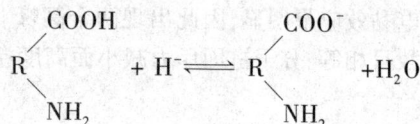

当溶液 pH 低时,由于发生下述反应而使—NH_3^+数目增加:

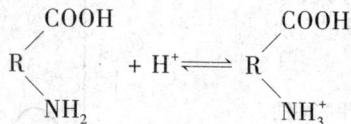

$$R \overset{\text{COOH}}{\underset{\text{NH}_2}{\big|}} + H^+ \rightleftharpoons R \overset{\text{COOH}}{\underset{\text{NH}_3^+}{\big|}}$$

当溶液 pH 调至某一数值,使大分子蛋白质链上的—NH_3^+基与—COO^-基数目相等,这样,蛋白质将以电中性体两性离子存在,蛋白质处于等电状态,此时溶液的 pH 称为蛋白质的等电点,以 pI 表示。当溶液的 pH 大于等电点时,蛋白质分子上—COO^-基数目多于—NH_3^+基数目,蛋白质带负电;当溶液的 pH 小于等电点时,蛋白质分子上—NH_3^+基数目多于—COO^-基数目,蛋白质带正电。只有将蛋白质保持在 pH = pI 的缓冲溶液中,才能使蛋白质处于等电状态。蛋白质的等电点受其结构决定,蛋白质的结构不同,其等电点也不同。

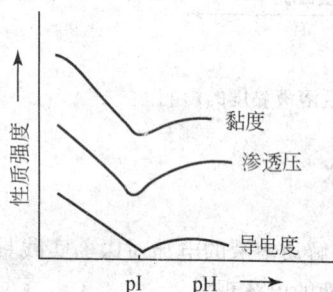

在等电点时,蛋白质溶液的性质会发生明显变化,其黏度、溶解度、电导、渗透压以及稳定性都降到最低,如图 8-7 所示。

图 8-7　pH 对蛋白质溶液性质的影响

(二) 电泳

在电场中,大分子电解质溶液中的大离子朝电性相反的电极定向迁移的现象,称为大分子电解质的电泳。电泳速率除了与大离子所带电荷多少、分子大小和形状结构有关外,还与溶液的 pH、离子强度等有关。因此,不同的大分子电解质一般具有不同的电泳速率。利用这一原理,可将混合大分子电解质分离开来。例如,人的血清蛋白中含有白蛋白、α_1- 球蛋白、α_2- 球蛋白、β- 球蛋白和 γ- 球蛋白,让其在一定 pH 的缓冲溶液中和一定电场下进行电泳,利用各种蛋白电泳速率不同(表 8-5),将样品中各组分蛋白质分离出来。

表 8-5　人的血清蛋白质中各组分的相对摩尔质量和电泳淌度

组分名	平均相对摩尔质量	电泳淌度/($cm^2 \cdot s^{-1} \cdot V^{-1}$)
白蛋白	6.9×10^4	5.9×10^{-5}
α_1-球蛋白	2×10^5	5.1×10^{-5}
α_2-球蛋白	3×10^5	4.1×10^{-5}
β-球蛋白	$(1.5 \sim 90) \times 10^5$	2.8×10^{-5}
γ-球蛋白	$(1.56 \sim 3) \times 10^5$	1.0×10^{-5}

蛋白质电泳是在一定的缓冲溶液中进行的,所选用的缓冲溶液的 pH 应小于或大于所有组分蛋白质的等电点,这样才能使各组分蛋白质都带同种电荷,以保证电泳时各组分蛋白质朝同一方向移动,并使各种大离子有较大差距,以便获得较好的分离效果。

(三) 蛋白质电泳分离的常用方法

1. 区域电泳　又称为区带电泳。常用醋酸纤维薄膜或凝胶(琼脂糖凝胶、聚丙烯酰胺凝胶)作支持物,两端接正、负电极,在其上面进行电泳。在具体的操作方法上又分为聚丙烯酰胺凝胶电泳

（PAGE）、十二烷基硫酸钠-PAGE(SDS-PAGE)和等电聚焦电泳（IFE）。其中琼脂糖凝胶电泳可用于大的 DNA 片段的分离和分析，聚丙烯酰胺凝胶电泳可用于小片段 DNA 的分离和分析。电泳所用的电泳槽可分为垂直板型、水平板型、圆盘型及薄层型等。

这里特别强调的是聚丙烯酰胺凝胶（PAG），由于可以人为控制其交联度进而达到控制凝胶分子筛空隙的大小，所以 PAGE 技术尤其适用于果实种子类、根茎类及动物类中药的真伪鉴别和质量分析。其中用于植物类中药时，凝胶的交联度一般为 10% ~ 15%，用于动物类中药时其交联度通常为 5% ~ 7%。十二烷基硫酸钠是阴离子表面活性剂，由于负电性很强，电泳时加入该成分可以中和所有来源蛋白质成分的电性，让它们都带上负电荷，这样，蛋白质成分电泳时的迁移率不再与蛋白质的电性有关，而只与其分子质量的大小有关，故 SDS-PAGE 技术既可用作药物的真伪鉴别也特别适用于中药蛋白质成分分子质量的测定。

2. 等电聚焦电泳 由于在凝胶中加入了两性电解质（人工合成的脂肪族多胺基多羧基混合物），它可在凝胶上产生平滑的 pH 梯度，电泳时各种蛋白质样品会在电场作用下，分别自动向它们各自的等电点 pI 集中（聚焦），最终达到分离提纯的目的。所以 IFE 技术特别适用于蛋白质成分等电点 pI 的测定。由于两性电解质价格昂贵，为节省昂贵试剂的用量同时有利于凝胶上平滑 pH 梯度的形成，可以采用不同的技术手段：一是可以采用薄层等电聚焦电泳，将凝胶的厚度控制在如同投影胶片的厚度；二是在 pH 3 ~ 10 的两性电解质中加入占载体总量 10% 的 pH 5 ~ 8 的两性电解质，以促进平滑的 pH 梯度的形成。

五、大分子电解质溶液的稳定性

大分子电解质溶液中的大离子带电并能形成溶剂化膜，使得大分子电解质溶液具有较大的稳定性，一般不会自动絮凝。其中大离子形成溶剂化膜是其稳定性的主要来源。因此，要使大分子电解质溶液絮凝，不仅要加入少量电解质中和大离子的电性，更要加入去水剂以去除溶剂化膜。例如，对大分子电解质琼胶的水溶液，应先加乙醇等去水剂以去除水化膜，再加少量电解质，即可使琼胶絮凝。如果不加去水剂而只加大量电解质也能使琼胶絮凝，这种现象称为"**盐析**"。盐析时所加入的电解质必须是大量的，它兼具去水化膜及中和电性两种作用。盐析所需电解质的最小量称为盐析浓度。盐析浓度越小，电解质离子的水化程度越大，电解质的盐析能力越强。

研究表明，对盐析起主要作用的是负离子。负离子在弱碱性（指 pH>pI）介质中对蛋白质的盐析能力从大到小排成的序列，即感胶离子序，为

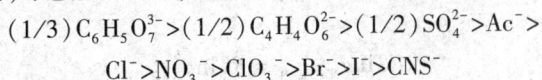

$$(1/3)C_6H_5O_7^{3-}>(1/2)C_4H_4O_6^{2-}>(1/2)SO_4^{2-}>Ac^->$$

$$Cl^->NO_3^->ClO_3^->Br^->I^->CNS^-$$

在碱性介质中正离子对蛋白质的盐析能力的感胶离子序为

$$Li^+>K^+>Na^+>NH_4^+>(1/2)Mg^{2+}$$

实验发现，在几种蛋白质的混合溶液中，用同一种电解质使蛋白质盐析时，用较少量的电解质就能使相对分子质量较大的蛋白质首先析出，而增加电解质的用量后，才能使相对分子质量较小的蛋白质随后析出。这说明大分子溶液的抗盐析能力与溶质的相对分子质量有关，当溶质的化学组成相似时，相对分子质量较小的大分子抗盐析能力强。这种用同一种电解质使各种蛋白质从混合溶液中盐析的过程，称为**分段盐析**。蛋白质分段盐析时最常用的电解质是硫酸铵，因为这种电解质中的正、负两种离子都有很强的盐析能力，而且它在水溶液中的 pH 符合大多数蛋白质的等电点。例如，分离血清中的清蛋白和球蛋白时，当硫酸铵的浓度加到 2.0 mol·dm⁻³ 时，球蛋白首先析出，滤去球蛋白，再加入硫酸铵至 3.5 mol·dm⁻³，清蛋白即可析出。

适当的非溶剂（指大分子物质不能溶解于其中的液体）也可使大分子物质絮凝出来。例如，乙

醇对蛋白质溶液具有很强的絮凝作用。于大分子溶液中分步加入非溶剂,由于大分子溶液具有多分散性,而相对摩尔质量不同的组分的溶解度不同,使得各组分按相对摩尔质量由大到小的顺序先后絮凝,达到将大分子物质分级的目的。

六、唐南平衡与渗透压

(一)唐南平衡

大分子电解质溶液除了有不能通过半透膜的大离子外,还有可以通过半透膜但又受大分子离子影响的小离子。唐南平衡(Donnan equilibrium)是指因大分子离子的存在而导致在达到渗透平衡时小分子离子在半透膜两边分布不均匀的现象。这种平衡作用对生物学中研究电解质在体液中的分配有很大意义。

1911 年英国科学家唐南(Donnan)曾做过这样一个实验:用半透膜将一种大分子电解质溶液(如刚果红 Na^+R^-)和另一种具有一个相同离子的小分子电解质稀溶液(如 Na^+Cl^-)隔开。图 8-8 所示为一种简单的唐南平衡示意图。

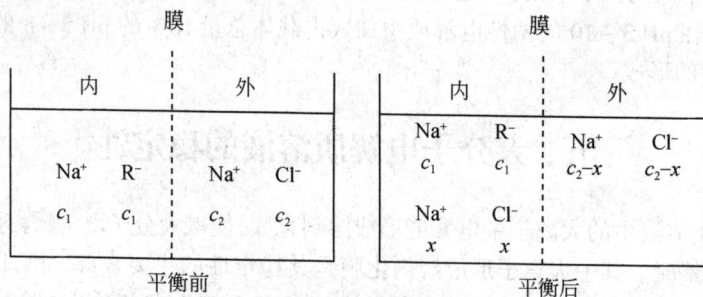

图 8-8 一种简单的唐南平衡示意图

假定半透膜两边溶液均为单位体积,而且平衡过程中体积不变,膜的左边为膜内,膜的右边为膜外。设膜内装有大分子溶液,R^- 是 NaR 在溶液中解离出的非透过性大离子,起始浓度为 c_1;膜外装有 NaCl 溶液,其起始浓度为 c_2。在建立平衡的过程中,膜内、外的 Na^+ 和 Cl^- 会互相渗透,即膜内的向膜外渗透,同时膜外的向膜内渗透。当系统达到平衡时,NaCl 在膜两边的化学势相等,即

$$\mu_{NaCl,内} = \mu_{NaCl,外} \tag{8-17}$$

即

$$RT\ln a_{NaCl,内} = RT\ln a_{NaCl,外} \tag{8-18}$$

所以

$$a_{NaCl,内} = a_{NaCl,外} \tag{8-19}$$

$$a_{Na^+,内} a_{Cl^-,内} = a_{Na^+,外} a_{Cl^-,外} \tag{8-20}$$

在稀溶液中

$$c_{Na^+,内} c_{Cl^-,内} = c_{Na^+,外} c_{Cl^-,外} \tag{8-21}$$

由此得出唐南平衡的条件是:组成小分子电解质的离子在膜两边浓度的乘积相等。

设平衡后从膜外进入膜内的 Cl^- 是 x mol,为了保持电中性,必然有 x mol 的 Na^+ 从膜外进入膜内。将平衡后各离子的浓度代入式(8-21),有

$$(c_1 + x)x = (c_2 - x)^2$$

$$x = \frac{c_2^2}{c_1 + 2c_2} \tag{8-22}$$

平衡时膜两边 NaCl 浓度之比为

$$\frac{c_{NaCl,外}}{c_{NaCl,内}} = \frac{c_2 - x}{x} = \frac{c_2 + c_1}{c_2} = 1 + \frac{c_1}{c_2} \tag{8-23}$$

式(8-33)表明:

(1)平衡时,小分子电解质在膜两边的浓度是不等的。

(2)膜两边的小分子电解质的分布不均匀,会产生额外的渗透压,在测定大分子电解质溶液的渗透压时应予以注意。

我们知道细胞膜对许多离子的透过性并不完全决定于膜孔的大小,同时与细胞膜内的大分子离子浓度有关。当大分子与膜外电解质有一个相同的离子时,如果开始时 $c_1 \gg c_2$,则 c_2 可略去不计,$x \approx 0$,说明达到平衡时细胞膜对于外部的电解质显得不能通过。相反,如果开始时 $c_2 \gg c_1$,则 c_1 可略去不计,$x \approx \frac{1}{2}c_2$,细胞膜对于外部的电解质就显得完全能透过。

表8-6列出的数据表明:不同的大分子电解质溶液浓度和小分子电解质溶液浓度时,进入膜内的小分子电解质 NaCl 数量占其原始数量的质量分数(即 $\frac{x}{c_2}$)。

表 8-6 Na^+R^- 和 Na^+Cl^- 在各种原始浓度下的膜平衡数据

原始浓度/(mol·dm⁻³)			平衡时 NaCl 浓度/(mol·dm⁻³)			NaCl 从膜外到膜内进入量的质量分数
c_1	c_2	$\frac{c_1}{c_2}$	膜内	膜外	膜内/膜外	
0	1.00		0.500	0.500	1.00	0.500
0.01	1.00	0.01	0.497	0.503	1.01	0.497
0.10	1.00	0.10	0.476	0.524	1.10	0.476
1.00	2.00	0.50	0.80	1.20	1.50	0.400
1.00	1.00	1.00	0.333	0.667	2.00	0.333
1.00	0.10	10.00	0.008 3	0.091 7	11.00	0.083
1.00	0.01	100.00	0.000 1	0.009 9	99.00	0.010

总之,在平衡系统中,一种非透过性大离子的存在,可使可透过性小离子在膜内外的分布不均匀。细胞内的大分子电解质与细胞外的体液处于平衡状态,这就保证了一些有重要生理功能的金属离子在细胞内外保持一定的浓度。掌握唐南平衡有助于更好地理解生物平衡系统中的膜平衡现象。

(二) 大分子电解质溶液的渗透压

在测定大分子电解质溶液渗透压时,由于离子分布的不平衡造成额外的渗透压而影响大分子摩尔质量的准确测定,此时唐南效应要设法消除。唐南平衡比较简单的类型包括如下两种。

(1)如半透膜外是纯水,膜内渗透压为

$$\pi_{内} = 2RTc_1 \tag{8-24}$$

这时溶液的渗透压比大分子物质本身所产生的渗透压大,这样求得的摩尔质量偏低。

(2)膜外放置与大分子电解质有相同离子的小分子电解质,达到唐南平衡时,膜内外渗透压力 $\pi_{内}$、$\pi_{外}$ 分别为

$$\pi_{内} = 2RT(c_1 + x) \tag{8-25}$$

$$\pi_{外} = 2RT(c_2 - x) \tag{8-26}$$

膜两侧的渗透压力作用方向相反,故系统总的渗透压力 $\pi_{测}$ 为

$$\pi_{测} = \pi_{内} - \pi_{外} = 2RT(c_1 - c_2 + 2x) \tag{8-27}$$

因为

$$x = \frac{c_2^2}{c_1 + 2c_2}$$

所以

$$\pi_{测} = 2RT \frac{c_1^2 + c_1 c_2}{c_1 + 2c_2} = 2RTc_1 \frac{c_1 + c_2}{c_1 + 2c_2} \tag{8-28}$$

当 $c_1 \gg c_2$ 时,$\pi_{测} \approx 2c_1 RT$,与膜外是纯水时相当。当 $c_2 \gg c_1$ 时,$c_{NaCl,外}/c_{NaCl,内} \approx 1$,$\pi_{测} \approx RTc_1$,这时测得的渗透压相当于大分子电解质未完全解离时的数据,由此计算出的摩尔质量才比较准确。因此,在测定大分子电解质溶液的渗透压时,为了消除唐南效应的影响,应注意:

(1)把装有大分子电解质溶液的半透膜袋置于一定浓度的小分子电解质(如 NaCl)溶液而不是纯水中。

(2)调节溶液 pH 至被测蛋白质分子的等电点附近,可降低蛋白质分子的电离度。

(3)大分子电解质溶液的浓度不能太大,以稀溶液为宜。

第四节 凝 胶

一、凝胶的基本特征

凝胶是指溶胀的三维网状结构大分子,而在大分子链段间隙中又填充了液体介质(在干凝胶中介质可以是气体),这样一种分散系统称为凝胶。

凝胶是介于固体和液体之间的一种特殊状态。一方面,它既显示出某些固体的特征,如无流动性,有一定的几何外形,有弹性、强度等;另一方面它又保留某些液体的特点,如离子的扩散速率在以水为介质的凝胶(水凝胶)中与水溶液中相差不多。

二、凝胶的制备

制备凝胶主要有两种方法:①大分子溶液胶凝法,即取一定量的大分子物质置于适当的溶剂中溶解、静置、冷却,使其自动胶凝;②干燥大分子化合物溶胀法,它是利用大分子化合物在适当溶剂中溶解时,控制溶剂的用量,使其停留在溶胀阶段,生成凝胶的方法。

三、凝胶的分类

根据高分子交联键性质的不同,把凝胶分为两类:化学凝胶和物理凝胶。大分子通过共价键连接形成网状结构的凝胶称为化学凝胶,一般在合成大分子时加入交联剂进行聚合,或者通过线型或支化型高分子链中官能团相互反应形成这种共价键。以化学键交联的凝胶不能熔融更不会溶解,结构非常稳定,称为刚性凝胶,大多数合成凝胶属这一类型。大分子间通过非共价键(通常为氢键或范德华力)相互连接形成的凝胶称为物理凝胶,因这类凝胶具有弹性,因此又称弹性凝胶。大多数天然凝胶是依靠高分子链段相互间可形成氢键而交联的,如多糖类、蛋白质凝胶等,这种氢键因加热、搅拌等作用而破坏,使凝胶变成溶胶,冷却或停止搅拌后溶胶又可变回凝胶,所以物理凝胶是可逆的。

另外，根据凝胶中液体介质含量的多少又分为冻胶和干凝胶两类。冻胶指液体含量很多的凝胶，含液量常在90%以上，冻胶多数由柔性大分子构成，具有一定的柔顺性，充满网状体中的溶剂不能自由流动，呈弹性半固体状态，平常所说的凝胶实际指的就是冻胶。液体含量少的凝胶称为干凝胶，其主要成分是固体。干凝胶很容易转化为冻胶，干凝胶在吸收极性相似的液体溶胀后即可转变为冻胶，如明胶能吸收水而不能吸收苯，橡胶能吸收苯而不能吸收水。

四、胶凝作用及影响因素

大分子溶液在适当条件下转变为凝胶的过程称为胶凝作用(gelation)。例如，明胶水溶液、琼脂水溶液，在温热条件下为黏稠性流动液体，当温度降低时，大分子溶液即形成立体网状结构，分散介质(多数是水)被包含在网状结构中，形成了不流动的半固体状物。影响胶凝作用的因素主要有浓度、温度和电解质。每种大分子溶液都有一个形成凝胶的最低浓度，低于此浓度则不能形成凝胶，高于此浓度可加速胶凝。利用升、降温来实现胶凝过程是常用的一种方法，如上述明胶水溶液。与前两种因素相比，电解质对胶凝的影响比较复杂，有促凝作用，也有阻凝作用，其中负离子起主导作用。规律显示，当盐的浓度较大时，Cl^-和SO_4^{2-}一般会加速胶凝，而I^-和SCN^-的作用相反，起阻滞胶凝作用。

五、凝胶的性质

1. 溶胀性 凝胶最显著的特征是溶胀。凝胶吸收液体或蒸气使体积或重量明显增加的现象称为凝胶的溶胀。溶胀后其自身重量、体积明显增加。例如，高吸水树脂吸水以后体积膨胀几百倍，乃至上千倍；木耳、冻豆腐等放在水里体积变大的现象就是日常生活中凝胶溶胀的例子。凝胶的溶胀分为有限溶胀和无限溶胀两种类型。凝胶吸收液体后，凝胶网状结构被撑开，体积膨胀，凝胶吸收越来越多的液体，网状结构最终碎裂并完全溶解于液体之中成为溶液，这种溶胀称为无限溶胀。若凝胶只吸收有限量的液体，凝胶的网状结构只被撑开而不解体，这种溶胀称为有限溶胀。

凝胶的溶胀对溶剂是有选择性的，它只有在亲和力很强的溶剂中才能表现出来。例如，琼脂和白明胶仅能在水和甘油的水溶液中溶胀，而不能在酒精和其他有机液体中溶胀。溶胀作用进行的程度与凝胶内部结构的连接强度、环境的温度、介质的组成及pH等有关。增加温度有可能使有限溶胀转化为无限溶胀。介质的pH对蛋白质的溶胀作用影响很大，当介质的pH相当于蛋白质等点电时，其膨胀程度最小，pH一旦离开等电点，其溶胀程度就会增大。电解质中的负离子对凝胶的溶胀作用也具有影响力。各种负离子对溶胀作用的影响由大到小的次序恰好与表示盐析作用强弱的感胶离子序相反，即

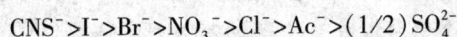

$$CNS^->I^->Br^->NO_3^->Cl^->Ac^->(1/2)SO_4^{2-}$$

Cl^-以前的各种离子能促进膨胀，Cl^-以后的各种离子却抑制膨胀。此外，凝胶的膨胀程度还取决于大分子化合物的链与链之间的交联度，交联度越大，膨胀程度越差，若大分子化合物(如含硫0.30质量分数的硬橡胶)的分子链是以大量共价键交联起来的，则在液体中根本不发生膨胀作用。

溶胀时除溶胀物的体积增大外，还伴随有热效应，这种热效应称为溶胀热，除个别情况外，溶胀都是放热的。当一物质溶胀时，它对外界施加一定的压力，称为溶胀压。这种压力在某些情况下可能达到很大。在古代就利用溶胀压力来分裂岩石，在岩石裂缝中间，塞入木块，再注入大量的水，于是木质纤维发生溶胀产生巨大的溶胀压力使岩石裂开。利用溶胀压来开采建造金字塔的石头，即所谓的"湿木裂石"。

2. 脱水收缩性(离浆) 大分子溶液胶凝后，凝胶的结构并没有完全固定，凝胶内分子链段间的相互作用继续进行，链段不断蠕动，自发地相互靠近，挤出液体使网状结构更为紧密，这种液体从凝

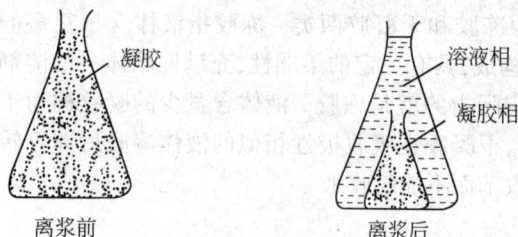

图 8-9　离浆现象

胶网孔中"自动"流出的现象称为脱水收缩或离浆（图 8-9）。析出的液体是稀溶胶或称为大分子稀溶液，另一层仍为凝胶，只是浓度相对增高。一般来说，弹性凝胶的脱水作用是个可逆过程，即膨胀作用的逆过程，但是刚性凝胶的脱水收缩作用是不可逆的。

3. 触变性　物理凝胶受外力作用变成流体（溶胶），外部作用力停止后，又逐渐恢复成半固体凝胶结构，这种凝胶与溶胶相互转化的过程，称为触变性。具有触变性的原因是在振摇、搅拌或其他机械力的作用下，凝胶的网状结构被破坏，线状粒子互相离散，系统出现流动性。静止时线状粒子又重新交联形成网状结构。触变现象在自然界和工业生产中常可遇到，如草原上的沼泽地、可塑性黏土、混凝土注浆等。凝胶的触变性还被广泛应用于药物制剂，具有触变性的凝胶药物，只要振摇几下，立即就由凝胶变成液体，使用方便。例如，某些滴眼液，滴的时候呈溶胶状，易滴出，滴入眼睑后呈凝胶状，延长了药物在眼内的滞留时间，药效因此得到提高。抗生素油注射液也可采用这种剂型。

4. 透过性　凝胶具有与液体相似的性质，可以作为扩散介质。物质（看成粒子）在凝胶中的扩散行为受凝胶网状大分子浓度及网状大分子交联度的影响。当网状大分子浓度较低时，主要由扩散粒子和溶剂的相互作用控制，与在溶液中的扩散行为相似。但是，当网状大分子浓度较高时，则粒子扩散还受网状大分子结构的限制，即凝胶浓度增大和交联度增大时，物质的扩散速率都将变小，因交联度增大使凝胶骨架空隙变小，物质透过凝胶骨架时要通过这些迂回曲折的孔道，孔隙越小，受阻程度越大，扩散系数降低越明显。凝胶中溶剂的性质和含量也会影响凝胶的透过性，溶胀度高的凝胶平均孔径比较大，有利于粒子透过，含水的孔道有利于水溶性物质透过。

目前在药物缓释、控释制剂中，利用凝胶的性质来控制药物的释放也已取得了很大成果。特别是一些亲水凝胶，表现出弹性或黏弹性的半固体性质，对温度等外界条件敏感及特殊的透过性能和良好的生物相容性已在医药领域得到广泛应用。

知识延伸

高效电泳技术及其在药学中的应用

带电颗粒在外电场的作用下，向着与其所带电荷相反方向流动的现象称为电泳（electro-phoresis）。自蒂塞利乌斯于 1937 年提出改良的移动界面仪器以来，随着仪器本身和方法学的进展，电泳技术的应用范围概括了从最大的蛋白质分子，直到如氨基酸、抗生素、糖、嘌呤、嘧啶甚至简单的无机离子等整个领域。许多中药的有效成分或杂质如带电荷的蛋白质、生物碱或有机酸等以及不带电荷的成分如糖、三萜类等（可利用其生成衍生物的方法使之带电荷）均可进行电泳分析。由于电泳方法的温和性，因而可以认为由电泳方法研究所获得的结论是最可靠的。在具体的作用机理上，电泳分离法一般是根据以下两点展开的：①根据与药物分子的大小和净电荷数有关的泳动率；②依据电荷而与药物分子的大小无关的电泳分离法。为减小或避免电泳过程中"对流动状和扩散作用"对电泳分离效果的影响，最大限度地提高分辨率，同时缩短电泳分离的时间，采用某些特殊的电泳技术是必需的。例如，以凝胶作为电泳分离的支持介质，可大大扩大电泳技术的使用范围，尤其是聚丙烯酰胺一类凝胶的孔径可以根据不同的样品进行选择，以促使带有相同电荷，但具有不同大小和形状的分子的分离；而等电聚焦和等速电

知识延伸

泳由于能得到很高的分辨率,并且在分离结束后能回收被分离的样品物质,同时由于采用高压电泳法,分离样品物质所需时间最短,分子扩散作用较小,故在中药成分分析及中药材真伪鉴别上有着广泛而良好的应用前途。

聚丙烯酰胺是丙烯酰胺和交联剂甲叉双丙烯酰胺在催化剂(过硫酸铵或核黄素)的作用下,聚合交联而成的含有酰胺基侧键的脂肪族大分子化合物(应指出的是,丙烯酰胺和甲叉双丙烯酰胺均为神经毒剂,处理这类试剂的溶剂时必须十分小心)。聚丙烯酰胺凝胶电泳(PAGE)是目前能根据分子大小和净电荷多少这两种物理性质差别来分离分子的较好方法。由于凝胶的孔径大小可根据分离样品物质分子的大小来确定,故 PAGE 有较高的分辨率,如它能检出 $10^{-9} \sim 10^{-13}$ g 样品,是小片段 DNA 检测的常用技术,它除了能作定性、定量分析外,还可以用来测定分子质量。如果分子种类间的性质差别不清楚,不知道是利用它们的大小还是利用它们的电荷来分离分析时,可选用 PAGE 方法。

普通的 PAGE 一般是在一个、两个或多个不用的样品比较的基础上进行的,即用板(柱)胶进行单向电泳分离,各样品在相同的条件下电泳,经一定的时间后染色、洗脱,再根据各样品成分移动的距离不同,结合谱带条数及染色程度差异,达到分离鉴别的目的。例如,陈振江应用PAGE 电泳技术研究鉴别了青箱子、菊花、射干、土鳖虫、山药、白术等中药材。现已知共有27种不同类型的胶原,其中的 I、II、III、IV型在护肤美容方面应用广泛,同时,这些胶原还是良好的药物载体。已经证明从大鼠尾肌腱提取的胶原为 I 型胶原蛋白,并以此为载体成功地制备了姜黄素胶原微球,应用 PAGE 对 17 种果实种子类药材进行凝胶蛋白质电泳鉴别,对蛤蟆油、蜈蚣、蟾酥、鸡内金等 12 种动物类中药进行了 PAGE 分离鉴别,对杜仲、丹皮等 14 种皮类中药进行的电泳鉴别均效果良好。同时,用 PAGE 对西洋参、人参及其伪品桔梗、商陆、蔓生百部、紫茉莉、沙参等进行了鉴别,对山药及其伪品甘薯、木薯、棉萆薢进行 PAGE 分离法鉴别,对葶苈子及其混淆品等 11 个品种进行凝胶蛋白质电泳鉴别,对蔓荆子、千金子、鸦胆子的 PAGE 鉴别及紫苏子、白芥子、菟丝子的鉴别区分也都取得了满意的结果。此外,对药用中性蛋白酶应用PAGE 检出了蛋白酶和淀粉酶区带。朱有平等根据杏仁、桃仁可溶性蛋白的 PAGE 谱带成功地区分了亲缘关系相近的杏、山杏、西伯利亚杏、东北杏、桃和山桃的种子;乌梢蛇、红点锦蛇、黑眉锦蛇三者去皮后形态相似,用其他方法难以鉴别,但用 PAGE 法成功地进行了鉴别,并成功地对虎骨、猪骨、鲸骨进行了鉴别分析。

PAGE 方法在试剂应用中除上述直接应用的例子外,还可根据不同的药物体系及分离要求,采用某些相应的具体措施,使电泳分离的效果只与样品离子的某一因素有关。例如,采用十二烷基硫酸钠-聚丙烯酰胺凝胶电泳(SDS-PAGE)可使电泳中蛋白质分子的迁移率只与其分子质量的大小有关。原因是 SDS 是负电性很强的阴离子表面活性剂,它能按一定比例与蛋白质分子结合成带负电荷的复合物,其负电荷远远超过了蛋白质原有的电荷差别,使电泳迁移率只取决于分子大小这一个因素。这样,可根据标准蛋白质分子质量的对数值结合迁移率所作的标准曲线,方便地求得未知物的分子质量。此方法简便快捷,样品不需预处理并且只需用微克数量级即可,因此 SDS-PAGE 成为测定蛋白质及其制剂的组成和分子质量的一种有效手段。鉴于各种来源的蛋白质几乎都能迅速地被 SDS 溶解,因此该方法也可用于含有蛋白质成分的中药作成分分析或鉴别。例如,用 SDS-PAGE 技术测定了金钱白花蛇、乌梢蛇、蝮蛇、人工牛黄、阿胶、鹿角胶、龟胶及厚朴种子所含蛋白质成分分子质量,并应用改进的 SDS-PAGE 对溶菌酶、牛血清白蛋白等 15 种酶和蛋白制剂进行了分子质量测定,其中 12 种主要成分的测得分子质量与文献值相近。

知识延伸

　　等电聚焦电泳(IFE)技术是一种特殊的 PAGE 方法,虽然它通常也用聚丙烯酰胺作支持物,但它不利用凝胶的"分子筛"作用,而是利用合成的两性电解质在载体上产生的 pH 梯度来进行的。例如,选择 pH 为 3~10 的两性电解质加入到聚丙烯酰胺凝胶柱上,然后将蛋白质样品放在凝胶柱的一端进行电泳。带电荷的蛋白质离子即在柱上泳动,当泳动至凝胶的某一部位,而此部位的 pI 正好相当于该蛋白质的 pI 时,由于蛋白质质点的净电荷为零而不再泳动(即产生聚焦)。测定聚焦部位凝胶的 pH 便可知样品的等电点 pI。pI 的确定可用来控制蛋白制剂最稳 pH 范围。在进行 IFE 过程中,我们会发现,IFE 的分辨率会随电泳时间的延长而提高,并随工作电压的升高而改善,原因在于 IFE 时间越长,样品"聚焦"越完全。然而工作电压的升高却会带来一些副作用,如会使 pH 梯度衰变加快,产生大量的电热而使分辨率明显降低。后者可在仪器设备上安装冷却装置来克服,前者则需采用相应的技术措施来解决。

　　为选择适宜的 pH 梯度并力求使这种 pH 梯度在较高工作电压下的"衰变"尽可能小,一般常采用以下措施:①用缓冲剂聚焦电泳可制备包含待分离样品中狭窄的等电点在内的水平 pH 梯度。例如,应用 PAGE、SDS-PAGE 及 IFE 系列电泳技术研究鉴别了青箱子、阿胶、菊花、射干、土鳖虫、山药、白术等中药。此外,将已聚合的聚丙烯酰胺凝胶放在由 $0.1\ mol \cdot dm^{-3}\ H_3PO_4$ 和 $0.1\ mol \cdot dm^{-3}\ NaOH$ 组成的电极液中预泳 1 h,使之产生相应的 pH 梯度,然后分别取中药紫苏子及伪品荠苧子样品液 10 μL 点于胶上电泳 2 h,结果表明,无论是在靠近碱性区域或是在中性和酸性区域,紫苏子与荠苧子的电泳谱带完全不同,从而将二者鉴别。②选用适宜的两性电解质。例如,人工合成的两性电解质混合物易于制备"陡峭"的 pH 梯度,在这样的 pH 梯度下,样品离子的泳动速率可保持相当快,直至抵达样品离子的等电点 pI,但是,"陡峭"的 pH 梯度实践证明是不稳定的,且分离效果不及较"平坦"的 pH 梯度。所以,在选用两性电解质时应充分考虑这些因素。目前,普遍应用的两性电解质有三种规格,分别适用于 pH 3~10,pH 4~10 和 pH 5~17。例如,pH 3~10 的两性电解质有 pharmalyte 及 Bio-Lyte 等。③调节阳极电解液的 pH,可改变 pH 梯度。例如,除控制好电解质本身的浓度外,可以用加入离子型表面活性剂的方法来增加电解液的导电性,以促进适宜的较"平坦"pH 梯度的形成。④节省价格昂贵的两性电解用量。用时产生较"平坦"的 pH 梯度,可以在 pH 3~10 的两性电解质中加入占载体总量 10% 的 pH 5~7 的两性电解质。

　　IFE 对于分离、纯化和鉴别蛋白质已证明是十分有用的。其能得到很高的分辨率,使这种技术在鉴别蛋白质方面特别有用,尤其是同工酶,因为在等电点 pI 上只要有 0.02 pH 单位的差别就足够被分离。由于用聚丙烯酰胺凝胶代替了蔗糖介质,使 IFE 时间大为缩短,一般只需 1~3 h。所以,从这个意义上讲 IFE 是一种特殊的 PAGE 方法,可供选用的电泳仪有 LKB-2117 型多用电泳仪和 DYY-12 型电泳仪等。等速电泳(Isotachophoresis,ITP)是 20 世纪 70 年代初在普通自由界面电泳技术的基础上发展起来的一种新的高效电泳技术。它在灵敏、快速、准确度及应用范围等方面远比普通的电泳方法优越。借助新型电泳仪可使进样、电泳及数据处理等整个实验过程实现自动化。

　　与 IFE 相似,ITP 也是一种用于分离具有不同净电荷分子的方法,它可以在一个水平的或垂直的平面上进行(取决于所用仪器),进行分离的溶液一般是含水的介质。含有蔗糖使溶液具有较高的密度,所用电解质不是均一连续的,而是在样品中加入一种高迁移率的离子(如氯离子)和一种低迁移率的离子(如甘氨酸离子),这两种离子都和被分离的样品离子一样具有相同的电荷。样品离子的迁移率介于前导电解质和后随电解质之间,电泳时把样品加到介质的一端,具有最高迁移率的离子移向相应的电极,拖尾离子相隔一段距离跟在后面。当组分离子

知识延伸

完全分离后,便处于等速状态,由于电极间充满非均一连续的电解质,为保持这种等速电泳,只有随着迁移率的降低而电场强度升高,从而形成电位梯度。电位梯度衰变越慢,则电泳分辨率越理想。每一个电位梯度代表了一种样品,这是利用 ITP 方法对中药及其制剂进行定量分析的基础。在实际操作中可减缓电位梯度的衰变,以改善有效迁移率,提高分辨能力。可供选择的几种有效措施是:①使用极性不同的溶剂。②控制好电解质浓度并适当调节前导电介质的 pH,如在前导电介质中加入带电或不带电并可与样品形成络合物的添加剂如环糊精等,这样的方法特别适合于麻黄碱等一些具有光学和几何结构异构体的分离分析。③在样品离子的迁移率十分相似的情况下,可在原来的样品中加入称为"间隔离子"的合成的两性电解质,这些"间隔离子"的迁移率介于样品离子的迁移率之间,把它们安置在样品离子中间有助于这些样品离子的分离。此外,前导和后随电解质的正确选择也十分重要。不同的药物需选用不同的这类不连续的电解质缓冲体系。有人曾从理论上详尽地描述了在各种 pH 条件下前导成分和后随成分按各自迁移率的大小所形成的泳动界面的性质,并把该理论编入计算机程序。由此程序编制了 4 000 多种建立泳动界面的缓冲体系的主要性质。

　　在具体的操作方法上,ITP 可分为制备型和毛细管型。前者可用于毫克范围内样品的分离分析,后者可用于微克范围内样品的定量分析。例如,用 LKB-2127 型等速电泳仪(瑞典公司),对眼镜蛇毒等多种蛇毒蛋白进行了定性鉴别,并检出了混有蛋清杂质的混淆品。郝苏丽用 1P-2A 型毛细管等速电泳仪(日本),对家麝香水解液、野麝香水解液等 5 种不同的样品分别进行了氨基酸定性及定量分析,所得氨基酸分析图清晰,基线平稳,变异系数小于 2.5%,相关系数为 0.999 8,氨基酸回收率在 95% 以上。ITP 技术还成功地用于同一生物碱在不同剂型药物中的含量测定。例如,罂粟碱在其片剂、胶囊、注射液中的含量 ITP 法测定,其中片剂测定所得回收率在 98.4% ~ 103%;此外,对滴眼剂中 Rb^+、Na^+、Ca^{2+} 和硫胺的含量测定,各离子定量所得相关系数分别是 0.997 9、0.998 9、0.998 4 和 0.992 7,相对标准偏差分别是 1.3%、0.7%、0.8% 和 2.1%。对来自紫堇属植物小行花和卷须提取液中黄连碱的测定以及甘草中甘草甜素的测定、芍药中无机阴离子的测定、黄连和黄柏中小檗碱的测定、莨菪根中莨菪烷类生物碱的测定、药用植物中丹宁的测定和类型鉴别、老鹤草中有机酸成分的测定等,应用 ITP 技术均取得了成功。其中许多样品的测定结果可与用高效液相色谱法(HPLC)和 TLCS 方法相媲美。

　　综上所述,PAGE、IFE 和 ITP 技术已成为一种成熟和有效的分析手段,它们在中药质控方面的应用正逐年增多。例如,毛细管型等速电泳仪配备有分段收集装置,样品离子区带可以转移到其他载体(如醋酸纤维薄膜条)上,便于应用其他多种检测和鉴别技术。这样既扩大了电泳技术的应用范围,同时也使 ITP 技术与其他仪器分析技术联合应用(如 ITP-HPLC 联机)成为可能。

　　一些过去难以用单一的分析技术完成的样品分析测定工作,可望用高新电泳技术完成。借助仪器设备的现代化,使整个测试实现自动化,如 HP-三维毛细管电泳系统等。

科学家介绍

　　艾萨克·牛顿(S. I. Newton)爵士是英国皇家学会会长,英国著名的物理学家,百科全书式的"全才",著有《自然哲学的数学原理》、《光学》。他在 1687 年发表的论文《自然定律》里,对万有引力和三大运动定律进行了描述。这些描述奠定了此后三个世纪里物理世界的科学观点,并成为了现代工程学的基础。他通过论证开普勒行星运动定律与他的引力理论间的一致性,展示了地面物体与天体的运动都遵循着相同的自然定律;为太阳中心说提供了强有力的理论支持,并推动了科学革命。在力学上,他阐明了动量和角动量守恒的原理,提出牛顿运动定律。在光学上,他发明了反射望远镜,并基于对三棱镜将白光发散成可见光谱的观察,发展出了颜色理论。他还系统地表述了冷却定律,并研究了音速。在数学上,他与戈特弗里德·威廉·莱布尼茨分享了发展出微积分学的荣誉。他也证明了广义二项式定理,提出了"牛顿法"以趋近函数的零点,并为幂级数的研究做出了贡献。在经济学上,他提出金本位制度。

赫尔曼·斯陶丁格(H. Standinger),1881 年 3 月 23 日生于沃尔姆斯,高分子化学奠基人、联邦德国有机化学家和高分子化学家。1903 年在哈雷大学获化学博士学位,1912 年在瑞士的苏黎世

S. I. Newton(1643.1 ~ 1727.3)
英国物理学家 艾萨克·牛顿

联邦高等工业学校任教授,1926 年在弗赖堡任教,直至退休,1965 年 9 月 8 日卒于弗赖堡。

1920 年,他在论文《论聚合》中首次发表了自己的观点,认为像橡胶、纤维、淀粉、蛋白质等自然物质是由几千乃至几百万个碳原子,像链条那样联合起来的高分子。这些链条不是像棍棒那样直挺挺的,而是卷曲着或皱褶着。链与链之间互相搭接,组成特殊的空间结构。他著名的"链"学说,成为他通向1953 年诺贝尔化学奖的阶梯。1940 年,他创办了世界上第一个专门讨论高分子化学的杂志《大分子化学》。

H. Staudinger(1881 ~ 1965)
德国科学家赫尔曼·斯陶丁格

习 题

1. 大分子溶液和溶胶有哪些异同点？对外加电解质的敏感程度有何不同？

2. 什么是大分子的柔顺性？大分子的柔顺性受哪些因素影响？

3. 大分子化合物的溶解特征是什么？如何选择溶解大分子化合物的溶剂？

4. 设有一大分子化合物样品的物质的量共为 15 mol,其中摩尔质量为 1.0×10^4 g·mol^{-1} 的分子的摩尔分数为 2/3,摩尔质量为 1.0×10^5 g·mol^{-1} 的分子的摩尔分数为 1/3,计算平均摩尔质量 $\overline{M}_n$、$\overline{M}_m$ 和 $\overline{M}_z$ 各为多少。 ($M_m = 4 \times 10^4$ g·mol^{-1}, $M_n = 8.5 \times 10^4$ g·mol^{-1}, $M_z = 9.8 \times 10^4$ g·mol^{-1})

5. 何为电黏效应？用什么方法可消除此种现象？

6. 在 25℃时,某大分子离子 R^+Cl^- 浓度为 0.1 kg·dm^{-3} 置于半透膜内,膜外放置 NaCl 水溶液,其浓度为 0.5 kg·dm^{-3},计算唐南平衡后,膜两边离子浓度及渗透压 $\pi_{测}$。

答:设从膜外进入膜内的钠离子浓度为 x,则达平衡时:$[Na^+]_内 [Cl^-]_内 = [Na^+]_外 [Cl^-]_外$。

$(0.1 + x)x = (0.5 - x)^2$, $x = 0.227$ mol·dm^{-3}, $[R^+] = 0.1$ mol·dm^{-3}, $[Na^+]_内 = 0.327$ mol·dm^{-3}, $[Cl^-]_内 = 0.227$ mol·dm^{-3}, $[Na^+]_外 = [Cl^-]_外 = 0.273$ mol·dm^{-3}, $\pi_{测} = 2.68 \times 10^5$ Pa。

7. 蛋白质的数均摩尔质量约为 40 kg·mol^{-1},试求在 298 K 时,含量为 0.01 kg·dm^{-3} 的蛋白质水溶液的冰点降低、蒸气压降低和渗透压各为多少？已知 298 K 时水的饱和蒸气压为 3167.7 Pa,$K_f = 1.86$ K·kg·mol^{-1}, $\rho_{H_2O} = 1.0$ kg·dm^{-3}。 ($\Delta T_f = 4.65 \times 10^{-4}$ K, $\Delta p = 0.0144$ Pa, $\pi = 619.4$ Pa)

8. 某分子质量很大的一元酸 HR 2.0 g 溶于 100 cm^3 盐酸中,假定 HR 完全电离,将此溶液放在一半透膜口袋中,让其在 298 K 与膜外 100 cm^3 蒸馏水达到平衡,平衡时测得膜外的 pH 为 3.26,膜内外 $[H^+]$ 电势差为 34.9 mV。计算:①袋内的 pH;②HR 的相对分子质量。 ($pH_内 2.67$; $M_{HR} = 10.02 \times 10^3$)

主要参考书目

傅献彩. 2005. 物理化学. 第 5 版. 北京:高等教育出版社

侯新朴. 2007. 物理化学. 第 6 版. 北京:人民卫生出版社

胡英. 2007. 物理化学. 第 5 版. 北京:高等教育出版社

刘俊吉,周亚平. 2009. 物理化学. 第 5 版. 北京:高等教育出版社

刘幸平. 2012. 物理化学. 第 3 版. 北京:中国中医药出版社

沈文霞. 2009. 物理化学. 第 2 版. 北京:科学出版社

张师愚. 2014. 物理化学. 第 3 版. 北京:中国医药科技出版社

Atkins P,Paula J D. 2010. Physical Chemistry. 9th London:Oxford University Levine IRAN. 2006. Physical
  Chemistry. 6th ed. New York:McGraw-Hill Science Press

附　录

附录一　国际单位制(SI)

　　国际单位制(SI)是法语 Le Système International d'Unités 的缩写,是从米制发展而成的各种计量单位制度,为世界范围内的"法定计量单位"。《中华人民共和国计量法》以法律的形式规定了国家采用国际单位制,非国家法定计量单位应当废除。《中华人民共和国计量法》自 1986 年 7 月 1 日起执行。从 1991 年 1 月起不允许再使用非法定计量单位(除个别特殊领域如古籍与文学书籍,血压的 mmHg 除外)。

量的名称	单位名称	单位符号
长度	米	m
质量	千克(公斤)	kg
时间	秒	s
电流	安 [培]	A
热力学温度	开 [尔文]	K
物质的量	摩 [尔]	mol
发光强度	坎 [德拉]	cd

附录二　一些物质在 100 kPa 下的摩尔恒压热容

$C_{p,m} = a + bT + cT^2 (\mathrm{J \cdot K^{-1} \cdot mol^{-1}})$ 或 $C_{p,m} = a + bT + c'T^{-2} (\mathrm{J \cdot K^{-1} \cdot mol^{-1}})$。

物质	a $(\mathrm{J \cdot K^{-1} \cdot mol^{-1}})$	$b \times 10^3$ $(\mathrm{J \cdot K^{-2} \cdot mol^{-1}})$	$c \times 10^6$ $(\mathrm{J \cdot K^{-3} \cdot mol^{-1}})$	$c' \times 10^{-5}$ $(\mathrm{J \cdot K \cdot mol^{-1}})$	适用温度 范围/K
Ag(s)	23.974	5.284		−0.251	293~1234
Al(s)	20.669	12.385			273~931.7
$Al_2(SO_4)_3$(s)	368.569	61.923		−113.47	298~1100
C(金刚石)	9.121	13.221		−6.192	298~1200
C(石墨)	17.154	4.268		−8.786	298~2300
CO(g)	27.614	5.021			290~2500
CO_2(g)	44.141	9.037		−8.535	298~2500
Ca(s)	21.924	14.644			273~673

续表

物质	a $(\text{J} \cdot \text{K}^{-1} \cdot \text{mol}^{-1})$	$b \times 10^3$ $(\text{J} \cdot \text{K}^{-2} \cdot \text{mol}^{-1})$	$c \times 10^6$ $(\text{J} \cdot \text{K}^{-3} \cdot \text{mol}^{-1})$	$c' \times 10^{-5}$ $(\text{J} \cdot \text{K} \cdot \text{mol}^{-1})$	适用温度 范围/K
$CaCl_2(s)$	71.881	12.719		−2.51	298~1055
$Cl_2(g)$	31.696	10.144	−4.038		300~1500
$Cu(s)$	24.56	4.184		−1.203	273~1357
$CuO(s)$	38.786	20.083			298~1250
$FeO(s)$	52.802	6.243		−3.188	273~1173
$Fe_2O_3(s)$	97.738	72.132		−12.887	298~1100
$H_2(g)$	29.09	0.836	−0.3265		300~1500
$HBr(g)$	26.15	5.858		1.088	298~1600
$HCl(g)$	28.17	1.82	1.55		273~1500
$H_2O(g)$	30.00	10.7	−2.022		273~2000
$H_2O(l)$	75.48	0		0	273~373
$H_2S(g)$	29.288	15.69			273~1300
$I_2(s)$	40.125	49.79			298~387
$N_2(g)$	27.865	4.268			273~2500
$NH_3(g)$	29.79	25.481		1.665	273~1400
$NO_2(g)$	42.928	8.535		−6.736	273~1500
$O_2(g)$	31.464	3.339		−3.766	273~2000
$SO_2(g)$	47.698	7.171		−8.535	298~1800
$SO_3(g)$	57.321	26.861		−13.054	273~900
$CH_4(g)$甲烷	17.451	60.459	1.117	−7.205	298~1500
$C_2H_4(g)$乙烯	4.197	154.59	−81.09	16.815	298~1500
$C_2H_6(g)$乙烷	4.494	182.259	−74.856	10.799	298~1500

附录三　某些有机化合物的标准摩尔燃烧焓

$p^\ominus = 100$ kPa (298.15 K)化学式	名称	相对分子质量 M_r	$\Delta_c H_m^\ominus /(\text{kJ} \cdot \text{mol}^{-1})$		
			晶体	液体	气体
C	碳(石墨)	12.011	393.5		1110.2
CO	一氧化碳	28.010			283.0
CH_2O	甲醛	30.026			570.7
CH_2O_2	甲酸	46.026		254.6	300.7
CH_4	甲烷	16.043			890.8

$p^{\ominus} = 100$ kPa (298.15 K) 化学式	名称	相对分子质量 M_r	$\Delta_c H_m^{\ominus} / (\text{kJ} \cdot \text{mol}^{-1})$		
			晶体	液体	气体
CH_4N_2O	尿素	60.056	632.7		719.4
CH_3OH	甲醇	32.042		726.1	763.7
CH_3NH_2	甲胺	31.057		1 060.8	1 085.6
C_2H_2	乙炔	26.038			1 301.1
$C_2H_2O_4$	乙二酸	90.036	251.1		349.1
C_2H_4	乙烯	28.054			1 411.2
C_2H_4O	乙醛	44.053		1 166.9	1 192.5
CH_3COOH	乙酸	60.053		874.2	925.9
$CHOOCH_3$	甲酸甲酯	60.053		972.6	1 003.2
$C_2H_5NO_2$	硝基乙烷	75.067		1 357.7	1 399.3
C_2H_6	乙烷	30.070			1 560.7
C_2H_5OH	乙醇	46.069		1 366.8	1 409.4
C_3H_6	丙烯	42.081		2 039.7	2 058.0
C_3H_6	环丙烷	42.081			2 091.3
C_3H_6O	丙酮	58.080		1 789.9	1 820.7
$C_3H_6O_2$	丙酸	74.079		1 592.2	1 626.1
$C_3H_6O_2$	丙酸	74.079		1 527.3	1 584.5
C_4H_8O	四氢呋喃	72.107		1 527.3	2 533.2
$C_4H_8O_2$	乙酸乙酯	88.106		2 238.1	2 273.3
$C_4H_8O_2$	丁酸	88.106		2 183.6	2 241.6
C_4H_{10}	丁烷	58.123		2 856.6	2 877.6
$C_4H_{10}O$	乙醚	74.123		2 723.9	2 751.1
C_6H_6	苯	78.114		3 267.6	3 301.2
C_6H_6O	苯酚	94.113	3 053.5		3 122.2
$H_2(g)^*$	氢气	1.008			285.8
$C_6H_{12}O_6$	α-D 葡萄糖	180.16	2 802		
$C_6H_{12}O_6$	β-D 葡萄糖	180.16	2 808		
$C_{12}H_{22}O_{11}$	蔗糖	342.30	5 645		

资料来源:Haynes W M. 2013. Hand Book of Chemistry and Physics. 94th ed. Florida:CRC Press

*氢气虽非有机物,但因常用于计算,故列入此表。

附录四　某些物质的标准摩尔生成焓、标准摩尔生成吉布斯自由能、标准摩尔熵及热容

化学式	$\Delta_f H_m^{\ominus} /$ $(kJ \cdot mol^{-1})$	$\Delta_f G_m^{\ominus} /$ $(kJ \cdot mol^{-1})$	$S_m^{\ominus} /$ $(J \cdot mol^{-1} \cdot K^{-1})$	$C_{p,m}^{\ominus} /$ $(J \cdot mol^{-1} \cdot K^{-1})$
Ag(s)	0		42.6	25.4
AgCl(s)	−127.0	−109.8	96.3	50.8
Ag_2O(s)	−31.1	−11.2	121.3	65.9
Al(s)	0		28.3	24.2
Al_2O_3(α,刚玉)	−1 675.7	−1 582.3	50.9	79.0
Br_2(l)	0		152.2	75.7
Br_2(g)	30.9	3.1	245.5	36.0
HBr(g)	−36.4	−53.4	198.7	29.1
Ca(s)	0	0	41.6	25.9
CaO(s)	−634.9	−603.3	38.1	42.0
$Ca(OH)_2$(s)	−986.09	−898.49	83.39	87.49
CO(g)	−110.5	−137.2	197.7	29.1
CO_2(g)	−393.5	−394.4	213.6	41.5
CCl_4(l)	−128.2			130.7
Cl_2(g)	0	0	223.1	33.9
HCl(g)	−92.3	−95.3	186.9	29.1
Cu(s)	0	0	33.2	24.4
CuO(s)	−157.3	−129.7	42.6	42.3
F_2(g)	0	0	202.8	31.3
HF(g)	−273.3	−275.4	173.8	—
Fe(g)	416.3	370.7	180.5	25.7
$FeCl_2$(s)	−341.8	−302.3	118.0	76.7
$FeCl_3$(g)	−399.5	−334.0	142.3	96.7
FeO(s)	−272.0			
Fe_2O_3(赤铁矿)	−824.2	−742.2	87.4	103.9
Fe_3O_4(磁铁矿)	−1 118.4	−1 015.4	146.4	143.4
$FeSO_4$(s)	−928.4	−820.8	107.5	100.6
H_2(g)	0	0	130.7	28.8
I_2(s)	0	0	116.1	54.4

化学式	$\Delta_f H_m^\ominus /$ $(kJ \cdot mol^{-1})$	$\Delta_f G_m^\ominus /$ $(kJ \cdot mol^{-1})$	$S_m^\ominus /$ $(J \cdot mol^{-1} \cdot K^{-1})$	$C_{p,m}^\ominus /$ $(J \cdot mol^{-1} \cdot K^{-1})$
$I_2(g)$	62.4	19.3	260.7	36.9
$HI(g)$	26.5	1.7	206.6	29.2
$Mg(s)$	0	0	32.7	24.9
$MgO(s)$	−601.6	−569.3	27.0	37.2
$MgCl_2(s)$	−641.3	−591.8	89.6	71.4
$Mg(OH)_2(s)$	−924.5	−833.5	63.2	77.0
$Na(s)$	0	0	51.3	28.2
$Na_2CO_3(s)$	−1 130.7	−1 044.0	135.0	112.3
$NaCl(s)$	−411.2	−384.1	72.1	50.5
$NaNO_3(s)$	−467.9	−367.0	116.5	92.9
$NaOH(s)$	−425.6	−379.5	64.5	59.5
$H_2O(l)$	−285.8	−237.1	70.0	75.3
$H_2O(g)$	−241.8	−228.6	188.8	33.6
$Na_2SO_4(s)$	−1 387.1	−1 270.2	149.6	128.2
$N_2(g)$	0	0	191.6	29.1
$NH_3(g)$	−45.9	−16.4	192.8	35.1
$NO_2(g)$	33.2	51.3	240.1	37.2
$N_2O(g)$	81.6	103.7	220.0	38.6
$N_2O_3(g)$	86.6	142.4	314.7	72.7
$N_2O_4(g)$	11.6	99.8	304.4	79.2
$N_2O_5(g)$	11.3	115.1	355.7	95.3
$HNO_3(g)$	−133.9	−73.5	266.9	54.1
$HNO_3(l)$	−174.1	−80.7	155.6	109.97
$O_2(g)$	0	0	205.2	29.4
$O_3(g)$	142.7	163.2	238.9	39.2
$PCl_3(g)$	−287.0	−267.8	311.8	71.8
$PCl_5(g)$	−374.9	−305.0	364.6	112.8
$H_3PO_4(s)$	−1 284.4	−1 124.3	110.5	106.1
$H_2S(g)$	−20.6	−33.4	205.8	34.2
$SO_2(g)$	−296.8	−300.1	248.2	39.9
$SO_3(g)$	−395.7	−371.1	256.8	50.7
$H_2SO_4(l)$	−814.0	−690.0	156.9	138.9

化学式	$\Delta_f H_m^{\ominus} /$ (kJ · mol^{-1})	$\Delta_f G_m^{\ominus} /$ (kJ · mol^{-1})	$S_m^{\ominus} /$ (J · mol^{-1} · K^{-1})	$C_{p,m}^{\ominus} /$ (J · mol^{-1} · K^{-1})
Zn(s)	0	0	41.6	25.4
ZnCO$_3$(s)	-812.78	-731.52	82.4	79.71
CH$_4$(g)甲烷	-74.6	-50.5	186.3	35.5
C$_2$H$_6$(g)乙烷	-84.0	-34.0	229.2	52.5
C$_3$H$_8$(g)丙烷	-103.8	-23.4	270.3	73.6
C$_4$H$_{10}$(g)正丁烷	-125.6	-15.7	310.2	97.5
C$_2$H$_4$(g)乙烯	52.4	68.4	219.3	42.9
C$_3$H$_6$(g)丙烯	20.0	62.72	266.9	—
C$_6$H$_6$(l)苯	49.1	124.5	173.4	136.0
C$_6$H$_6$(g)苯	82.9	129.7	269.2	82.4
CH$_3$OH(l)甲醇	-239.2	-166.6	126.8	81.1
CH$_3$OH(g)甲醇	-201.0	-162.3	239.9	44.1
C$_2$H$_5$OH(l)乙醇	-277.7	-174.8	160.7	112.3
C$_2$H$_5$OH(g)乙醇	-234.8	-167.9	281.6	65.6
HCHO(g)甲醛	-108.6	-102.5	218.8	35.4
CH$_3$CHO(l)乙醛	-192.2	-127.6	160.2	89.0
CH$_3$CHO(g)乙醛	-166.19	-128.86	250.3	57.3
CH$_3$COOH(l)乙酸	-484.3	-389.9	159.8	123.3
CO(NH$_2$)$_2$(s)尿素	-333.51	-197.33	104.60	93.14

资料来源:Haynes W M. 2013. Hand Book of Chemistry and Physics. 94th. Florida:CRC Press

附录五　标准电极电位表(298 K)

1. 在酸性溶液中

电极反应			$\varphi^{\ominus}$/V
氧化态	电子数	还原态	
Li$^+$	+e$^-$	Li	-3.040 1
K$^+$	+e$^-$	K	-2.931
Ba^{2+}	+2e$^-$	Ba	-2.912
Sr^{2+}	+2e$^-$	Sr	-2.899
Ca^{2+}	+2e$^-$	Ca	-2.868

电极反应			$\varphi^{\ominus}/V$
氧化态	电子数	还原态	
Na^+	$+e^-$	Na	-2.71
Mg^{2+}	$+2e^-$	Mg	-2.372
Al^{3+}	$+3e^-$	Al	-1.676
Mn^{2+}	$+2e^-$	Mn	-1.185
Se	$+2e^-$	Se^{2-}	-0.670
Cr^{2+}	$+2e^-$	Cr	-0.913
$Ag_2S(s)$	$+2e^-$	$2Ag+S^{2-}$	-0.691
Ga^{3+}	$+3e^-$	Ga	-0.549
$Sb+3H^+$	$+3e^-$	SbH_3	-0.510
$H_3PO_3+2H^+$	$+2e^-$	$H_3PO_2+H_2O$	-0.499
CO_2+2H^+	$+2e^-$	$HCOOH$	-0.199
S	$+2e^-$	S^{2-}	$-0.476\ 27$
Fe^{2+}	$+2e^-$	Fe	-0.447
Cr^{3+}	$+e^-$	Cr^{2+}	-0.407
Cd^{2+}	$+2e^-$	Cd	$-0.403\ 0$
$Se+2H^+$	$+2e^-$	$H_2Se(aq)$	-0.399
$PbSO_4(s)$	$+2e^-$	$Pb+SO_4^{2-}$	$-0.358\ 8$
In^{3+}	$+3e^-$	In	$-0.338\ 2$
Tl^+	$+e^-$	Tl	-0.336
Co^{2+}	$+2e^-$	Co	-0.28
$H_3PO_4+2H^+$	$+2e^-$	$H_3PO_3+H_2O$	-0.276
Ni^{2+}	$+2e^-$	Ni	-0.257
$AgI(s)$	$+e^-$	$Ag+I^-$	$-0.152\ 24$
Sn^{2+}	$+2e^-$	Sn	$-0.137\ 5$
Pb^{2+}	$+2e^-$	Pb	$-0.126\ 2$
$2H^+$	$+2e^-$	H_2	0.000
$AgBr(s)$	$+e^-$	$Ag+Br^-$	$0.071\ 33$
$S_4O_6^{2-}$	$+2e^-$	$2S_2O_3^{2-}$	0.08
$TiO^{2+}+2H^+$	$+e^-$	$Ti^{3+}+2H_2O$	0.1
$S+2H^+$	$+2e^-$	$H_2S(aq)$	0.142
Sn^{4+}	$+2e^-$	Sn^{2+}	0.151

续表

电极反应			$\varphi^{\ominus}/V$
氧化态	电子数	还原态	
Cu^{2+}	$+e^-$	Cu^+	0.153
$SbO^+ + 2H^+$	$+3e^-$	$Sb + H_2O$	0.212
$AgCl(s)$	$+e^-$	$Ag + Cl^-$	0.222 33
$HAsO_2 + 3H^+$	$+3e^-$	$As + 2H_2O$	0.248
$Hg_2Cl_2(s)$	$+2e^-$	$2Hg + 2Cl^-$	0.268 08
$BiO^+ + 2H^+$	$+3e^-$	$Bi + H_2O$	0.320
$VO_2^+ + 2H^+$	$+e^-$	$V^{3+} + H_2O$	0.337
Cu^{2+}	$+2e^-$	Cu	0.341 9
$Fe(CN)_6^{3-}$	$+e^-$	$Fe(CN)_6^{4-}$	0.358
$2H_2SO_3 + 2H^+$	$+4e^-$	$S_2O_3^{2-} + 3H_2O$	0.40
$4H_2SO_3 + 4H^+$	$+6e^-$	$S_4O_6^{2-} + 6H_2O$	0.51
Cu^+	$+e^-$	Cu	0.521
$I_2(s)$	$+2e^-$	$2I^-$	0.535 5
$H_3AsO_4 + 2H^+$	$+2e^-$	$HAsO_2 + 2H_2O$	0.560
MnO_4^-	$+e^-$	MnO_4^{2-}	0.558
Hg_2Cl_2	$+2e^-$	$2Hg + 2Cl^-$	0.268 08
$O_2(气) + 2H^+$	$+2e^-$	H_2O_2	0.695
Fe^{3+}	$+e^-$	Fe^{2+}	0.771
Hg_2^{2+}	$+2e^-$	$2Hg$	0.797 3
Ag^+	$+e^-$	Ag	0.799 6
$AuBr_4^-$	$+2e^-$	$AuBr_2^- + 2Br^-$	0.802
$AuBr_4^-$	$+3e^-$	$Au + 4Br^-$	0.854
$Cu^{2+} + I^-$	$+e^-$	$CuI(s)$	0.86
$NO_3^- + 3H^+$	$+2e^-$	$HNO_2 + H_2O$	0.934
$AuBr_2^-$	$+e^-$	$Au + 2Br^-$	0.959
$HIO + H^+$	$+2e^-$	$I^- + H_2O$	0.99
$HNO_2 + H^+$	$+e^-$	$NO(气) + H_2O$	0.987
$VO_2^+ + 2H^+$	$+e^-$	$VO^{2+} + H_2O$	0.991
$AuCl_4^-$	$+3e^-$	$Au + 4Cl^-$	1.002
Br_3^-	$+2e^-$	$3Br^-$	1.066
$Br_2(l)$	$+2e^-$	$2Br^-$	1.066

电极反应			$\varphi^{\ominus}/V$
氧化态	电子数	还原态	
$ClO_4^- + 2H^+$	$+2e^-$	$ClO_3^- + H_2O$	1.189
$IO_3^- + 6H^+$	$+5e^-$	$1/2I_2 + 3H_2O$	1.195
$O_2(g) + 4H^+$	$+4e^-$	$2H_2O$	1.229
$MnO_2(s) + 4H^+$	$+2e^-$	$Mn^{2+} + 2H_2O$	1.224
$Cr_2O_7^{2-} + 14H^+$	$+6e^-$	$2Cr^{3+} + 7H_2O$	1.36
$ClO_4^- + 8H^+$	$+7e^-$	$1/2\ Cl_2 + 4H_2O$	1.39
$Cl_2(g)$	$+2e^-$	$2Cl^-$	1.358 27
$BrO_3^- + 6H^+$	$+6e^-$	$Br^- + 3H_2O$	1.423
$HIO + H^+$	$+e^-$	$1/2I_2 + H_2O$	1.439
$ClO_3^- + 6H^+$	$+6e^-$	$Cl^- + 3H_2O$	1.451
$PbO_2(s) + 4H^+$	$+2e^-$	$Pb^{2+} + 2H_2O$	1.455
$ClO_3^- + 6H^+$	$+5e^-$	$1/2Cl_2 + 3H_2O$	1.47
$HClO + H^+$	$+2e^-$	$Cl^- + H_2O$	1.482
Au^{3+}	$+3e^-$	Au	1.498
$MnO_4^- + 8H^+$	$+5e^-$	$Mn^{2+} + 4H_2O$	1.507
$BrO_3^- + 6H^+$	$+5e^-$	$1/2Br_2(液) + 3H_2O$	1.482
$HBrO + H^+$	$+e^-$	$1/2Br_2(水) + H_2O$	1.596
$H_5IO_6 + H^+$	$+2e^-$	$IO_3^- + 3H_2O$	1.601
$HClO + H^+$	$+e^-$	$1/2Cl_2 + H_2O$	1.611
$HClO_2 + 2H^+$	$+2e^-$	$HClO + H_2O$	1.645
$MnO_4^- + 8H^+$	$+3e^-$	$MnO_2 + 4H_2O$	1.679
Au^+	$+e^-$	Au	1.692
$PbO_2(s) + SO_4^{2-} + 4H^+$	$+2e^-$	$PbSO_4(s) + 2H_2O$	1.691 3
Ce^{4+}	$+e^-$	Ce^{3+}	1.72
$H_2O_2 + 2H^+$	$+2e^-$	$2H_2O$	1.776
$S_2O_8^{2-}$	$+2e^-$	$2SO_4^{2-}$	2.010
$O_3 + 2H^+$	$+2e^-$	$O_2 + H_2O$	2.076
$F_2(g) + 2H^+$	$+2e^-$	$2HF$	3.053

2. 在碱性溶液中

电极反应			$\varphi^{\ominus}/V$
氧化态	电子数	还原态	
$Ca(OH)_2$	$+2e^-$	$Ca+2OH^-$	-3.02
$Ba(OH)_2$	$+2e^-$	$Ba+2OH^-$	-2.99
$La(OH)_3$	$+3e^-$	$La+3OH^-$	-2.90
$Mg(OH)_2$	$+2e^-$	$Mg+2OH^-$	-2.690
$H_2BO_3^-+H_2O$	$+3e^-$	$B+4OH^-$	-1.79
$SiO_3^{2-}+3H_2O$	$+4e^-$	$Si+6OH^-$	-1.697
$HPO_3^{2-}+2H_2O$	$+2e^-$	$H_2PO_2^-+3OH^-$	-1.65
$Mn(OH)_2$	$+2e^-$	$Mn+2OH^-$	-1.56
$Cr(OH)_3$	$+3e^-$	$Cr+3OH^-$	-1.48
$Zn(CN)_4^{2-}$	$+2e^-$	$Zn+4CN^-$	-1.26
$ZnO_2^{2-}+2H_2O$	$+2e^-$	$Zn+4OH^-$	-1.215
$As+3H_2O$	$+3e^-$	AsH_3+3OH^-	-1.21
$2SO_3^{2-}+2H_2O$	$+2e^-$	$S_2O_4^{2-}+4OH^-$	-1.12
$PO_4^{3-}+2H_2O$	$+2e^-$	$HPO_3^{2-}+3OH^-$	-1.05
$Zn(NH_3)_4^{2+}$	$+2e^-$	$Zn+4NH_3$	-1.04
$SO_4^{2-}+H_2O$	$+2e^-$	$SO_3^{2-}+2OH^-$	-0.93
$P+3H_2O$	$+3e^-$	$PH_3(g)+3OH^-$	-0.87
$2NO_3^-+2H_2O$	$+2e^-$	$N_2O_4+4OH^-$	-0.85
$S_2O_3^{2-}+3H_2O$	$+4e^-$	$2S+6OH^-$	-0.74
$Co(OH)_2$	$+2e^-$	$Co+2OH^-$	-0.73
$SO_3^{2-}+3H_2O$	$+4e^-$	$S+6OH^-$	-0.59
$PbO+H_2O$	$+2e^-$	$Pb+2OH^-$	-0.580
O_2+H_2O	$+2e^-$	$HO_2^-+OH^-$	-0.076
$CrO_4^{2-}+4H_2O$	$+3e^-$	$Cr(OH)_3+5OH^-$	-0.13

附录六　水的物理性质

温度 /℃	饱和蒸气压 /kPa	密度 /(kg·m⁻³)	焓 /(kJ·kg⁻¹)	比热 /(kJ·kg⁻¹·K⁻¹)	黏度×10⁵ /(Pa·s)	表面张力×10³ /(N·m⁻¹)
0	0.612	999.79	0	4.2199	179.14	75.7
10	1.2282	999.65	42.02	4.1955	130.59	74.2
20	2.3393	998.16	83.91	4.1844	100.16	72.7
30	4.247	995.61	125.73	4.1801	79.722	71.2
40	7.3849	992.18	167.53	4.1796	65.272	69.6
50	12.352	988.00	209.34	4.1815	54.65	67.9
60	19.946	983.16	251.18	4.1851	46.602	66.2
70	31.201	977.73	293.07	4.1902	40.353	64.5
80	47.414	971.77	335.01	4.1969	35.404	62.7
90	70.182	965.3	377.04	4.2053	31.417	60.8

温度 /℃	饱和蒸气压 /kPa	密度 /(kg·m⁻³)	焓 /(kJ·kg⁻¹)	比热 /(kJ·kg⁻¹·K⁻¹)	黏度×10⁵ /(Pa·s)	表面张力×10³ /(N·m⁻¹)
100	101.42	958.35	419.17	4.215 7	28.158	58.9
110	143.38	951.0	461.34	4.238	25.89	56.96
120	198.67	943.11	503.81	4.243 5	23.203	54.97
130	270.28	934.8	546.38	4.266	21.77	52.93
140	361.54	926.13	589.16	4.282 6	19.664	50.86
150	476.16	917.0	632.20	4.312	18.63	48.74
160	618.23	907.45	675.47	4.335 4	17.043	46.6
170	792.19	897.3	719.29	4.379	16.28	44.41
180	1 002.8	887.00	763.05	4.405 0	15.038	42.19

附录七 希腊字母表

序号	名称	中文注音	正体		斜体	
			大写	小写	大写	小写
1	alpha	阿尔法	A	α	*A*	*α*
2	beta	贝塔	B	β	*B*	*β*
3	gamma	伽马	Γ	γ	*Γ*	*γ*
4	delta	德尔塔	Δ	δ	*Δ*	*δ*
5	epsilon	伊普西龙	E	ε	*E*	*ε*
6	zeta	齐塔	Z	ζ	*Z*	*ζ*
7	eta	艾塔	H	η	*H*	*η*
8	thet	西塔	Θ	θ	*Θ*	*θ*
9	iot	约塔	I	ι	*I*	*ι*
10	kappa	卡帕	K	κ	*K*	*κ*
11	lambda	兰布达	Λ	λ	*Λ*	*λ*
12	mu	缪	M	μ	*M*	*μ*
13	nu	纽	N	ν	*N*	*ν*
14	xi	克西	Ξ	ξ	*Ξ*	*ξ*
15	omicron	奥密克戎	O	o	*O*	*o*
16	pi	派	Π	π	*Π*	*π*
17	rho	洛	P	ρ	*P*	*ρ*
18	sigma	西格马	Σ	σ	*Σ*	*σ*
19	tau	陶	T	τ	*T*	*τ*
20	upsilon	依普西隆	Υ	ν	*Υ*	*ν*
21	phi	斐	Φ	φ	*Φ*	*φ*
22	chi	喜	X	χ	*X*	*χ*
23	psi	普西	Ψ	ψ	*Ψ*	*ψ*
24	omega	奥米伽	Ω	ω	*Ω*	*ω*

中英文名词索引

A

阿伦尼乌斯型	Arrhenius'type
阿马加分体积定律	Amagat's law of partial volume

B

半衰期	period of half life
BET 吸附等温式	BET adsorption isotherm
比表面	specific surface area
比浓黏度 η_c	reduced viscosity
变温法	nonisothermal prediction
标准电动势	standard potential
标准电极	standard electrode
标准电极电势	standard electrode potential
标准摩尔燃烧焓	standard molar enthalpy of combustion
标准摩尔熵	standard molar entropy
标准摩尔生成焓	standard molar enthalpy of formation
标准平衡常数	standard equilibrium constant
标准生成吉布斯自由能	standard Gibbs energy of formation
表观吸附量	apparent adsorption quantity
表面超量	surface excess
表面电势	surface potential
表面覆盖率	coverage of surface
表面活度	surface activity
表面活性剂	surfactant
表面吉布斯自由能	surface Gibbs free energy
表面吸附	surface adsorption
表面现象	surface phenomena
表面张力	surface tension
冰点	freezing point
玻尔兹曼公式	Boltzmann equation
不规则聚沉	irregular coagulation
不可逆过程	irreversible process
不良溶剂	poor solvent
布朗运动	Brownian motion

C

敞开系统	open system
超电势	overpotential
超过滤法	ultrafiltration method
超速离心	ultracentrifugation
沉降	sedimentation
沉降电势	sedimentation potential
沉降平衡	sedimentation equilibrium
程序升温法	programmable heating
初级反应	primary reaction
触变	thixotropy phenomena
次级反应	secondary reaction
催化剂	catalyst
催化作用	catalysis

D

大分子电解质	macromolecular electrolyte
大分子化合物	macromolecular compound
大分子溶液	macromolecular solution
单分子层吸附理论	monolayer adsorption theory
单体	monomer
导体	conductor
道尔顿分压定律	Dalton's law of partial pressure
等电点	isoelectric point
等容过程	isochoric process
等温过程	isoethermal process
等压过程	isobaric process
底物 S	substrate
第二类永动机	second kind of perpetual-motion machine
第一类永动机	first kind of perpetual-motion machine
电池反应	reaction of cell
电导	conductance
电导池常数	cell constant of a conductivity cell
电导滴定	conductimetric titration
电导率	electrolytic conductivity
电动电势	electrokinetic potential
电动现象	electrokinetic phenomena
电化学	electrochemistry
电化学超电势	electrochemical overpotential
电化学极化	electrochemical polarization

电极-溶液界面	the interfacial potential difference	分散相	disperse phase
电势差	between electrode and solution	封闭系统	closed system
电极	electrode	弗罗因德利希	Freundlish
电极的极化	polarization of electrode	负极	negative electrode
电机反应	reaction of electrode	附加压力	excess pressure
电解池	electrolytic cell	复杂反应	complex reaction
电解质	electrolyte		
电离度	degree of dissociation		
电离平衡常数	ionization equilibrium constant		

G

电黏效应	electric-viscous effect	感胶离子序	lyotropic series
电渗	electroosmosis	杠杆规则	lever rule
电渗析	electrodialysis	隔离系统	isolated system
电泳	electrophoresis	功	work
电子导体	electronic conductor	功函	work function
电阻	resistance	共轭溶液	conjugated solution
电阻率	resistivity	共聚物	copolymer
丁铎尔现象	Tyndall phenomenon	光化当量定律	law of photochemical equivalence
动力学方程	kinetic equation	光化反应	photochemical reaction
对峙反应	opposing reaction	广度性质	extensive properties
		规定熵	conventional entropy
		过饱和溶液	super-saturated solution

E

二级反应	second-order reaction	过饱和蒸气	super-saturated vapor
		过程	process
		过程方程	equation of the process
		过渡态理论	the transition state theory

F

法拉第定律	Faraday's law	过冷液体	super-cooling liquid
反离子	counter ions	过热液体	super-heated liquid
反应比速	specific reaction rate		
反应分子数	molecularity of reaction		

H

反应机制	reaction mechanism	亥姆霍兹函数	Helmholtz function
反应进度	advancement of reaction	亥姆霍兹自由能	Helmholtz free energy
反应速率常数	reaction-rate constant	焓	enthalpy
反应途径	reaction path	盖斯定律	Hess's law
反应坐标	reaction coordination	亨利定律	Henry's law
非均相催化作用	heterogeneous catalysis	恒沸点	azeotropic point
非牛顿型流体	non-Newtonian fluid	恒沸混合物	azeotropic mixture
非膨胀功	work except expansion work	恒温法	isothermal prediction
非溶剂	non-solvent	化学动力学	chemical kinetics
斐克第一定律	Fick's first law	化学反应等温方程式	chemical reaction isotherm
沸程	range of boiling point	化学势	chemical potential
沸点	boiling point	化学吸附	chemical adsorption
沸点升高现象	boiling point elevation	环境	surrounding
沸点仪	boiling point apparatus	活度	activity
分散度	degree of dispersion	活度系数	activity coefficient
分散法	dispersion method	活化络合物理论	the activated-complex theory
分散介质	disperse medium	活化络合物	activated complex
分散系	dispersion system	活化能	energy of activation

J

积分	integration method
基尔霍夫定律	Kirchhoff's law
基元反应	elementary reaction
吉布斯-亥姆霍兹方程	Gibbs-Helmholtz equation
吉布斯吸附等温式	Gibbs adsorption isotherm
吉布斯自由能	Gibbs free energy
级数	order of reaction
加速试验	accelerated testing
胶核	colloidal nucleus
胶粒	colloid particle
胶体	colloid
胶体粒子	colloid particle
胶团	micelle
接触电势	contact potential
接触角	contact angel
解离压力	dissociation pressure
介电常数	dielectric constant
介稳状态	metastable state
界面	interface
界面张力	interfacial tension
浸湿	immersional wetting
晶体	crystal
精馏	fractional distillation
聚沉	coagulation
聚沉值	coagulation value
聚合度	degree of polymerization
绝对反应速率理论	the theory of absolute reaction rate
绝热过程	adiabatic process
均分散胶体	monodispersed colloid
均聚物	homopolymer
均相催化作用	homogeneous catalysis

K

卡诺循环	Carnot cycle
开尔文公式	Kelvin equation
柯诺瓦洛夫第二定律	Konovalov's second law
柯诺瓦洛夫第一定律	Konovalov's first law
可逆电池	reversible cell
可逆过程	reversible process
克拉夫特点	Krafft point
克拉贝龙-克劳修斯方程	Clapeyron-Clausius equation
克拉贝龙方程	Clapeyron equation

扩散	diffusion
扩散电势	diffusion potential
扩散系数	diffusion coefficient

L

拉乌尔定律	Raoult's law
朗格缪尔吸附等温式	Langmuir adsorption isotherm
勒夏特列原理	Le Chatelier's principle
冷冻干燥	freeze drying
离浆	syneresis
离子导体	ionic conductor
离子的电迁移	electromigration of ions
离子独立移动定律	law of independent migration of ions
离子迁移数	transference number
离子强度	ionic strength
离子淌度	ionic strength
理论分解电压	the theoretical decomposition voltage
理想气体	ideal gas
连续反应	consecutive reaction
链传递	chain propagation
链反应	chain reaction
链节	chain unit
链引发	chain initiation
链终止	chain termination
良溶剂	good solvent
量子效率	quantum efficiency
临界点	critical point
临界溶解温度	critical solution temperature
临界胶束浓度	critical micelle concentration, CMC
零级反应	zero-order reaction
流动电势	streaming potential
笼效应	cage effect

M

马鞍点	saddle point
麦克斯韦关系式	Maxwell's relations
酶	enzyme
酶催化反应	enzyme catalysis reaction
米夏挨利斯-门藤定律	Michaelis-Menten law
敏化作用	sensitization
摩尔电导率	molar conductivity
摩尔沸点升高常数	molar boiling point elevation constant

摩尔凝固点降低常数	molar freezing point depression constant

N

内能	internal energy
能斯特方程	Nernst equation
能原理	free energy
黏度系数	viscosity coefficient
黏均摩尔质量	viscosity average molar weight
凝固点	freezing point
凝固点降低现象	freezing point depression
凝聚法	condensation method
凝胶	gel
牛顿型流体	Newtonian fluid
浓差超电势	concentration overpotential
浓差极化	concentration polarization

P

泡沫	foam
膨胀功	expansion work
碰撞理论	the collision theory
碰撞频率	collision frequency
偏摩尔量	partialmolar quantity
频率因子	frequency factor
平衡假设法	equilibrium hypothesis
平衡转化率	degree of dissociation under equilibrium condition
平行反应	parallel reaction
破乳	emulsion breaking
铺展	spreading
铺展湿润	spreading wetting
铺展系数	spreading coefficient

Q

起泡剂	foaming agent
强度性质	intensive properties
亲水亲油平衡值	hydrophile and lipophile balance values
亲液胶体	lyophilic colloid
氢标电极电势	electrode potential against standard hydrogen electrode
区域电泳法	regional electrophoresis method

R

热	heat
热反应	thermal reaction

热化学	thermochemistry
热机效率	efficiency of heat engine
热力学第二定律	second law of thermodynamics
热力学第三定律	third law of thermodynamics
热力学第一定律	first law of thermodynamics
热力学电势	thermodynamics potential
热力学能	thermodynamics energy
热力学平衡常数	thermodynamics equilibrium constant
热力学平衡态	thermodynamics equilibriumstate
热容	heat capacity
溶剂化	solvation
溶胶	sol
溶胀	swelling
溶胀作用	swelling
柔顺性	flexibility
乳化剂	emulsifier
乳化作用	emulsification
乳状液	emulsion
润湿	wetting

S

三相点	triple point
闪光现象	flash phenomenon
熵	entropy
熵判据	entropy criterion
熵增加原理	principle of entropy increase
渗透现象	osmosis
渗透压	osmosis pressure
渗析法	dialysis method
升华	sublimation
生物能学	bioenergetics
势能面	potential energy surface
数均摩尔质量	number average molar weight
水蒸气蒸馏	steam distillation step
速控步	rate controlling step
速率	rate
速率方程	reaction-rate equation
酸碱催化	acid-base catalysis

T

特鲁顿规则	Trouton rule
特性黏度[η]	intrinsic viscosity
途径	path

W

微分法	differential method

稳定剂	stabilizing agent	阴极	cathode
稳态近似法	steady state approximation method	硬球分子模型	molecular model of hard sphere
物理化学	physical chemistry	原电池	primary cell
物理吸附	physical adsorption	原盐效应	primary salt effect
物系点	point of system		

X

Z

吸附	adsorption	Z 均摩尔质量	Z-average molar weight
吸附等温线	adsorption isotherm	遭遇	encounter
吸附等压线	adsorption isopar	增比黏度 η_{sp}	specific viscosity
吸附剂	adsorbent	增溶作用	solubilization
吸附系数	adsorption coefficient	增液胶体	lyophobic colloid
吸附质	adsorbate	沾湿	adhesional wetting
系统	system	蒸馏	distillation
相	phase	正极	positive electrode
相点	point of phase	质均摩尔质量	mass average molar weigh
相对黏度 η_r	relative viscosity	质子碱	proton base
相律	phase rule	质子酸	proton acid
相数	number of phase	质子酸碱催化	proton acid-base catalysis
消泡剂	antifoaming agent	助催化剂	catalytic accelerator
循环过程	cyclic process	专属酸碱催化	specific acid-base catalysis
		状态函数	state function

Y

		准静态过程	quasistatic process
		浊点	cloud point
盐析	salting out	自催化剂	autocatalyst
杨-拉普拉斯公式	Young-Laplace equation	自催化作用	autocatalysis
阳极	anode	自发过程	spontaneous process
杨氏方程	Young equation	自由度	degrees of freedom
液体接界电势	liquid junction potential	自由升温法	flexible heating
一级反应	first-order reaction	总包反应	overall reaction
依数性	colligative properties	组分数	number of components
逸度	fugacity	最小吉布斯自由	principle of minimization of Gibbs
逸度系数	fugacity coefficient	ζ 电势	zeta-potentia